U0645450

2.2.2 实例：制作石膏模型

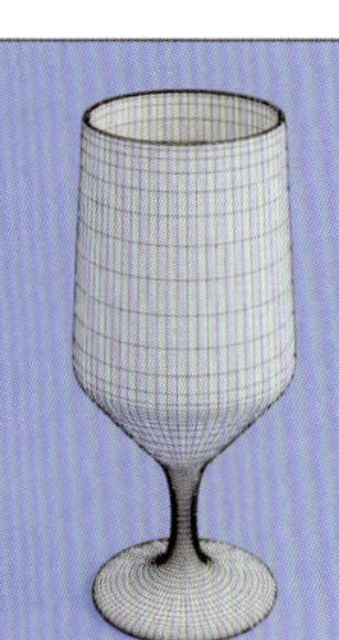

2.3.1 实例：制作高脚杯模型

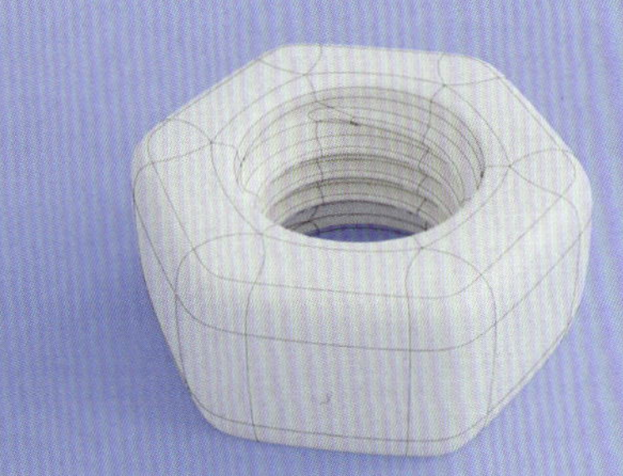

2.3.2 实例：制作螺母模型

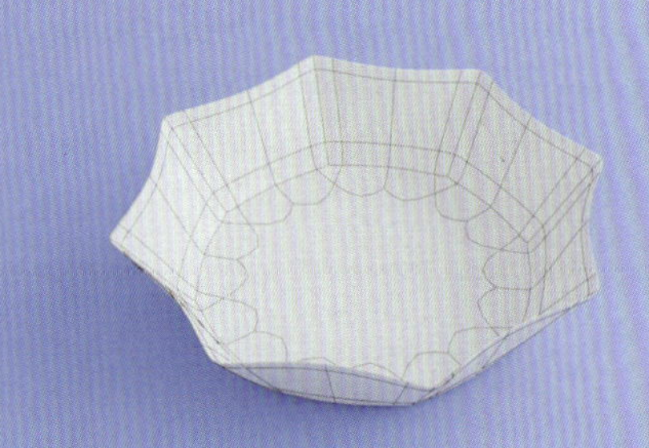

2.3.3 实例：制作果盘模型

2.3.4 实例：制作方瓶模型

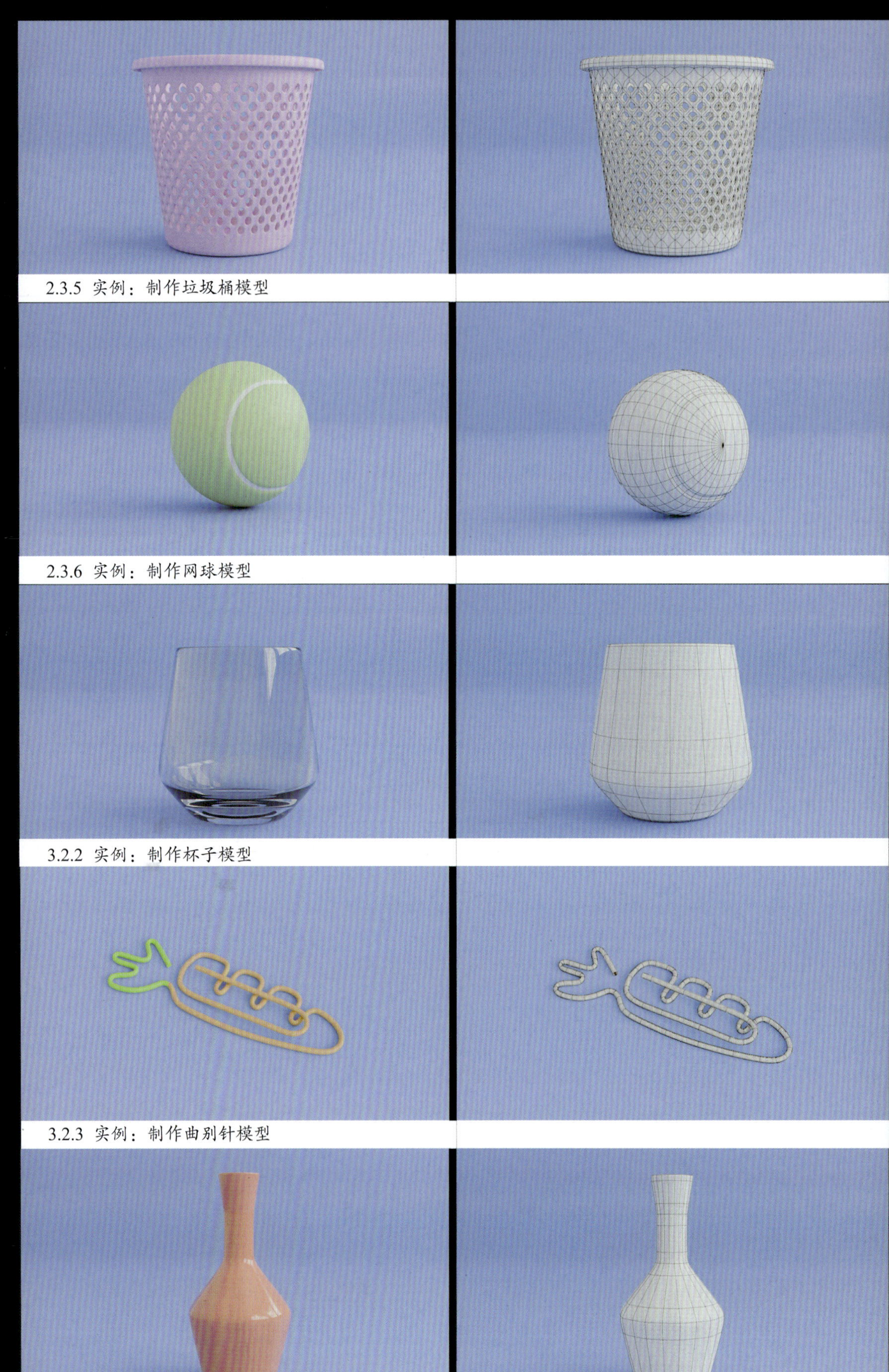

2.3.5 实例：制作垃圾桶模型

2.3.6 实例：制作网球模型

3.2.2 实例：制作杯子模型

3.2.3 实例：制作曲别针模型

3.2.4 实例：制作花瓶模型

4.2.2 实例：绘制一朵花

4.2.3 实例：绘制一颗星球

5.2.2 实例：制作静物表现照明效果

5.2.3 实例：制作室内阳光照明效果

5.2.4 实例：制作射灯照明效果

5.2.5 实例：制作天空环境照明效果

6.2.2 实例：制作景深效果

5.2.3 实例：制作运动模糊效果

7.2.3 实例：制作玻璃材质

7.2.4 实例：制作金属材质

7.2.5 实例：制作陶瓷材质

7.2.6 实例：制作线框材质

7.3.2 实例：制作摆台材质

7.3.3 实例：制作渐变色材质

7.3.4 实例：制作随机颜色材质

7.3.5 实例：制作图书材质

7.3.6 实例：制作花盆材质

7.3.7 实例：制作毛线材质

8.3 综合实例：室内空间日光照明表现

8.4 综合实例：行星表面地形表现

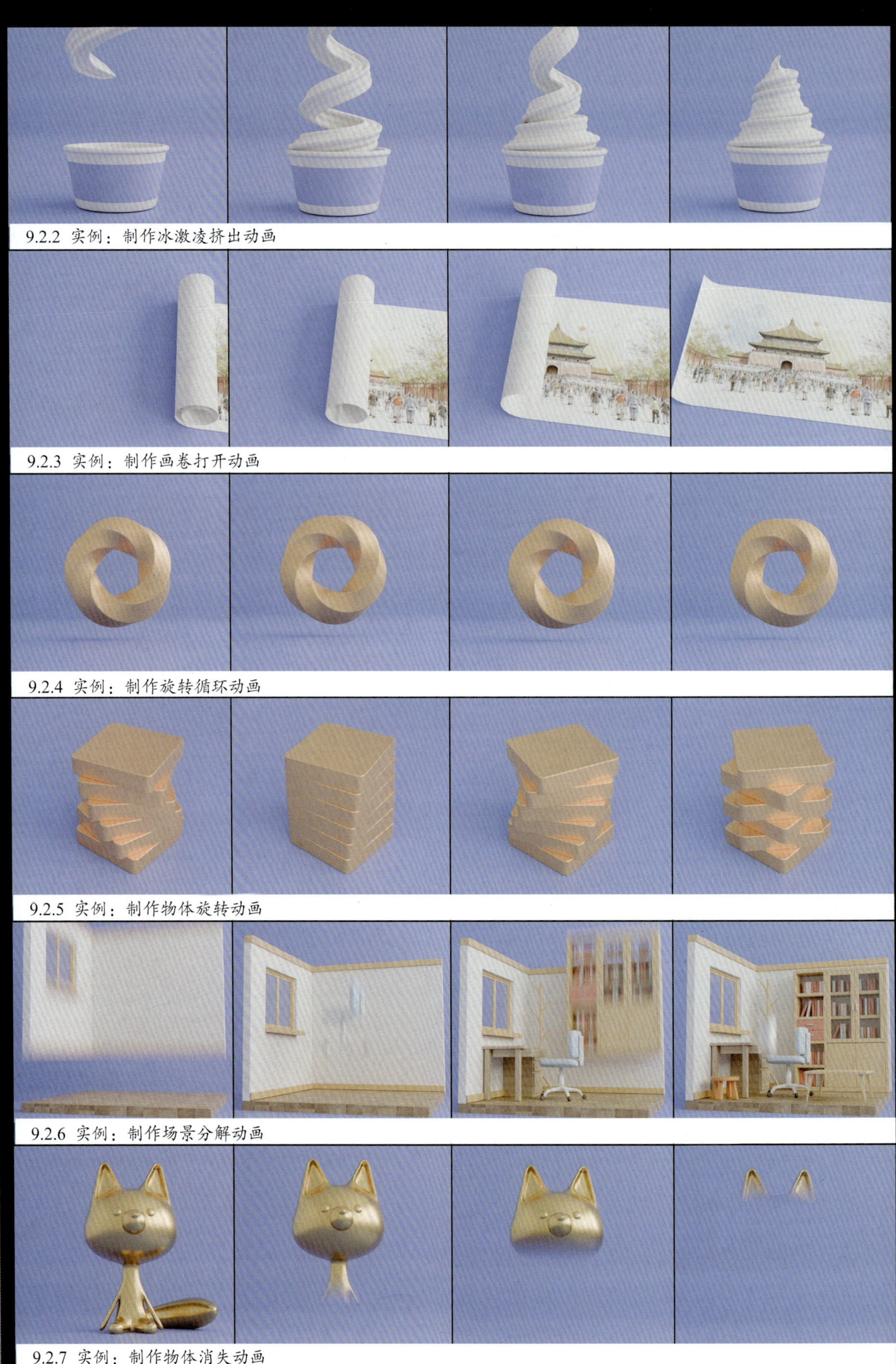

9.2.2 实例：制作冰激凌挤出动画

9.2.3 实例：制作画卷打开动画

9.2.4 实例：制作旋转循环动画

9.2.5 实例：制作物体旋转动画

9.2.6 实例：制作场景分解动画

9.2.7 实例：制作物体消失动画

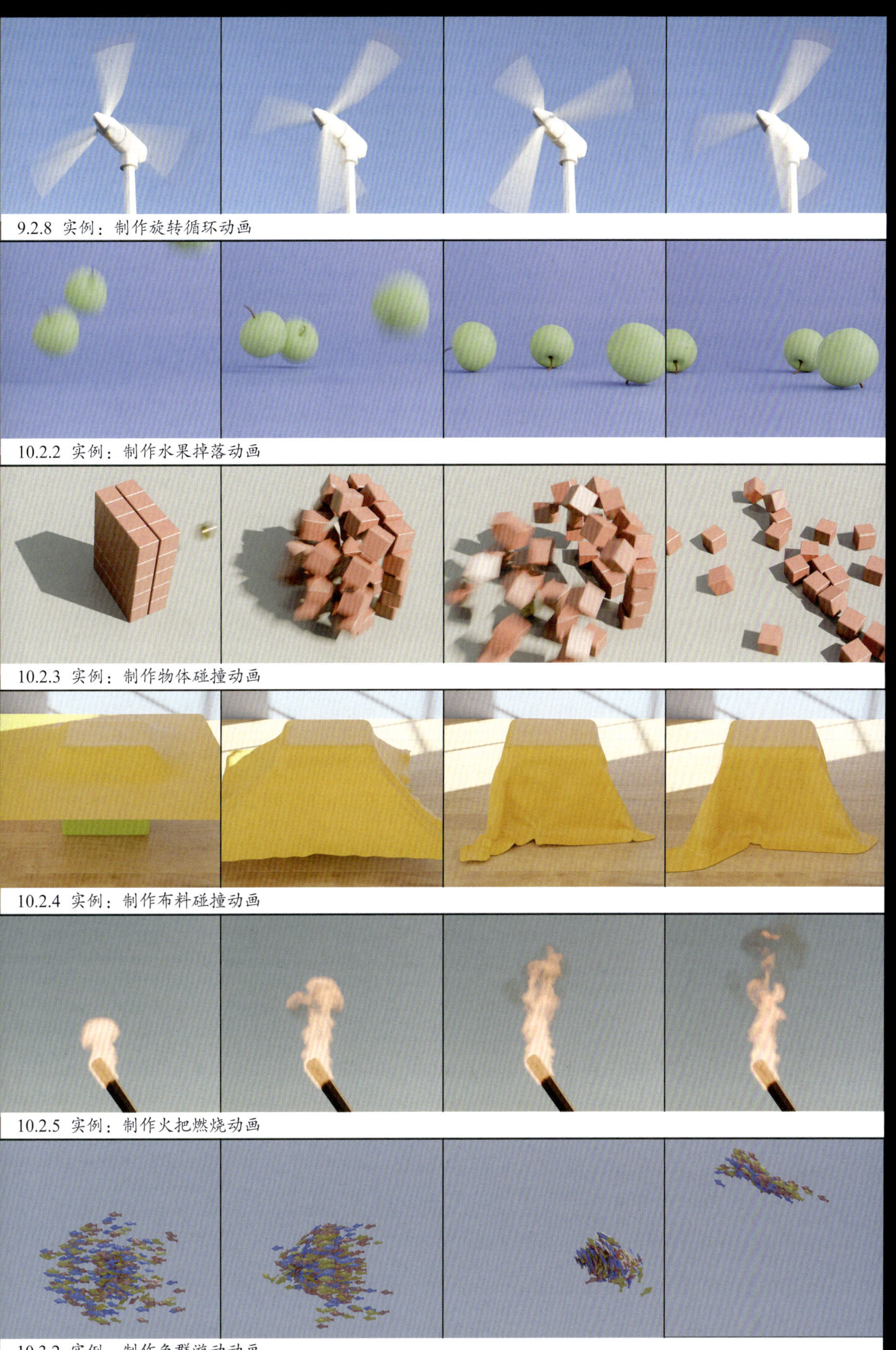
9.2.8 实例：制作旋转循环动画

10.2.2 实例：制作水果掉落动画

10.2.3 实例：制作物体碰撞动画

10.2.4 实例：制作布料碰撞动画

10.2.5 实例：制作火把燃烧动画

10.3.2 实例：制作鱼群游动动画

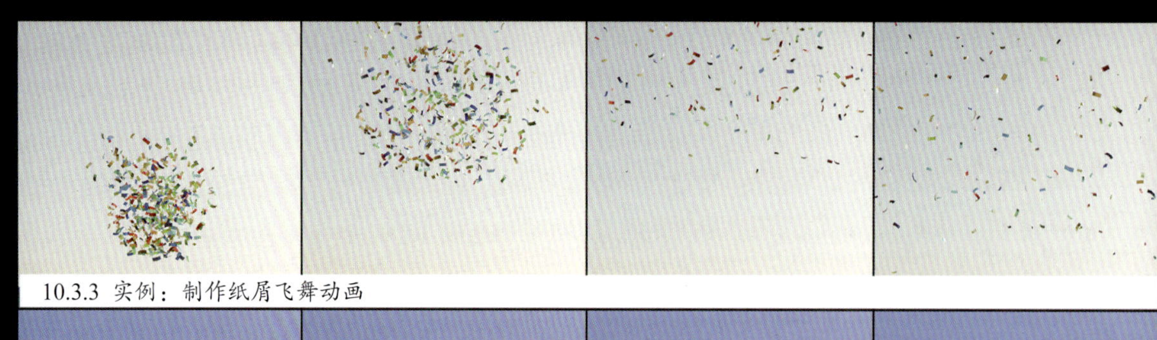

10.3.3 实例：制作纸屑飞舞动画

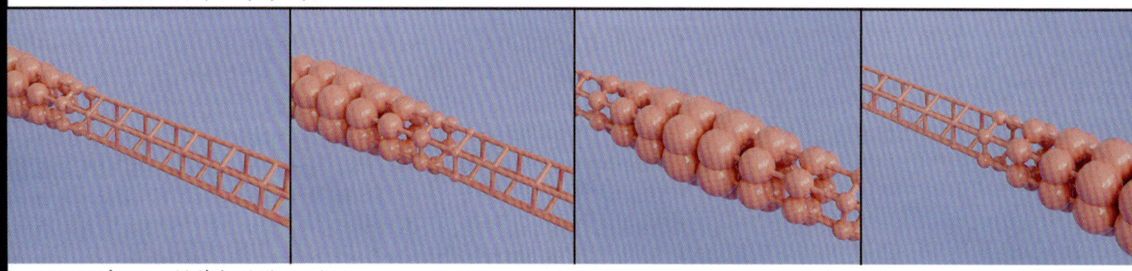

11.2.2 实例：制作文字形成动画

11.2.3 实例：制作柱体变形动画

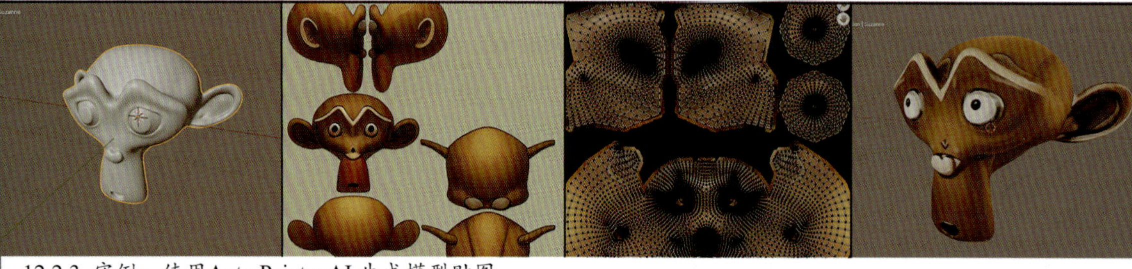

12.2.2 实例：使用AutoDepth AI制作立体背景模型

12.2.3 实例：使用Auto Painter AI 生成模型贴图

12.2.4 实例：使用Blender AI Library Pro生成三维模型

来　阳
李胜男
樊星辰 / 编著

从新手到高手

AI + Blender 从新手到高手

清華大学出版社
北　京

内容简介

这是一本专注于如何使用中文版Blender软件进行三维动画制作的技术图书。全书共分为12章，内容涵盖了软件的界面组成、模型制作技巧、灯光技术应用、摄影机操作、材质与贴图处理、渲染技术详解、关键帧动画制作、动力学特效制作、几何节点使用以及相关AI工具等三维动画制作的核心技术。本书结构清晰明了，内容全面丰富，语言通俗易懂，各章节均精心设计了实用的案例，并详细讲解了制作原理及操作步骤，着重提升读者的软件实际操作能力。

此外，本书还附带了丰富的教学资源，包括所有案例的工程文件、贴图文件以及教学视频，方便读者边学边练，学以致用。

本书非常适合作为高校和培训机构动画专业的课程培训教材，也可以作为广大三维动画爱好者的自学参考书籍。特别需要注意的是，本书内容是基于中文版Blender 4.3版本进行编写的，请读者在使用过程中予以留意。

版权所有，侵权必究。举报：010-62782989，beiqinquan@tup.tsinghua.edu.cn。

图书在版编目（CIP）数据

AI+Blender从新手到高手 / 来阳，李胜男，樊星辰编著. --北京：清华大学出版社，2025. 7. --（从新手到高手）. -- ISBN 978-7-302-69729-9

Ⅰ. TP391.414

中国国家版本馆CIP数据核字第2025LC6382号

责任编辑： 陈绿春
封面设计： 潘国文
责任校对： 徐俊伟
责任印制： 刘海龙

出版发行： 清华大学出版社
网　　址： https://www.tup.com.cn，https://www.wqxuetang.com
地　　址： 北京清华大学学研大厦A座　　**邮　编：** 100084
社 总 机： 010-83470000　　**邮　购：** 010-62786544
投稿与读者服务： 010-62776969，c-service@tup.tsinghua.edu.cn
质 量 反 馈： 010-62772015，zhiliang@tup.tsinghua.edu.cn
印 装 者： 小森印刷（天津）有限公司
经　销： 全国新华书店
开　本： 188mm×260mm　**印　张：** 12.5　**插　页：** 4　**字　数：** 414千字
版　次： 2025年9月第1版　**印　次：** 2025年9月第1次印刷
定　价： 79.00元

产品编号：112253-01

前　言

提起目前主流的四大三维动画软件：3ds Max、Maya、Cinema 4D 和 Blender，究竟学习哪一款软件更好？这是学生们常常向我提出的一个问题。在此，我分享一下自己的看法。

这 4 款三维软件我都曾使用过，并且都出版过相关的书籍。从我个人的使用经验来看，这 4 款软件各有千秋，都非常出色。更重要的是，无论你先学习了哪一款三维软件，再学习其他 3 款软件时都会有似曾相识的感觉，很快就能得心应手。这是因为，当我们使用三维软件进行创作时，其基本的制作原理是相通的。举个例子，当要制作一个高脚杯模型时，在 3ds Max 中使用的命令是“车削”，在 Maya 中是“旋转”，在 Cinema 4D 中也是“旋转”，而在 Blender 中则称为“螺旋”。虽然这些命令的名称不同，但使用方法却是相似的。不仅在建模环节上如此，在材质、灯光和动画环节的制作上也都极其相似。

因此，我认为，选择先学习哪一款软件，一是可以看自己所学专业先开设了哪款三维软件的课程，那么就先学习这款软件；二是可以看自己的个人喜好，对哪一款软件感兴趣，认可度较高，那么就学习这款软件。因为在我看来，只掌握一款三维软件是不够的。随着项目需求的多样化，越来越多的项目都需要多款软件相互配合使用、协同工作。因此，掌握了多款软件的人才也会更受用人单位的欢迎。所以，先学习哪一款软件都可以。

随着人工智能技术的飞速发展，我们身边越来越多的软件都开始融入 AI 方面的相关功能，三维软件也不例外。目前，许多第三方插件公司已经开始研发如 AI 绘图、AI 贴图、AI 建模等技术，并发布了相关插件。虽然这些技术的实际应用效果还有待时间的检验，但作为 Blender 等软件的技术补充，还是有必要了解并学习的。

写作是一件快乐的事情。在本书的出版过程中，清华大学出版社的编辑陈绿春老师为本书的出版付出了很多努力，在此我表示诚挚的感谢。由于本人的技术能力有限，本书中难免有些许不足之处，还请读者朋友们海涵并指正。

本书的配套资源包括工程文件及视频教学文件，请扫描下面的配套资源二维码进行下载，如果有技术性问题，请扫描下面的技术支持二维码，联系相关人员进行解决。如果在配套资源下载过程中碰到问题，请联系陈老师，联系邮箱：chenlch@tup.tsinghua.edu.cn。

配套资源

技术支持

本书属于吉林省 2025 年度职业教育与成人教育教学改革研究课题（项目批准号：2025ZCY395）研究成果。

作者

2025 年 8 月

目　录

第8章 渲染技术

第9章 关键帧动画

第10章 动力学动画

第11章 几何节点动画

第12章 AI技术应用

第1章 初识Blender

1.1 中文版 Blender 概述

随着科技的更新和时代的不断进步，计算机应用已经渗透至各个行业的工作中，它们无处不在，已然成为人们工作和生活中不可或缺的重要设备。多种多样的软件技术，配合不断更新换代的计算机硬件，使越来越多的可视化数字媒体产品迅速融入人们的生活中。越来越多的艺术专业人员也开始运用数字技术进行工作，诸如绘画、雕塑、摄影等传统艺术学科也都开始与数字技术相融合，形成了一个全新的学科交叉创意工作环境。

Blender 是一款专业且免费的三维动画软件，这意味着该软件既可以被艺术家及工作室用于商业用途，也可供教育机构的学生学习使用。该软件功能丰富而强大，旨在为三维动画师提供优秀的动画工具来制作高品质的动画作品。安装好 Blender 软件并首次启动时，用户可以在系统自动弹出的界面中，将软件的“语言”设置为“简体中文”，“主题”设置为 Blender Light，如图 1–1 所示。单击界面下方的“保存新的偏好设置”按钮后，界面会跳转，接着单击“常规”按钮，如图 1–2 所示，即可新建一个常规场景文件。

图1-1

图1-2

执行“编辑”→“偏好设置”命令，在弹出的“偏好设置”对话框中，展开“语言”卷展栏，也可以设置软件的显示语言，如图 1–3 所示。单击“主题”按钮，则可以设置 Blender 软件的界面显示风格，如图 1–4 所示。

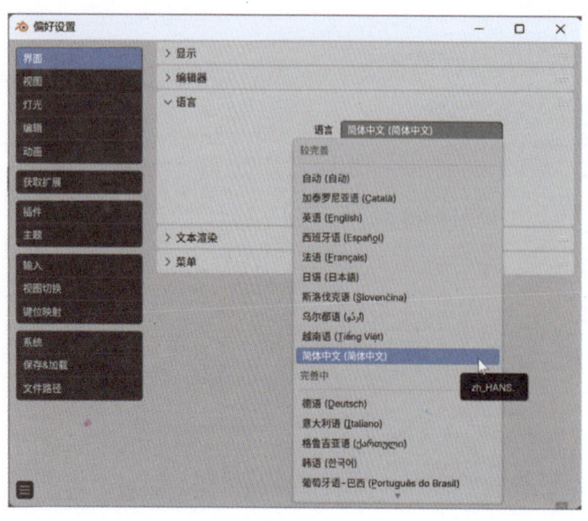

图1-3

图1-4

1.2 中文版 Blender 的应用范围

计算机图形技术起源于 20 世纪 50 年代早期，最初主要应用于计算机辅助设计与制造等专业领域。然而，到了 20 世纪 90 年代，这项技术开始受到越来越多视觉艺术专业人员的关注和深入学习。其中，Blender 作为一款旗舰级的动画软件，备受推崇。通过 Blender，产品展示、建筑设计、园林景观、游戏、电影以及动态图形的设计师们能够获得一套完备的 3D 建模、动画、渲染与后期合成的解决方案，其应用领域极其广泛。图 1-5 和图 1-6 展示的是作者利用这款软件创作的一些三维图像作品。

图1-5

图1-6

1.3 中文版 Blender 的工作界面

学习使用 Blender 时，首先需要熟悉软件的操作界面与布局，这将为未来的创作奠定坚实基础。图 1-7 展示了 Blender 4.3.2 中文版软件启动后的界面效果。通过这样的初步了解，我们可以更好地掌握这款强大的 3D 建模和动画工具。

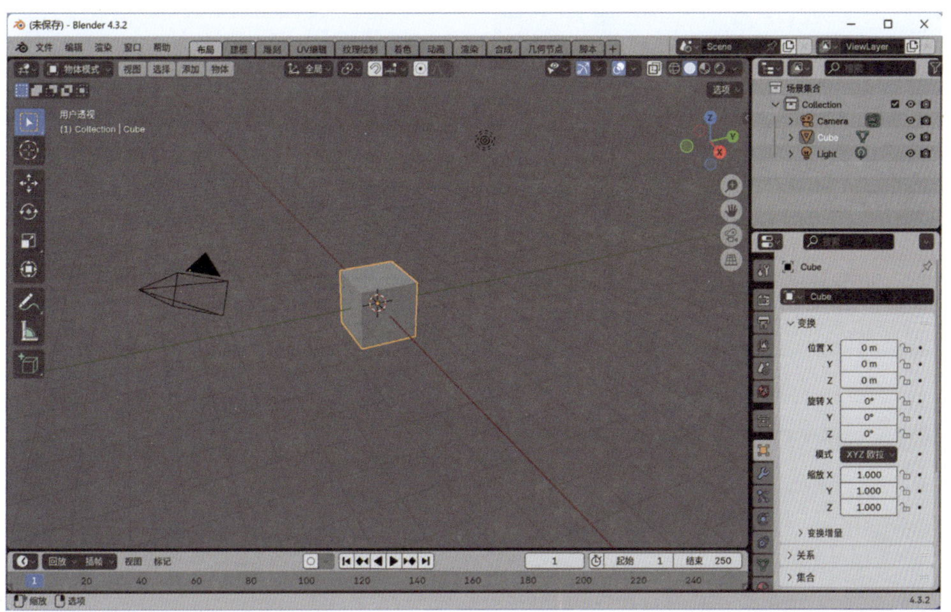

图1-7

1.3.1 工作区

Blender软件提供了多个不同的工作区界面，旨在帮助用户获得更优质的操作体验。这些工作区包括“布局”“建模”“雕刻”“UV 编辑”“纹理绘制”“着色”“动画”“渲染”“合成”“几何节点”以及“脚本”等，如图 1–8 所示。读者可以尝试单击相应的选项卡，轻松切换至所需的工作区。

图1-8

1.3.2 菜单

Blender 软件为用户呈现了两行菜单命令，其中一部分固定位于软件界面上方的左侧，而另一部分则设置在下方的工作区界面中，具体布局如图 1–9 所示。

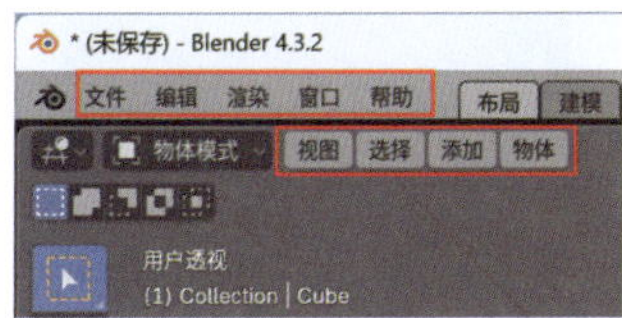

图1-9

1.3.3 视图着色方式

Blender 软件提供了 4 种视图显示方式，分别是“线框”“实体”“材质预览”和“渲染”。用户只需单击视图右侧上方的对应按钮，即可轻松切换视图显示模式，如图 1–10 所示。图 1–11 至图 1–14 则分别展示了这 4 种不同的视图显示方式。

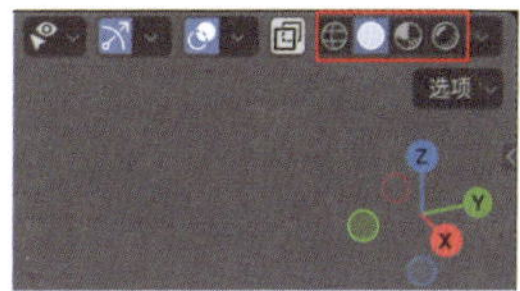

图1-10

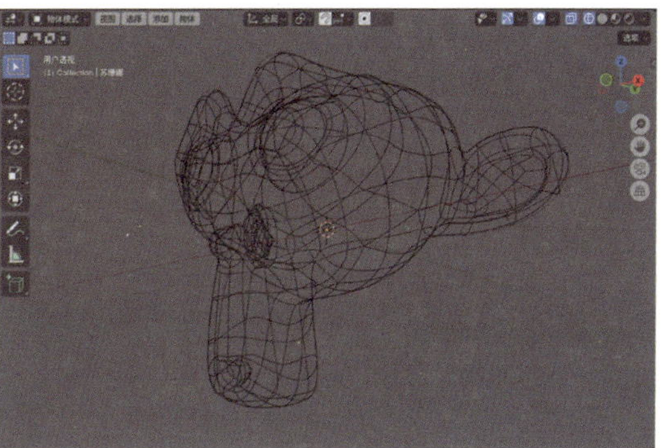

图1-11

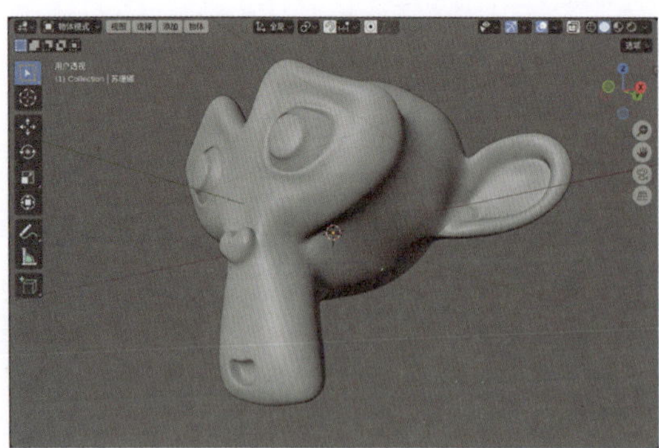

图1-12

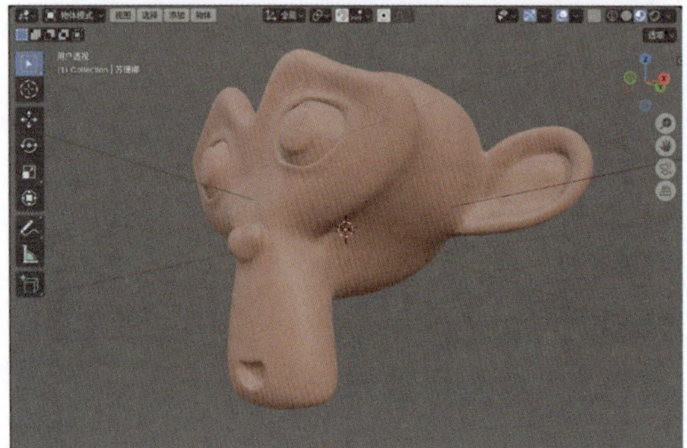

图1-13

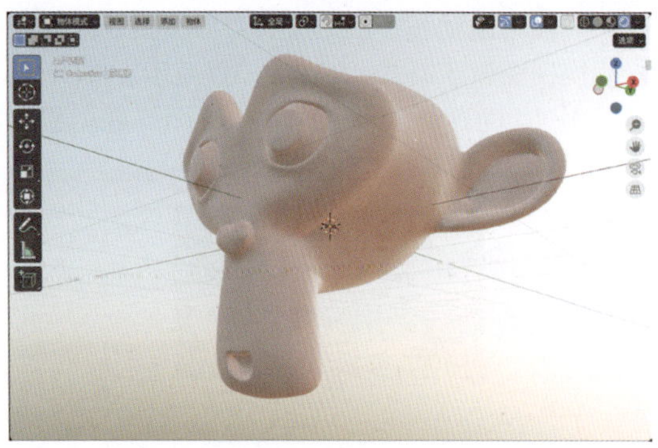

图1-14

通过按 Z 键，可以方便地通过单击对应按钮来切换视图的着色方式，如图 1-15 所示。

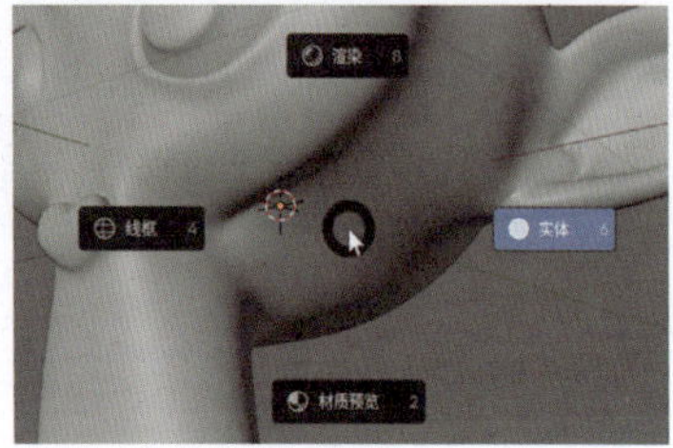

图1-15

技巧与提示

在“实体”模式下，可以通过按快捷键Shift+Z在“线框”和“实体”模式之间进行切换。

1.3.4 大纲视图

Blender 软件提供的“大纲视图”面板能够方便观察场景中存在的所有对象，并清晰地显示这些对象的类型及名称。当新建一个场景文件时，默认会包含一台摄影机、一个立方体模型以及一盏灯光。此外，用户可以通过单击对象后面的眼睛图标来控制物体的显示与隐藏状态，如图 1-16 所示。

图1-16

1.3.5 属性面板

“属性”面板位于软件界面的右下方，由多个选项卡组成，包括“工具”“渲染”“输出”“视图层”“场景”“世界环境”“集合”“物体”“修改器”“粒子”“物理”“约束”“数据”和“材质”等，如图 1-17 所示。用户可以通过单击面板左侧的工具图标，访问不同的选项卡。

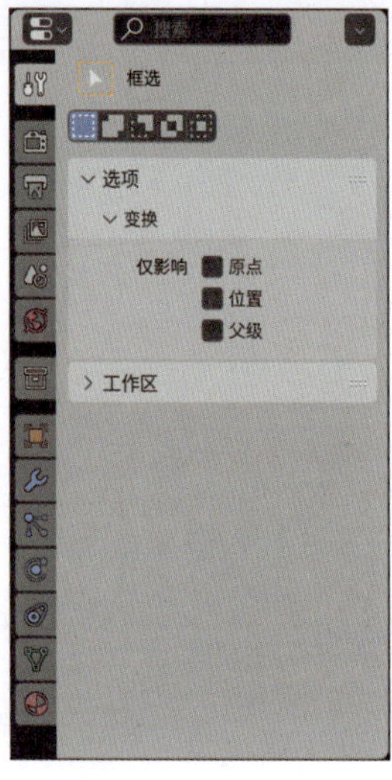

图1-17

1.4 软件基本操作

1.4.1 基础操作：创建对象

知识点： 删除对象、创建对象、修改对象、线框显示、半透明显示、平移视图、推进拉远视图、旋转视图。

01 启动Blender，可以看到新建的场景中有一个立方体模型、一台摄像机和一盏灯光，如图1-18所示。

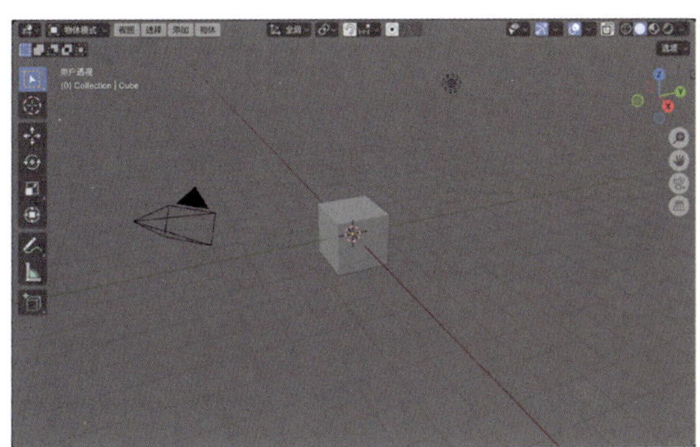

图1-18

02 选中场景中的立方体模型，按X键，在弹出的对话框中单击“删除”按钮，如图1-19所示，即可将选中的对象删除。也可以在“大纲视图”面板中选择立方体的名称，如图1-20所示。按X键直接将其删除。

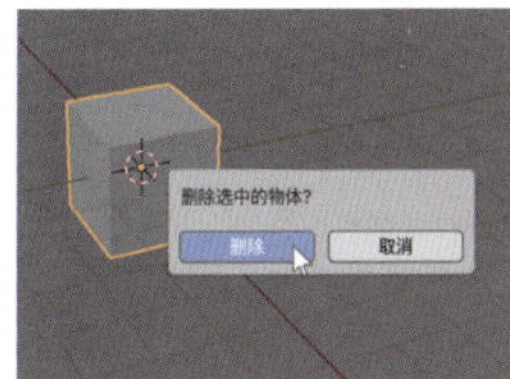

图1-19

图1-20

03 执行“添加”→“网格”→“柱体”命令，如图1-21所示，可以在场景中“游标”处创建一个柱体模型，如图1-22所示。

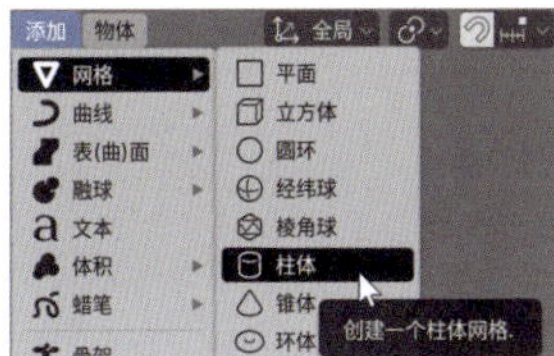

图1-21

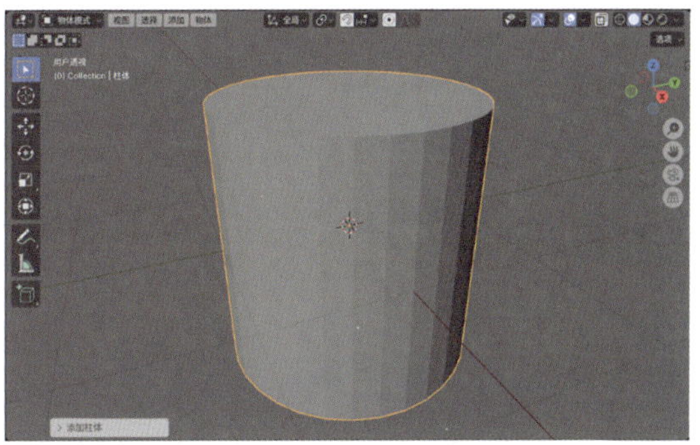

图1-22

技巧与提示

“游标”的作用及设置将会在后文中详细讲解。

04 在“添加柱体”卷展栏中，设置“顶点”值为64，如图1-23所示，得到更圆滑的柱体模型，如图1-24所示。

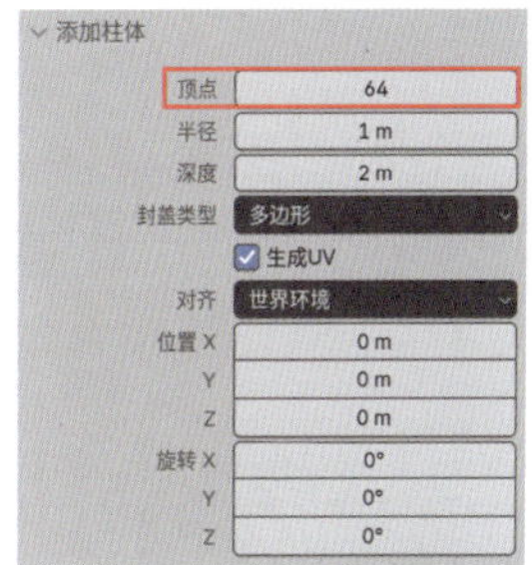

图1-23

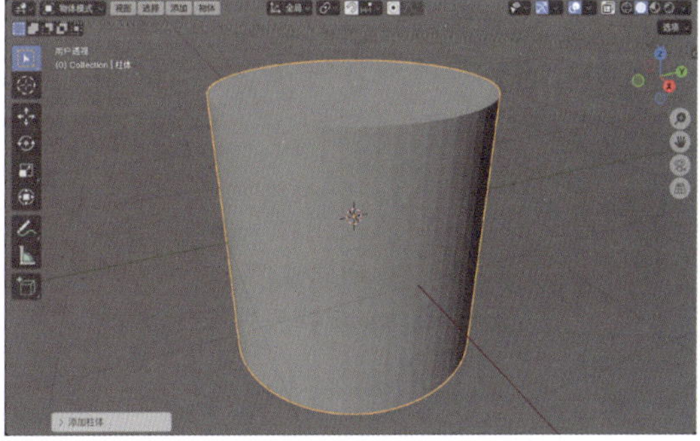

图1-24

05 在“视图叠加层”面板中，选中“线框”复选框，如图1-25所示，在视图中观察柱体模型的线框效果，如图1-26所示。

图1-25

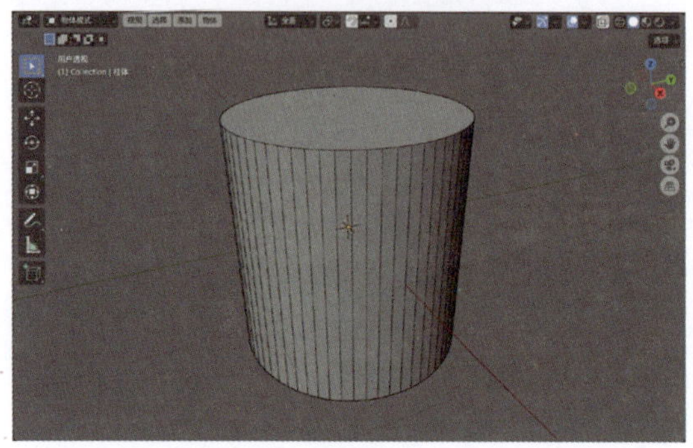

图1-26

06 在“视图着色方式”面板中，在“线框颜色”选项区中单击“物体”按钮，如图1-27所示，柱体的线框显示效果如图1-28所示。

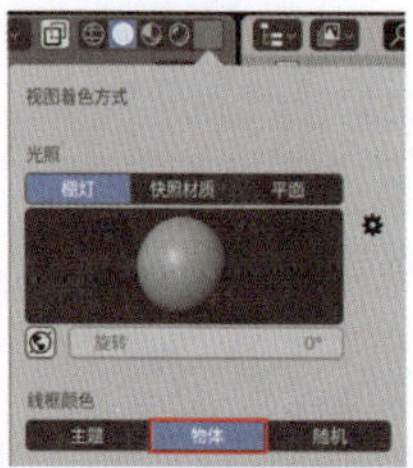

图1-27

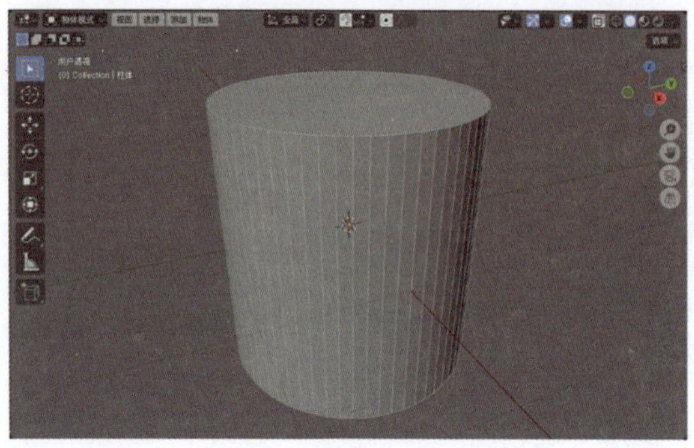

图1-28

07 在“视图着色方式”面板中，在“线框颜色”选项区中单击“随机”按钮，如图1-29所示，柱体的线框显示效果如图1-30所示。

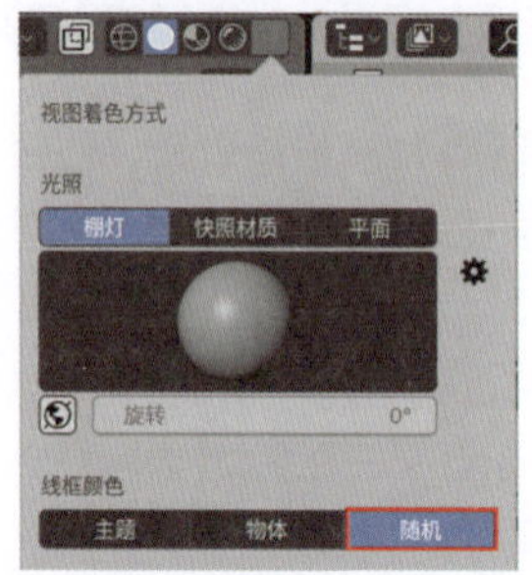

图1-29

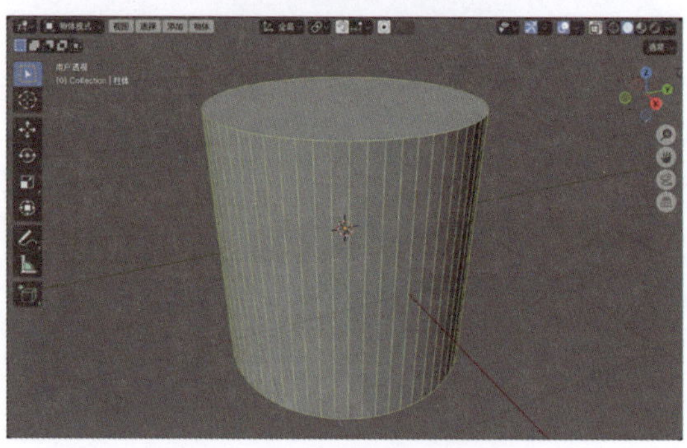

图1-30

08 单击“切换透视模式”按钮，如图1-31所示，场景中的模型显示为半透明状态，如图1-32所示。

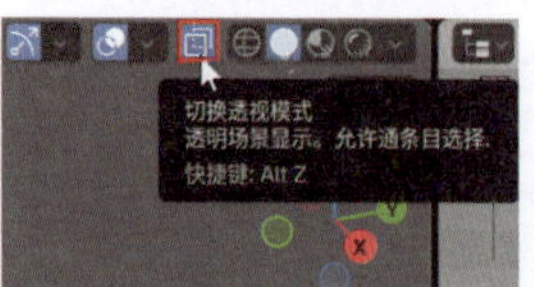

图1-31

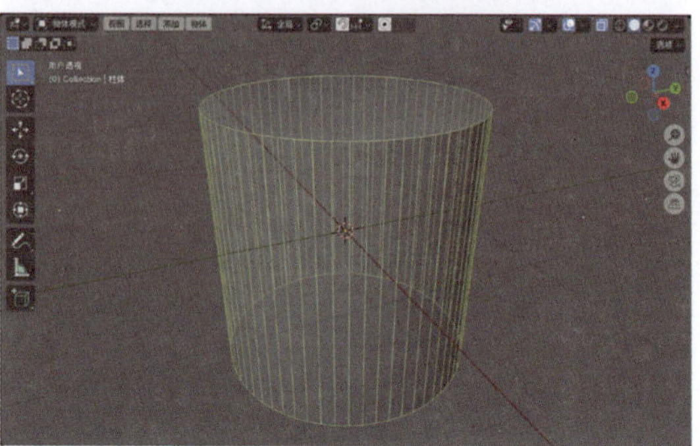

图1-32

技巧与提示

按住鼠标中键并拖动，可以旋转视图。

滚动鼠标中键，可以推进/拉远视图。

Shift+鼠标中键并拖动，可以平移视图。

1.4.2 基础操作：设置游标

知识点：游标的作用、更改游标位置、还原游标位置、制作藤蔓模型。

01 启动Blender，将场景中自带的立方体模型删除，即可看到坐标原点处有一个图标，即游标，如图1-33所示。

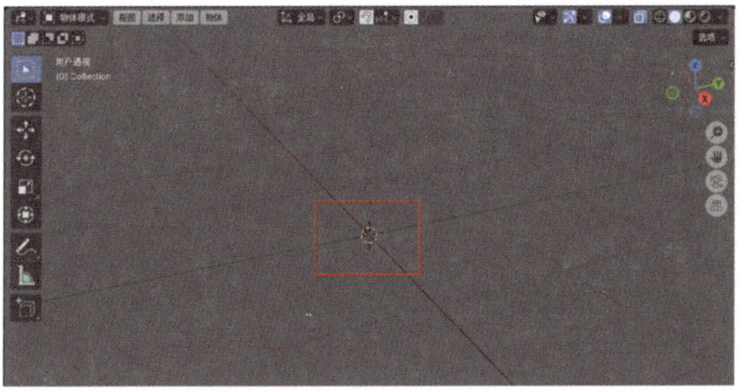

图1-33

02 "游标"的位置在哪里，创建的模型就会在哪里。单击"工具栏"中的"游标"按钮，使其呈激活（被按下）状态，如图1-34所示。即可通过单击的方式更改游标的位置，如图1-35所示。还可以采用按住Shift键并右击的方式更改游标的位置。

图1-34

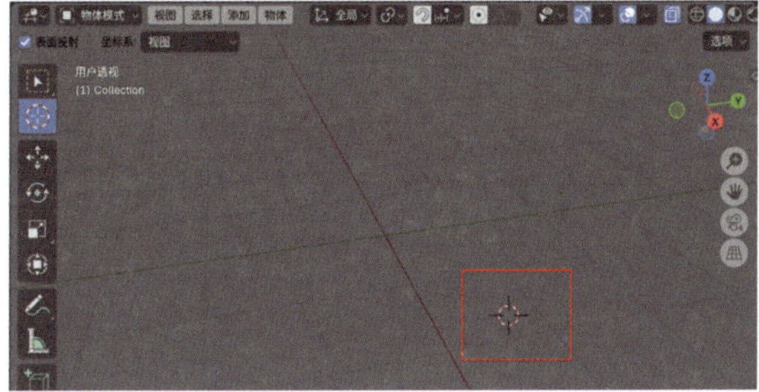

图1-35

03 执行"添加"→"网格"→"棱角球"命令，如图1-36所示，可以在场景中"游标"处创建一个棱角球模型，如图1-37所示。

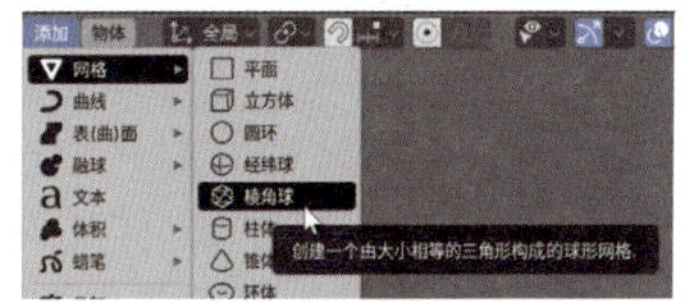

图1-36

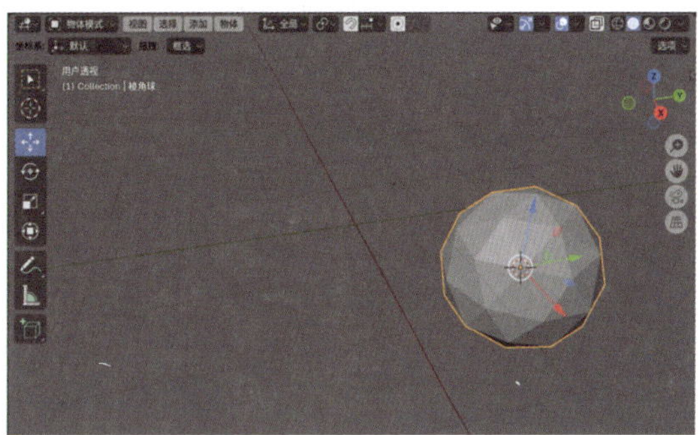

图1-37

04 在棱角球上任意位置单击，则可以将游标放置在棱角球的表面上，如图1-38所示。

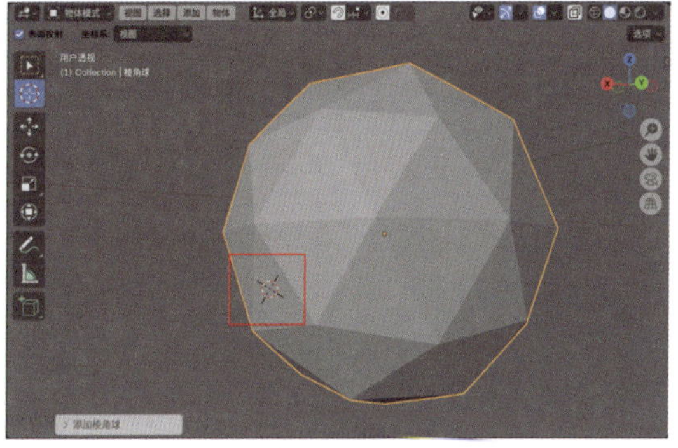

图1-38

05 执行"编辑"→"偏好设置"命令，如图1-39所示。

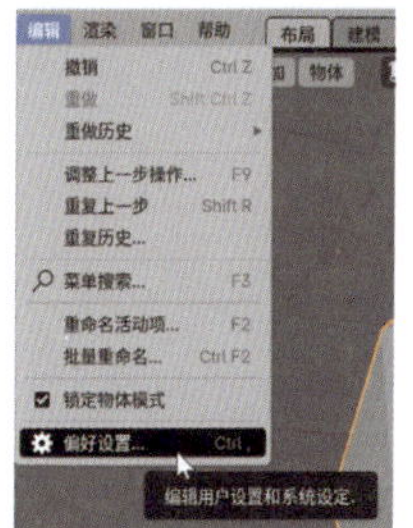

图1-39

06 在弹出的“偏好设置”对话框中，找到IvyGen插件，并单击“安装”按钮，如图1-40所示。

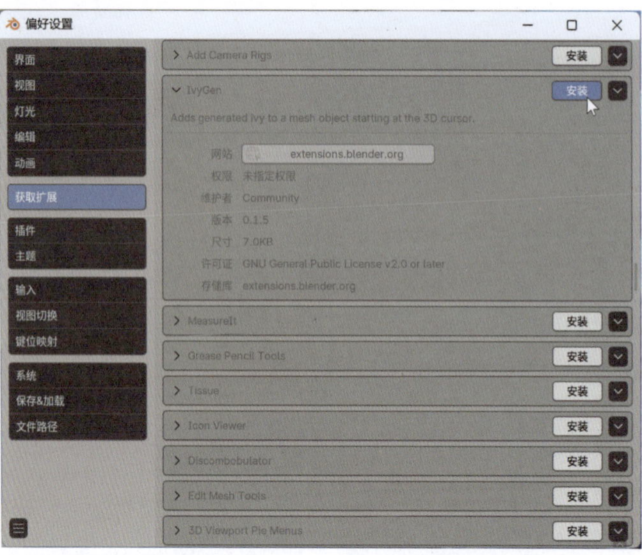

图1-40

07 按N键，打开“侧栏”。在Ivy Generator（藤蔓生成器）卷展栏中，单击Add New Ivy（添加新藤蔓）按钮，如图1-41所示。即可在游标处，沿棱角球的表面生成一株藤蔓模型，如图1-42所示。

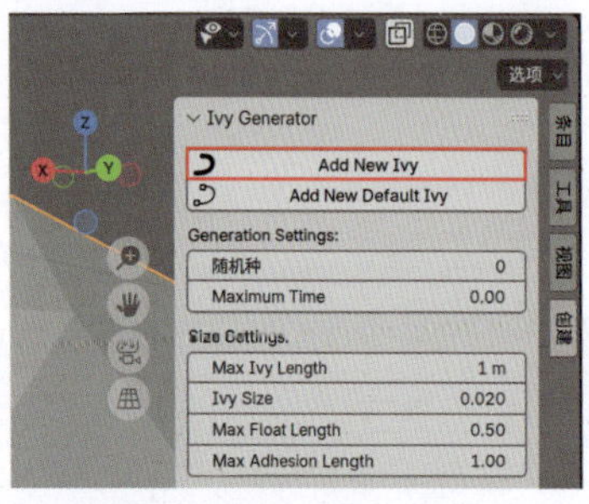

图1-41

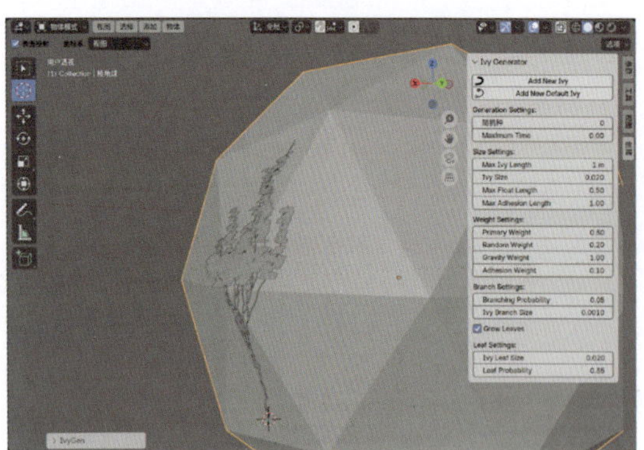

图1-42

08 按快捷键Shift+C，则可以将游标还原至场景中坐标原点位置，如图1-43所示。

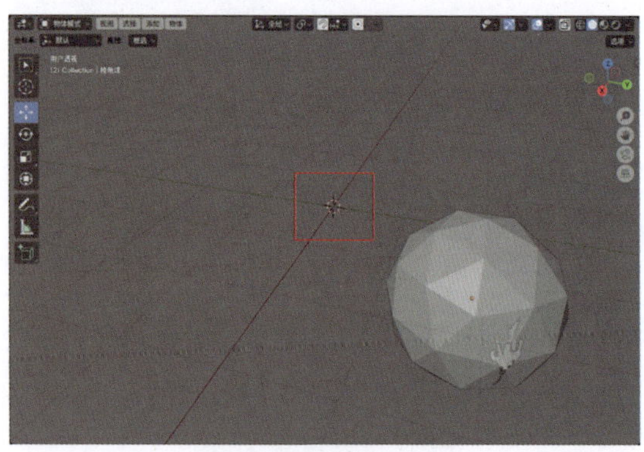

图1-43

技巧与提示

一般情况下，用户无须更改场景中游标的位置。在本例中，因为藤蔓模型较为特殊，其生长形状受依附物体的表面形态影响，故需要设置游标的位置。

1.4.3 基础操作：物体变换

知识点： 移动物体、旋转物体、缩放物体、缩放罩体。

01 启动Blender，选择场景中自带的立方体模型，如图1-44所示。注意当前视图左上角的“框选”按钮处于激活状态，如图1-45所示。

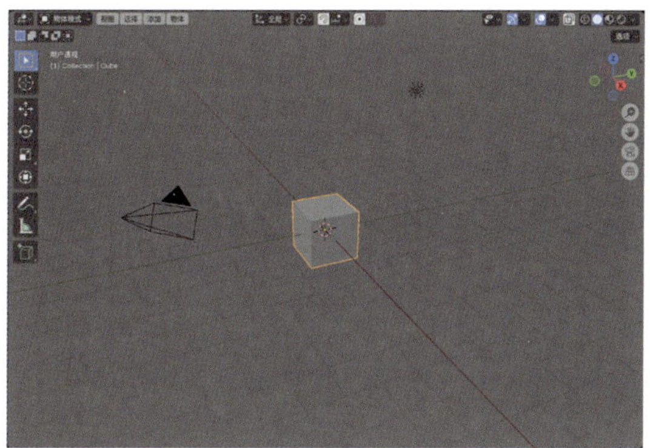

图1-44

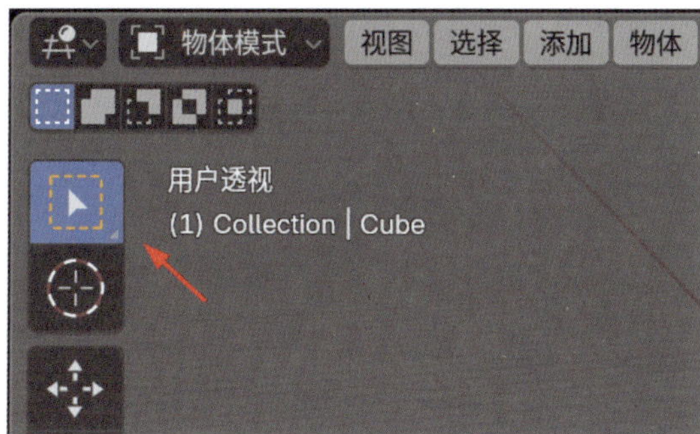

图1-45

02 按G键，即可看到选中的立方体模型会跟随鼠标指针的位置移动，如图1-46所示。

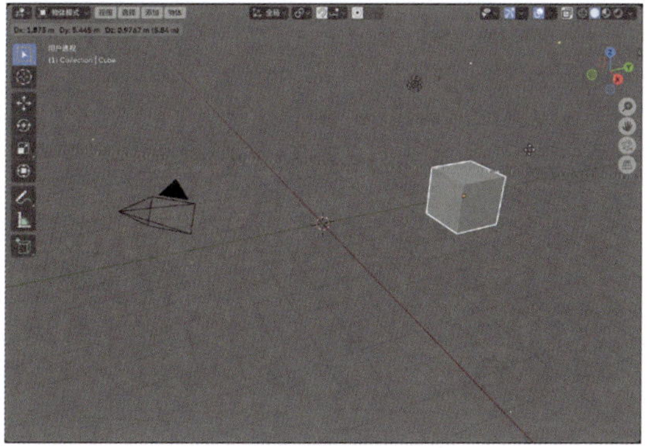

图1-46

03 按G键，再按Y键，则可以沿Y轴移动立方体模型的位置，如图1-47所示。

技巧与提示

按G键，再按X键，则可以沿X轴移动立方体模型的位置；按G键，再按Z键，则可以沿Z轴移动立方体模型的位置。

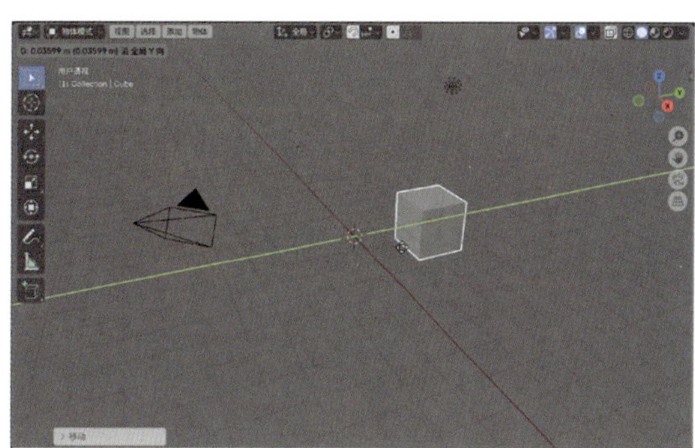

图1-47

04 按R键，即可看到选中的立方体模型会跟随鼠标指针的移动进行旋转，如图1-48所示。

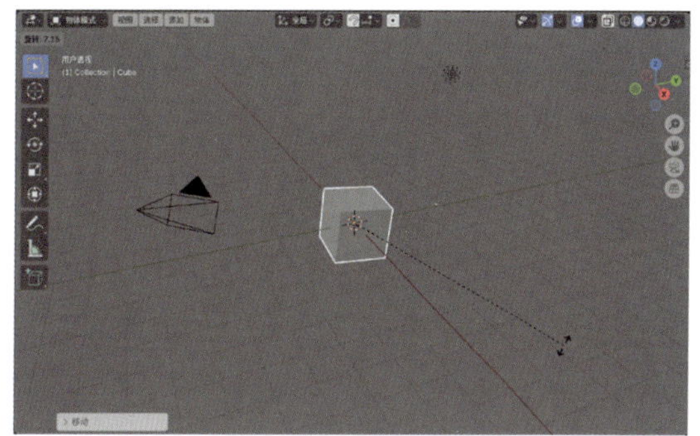

图1-48

05 按R键，再按Z键，则可以沿Z轴旋转立方体模型，如图1-49所示。

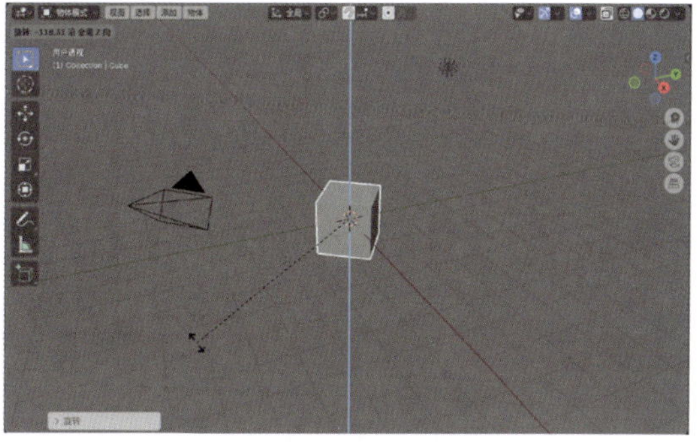

图1-49

技巧与提示

按R键，再按X键，则可以沿X轴调整立方体模型的角度。

按R键，再按Y键，则可以沿Y轴调整立方体模型的角度。

06 按S键，即可看到选中的立方体模型会跟随鼠标指针的移动等比例缩放，如图1-50所示。

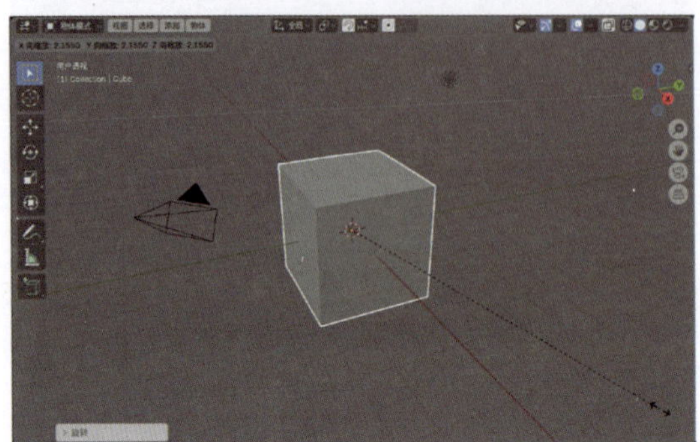

图1-50

07 按S键，再按X键，则可以沿X轴拉伸立方体模型，如图1-51所示。

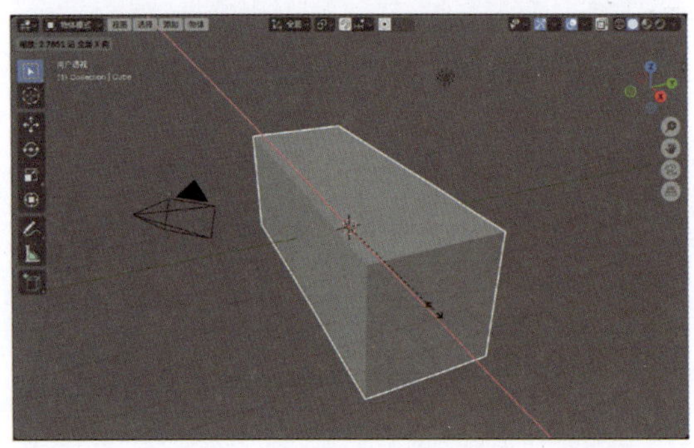

图1-51

技巧与提示

按S键，再按Y键，可以沿Y轴拉伸立方体模型；按S键，再按Z键，可以沿Z轴拉伸立方体模型。

08 单击“工具栏”中的“移动”按钮，如图1-52所示，会在模型上显示移动坐标轴，如图1-53所示。

图1-52

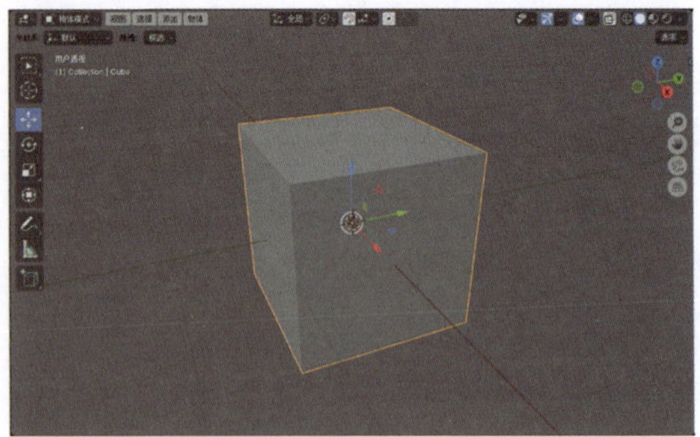

图1-53

09 单击“工具栏”中的“旋转”按钮，如图1-54所示，会在模型上显示旋转坐标轴，如图1-55所示。

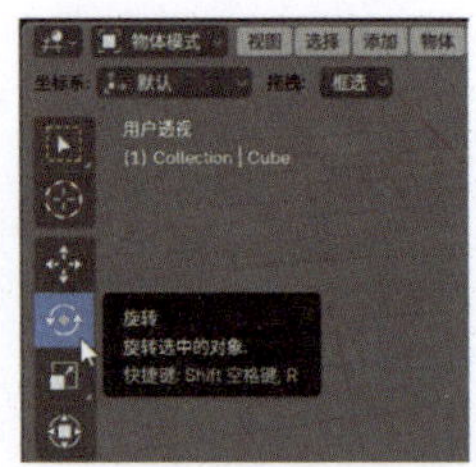

图1-54

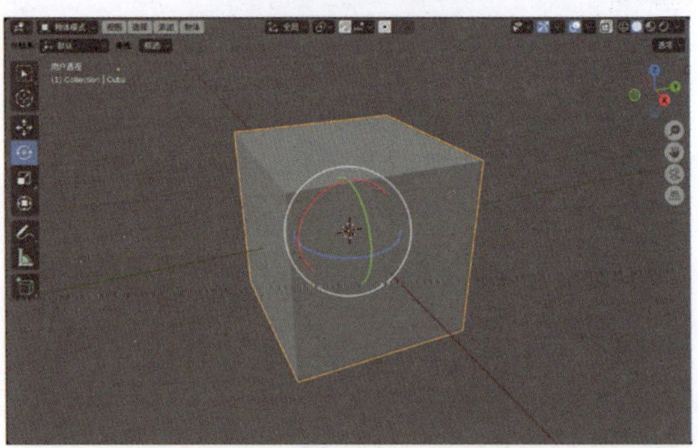

图1-55

10 单击“工具栏”中的“缩放”按钮，如图1-56所示，会在物体上显示缩放坐标轴，如图1-57所示。

图1-56

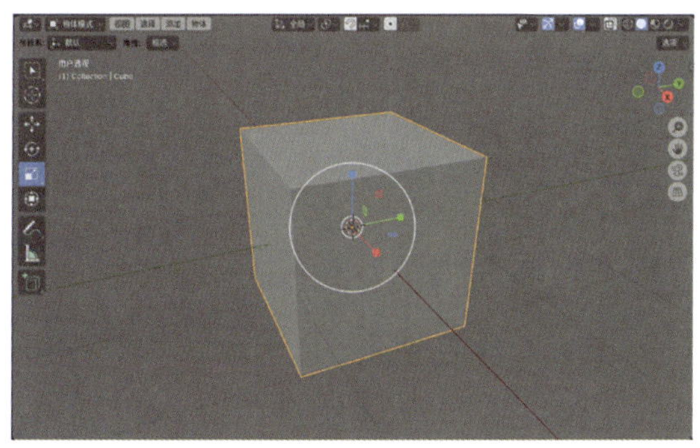

图1-57

11 单击“工具栏”中的“缩放罩体”按钮，如图1-58所示，会在物体上显示罩体，如图1-59所示。

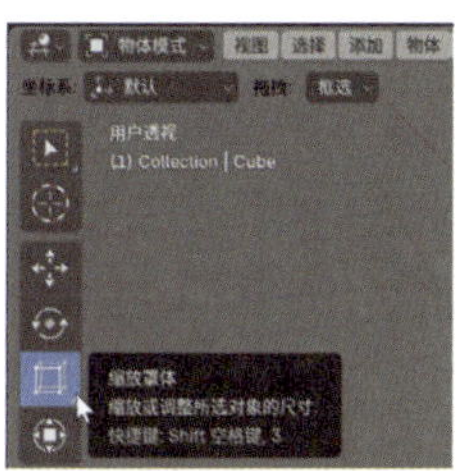

图1-58

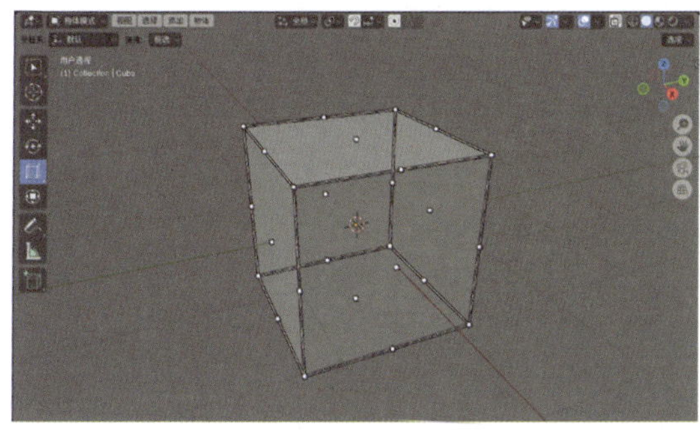

图1-59

12 单击“工具栏”中的“变换”按钮，如图1-60所示，会在物体上显示变换坐标轴，如图1-61所示。

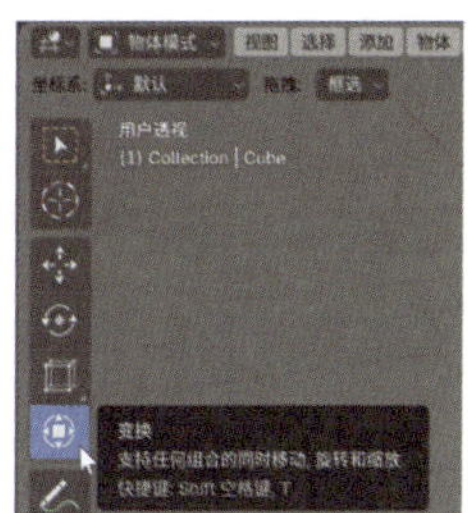

图1-60

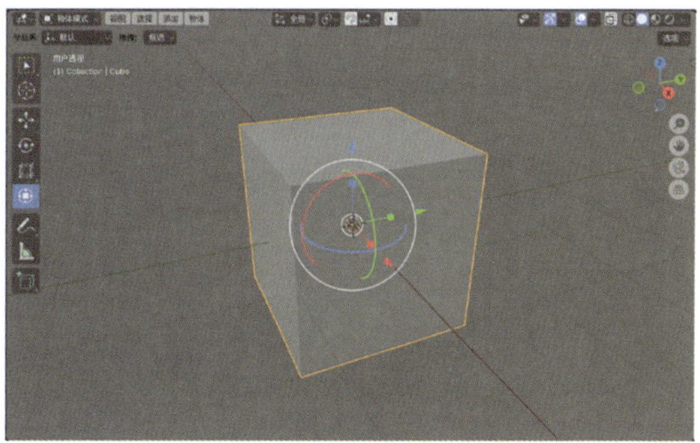

图1-61

1.4.4 基础操作：视图切换

知识点：预设观察点、视图切换。

01 启动Blender，可以看到新建场景中有一个立方体模型、一台摄像机和一盏灯光，如图1-62所示。

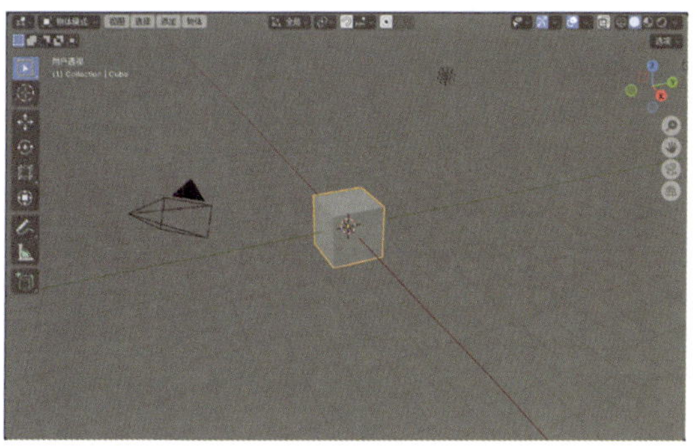

图1-62

02 将场景中的立方体模型删除，执行“添加”→“网格”→“猴头”命令，在场景中创建一个猴头模型，如图1-63所示。

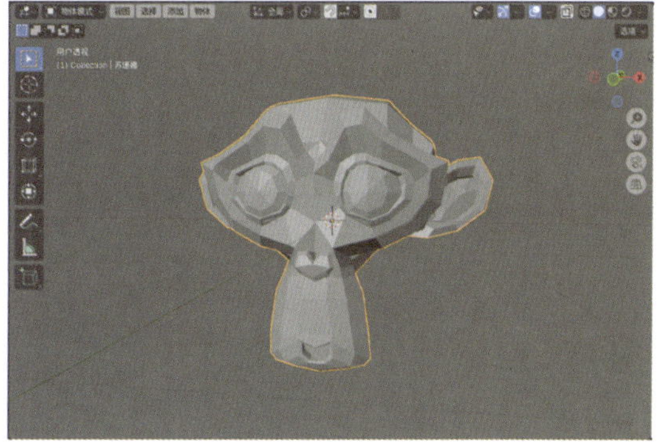

图1-63

03 单击视图右上方“预设观察点”上的Z点，如

图1-64所示，将当前视图切换至“正交顶视图”，如图1-65所示。

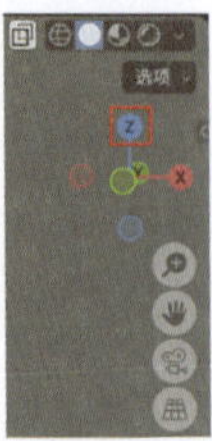

图1-64

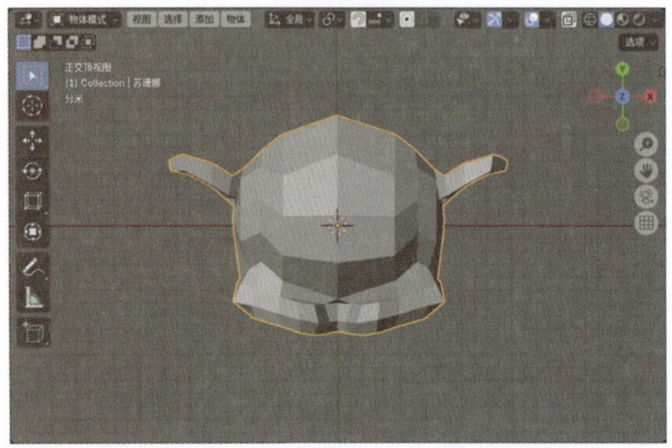

图1-65

04 单击视图右上方“预设观察点”上的X点，如图1-66所示，将当前视图切换至“正交右视图”，如图1-67所示。

图1-66

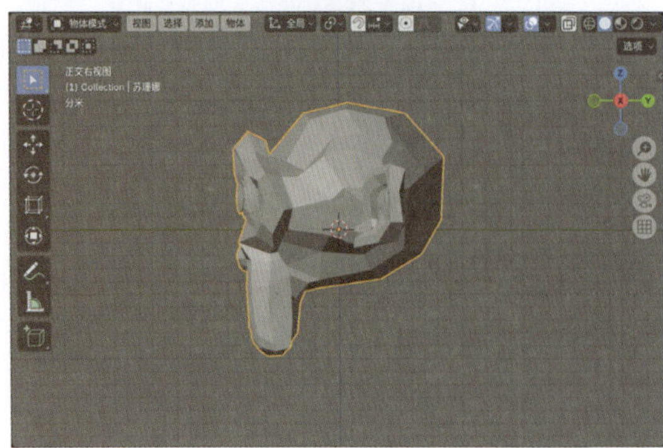

图1-67

05 执行“视图”→“视图”→“前视图”命令，如图1-68所示，则可以将当前视图切换至“正交前视图”，如图1-69所示。

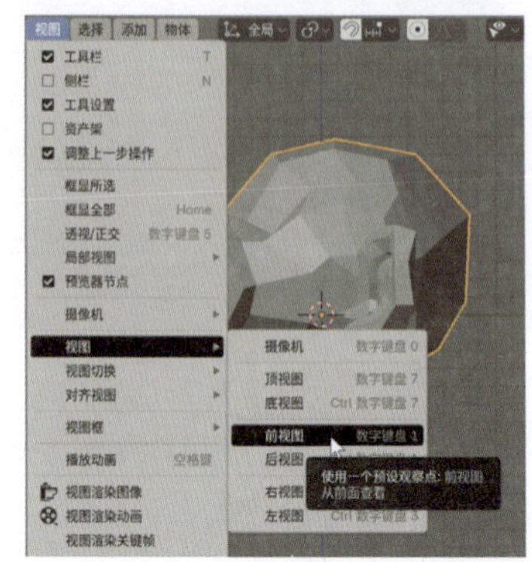

图1-68

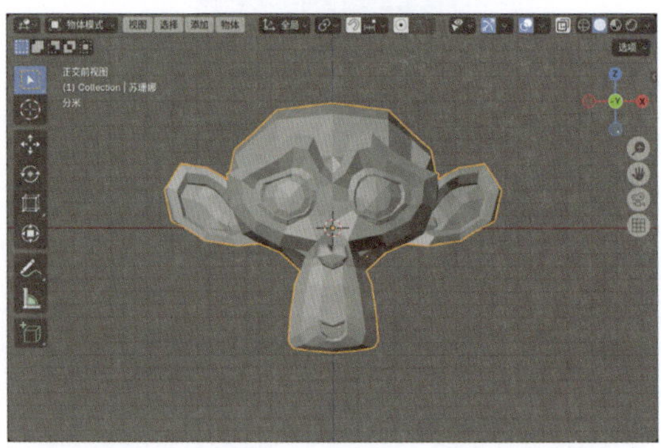

图1-69

06 按住鼠标中键并拖动，可以将当前视图切换回“用户透视”视图，如图1-70所示。

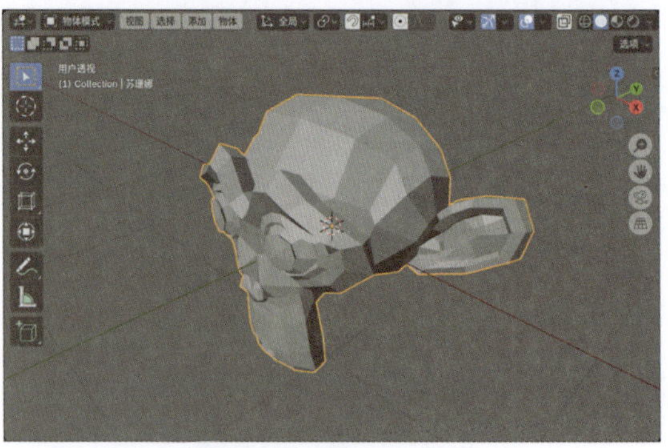

图1-70

07 执行“视图”→“区域”→“切换四格视图”命令，如图1-71所示，界面将会显示为四格视图，如图1-72所示。

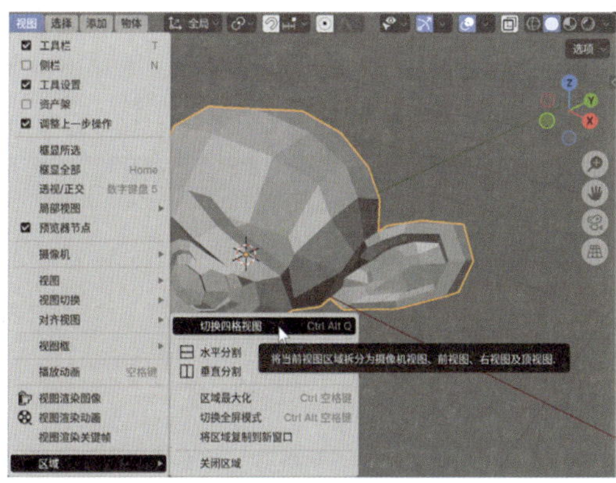

图1-71

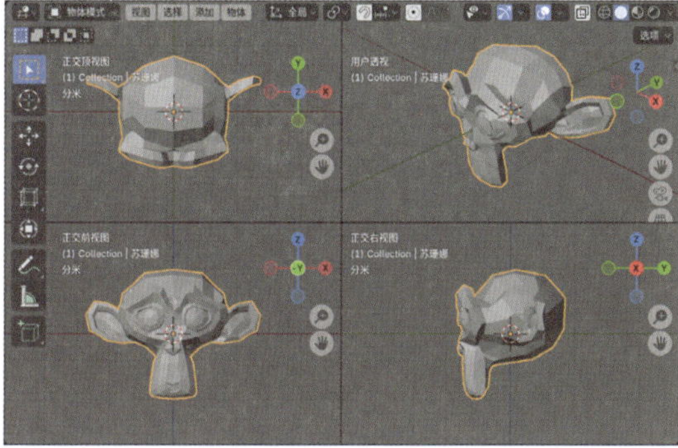

图1-72

技巧与提示

切换四格视图的快捷键为：Ctrl+Alt+Q。

1.4.5 基础操作：复制对象

知识点：复制对象、关联复制、连续复制。

01 启动Blender 软件，选择场景中自带的立方体模型，如图1-73所示。

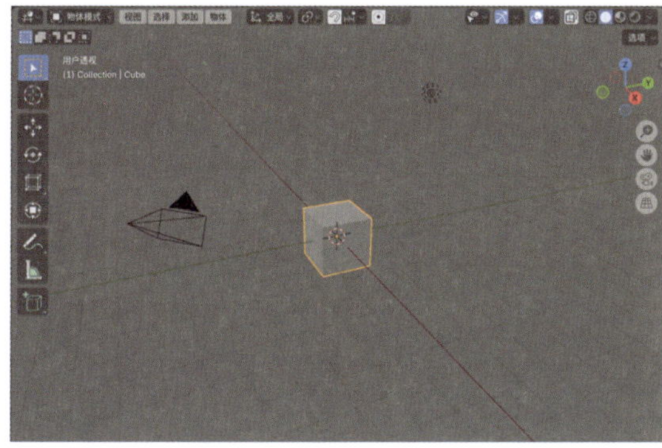

图1-73

02 先按快捷键Shift+D，再按Y键，即可复制选中的模型并沿Y轴调整其位置，如图1-74所示。

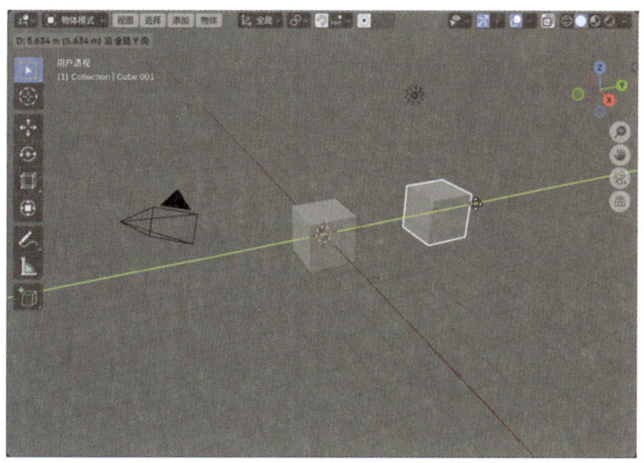

图1-74

03 在“复制物体”卷展栏中，选中“关联”复选框，如图1-75所示。此时，复制出来的模型与原模型建立关联关系，即修改其中一个模型的属性也会影响另一个模型的形态。

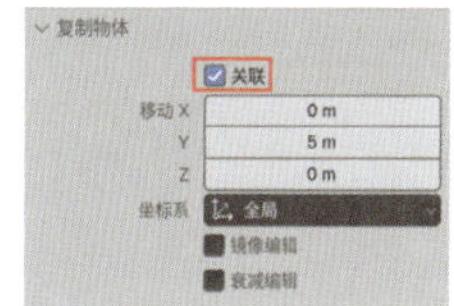

图1-75

技巧与提示

关联复制的快捷键是Alt+D。

04 连续多次按快捷键Shift+R，复制出多个立方体模型，如图1-76所示。

图1-76

05 选中任意一个立方体模型，进入“编辑模式”，如图1-77所示。

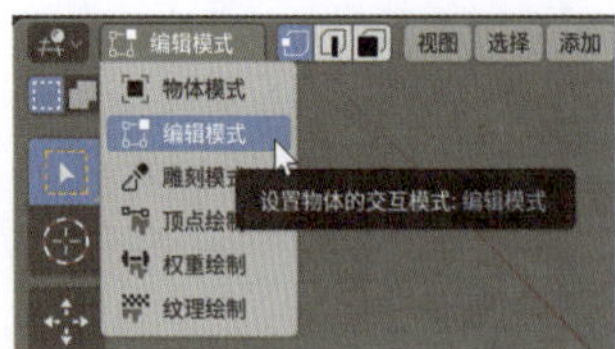

图1-77

06 选择如图1-78所示的顶点。

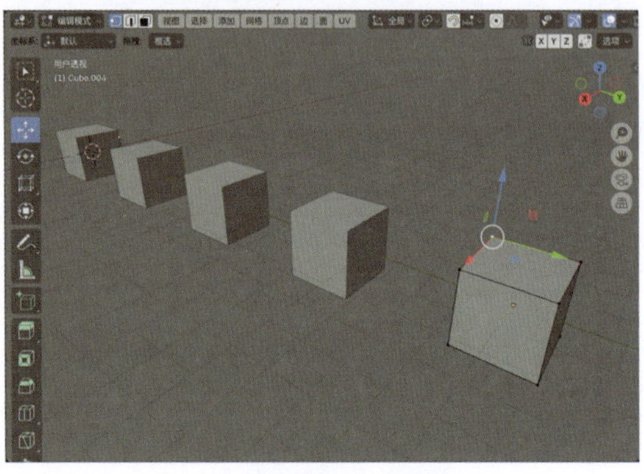

图1-78

07 使用“移动”工具将其调整至如图1-79所示的位置，这样，可以看到其他立方体模型的形态也发生了对应的变化。

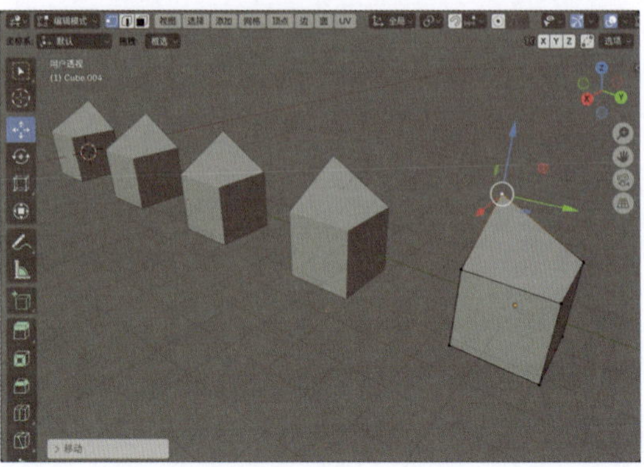

图1-79

第2章
网格建模

2.1 网格建模概述

网格建模是当前非常流行的一种建模方式，用户通过对网格的顶点、边以及面进行编辑可以得到精美的三维模型，这项技术被广泛用于电影、游戏、虚拟现实等动画模型的开发制作。中文版 Blender 软件提供了多种建模工具，可以帮助用户解决各种各样复杂形体模型的构建问题。当我们选中模型并切换至“编辑模式”后，就可以使用这些建模工具了。图 2-1 和图 2-2 所示为使用 Blender 制作出来的模型。

图2-1

图2-2

2.2 创建几何体

在“添加”→“网格”子菜单中，可以看到 Blender 提供的多种基本几何体的创建命令，如图 2-3 所示。

图2-3

工具解析

※ 平面：用于创建平面模型。

※ 立方体：用于创建立方体模型。

※ 圆环：用于创建圆环模型。

※ 经纬球：用于创建经纬球模型。

※ 棱角球：用于创建棱角球模型。

※ 柱体：用于创建柱体模型。

※ 锥体：用于创建锥体模型。

※ 环体：用于创建环体模型。

※ 栅格：用于创建栅格模型。

※ 猴头：用于创建猴头模型。

2.2.1 创建及修改网格对象

知识点：创建柱体、编辑模式、常用网格工具、应用修改器。

01 启动Blender，将场景中自带的立方体模型删除，执行“添加”→“网格”→“柱体”命令，如图2-4所示，创建一个柱体模型。

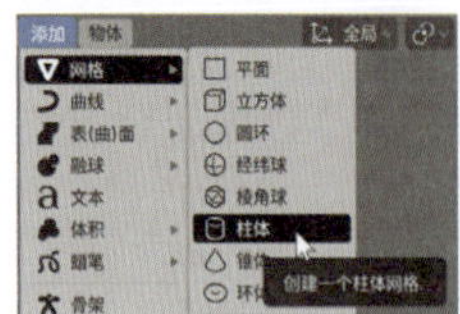

图2-4

02 在“添加柱体”卷展栏中，设置“半径”为0.05m，“深度”为0.12m，如图2-5所示。

03 执行“视图”→“框显所选”命令，如图2-6所示，即可在视图中最大化显示柱体模型，如图2-7所示。

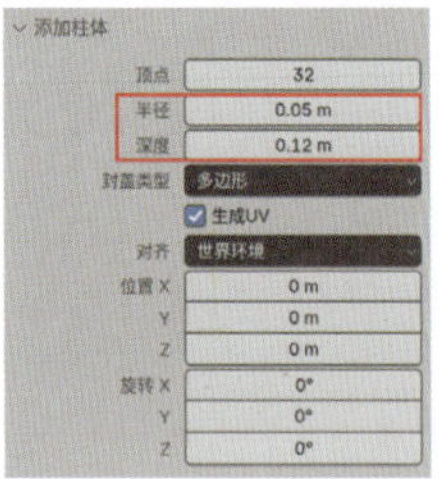

图2-5

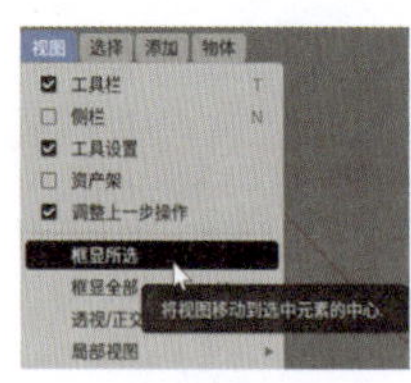

图2-6

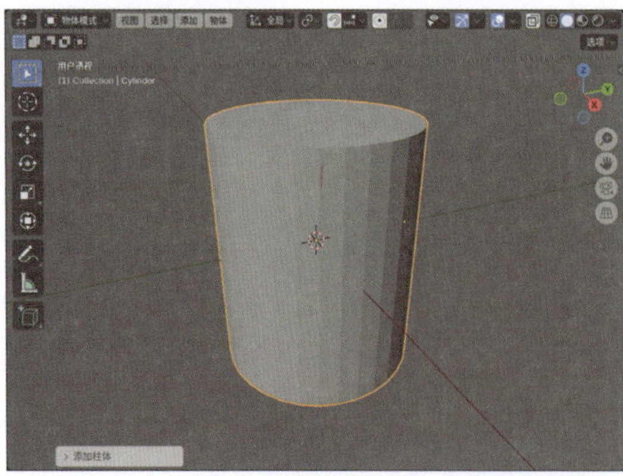

图2-7

04 按Tab键，将“物体模式”切换至“编辑模式”，柱体的视图显示结果如图2-8所示。

05 选择如图2-9所示的面，使用“内插面”工具制作如图2-10所示的模型效果。

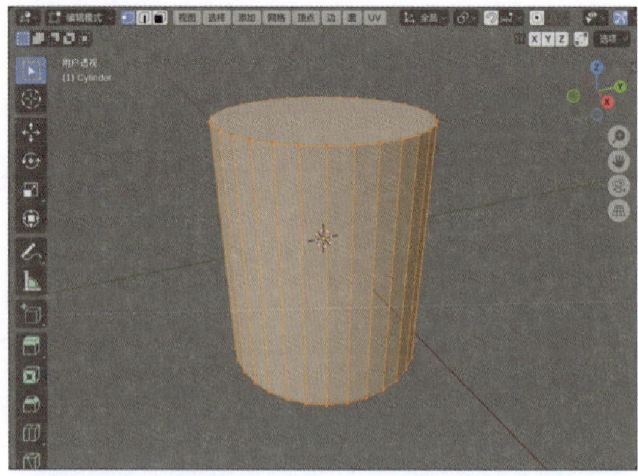

图2-8

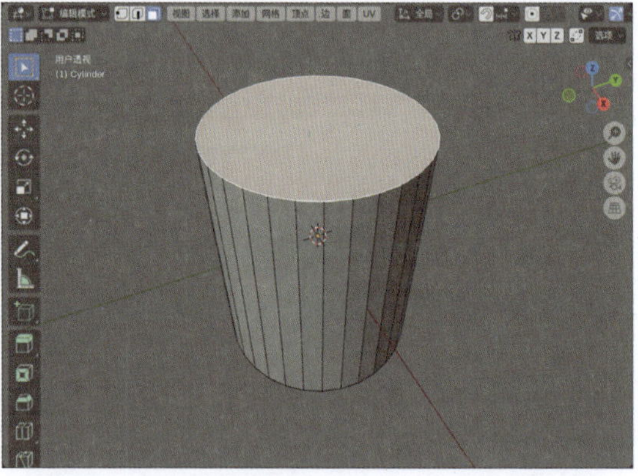

图2-9

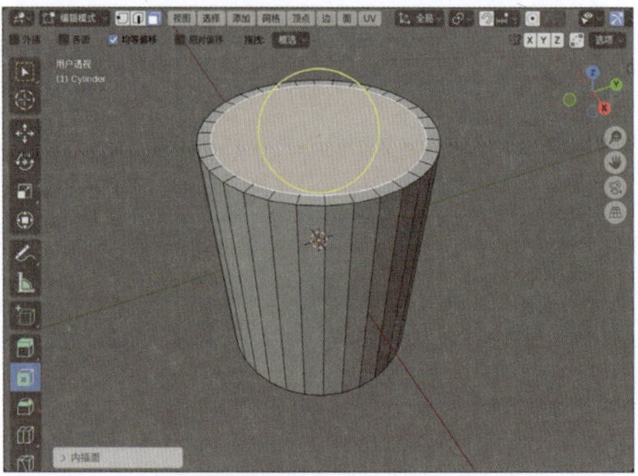

图2-10

06 使用“挤出选区”工具对所选择的面进行挤出，得到如图2-11所示的模型效果。

07 选择如图2-12所示的顶点，使用“缩放”工具将其调整至如图2-13所示的位置。

08 使用“环切”工具为柱体模型添加边线，如图2-14所示。

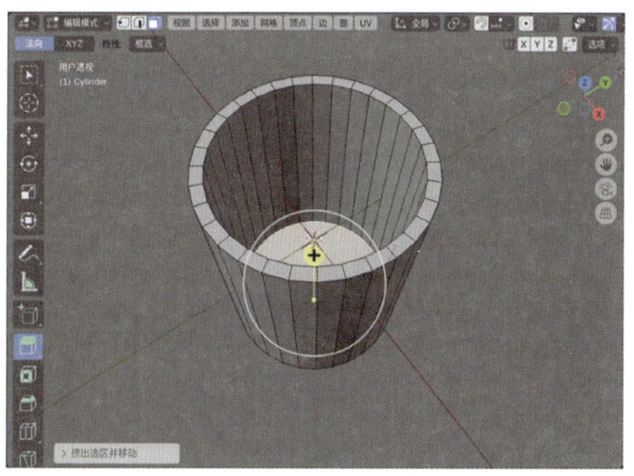

图2-11

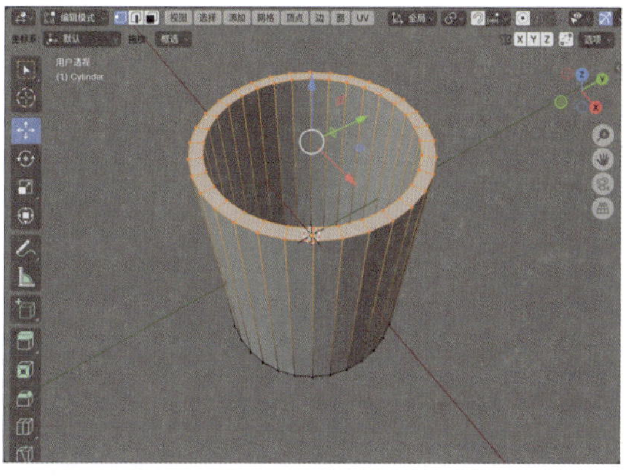

图2-12

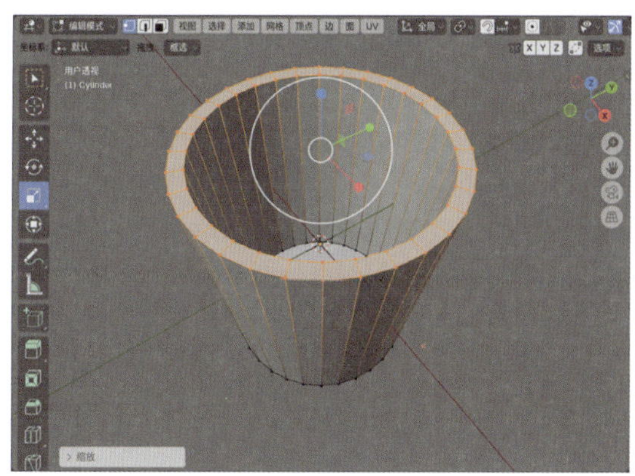

图2-13

09 选择如图2-15所示的面，右击并在弹出的快捷菜单中选择“尖分面”选项，如图2-16所示，得到如图2-17所示的模型效果。

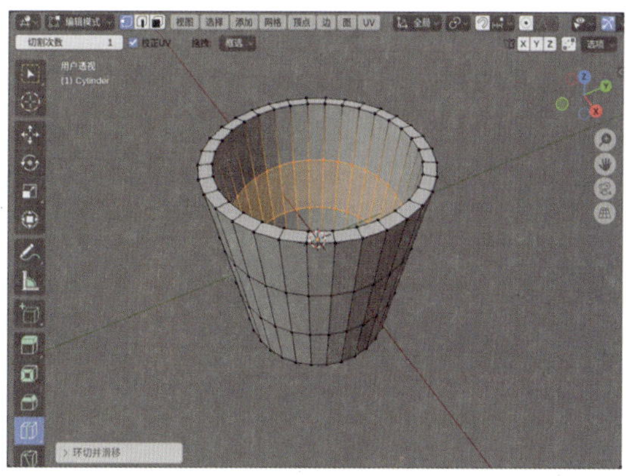

图2-14

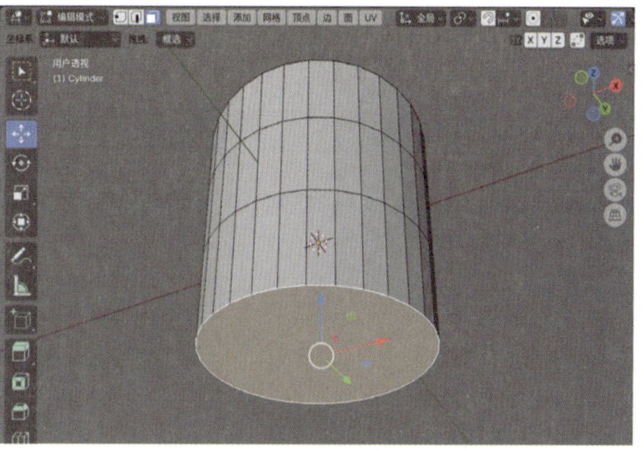

图2-15

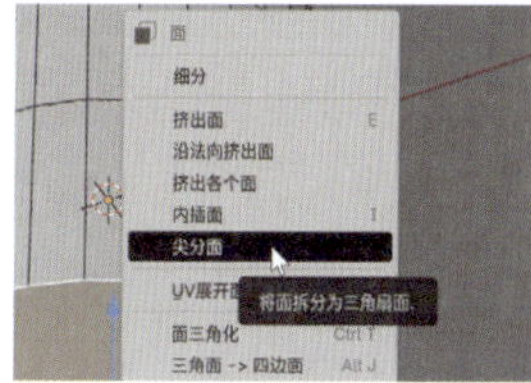

图2-16

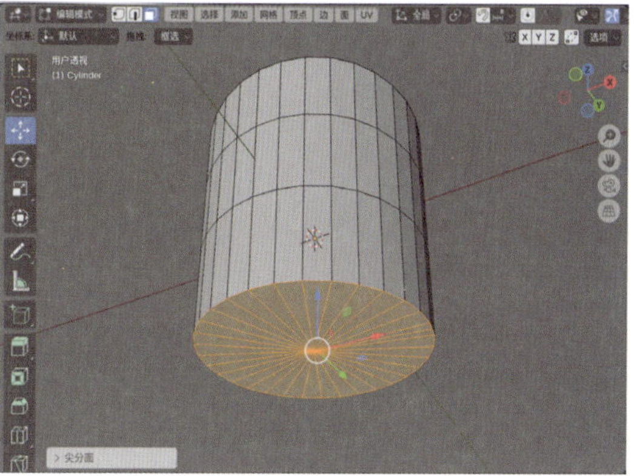

图2-17

10 再次按Tab键，退出“编辑模式”，在“添加修改器”选项卡中，为柱体模型添加“倒角”修改器，并设置“（数）量”为0.001m，如图2-18所示。设置完成后，柱体模型的视图显示结果如图2-19所示。

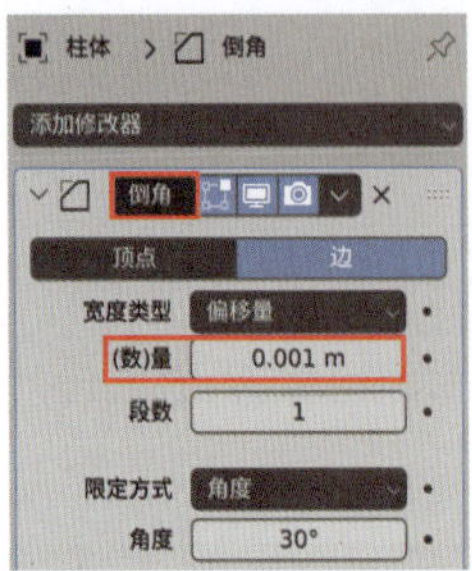

图2-18

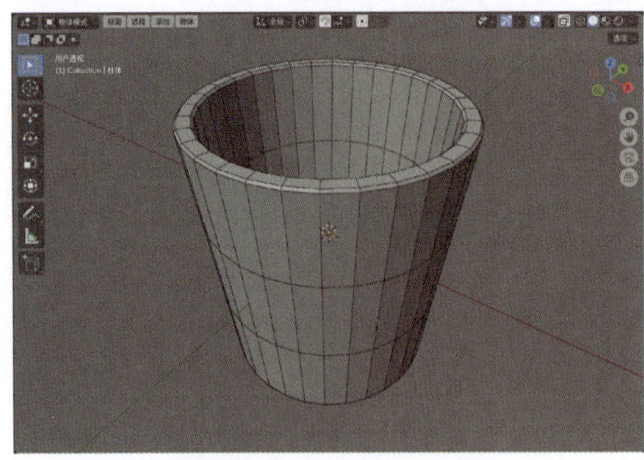

图2-19

11 在“修改器”选项卡中，单击“倒角”修改器右侧的向下箭头按钮，在弹出的下拉列表中选择“应用”选项，如图2-20所示。

12 在“大纲视图”面板中，更改柱体模型的名称为“杯子”，如图2-21所示。设置完成后，一个由柱体修改得到的杯子模型就制作完成了，如图2-22所示。

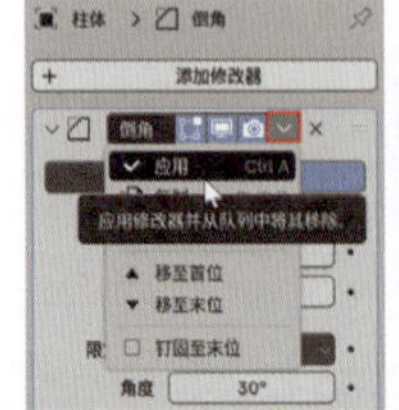

图2-20　　图2-21

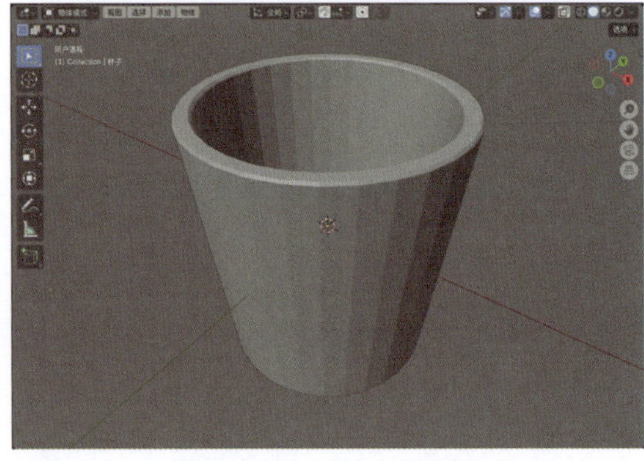

图2-22

2.2.2 实例：制作石膏模型

本例将使用 Blender 提供的基本几何体制作一组石膏模型，最终效果如图 2-23 所示。

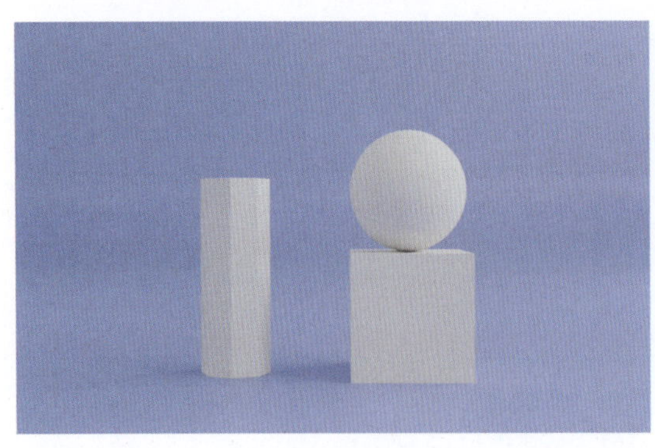

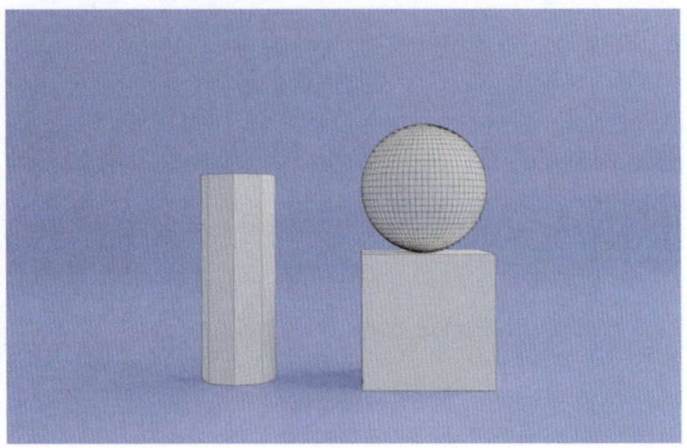

图2-23

01 启动Blender，将场景中自带的立方体模型删除。执行“添加”→“网格”→“立方体”命令，如图2-24所示，在场景中创建一个立方体模型。

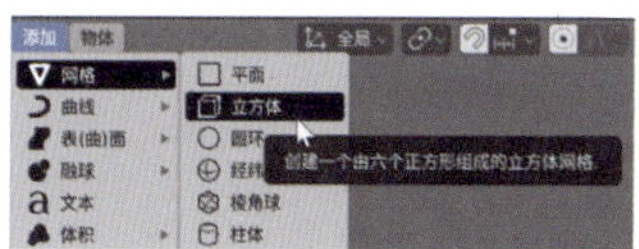

图2-24

02 在“添加立方体”卷展栏中，设置“尺寸”为0.1m，如图2-25所示。

03 在“变换”卷展栏中，设置“位置Z”为0.05m，如图2-26所示。设置完成后，立方体模型的视图显示效果如图2-27所示。

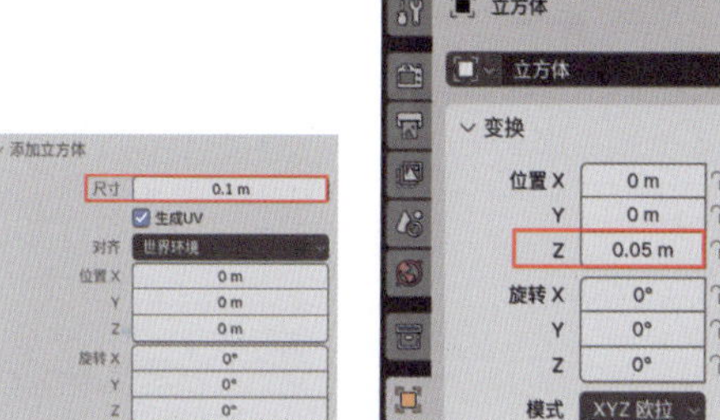

图2-25　　图2-26

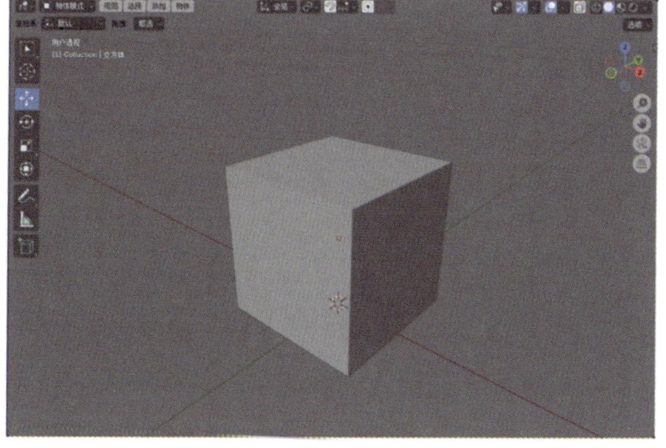

图2-27

04 执行“添加”→“网格”→“经纬球”命令，如图2-28所示，创建一个经纬球模型。

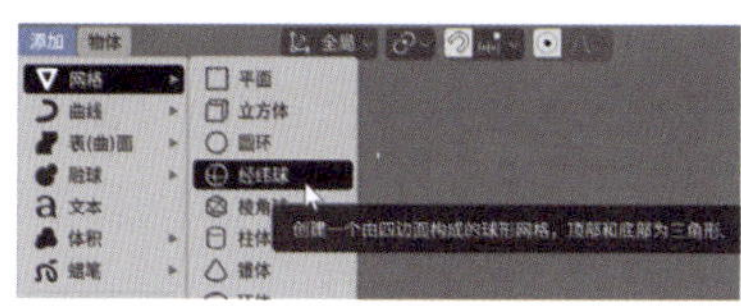

图2-28

05 在“添加经纬球”卷展栏中，设置“段数”值为64，“环”值为32，“半径”为0.05m，“位置Z”为0.15m，如图2-29所示。设置完成后，经纬球的视图显示效果如图2-30所示。

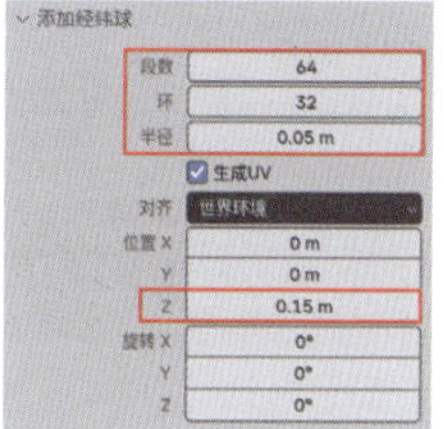

图2-29

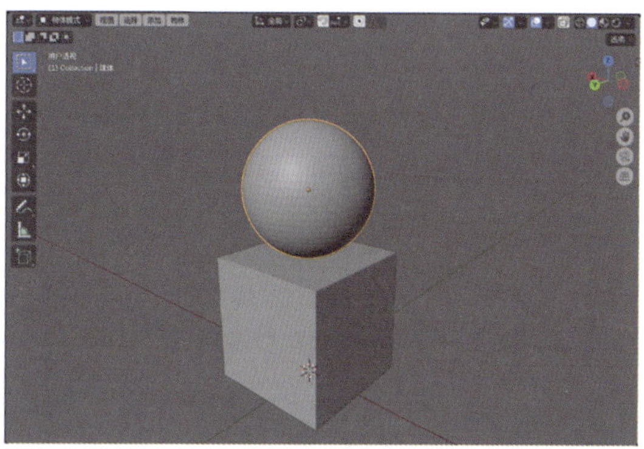

图2-30

06 选中经纬球模型，右击并在弹出的快捷菜单中选择“自动平滑着色”选项，如图2-31所示，即可得到更加平滑的球体模型，如图2-32所示。

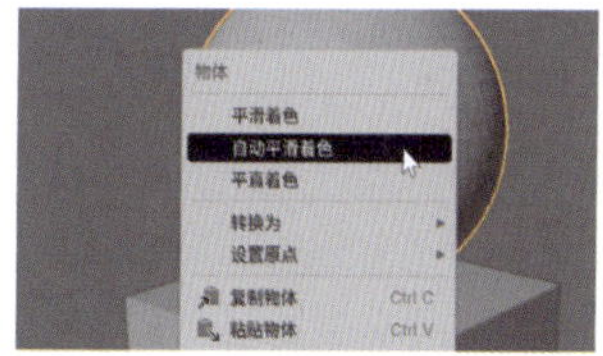

图2-31

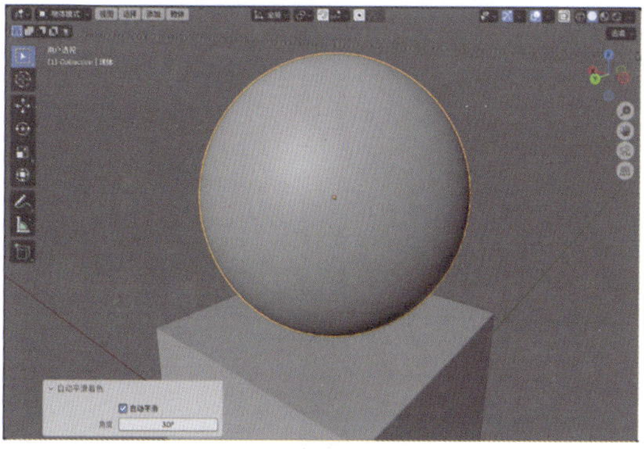

图2-32

07 执行“添加”→“网格”→“柱体”命令，如图2-33所示，创建一个柱体模型。

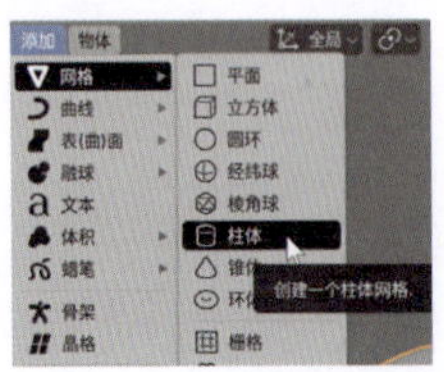

图2-33

08 在“添加柱体”卷展栏中，设置“顶点”值为8，“半径”为0.03m，“深度”为0.16m，“位置Y”为0.15m，“位置Z”为0.08m，如图2-34所示。设置完成后，柱体模型的显示效果如图2-35所示。

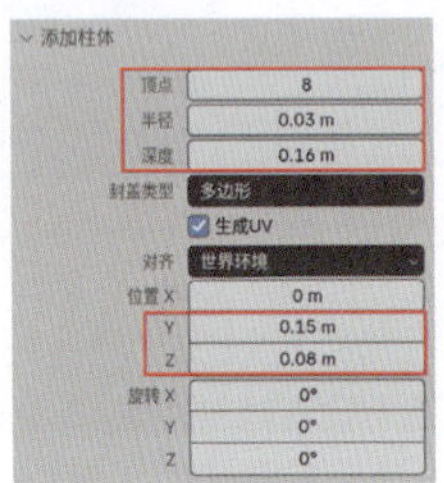

图2-34

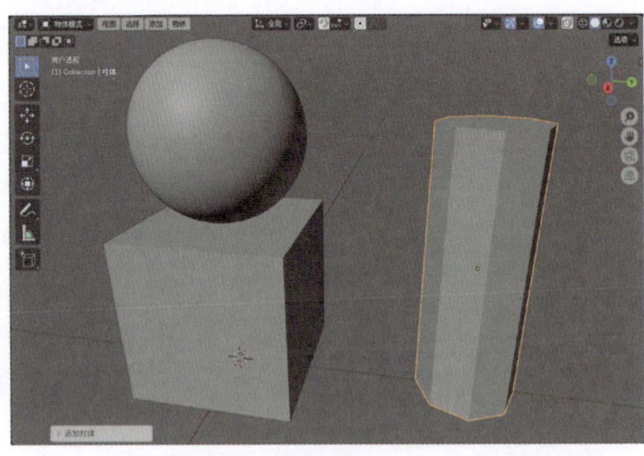

图2-35

本例最终完成的模型效果如图 2-36 所示。

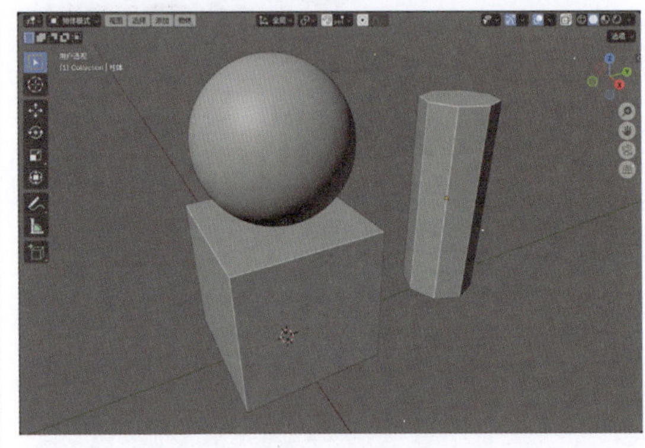

图2-36

2.3 编辑网格

在对场景中的模型进行编辑时，需要从默认的“物体模式”切换至“编辑模式”。在“编辑模式”中，用户不仅可以清楚地看到构成模型的边线结构，还可以使用各种建模工具。这些建模工具被集成在视图左侧的“工具栏”中，如图 2-37 所示。

图2-37

工具解析

※ 挤出选区：将选中的面挤出。

※ 挤出流形：对选中的面沿整体面的朝向挤出。该工具按钮与“挤出选区”工具按钮叠加在一起。

※ 沿法向挤出：对选中的面沿法线方向挤出。该工具按钮与“挤出选区”工具按钮叠加在一起。

※ 挤出各个面：对选中的面沿面的朝向分别挤出。该工具按钮与“挤出选区”工具按钮叠加在一起。

※ 挤出至光标：对选中的面沿光标的位置

挤出。该工具按钮与“挤出选区”工具按钮叠加在一起。

※ 内插面：在选中的面内插入一个新面。

※ 倒角：对选中的面的边缘进行倒角圆滑处理。

※ 环切：对模型进行环形切割。

※ 偏移环切边：对选中边线进行偏移处理。该工具按钮与“环切”工具按钮叠加在一起。

※ 切割：对模型的面进行切割。

※ 切分：对模型的面进行切分。该工具按钮与“切割”工具按钮叠加在一起。

※ 多边形建形：通过调整网格顶点来修改模型的形态。

※ 旋绕：对选中的顶点进行旋转挤出。

※ 光滑：光滑选中顶点的边角。

※ 随机：对选中的顶点进行随机移动。该工具按钮与“光滑”工具按钮叠加在一起。

※ 滑移边线：对选中的边线进行滑移。

※ 顶点滑移：对选中的顶点进行滑移。该工具按钮与“滑移边线”工具按钮叠加在一起。

※ 法向缩放：沿法向缩放选中的顶点。

※ 推/拉：对选中的顶点进行推/拉操作。该工具按钮与“法向缩放”工具按钮叠加在一起。

※ 切变：沿给定轴剪切选定项目。

※ 球形化：对选中的顶点进行移动，并使其最终形成为球形。该工具按钮与“切变”工具按钮叠加在一起。

※ 断离区域：对模型的面进行断离计算。

※ 断离边线：对模型的边线进行断离计算。该工具按钮与“断离区域”工具按钮叠加在一起。

2.3.1 实例：制作高脚杯模型

本例将使用立方体制作一个高脚杯模型，最终效果如图 2-38 所示。

图2-38

01 启动Blender，选中场景中自带的立方体模型，如图2-39所示。

02 按Tab键，进入“编辑模式”，选中如图2-40所示的点。

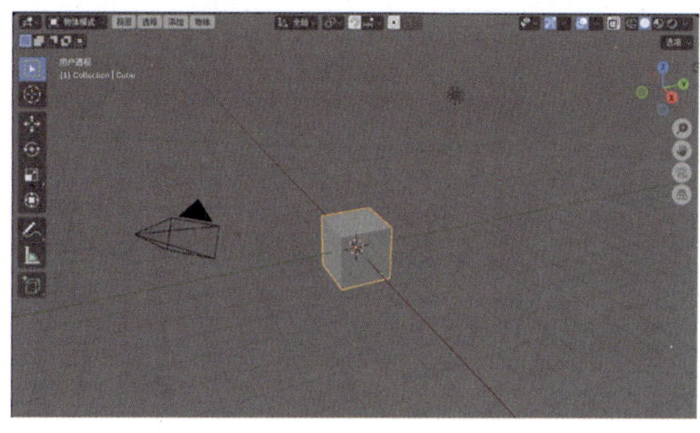

图2-39

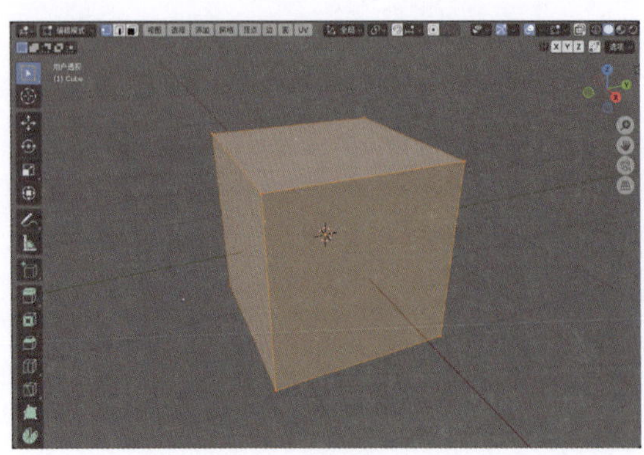

图2-40

03 按M键，在弹出的“合并”菜单中选择“到中心”选项，如图2-41所示。这样，立方体模型就变成了一个顶点，如图2-42所示。

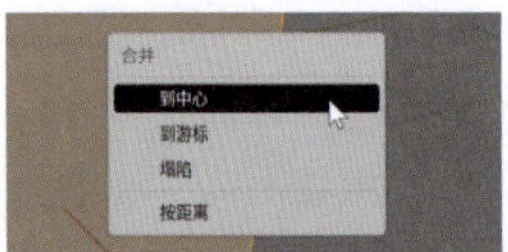

图2-41

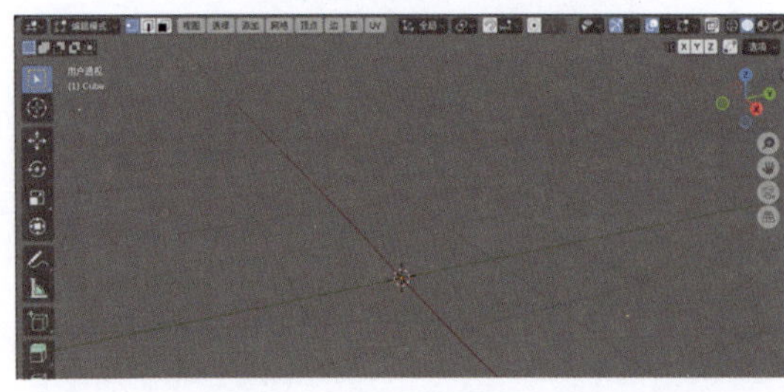

图2-42

04 在“正交前视图”中，选择场景中唯一的顶点，多次按E键，对顶点进行“挤出”操作并调整顶点的位置，如图2-43所示，制作出高脚杯的剖面效果。

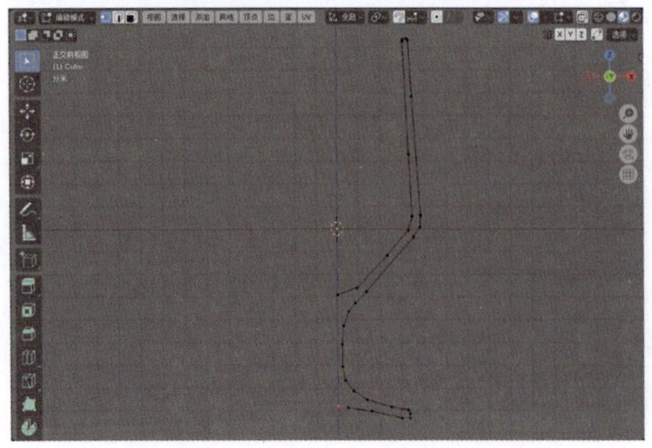

图2-43

05 选中如图2-44所示的两个顶点，使用“环切”工具在这两个顶点之间添加新的顶点，如图2-45所示。

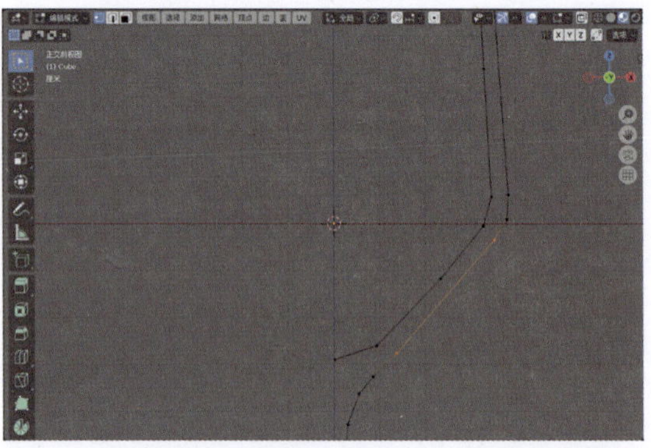

图2-44

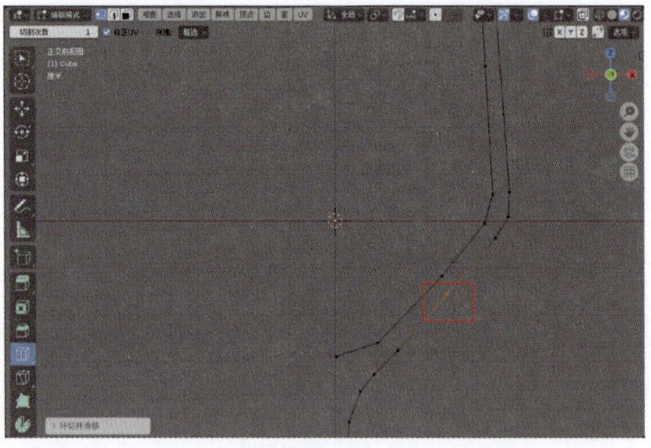

图2-45

06 如果这个顶点不需要了，可以选中该顶点，按X键，在弹出的“删除”菜单中选择“融并顶点”选项，如图2-46所示。

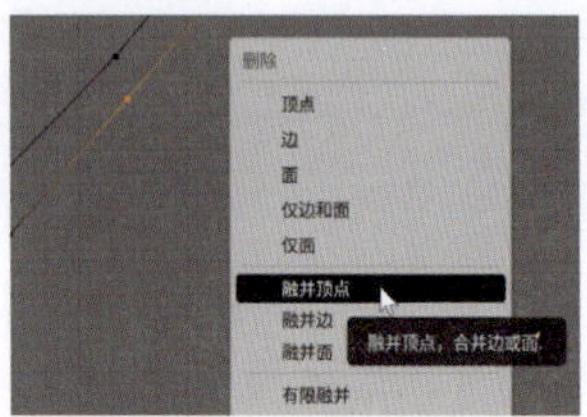

图2-46

技巧与提示

选中顶点，按X键，如果在弹出的“删除”菜单中选择“顶点”选项，则会导致边线断开。

07 在“用户透视”视图中，选中所有顶点，如图2-47所示。

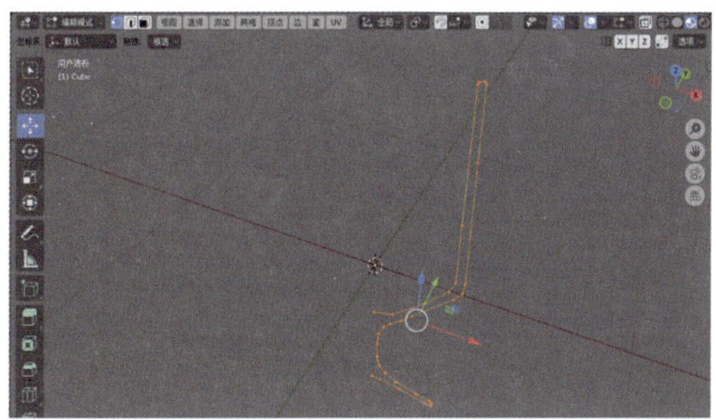

图2-47

08 使用“旋绕”工具制作出如图2-48所示的模型效果。

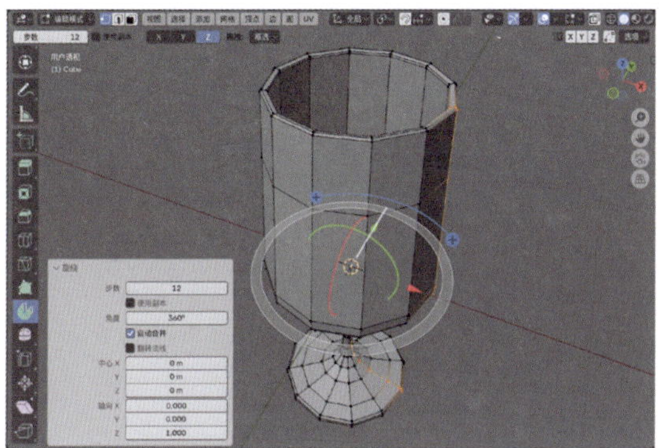

图2-48

09 在“旋绕”卷展栏中，设置“步数”值为18，“角度”为360°，如图2-49所示。

图2-49

10 再次按Tab键，退出“编辑模式”，高脚杯模型的显示效果如图2-50所示。

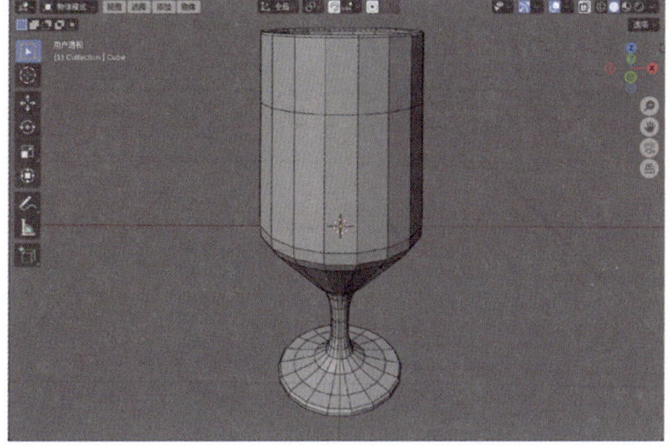

图2-50

11 在“修改器”选项卡中，为高脚杯模型添加“多级精度”修改器。在“细分”卷展栏中，单击两次“细分”按钮，如图2-51所示，即可得到如图2-52所示的模型效果。

图2-51

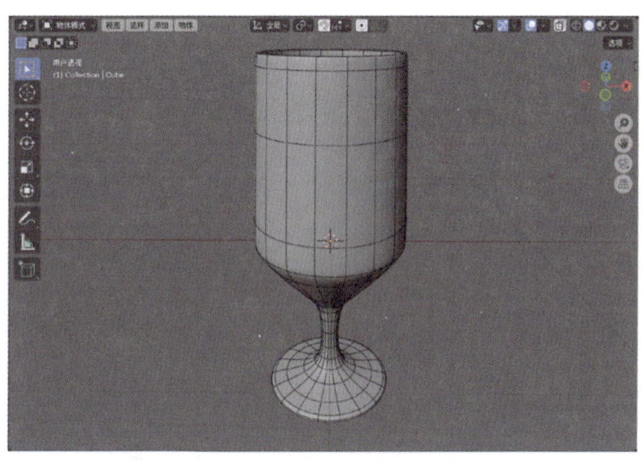

图2-52

12 选择高脚杯模型，右击并在弹出的“物体”菜单中选择“平滑着色”选项，如图2-53所示，即可得到更加平滑的模型显示结果，如图2-54所示。

图2-53

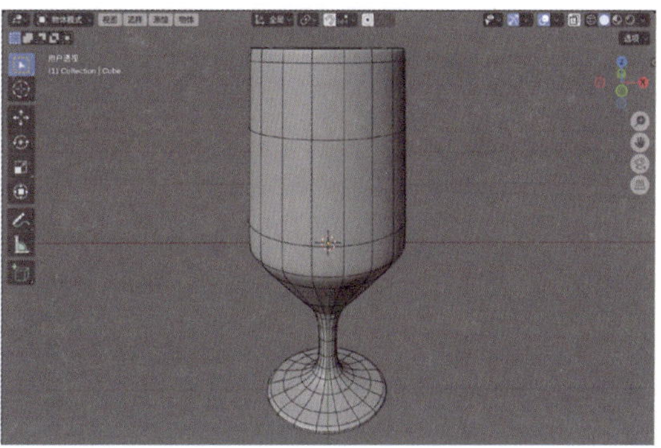

图2-54

13 在“修改器”选项卡中，单击“多级精度”修改器右侧的向下箭头按钮，在弹出的下拉列表中选择“应用”选项，如图2-55所示。

图2-55

本例最终完成的模型效果如图 2-56 所示。

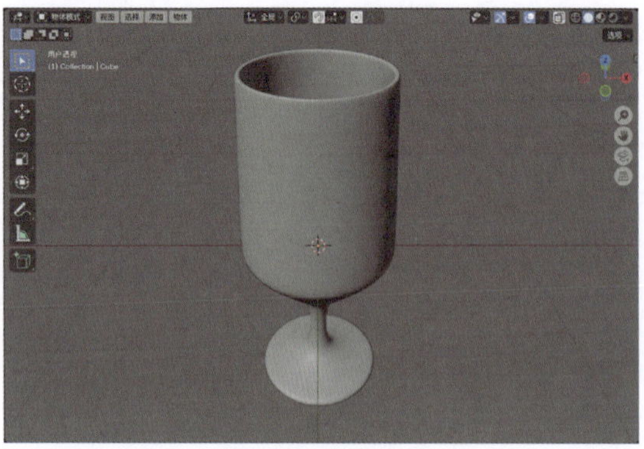

图2-56

2.3.2　实例：制作螺母模型

本例将使用柱体制作一个螺母模型，最终效果如图 2-57 所示。

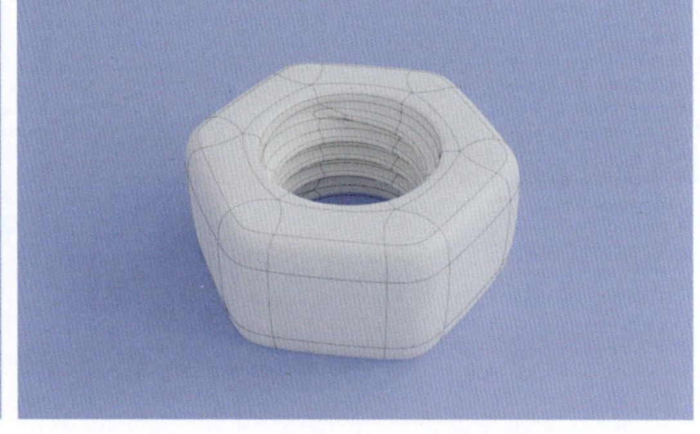

图2-57

01 启动Blender，执行“编辑”→“偏好设置”命令，如图2-58所示。

图2-58

02 在弹出的“偏好设置”对话框中，选择“获取扩展”选项卡，并输入loop，进行查找，单击Loop Tools（循环工具）的“安装”按钮，如图2-59所示，安装Blender自带的Loop Tools插件。

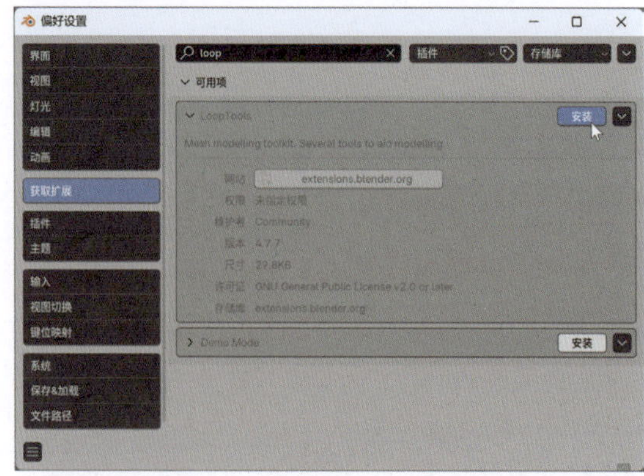

图2-59

03 将场景中自带的立方体模型删除，执行“添加”→“网格”→“柱体”命令，如图2-60所示，在场景中创建一个柱体模型。

04 在“添加柱体”卷展栏中，设置“顶点”值为6，“半径”为0.01m，“深度”为0.008m，如图2-61所示。设置完成后，柱体模型的显示效果如图2-62所示。

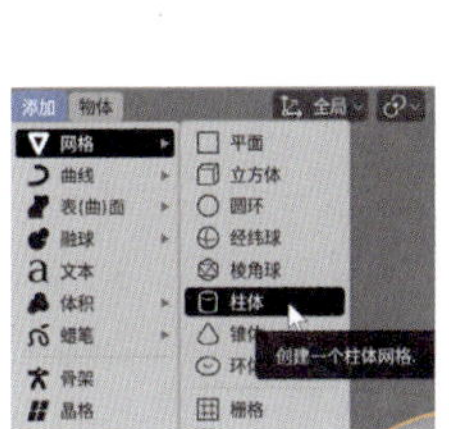

图2-60

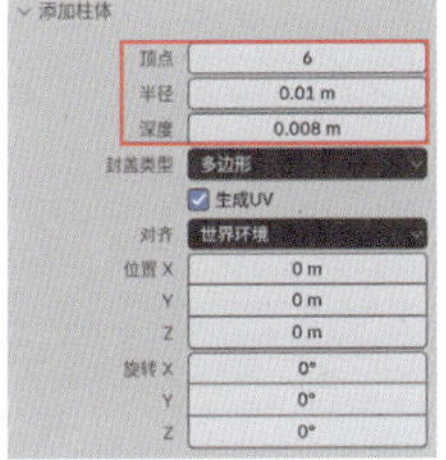

图2-61

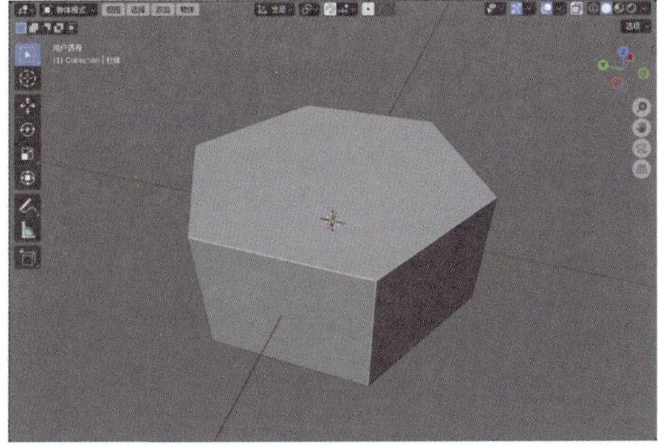

图2-62

05 选择柱体模型，按Tab键，在“编辑模式”中，选择如图2-63所示的边线，使用“倒角”工具制作如图2-64所示的模型效果。

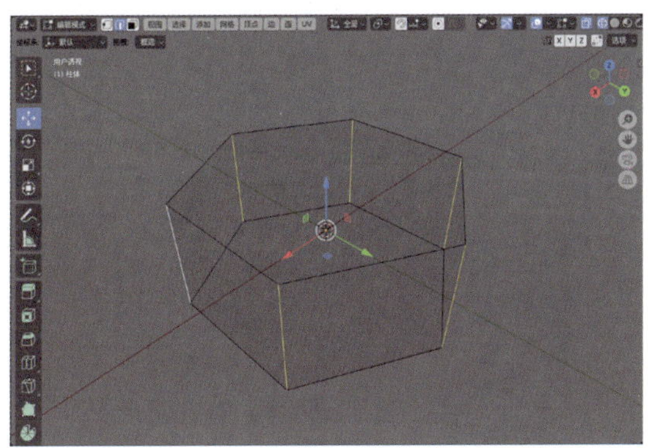

图2-63

06 选择如图2-65所示的面，使用“倒角”工具制作如图2-66所示的模型效果。

07 选择如图2-67所示的面，使用“内插面”工具制作如图2-68所示的模型效果。

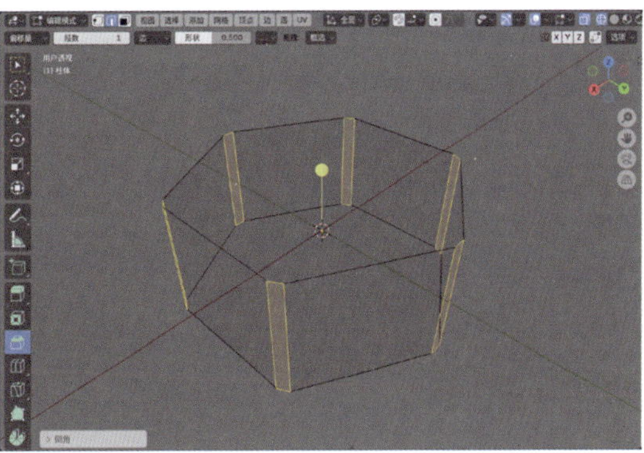

图2-64

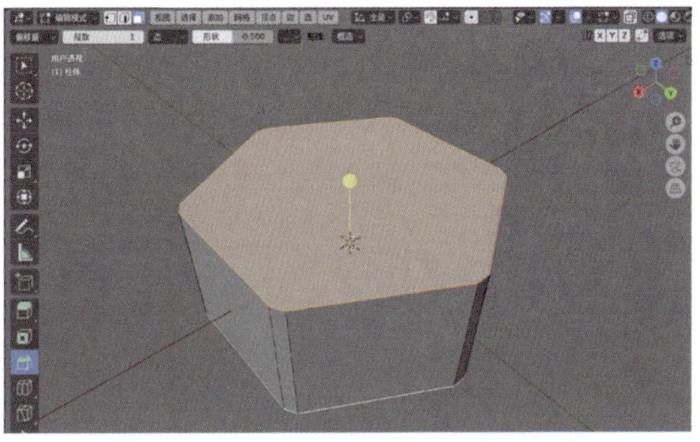

图2-65

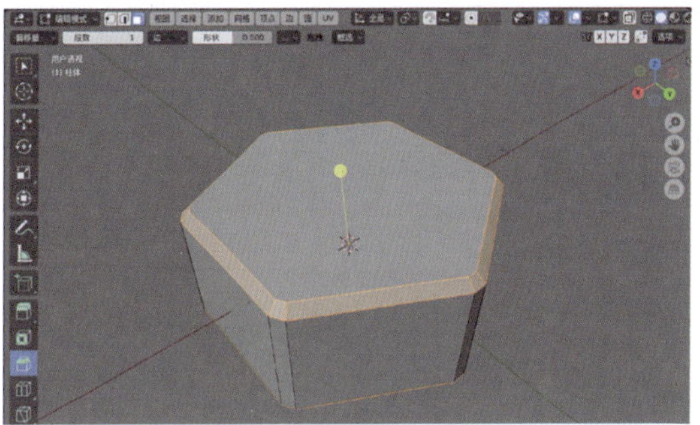

图2-66

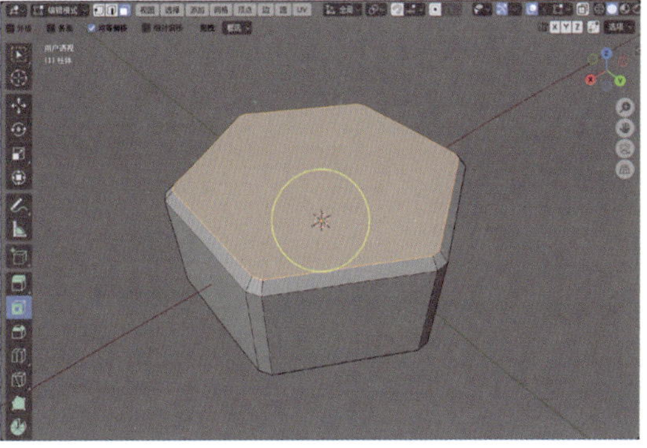

图2-67

第2章 网格建模

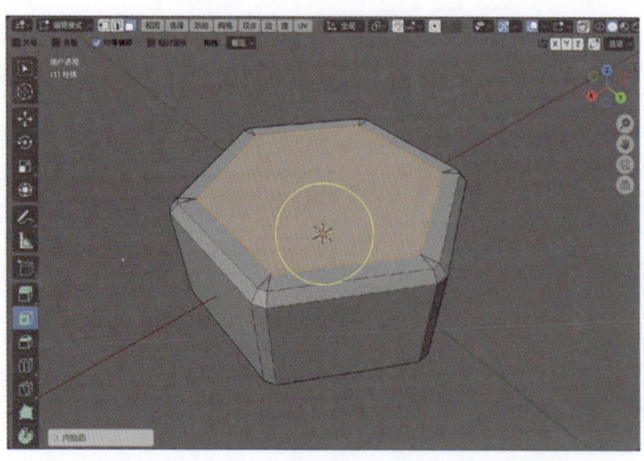

图2-68

08 按A键，选择模型上的所有顶点，如图2-69所示。按M键，在弹出的“合并”菜单中选择“按距离”选项，如图2-70所示。

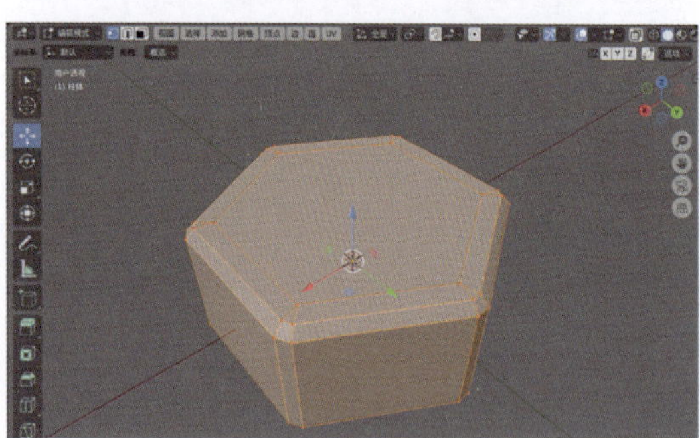

图2-69

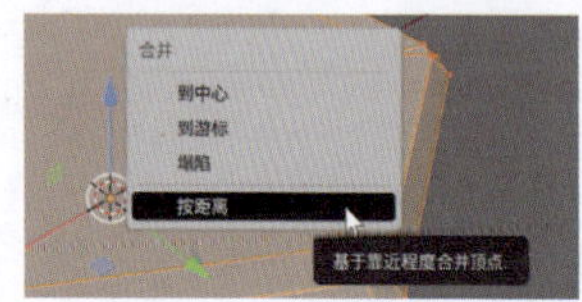

图2-70

09 选择如图2-71所示的面，使用“缩放”工具调整其大小，如图2-72所示。

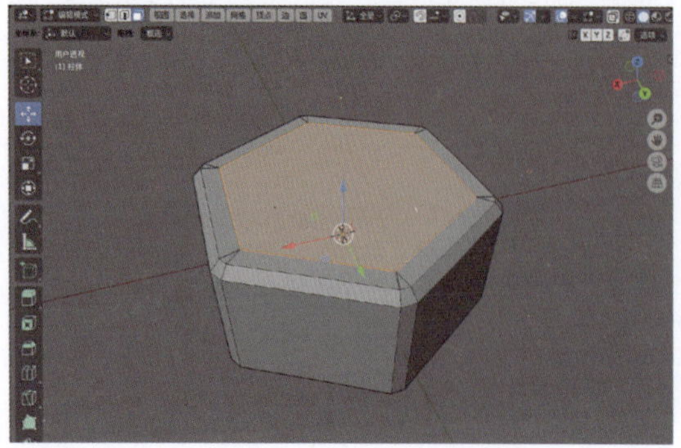

图2-71

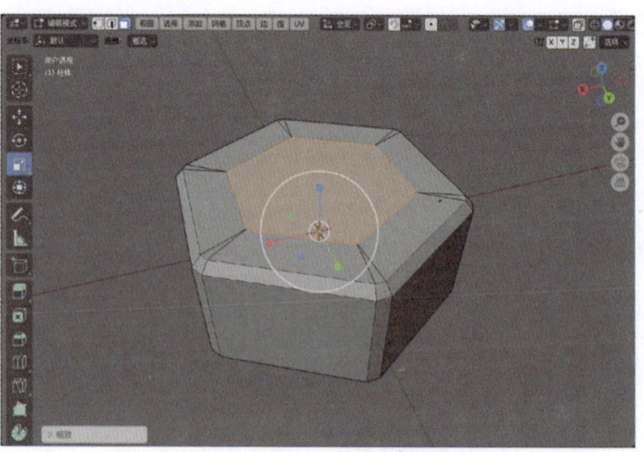

图2-72

10 执行“边”→“桥接循环边”命令，如图2-73所示，得到如图2-74所示的模型效果。

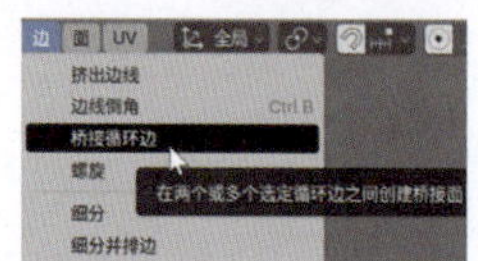

图2-73

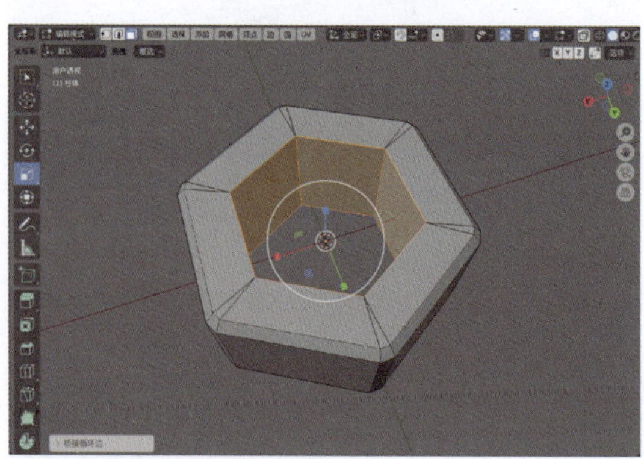

图2-74

11 使用“环切”工具为螺母模型的内部添加边线，如图2-75所示。

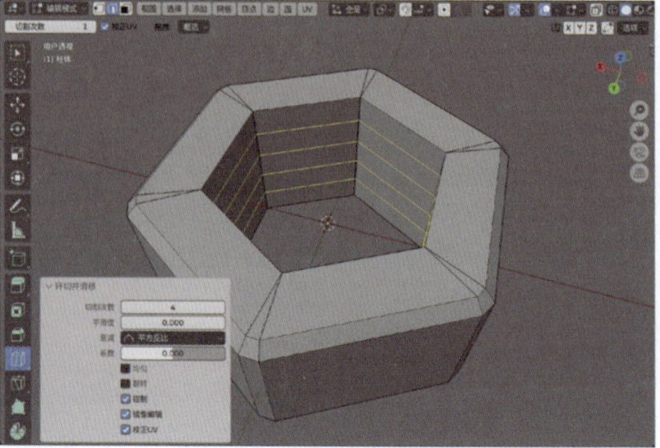

图2-75

12 选择如图2-76所示的面，右击并在弹出的快捷菜单中选择“面三角化”选项，如图2-77所示，得到如图2-78所示的模型效果。

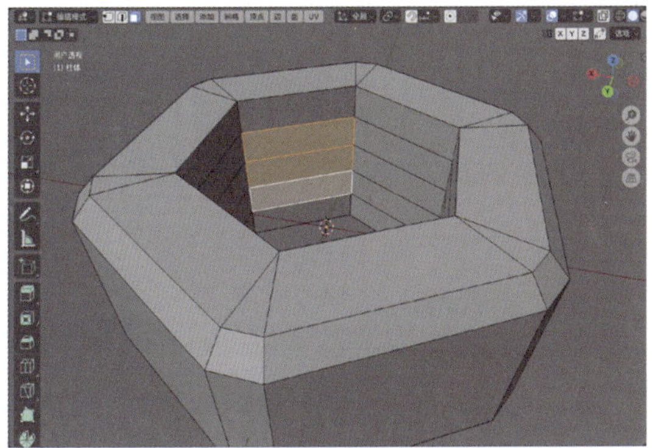

图2-76

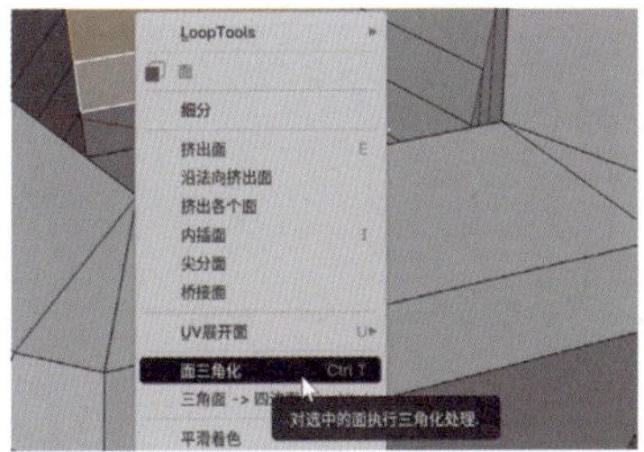

图2-77

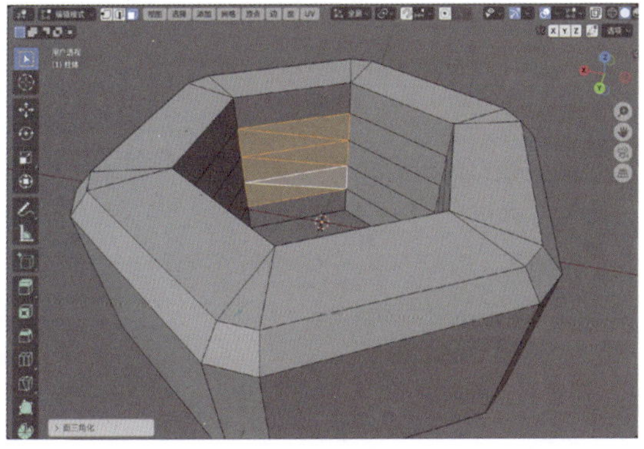

图2-78

13 选择如图2-79所示的边线，按X键，在弹出的“删除”菜单中选择“融并边”选项，如图2-80所示，得到如图2-81所示的模型效果。

14 选择如图2-82所示的边线，右击并在弹出的快捷菜单中选择Loop Tools | Gstretch选项，如图2-83所示。

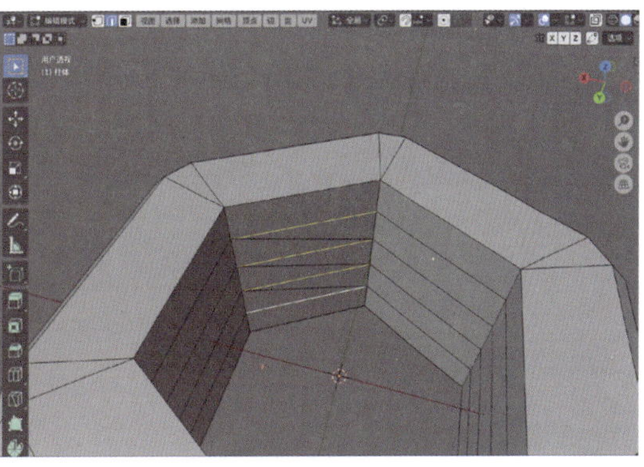

图2-79

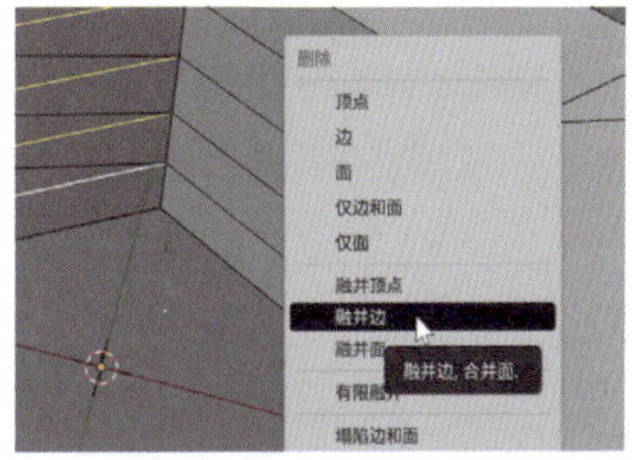

图2-80

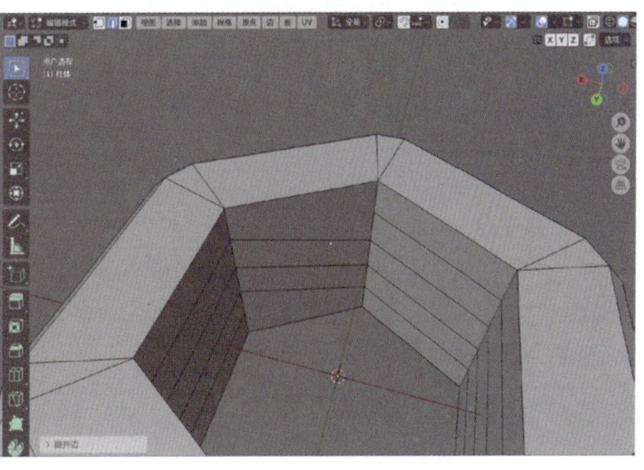

图2-81

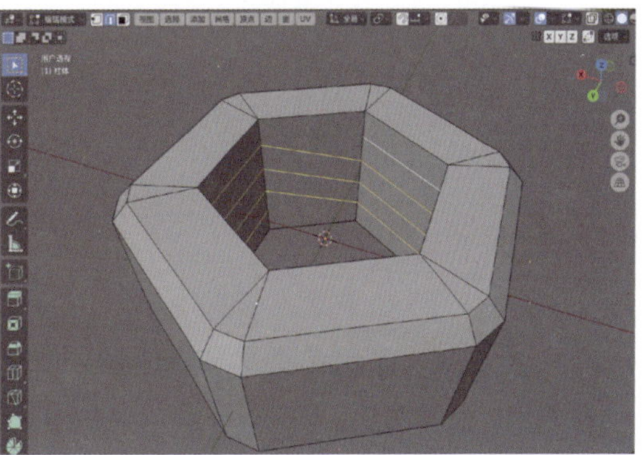

图2-82

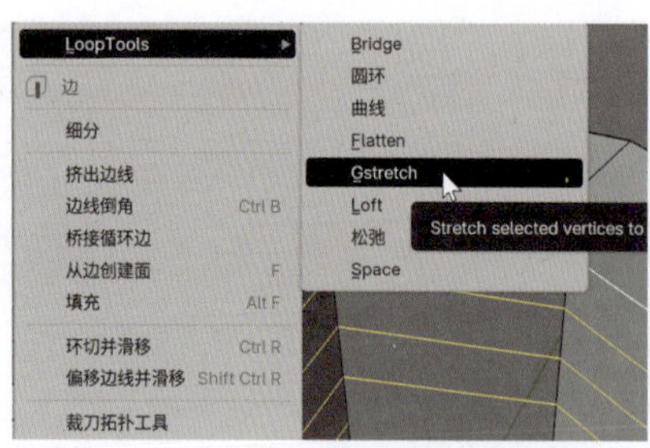

图2-83

15 在Gstretch卷展栏中，单击X和Y按钮，如图2-84所示，得到如图2-85所示的模型效果。

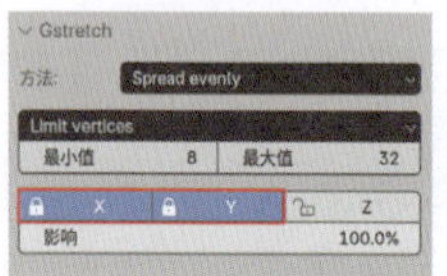

图2-84

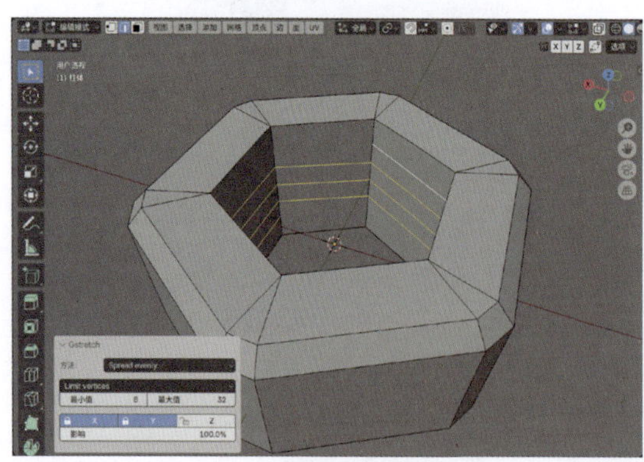

图2-85

16 使用“倒角”工具对选中的边线进行倒角，制作出如图2-86所示的模型效果。

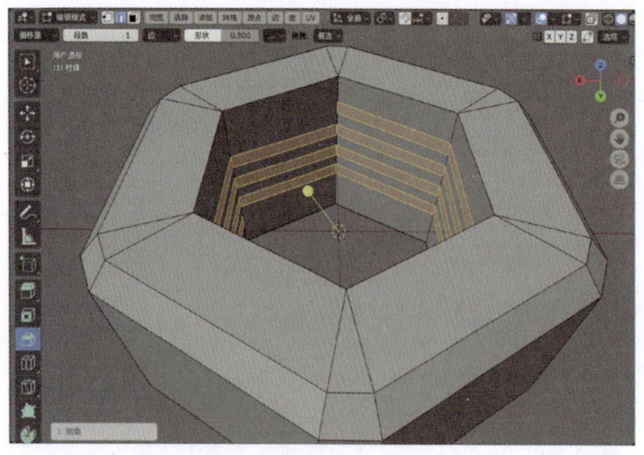

图2-86

17 使用“沿法向挤出”工具对选中的面进行挤出，制作出如图2-87所示的模型效果。

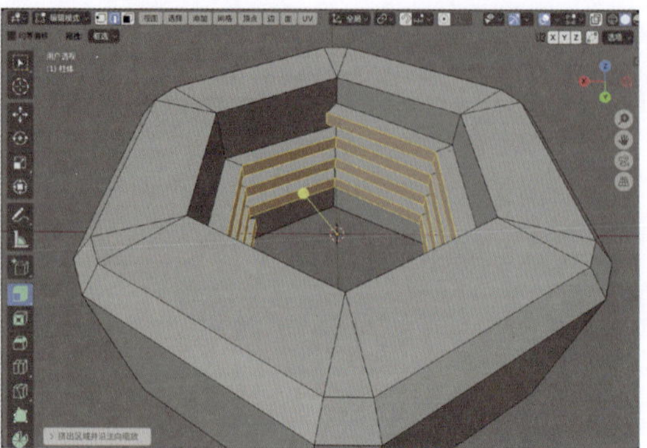

图2-87

18 使用“环切”工具为模型添加边线，如图2-88所示。

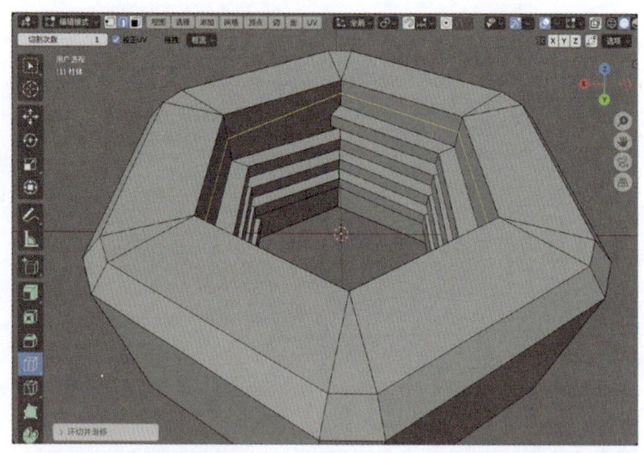

图2-88

19 选择如图2-89所示的边线，并调整位置，如图2-90所示。

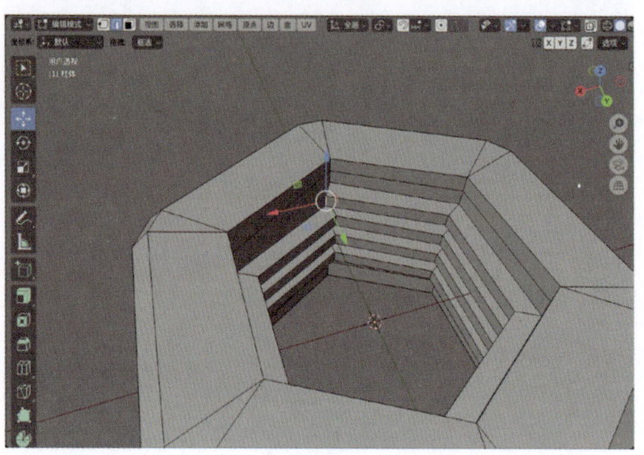

图2-89

20 选择如图2-91所示的顶点，按J键，在选中的两个顶点之间连线，如图2-92所示。

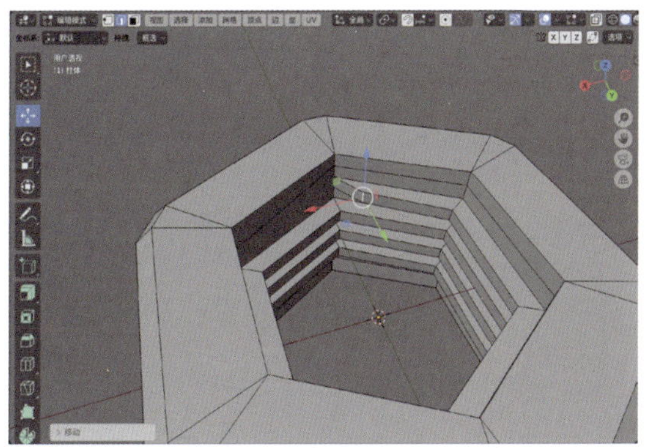
图2-90

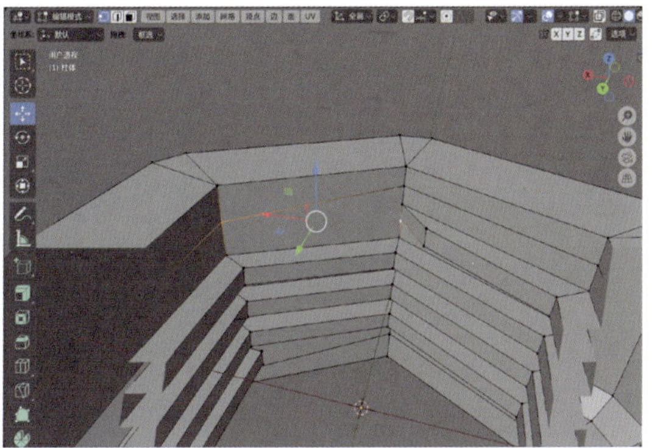
图2-91

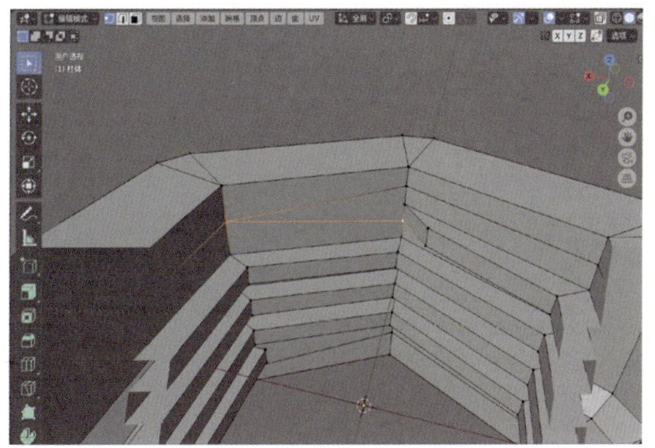
图2-92

21 选择如图2-93所示的边线，使用“倒角”工具制作如图2-94所示的模型效果。

22 退出“编辑模式”后，在“修改器”选项卡中，为螺母模型添加“表面细分”修改器。设置“层级 视图”值为3，如图2-95所示，得到如图2-96所示的模型效果。

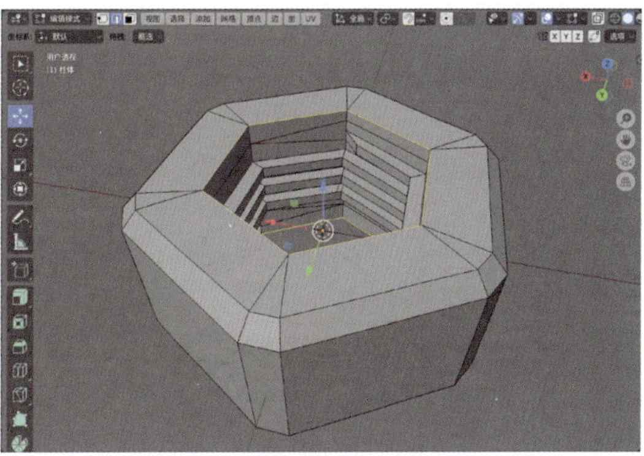
图2-93

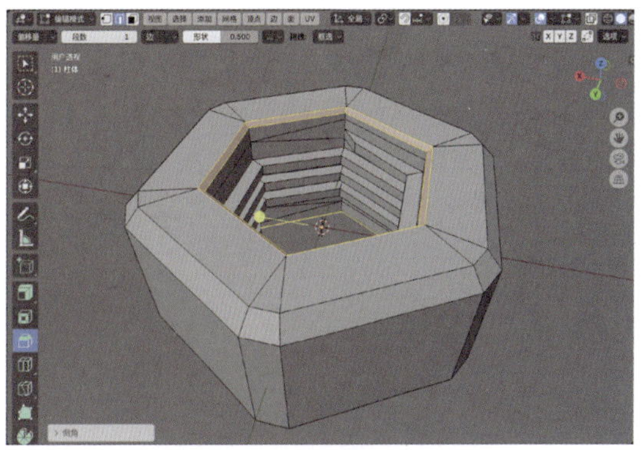
图2-94

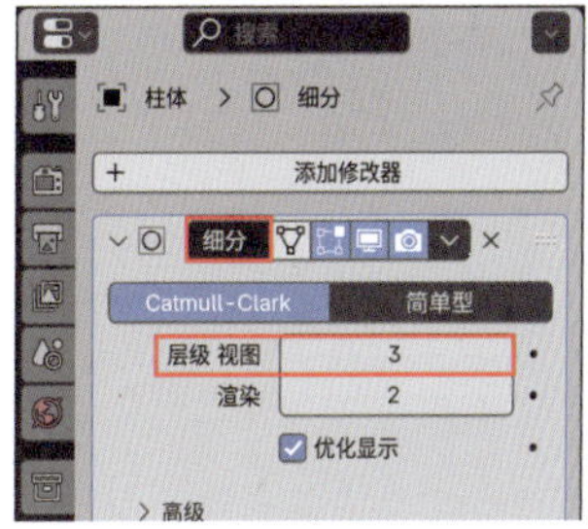

图2-95

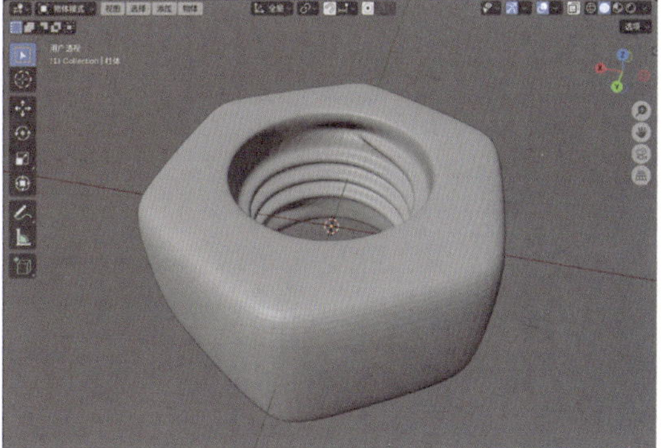
图2-96

技巧与提示

"表面细分"修改器添加完成后，其名称显示为"细分"。该修改器可以得到与"多级精度"修改器相似的模型效果。

23 选择螺母模型，右击并在弹出的"物体"菜单中选择"平滑着色"选项，如图2-97所示，得到更加平滑的模型显示结果。

图2-97

本例制作完成的模型效果如图 2-98 所示。

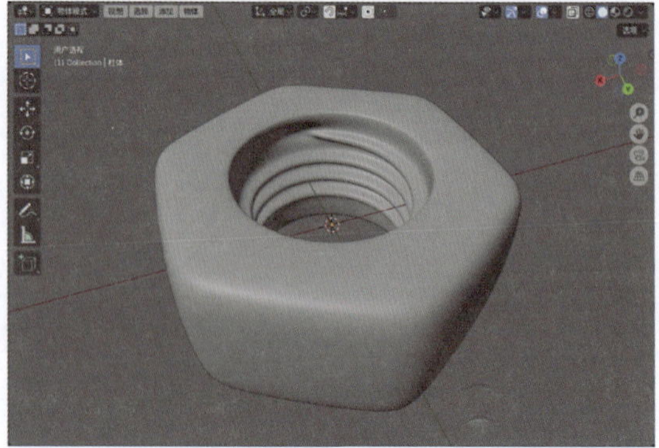

图2-98

2.3.3 实例：制作果盘模型

本例将使用"圆环"工具制作一个果盘模型，最终效果如图 2-99 所示。

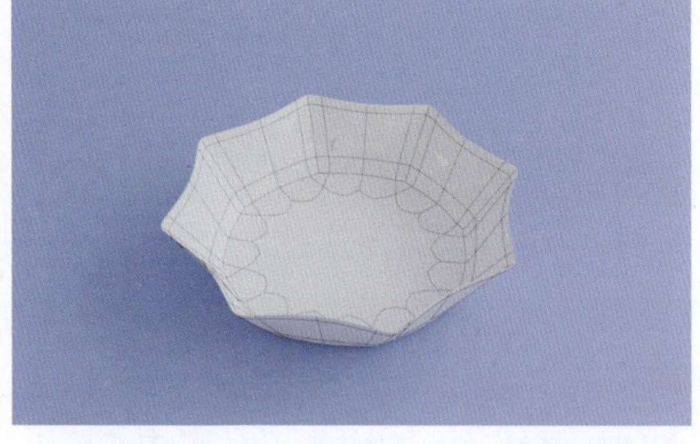

图2-99

01 启动Blender，将场景中自带的立方体模型删除，执行"添加"→"网格"→"圆环"命令，如图2-100所示，创建一个圆环模型。

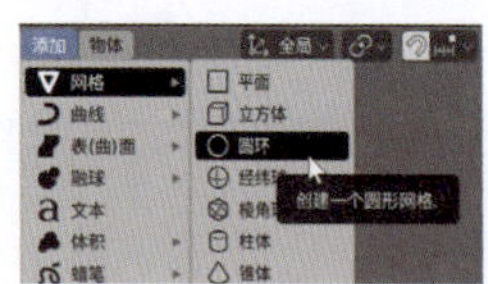

图2-100

02 在"添加圆环"卷展栏中，设置"顶点"值为16，"半径"为0.1m，如图2-101所示。设置完成后，圆环的显示效果如图2-102所示。

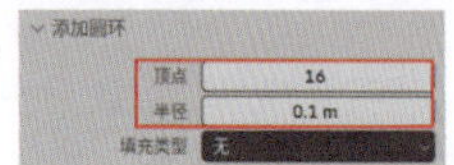

图2-101

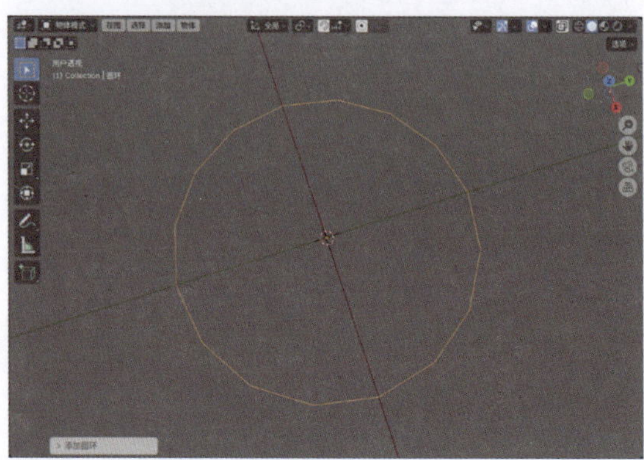

图2-102

03 选择圆环，按Tab键，在"编辑模式"中，选择如图2-103所示的顶点，使用"沿法向挤出"工具制作出如图2-104所示的模型效果。

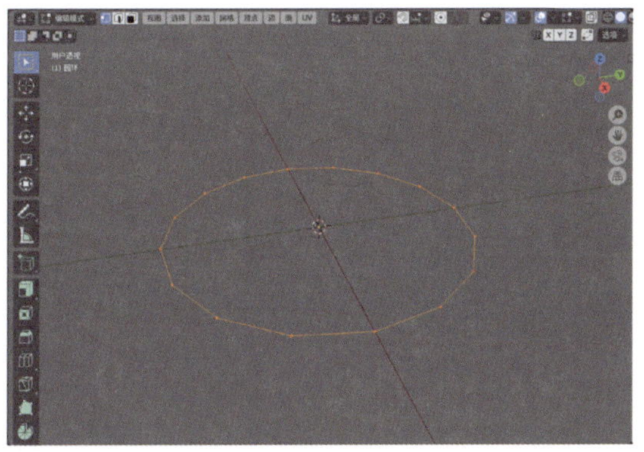

图2-103

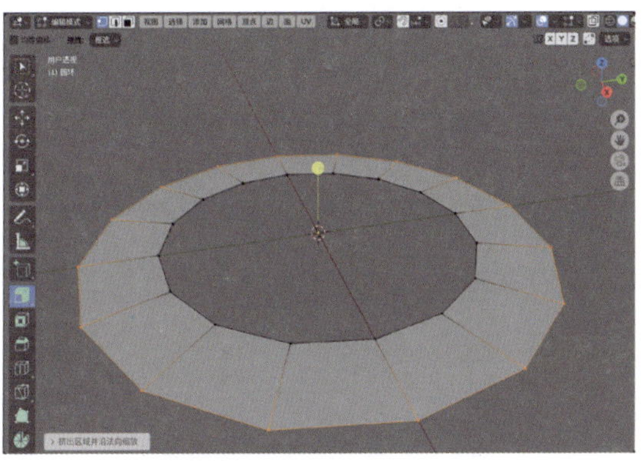

图2-104

04 使用“移动”工具调整选中顶点的位置，如图2-105所示。

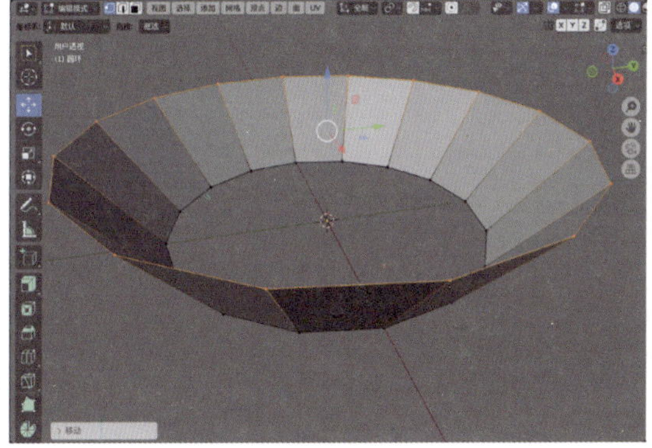

图2-105

05 选择如图2-106所示的顶点，使用“缩放”工具调整其位置，如图2-107所示。

06 选择如图2-108所示的边线，按F键，执行“从边创建面”命令，得到如图2-109所示的模型效果。

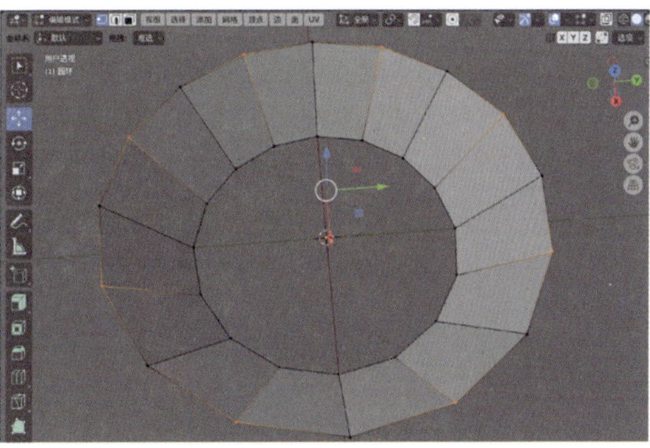

图2-106

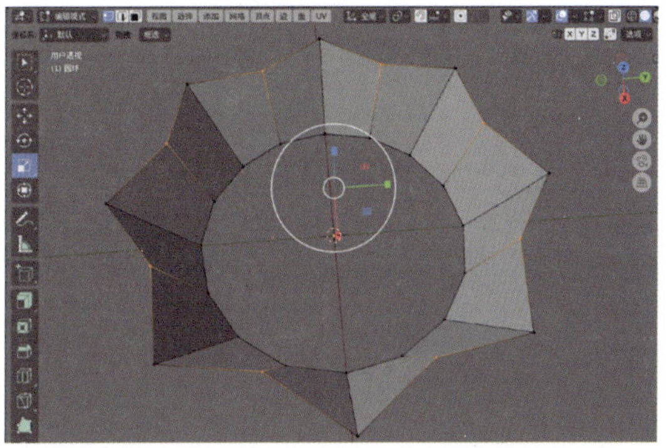

图2-107

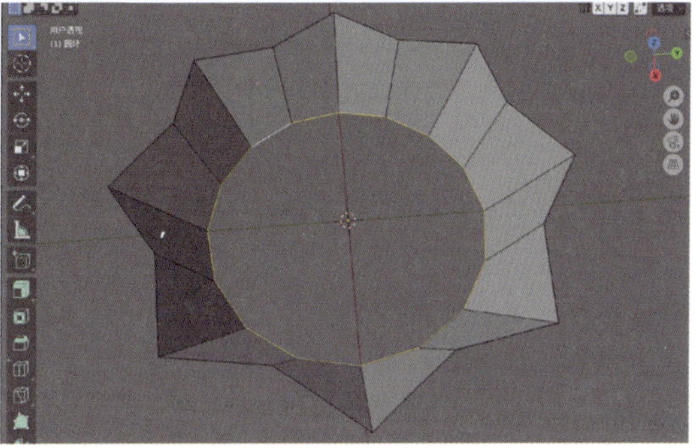

图2-108

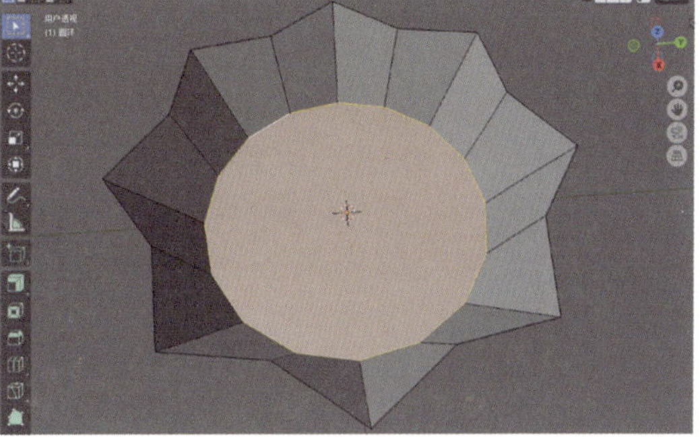

图2-109

07 退出“编辑模式”后，在“修改器”选项卡中，为果盘模型添加“倒角”修改器。设置“（数）量”为0.006m，“段数”值为2，如图2-110所示，得到如图2-111所示的模型。

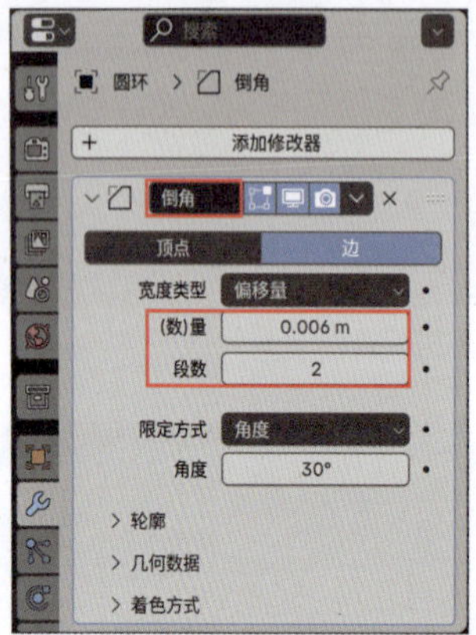

图2-110

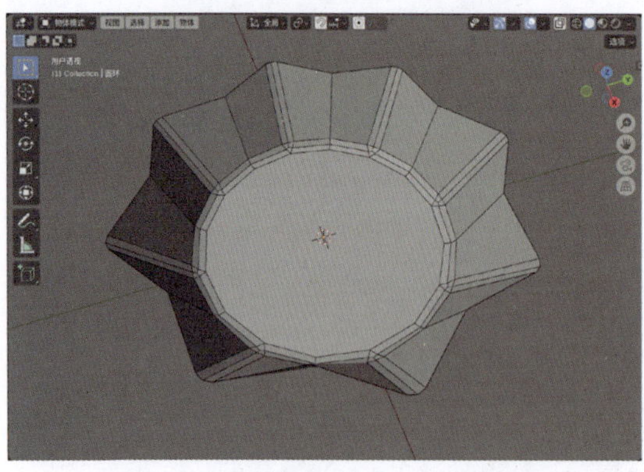

图2-111

08 在“修改器”选项卡中，为果盘模型添加“实体化”修改器。设置“厚（宽）度”为0.002m，如图2-112所示，得到如图2-113所示的模型效果。

图2-112

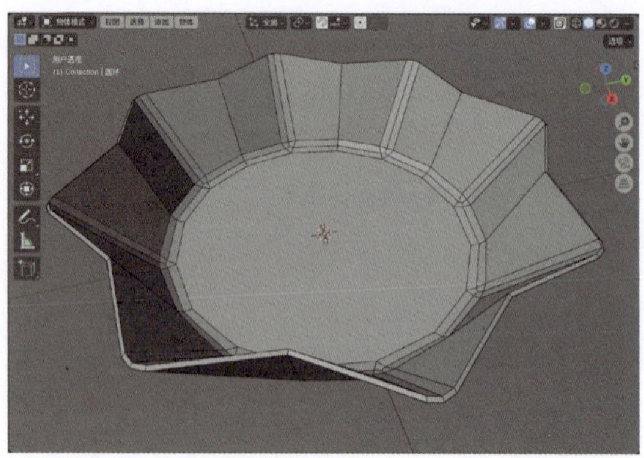

图2-113

09 在“修改器”选项卡中，为果盘模型添加“表面细分”修改器。设置“层级 视图”值为2，如图2-114所示，得到如图2-115所示的模型效果。

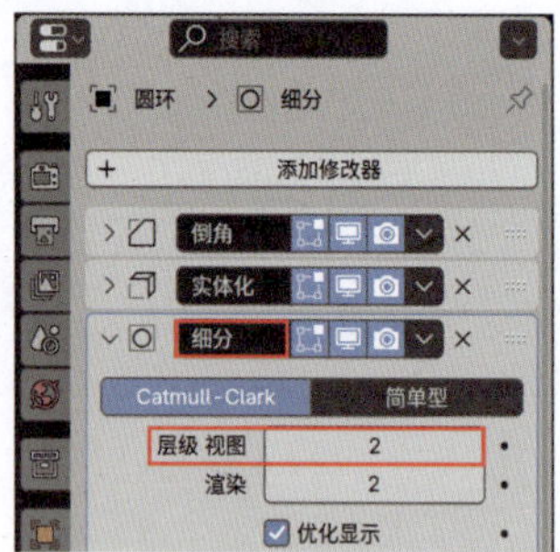

图2-114

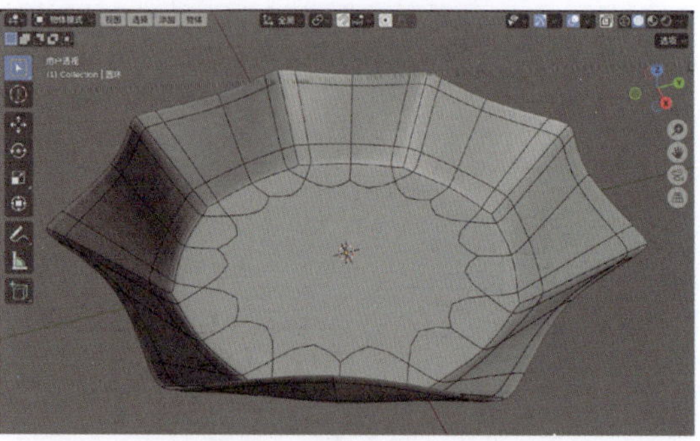

图2-115

10 选择果盘模型，右击并在弹出的“物体”菜单中选择“平滑着色”选项，如图2-116所示，得到更加平滑的模型显示效果。

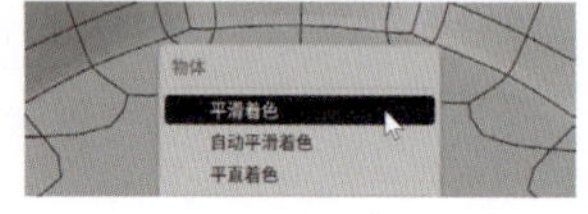

图2-116

本例制作完成的模型效果如图 2-117 所示。

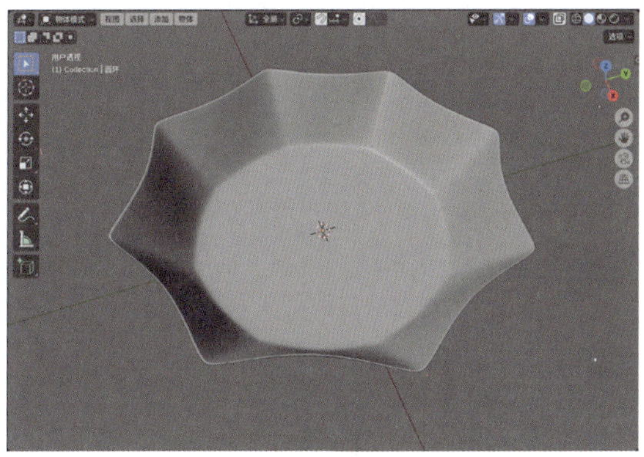

图2-117

2.3.4 实例：制作方瓶模型

本例将使用“立方体”工具制作一个方瓶模型，最终效果如图 2-118 所示。

图2-118

01 启动Blender，将场景中自带的立方体模型删除，执行“添加”→“网格”→“立方体”命令，如图2-119所示，在场景中创建一个新的立方体模型。

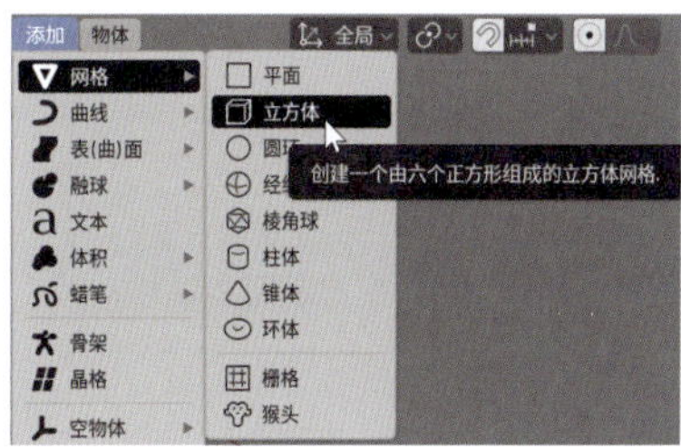

图2-119

02 在“添加立方体”卷展栏中，设置“尺寸”为0.05m，如图2-120所示。设置完成后，立方体的显示效果如图2-121所示。

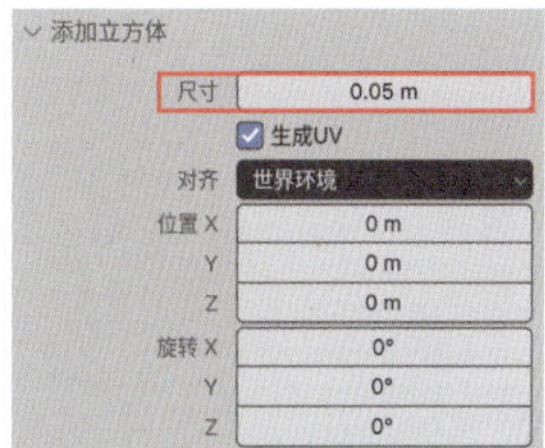

图2-120

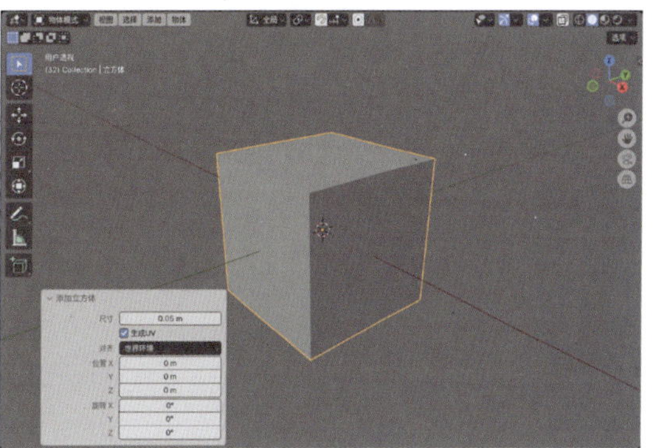

图2-121

03 选择立方体，按Tab键，在“编辑模式”中，右击并在弹出的快捷菜单中选择“细分”选项，如图2-122所示。

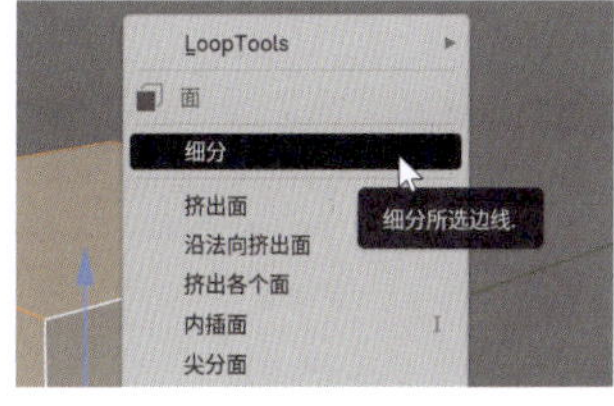

图2-122

04 在“细分”卷展栏中，设置“切割次数”值为4，如图2-123所示。设置完成后，立方体模型的显示效果如图2-124所示。

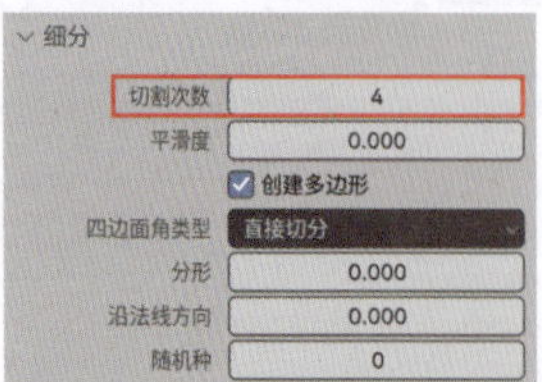

图2-123

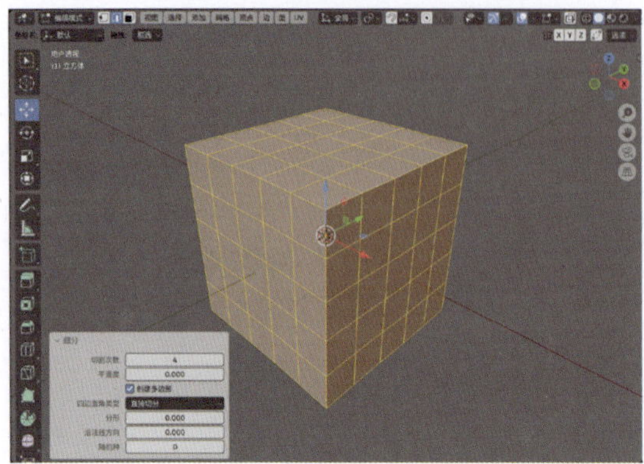

图2-124

05 选择如图2-125所示的面，右击并在弹出的快捷菜单中选择LoopTools |“圆环”选项，如图2-126所示，得到如图2-127所示的模型效果。

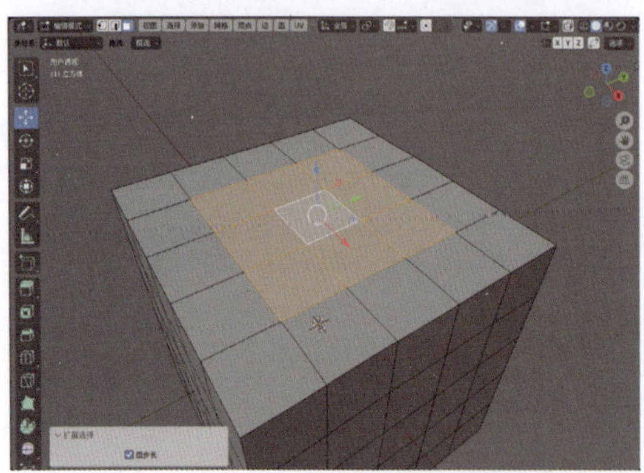

图2-125

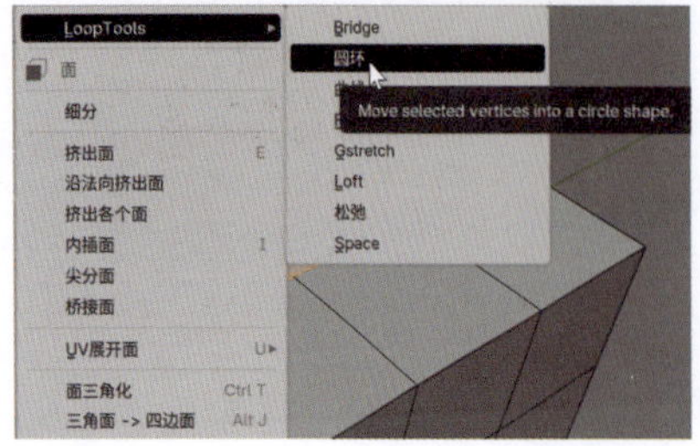

图2-126

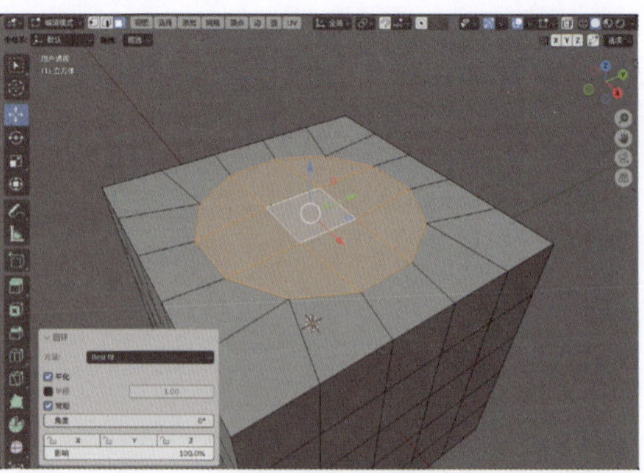

图2-127

06 使用“移动”工具调整选中面的位置，如图2-128所示。

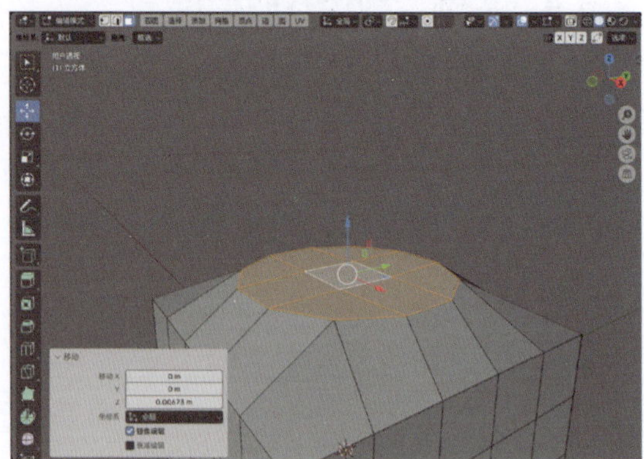

图2-128

07 多次使用“挤出选区”工具制作出如图2-129所示的模型效果。

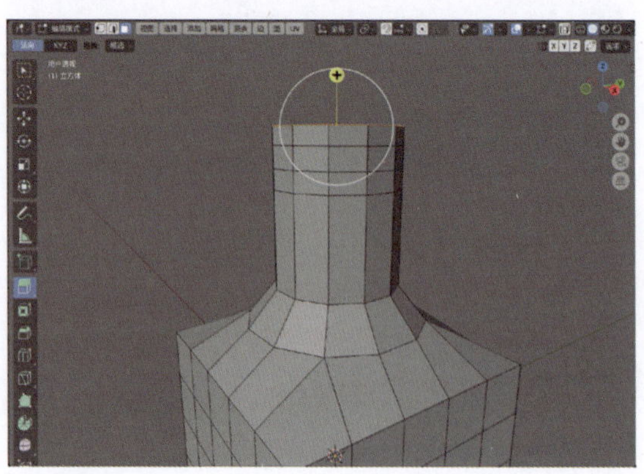

图2-129

08 选择如图2-130所示的边线，使用“缩放”工具制作如图2-131所示的模型效果。

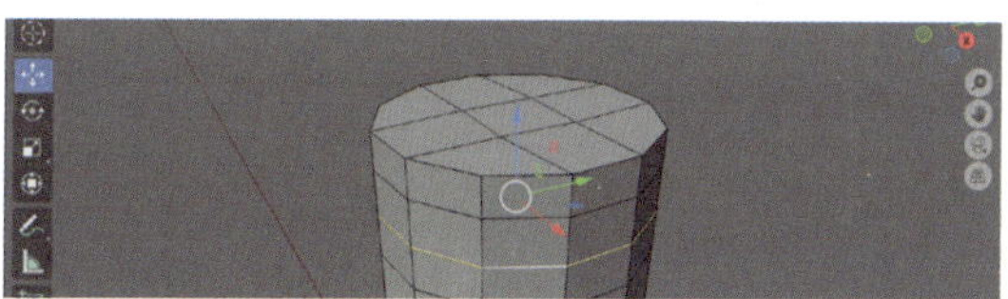

图2-130

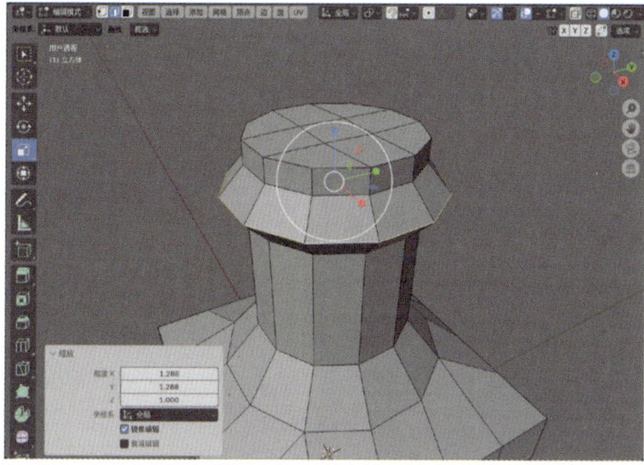

图2-131

09 使用“倒角”工具制作瓶口的细节，如图2-132和图2-133所示。

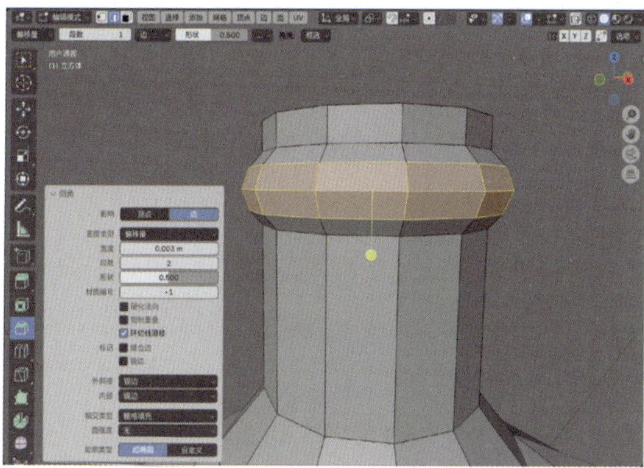

图2-132

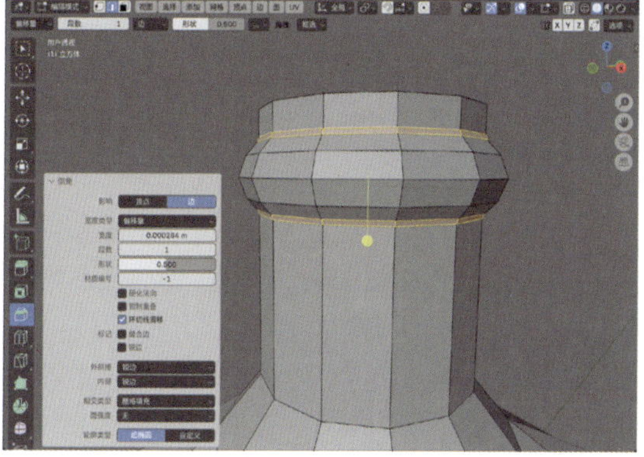

图2-133

10 选择如图2-134所示的边线，使用“倒角”工具制作如图2-135所示的模型效果。

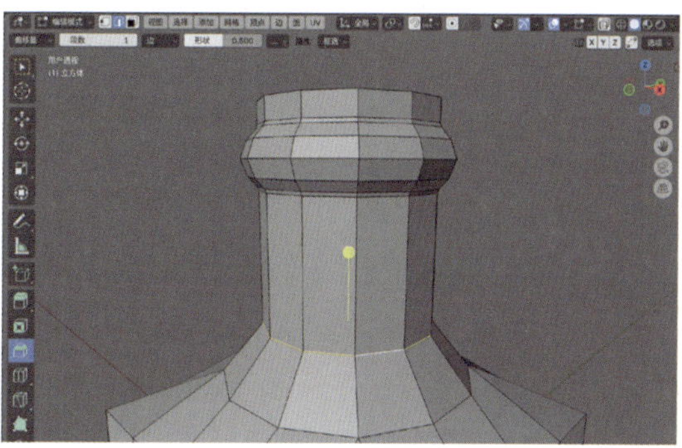

图2-134

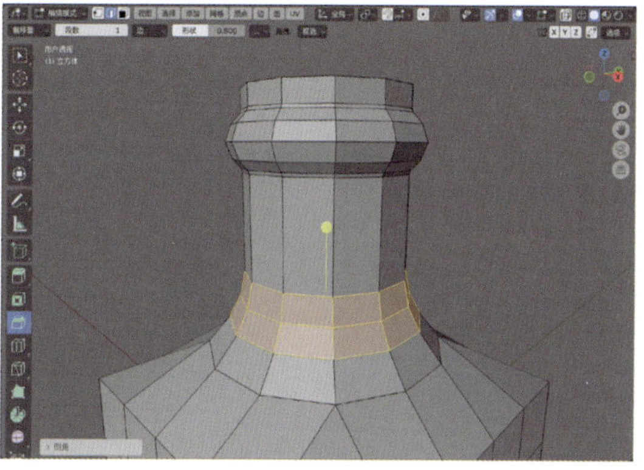

图2-135

11 选择如图2-136所示的面，右击并在弹出的快捷菜单中选择LoopTools |“圆环”选项，如图2-137所示，得到如图2-138所示的模型效果。

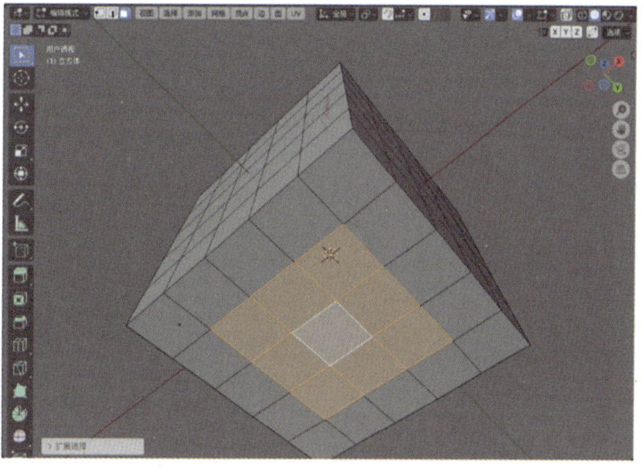

图2-136

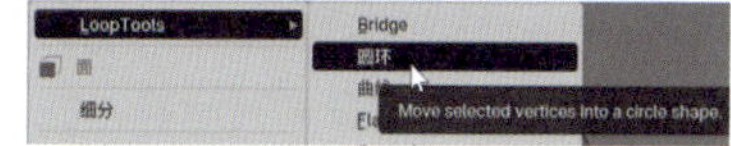

图2-137

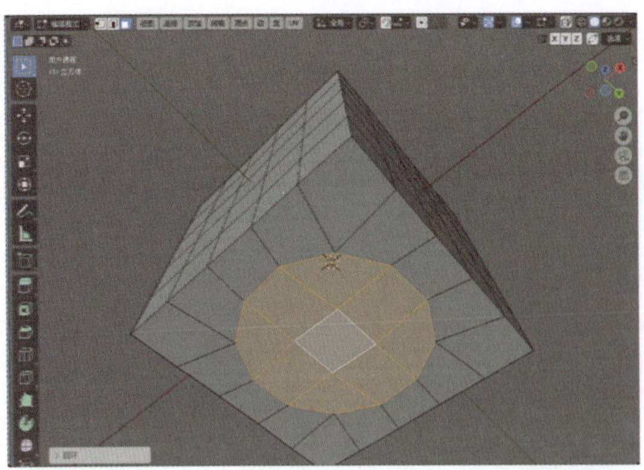

图2-138

12 使用“挤出选区”工具制作如图2-139所示的模型效果。

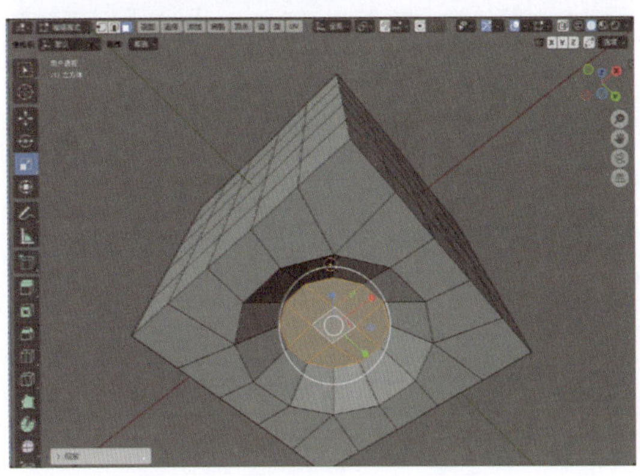

图2-139

13 选择瓶口位置的面，如图2-140所示，将其删除，得到如图2-141所示的模型效果。

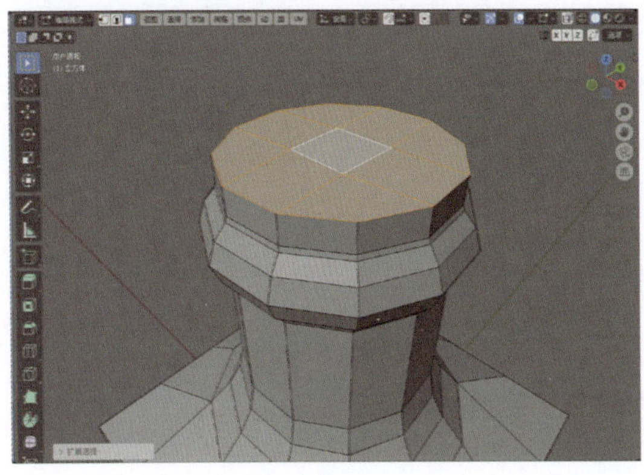

图2-140

14 选择如图2-142所示的顶点并调整位置，如图2-143所示，使瓶子模型略高一些。

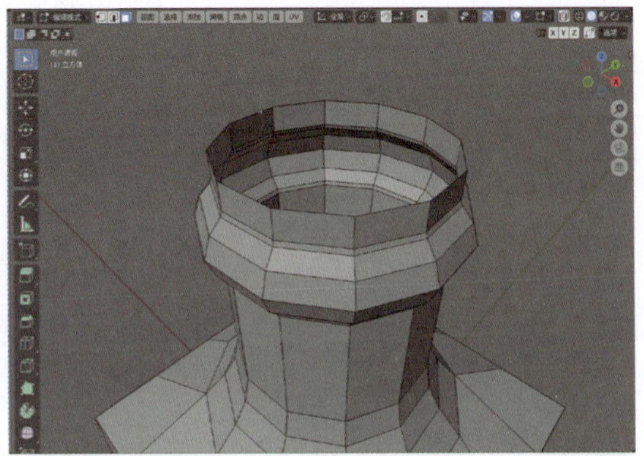

图2-141

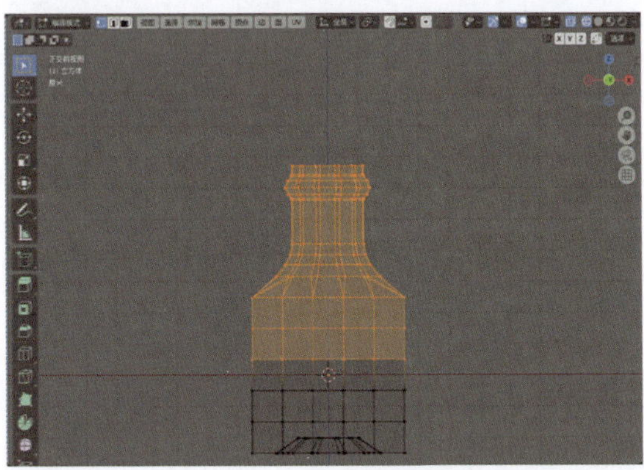

图2-142

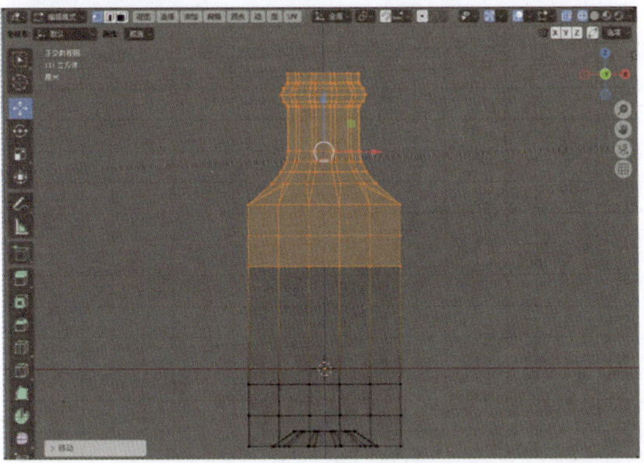

图2-143

15 退出“编辑模式”后，在“修改器”选项卡中，为方瓶模型添加“实体化”修改器。设置“厚（宽）度”为0.003m，如图2-144所示，得到如图2-145所示的模型效果。

16 在“修改器”选项卡中，为果盘模型添加“表面细分”修改器。设置“层级视图”值为2，如图2-146所示，得到如图2-147所示的模型效果。

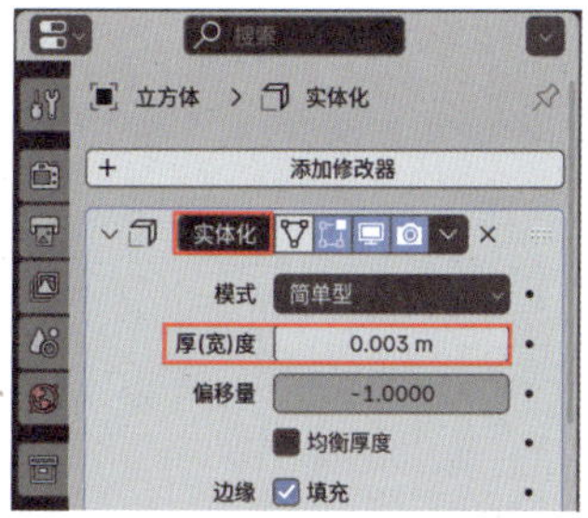

图2-144

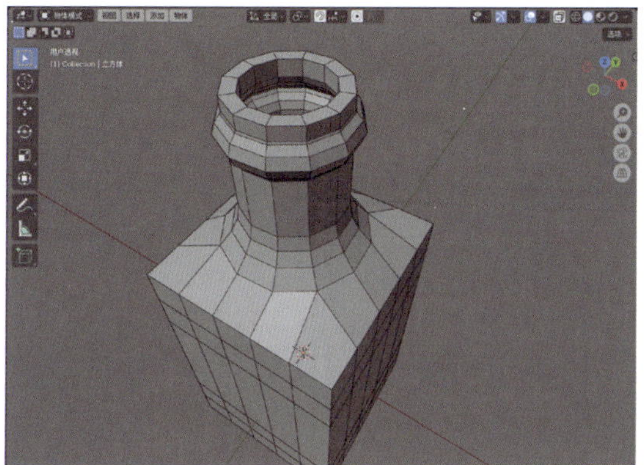
图2-145

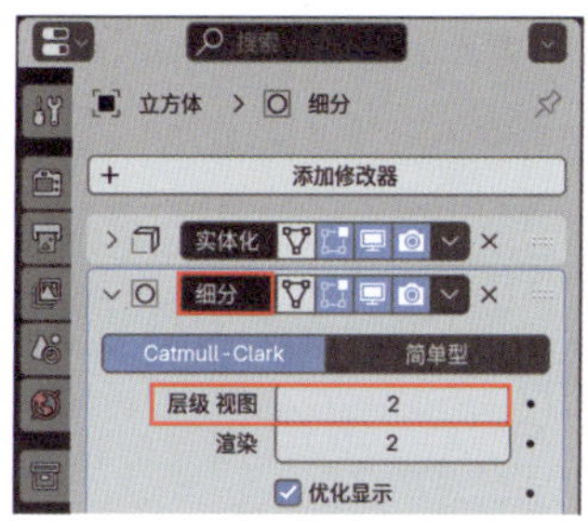

图2-146

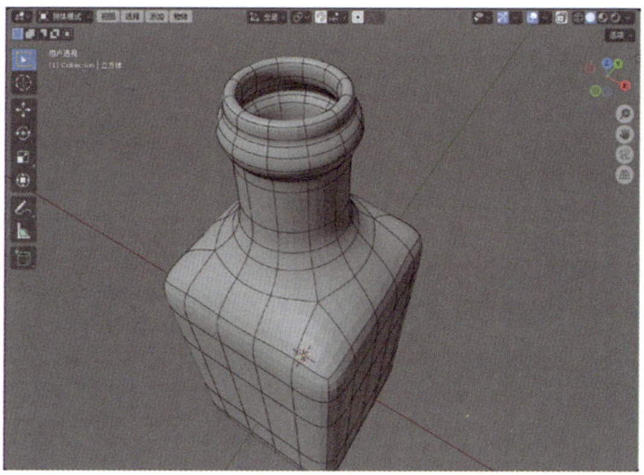
图2-147

17 选择方瓶模型，右击并在弹出的“物体”菜单中选择“平滑着色”选项，如图2-148所示，得到更加平滑的模型显示结果。

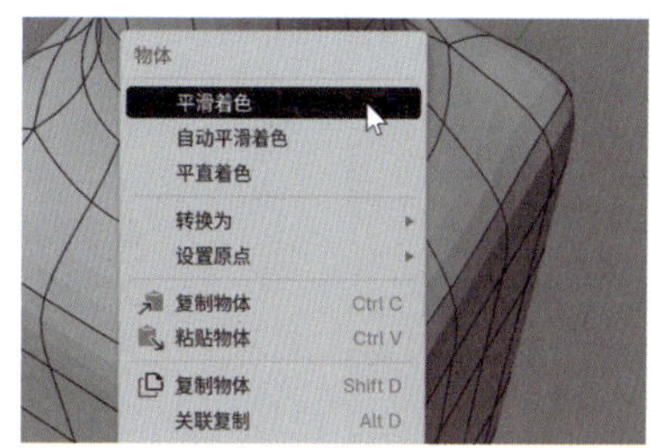

图2-148

本例制作完成的模型效果如图 2-149 所示。

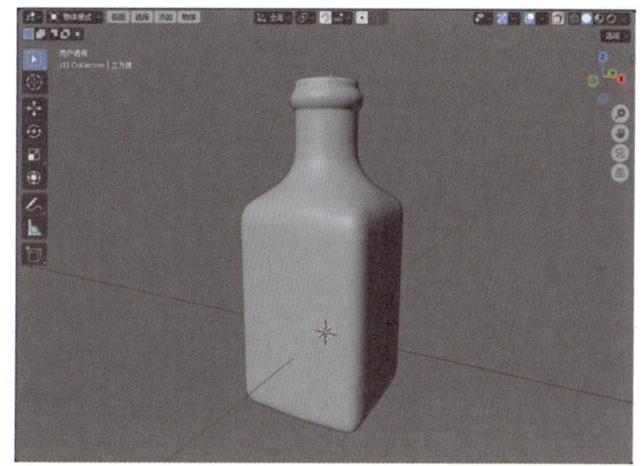
图2-149

2.3.5 实例：制作垃圾桶模型

本例将使用“柱体”工具制作一个垃圾桶模型，最终效果如图 2-150 所示。

图2-150

01 启动Blender，将场景中自带的立方体模型删除，执行“添加”→“网格”→“柱体”命令，如图2-151所示，创建一个柱体模型。

02 在“添加柱体”卷展栏中，设置“顶点”值为64，“半径”为0.1m，“深度”为0.2m，“位置Z”为0.1m，如图2-152所示。设置完成后，柱体模型的显示效果如图2-153所示。

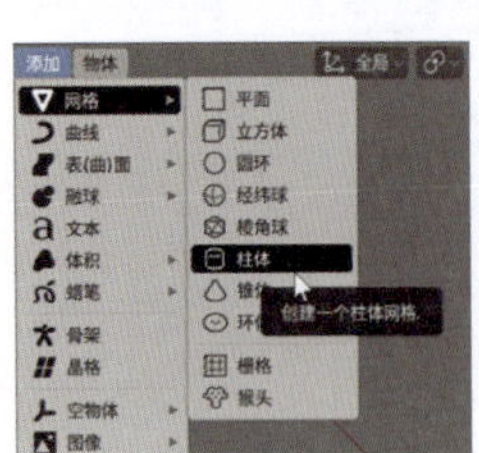

图2-151

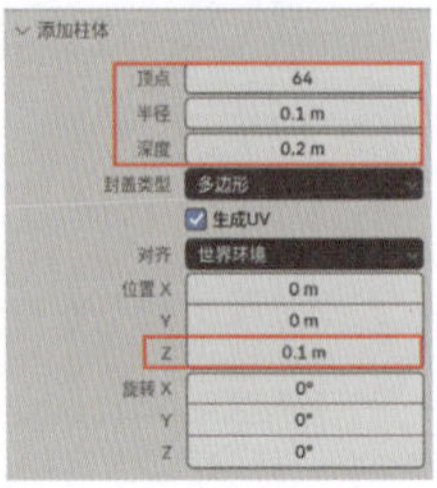

图2-152

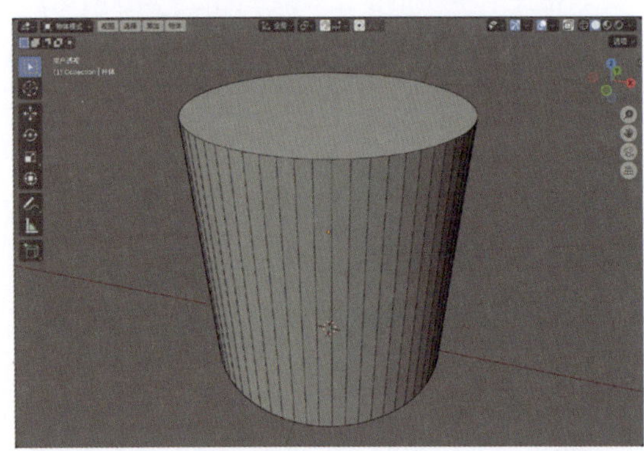

图2-153

03 按Tab键，进入“编辑模式”，选择如图2-154所示的面，使用“缩放”工具调整其大小，如图2-155所示。

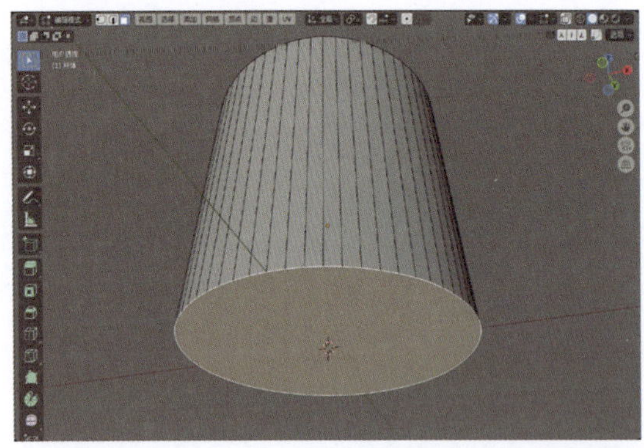

图2-154

04 使用“环切”工具为柱体添加边线，在“环切并滑移”卷展栏中，设置“切割次数”值为20，如图2-156所示，得到如图2-157所示的模型效果。

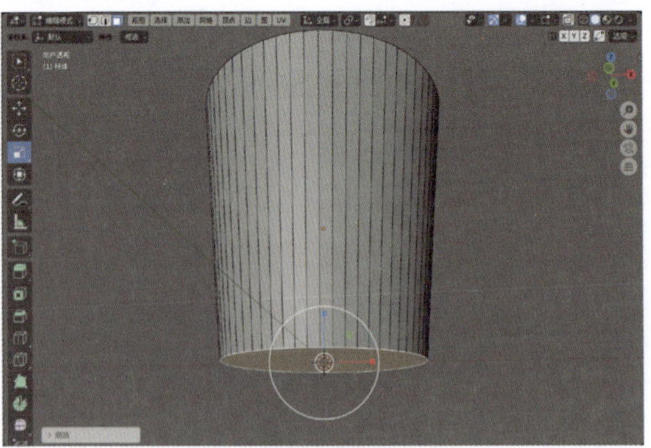

图2-155

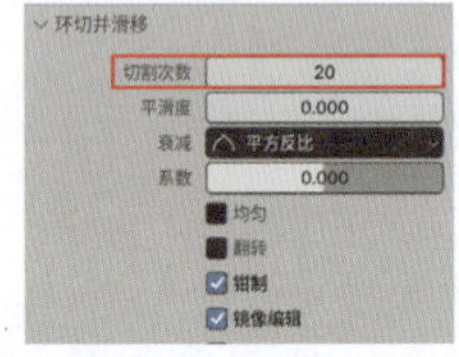

图2-156

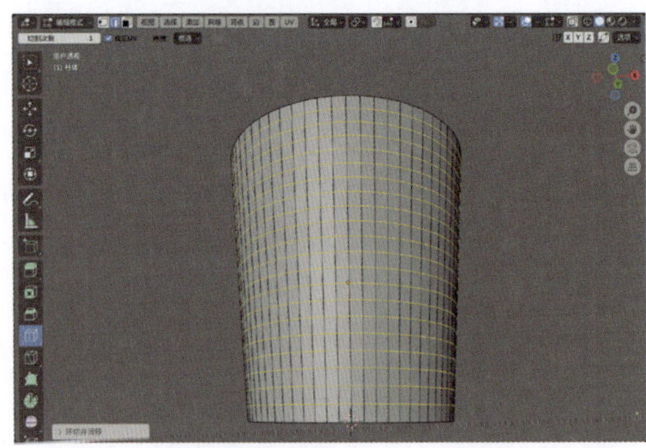

图2-157

05 选择如图2-158所示的面，右击并在弹出的快捷菜单中选择“反细分”选项，如图2-159所示。

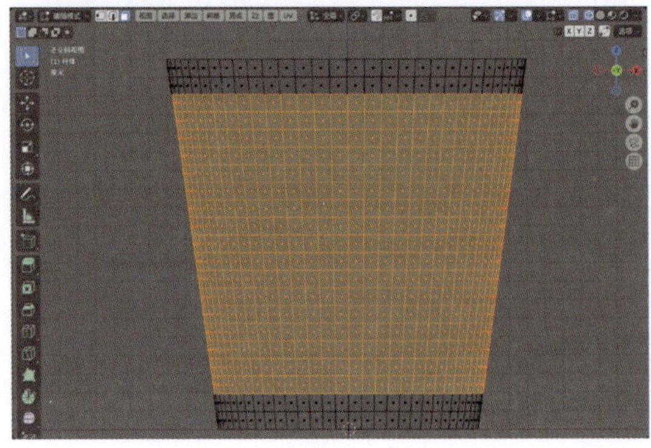

图2-158

06 在“反细分”卷展栏中，设置“迭代”值为1，如图2-160所示，即可得到如图2-161所示的模型效果。

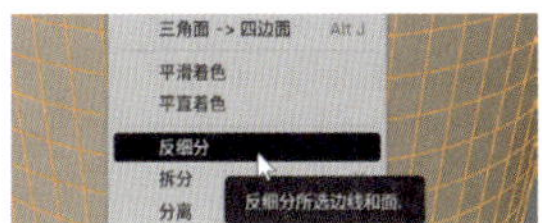

图2-159

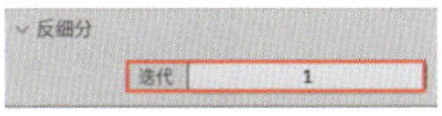

图2-160

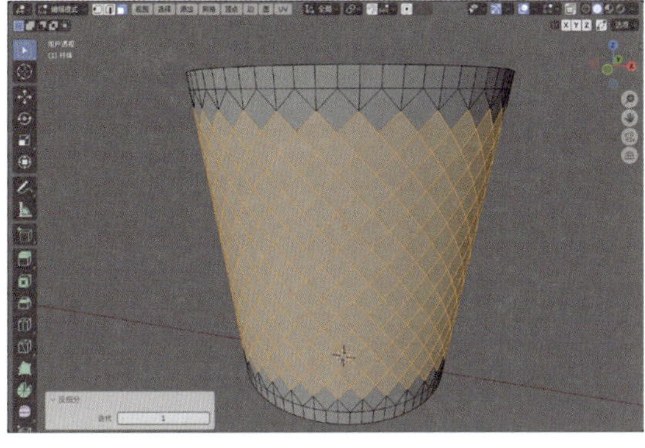

图2-161

07 使用“内插面”工具对选中的面进行内插面操作，在“内插面”卷展栏中，设置“厚(宽)度”为0.002m，选中“各面”复选框，如图2-162所示，制作出如图2-163所示的模型效果。

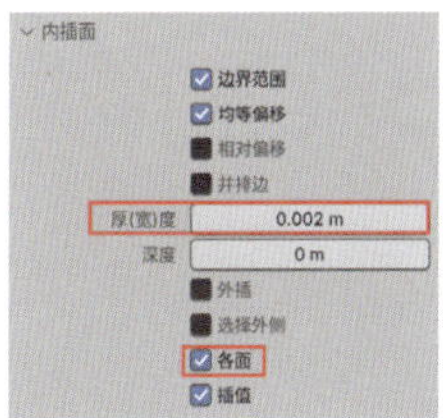

图2-162

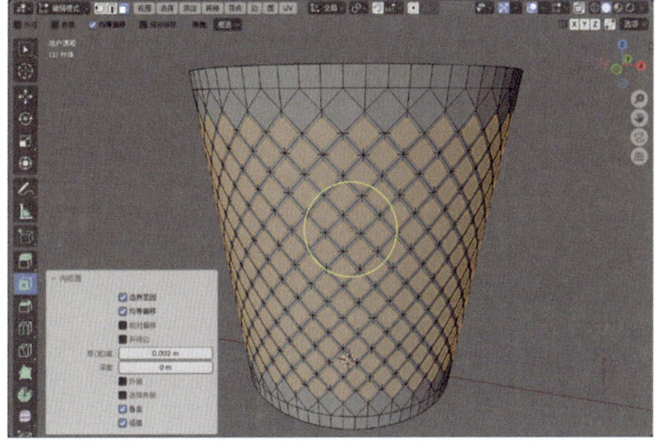

图2-163

08 将选中的面删除后，选择如图2-164所示的面，使用“倒角”工具制作出如图2-165所示的模型效果。

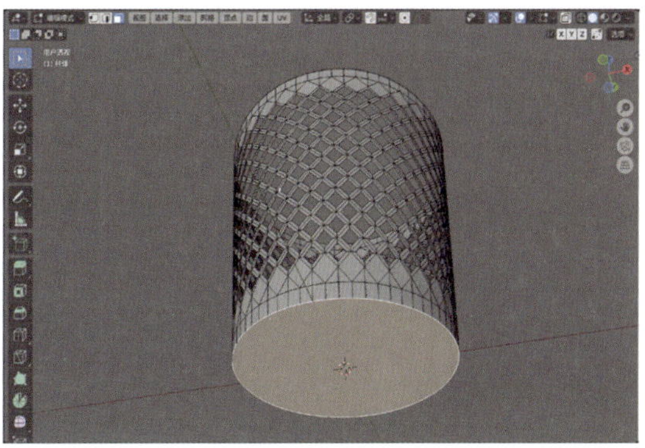

图2-164

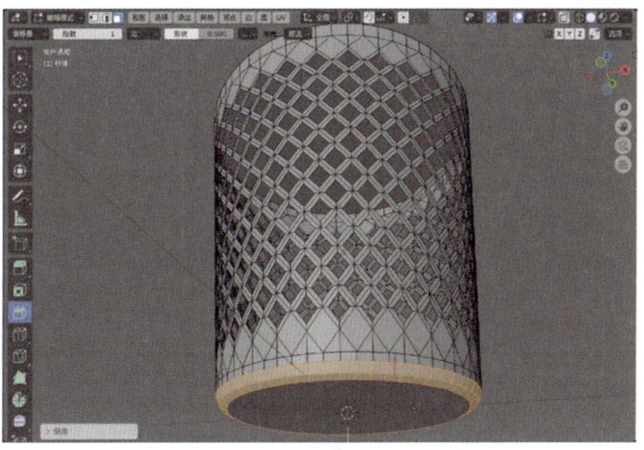

图2-165

09 选择如图2-166所示的面，并将其删除，得到如图2-167所示的模型效果。

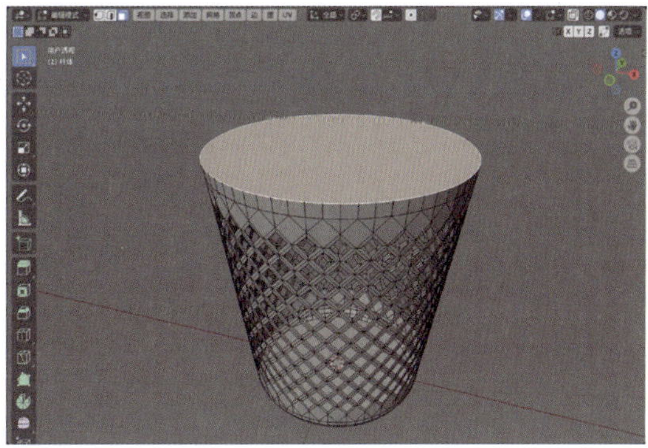

图2-166

10 选择如图2-168所示的边线，多次使用“挤出选区”工具制作出桶口处的细节，如图2-169所示。

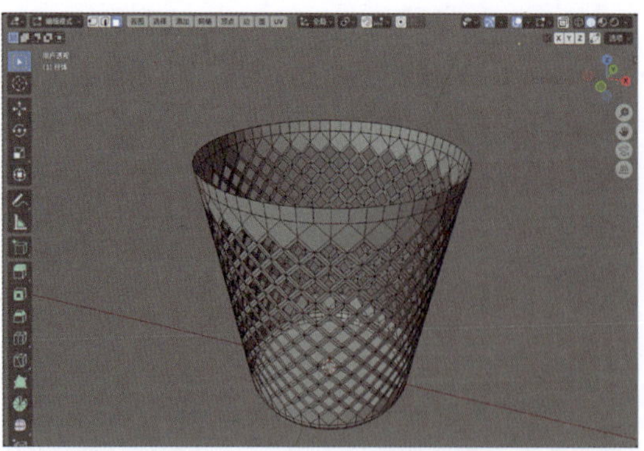

图2-167

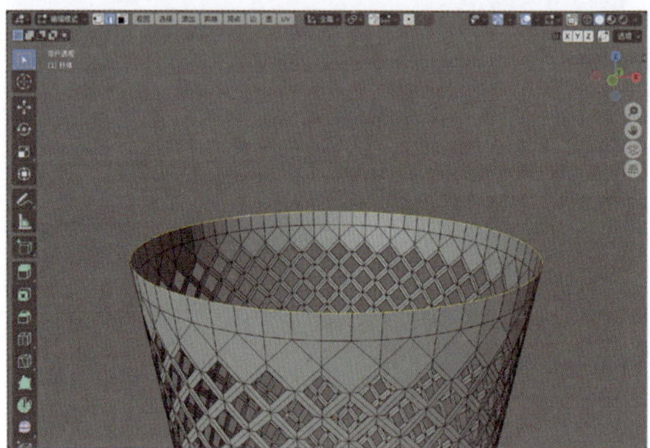

图2-168

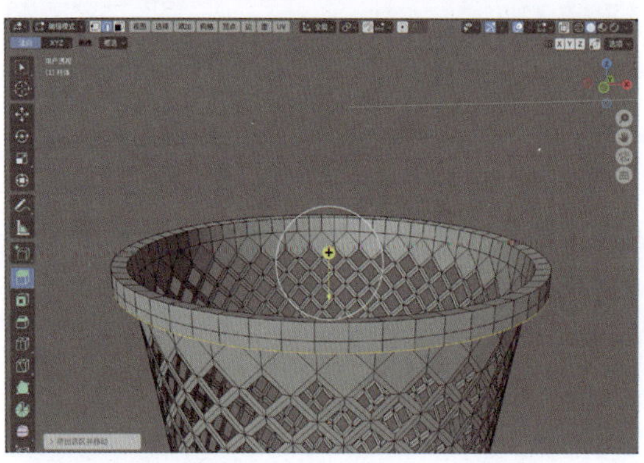

图2-169

11 退出“编辑模式”后，在“修改器”选项卡中，为方瓶模型添加“实体化”修改器。设置“厚（宽）度”为0.003m，如图2-170所示。为模型增加厚度，得到如图2-171所示的模型效果。

12 按快捷键Ctrl+3，为模型添加“表面细分”修改器，即可得到如图2-172所示的模型效果。

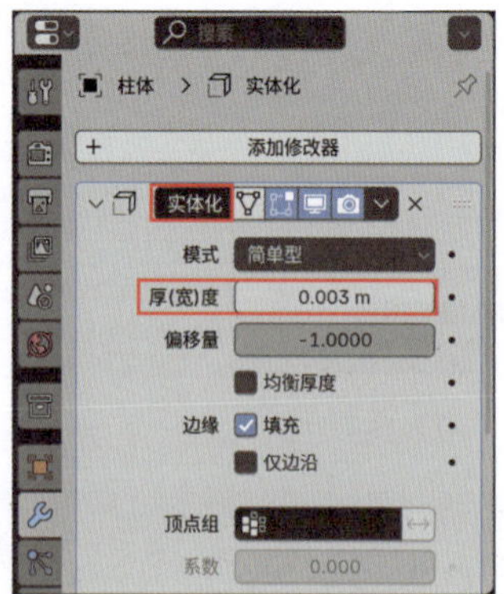

图2-170

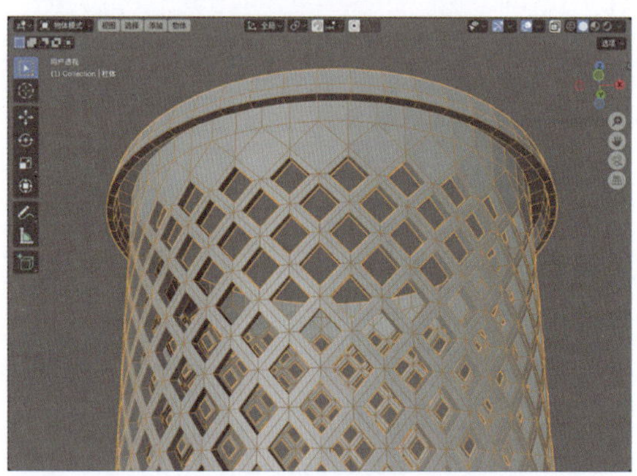

图2-171

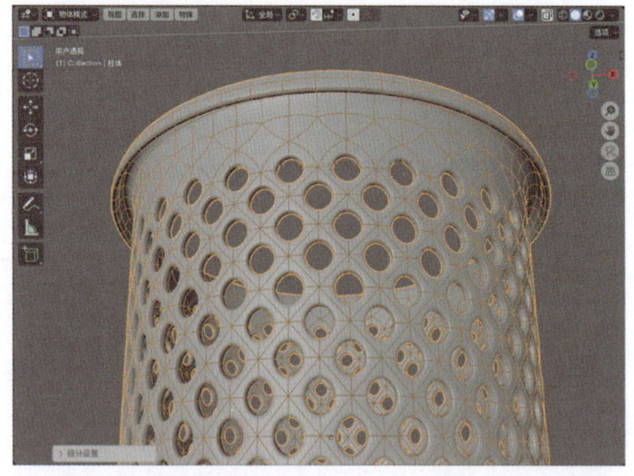

图2-172

技巧与提示

按快捷键Ctrl+1，可以为所选模型自动添加一个“层级视图”值为1的“表面细分”修改器。

按快捷键Ctrl+2，可以为所选模型自动添加一个“层级视图”值为2的“表面细分”修改器。

按快捷键Ctrl+3，可以为所选模型自动添加一个

"层级视图"值为3的"表面细分"修改器。

按快捷键Ctrl+4，可以为所选模型自动添加一个"层级视图"值为4的"表面细分"修改器。

按快捷键Ctrl+5，可以为所选模型自动添加一个"层级视图"值为5的"表面细分"修改器。

13 选择垃圾桶模型，右击并在弹出的"物体"菜单中选择"平滑着色"选项，如图2-173所示，即可得到更加平滑的模型显示效果。

图2-173

本例制作完成的模型效果如图 2-174 所示。

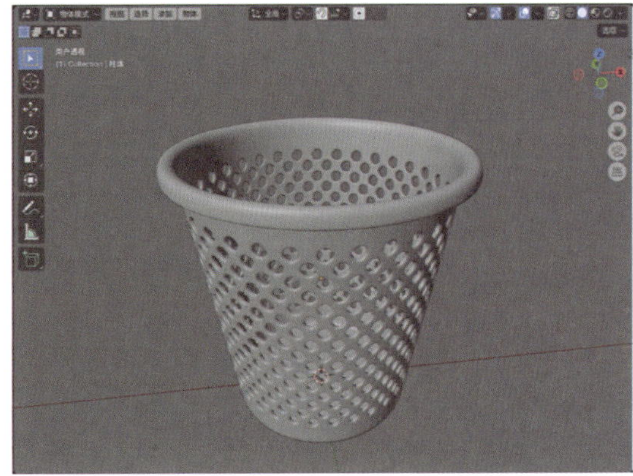

图2-174

2.3.6 实例：制作网球模型

本例将使用"经纬球"工具制作一个网球模型，最终效果如图 2-175 所示。

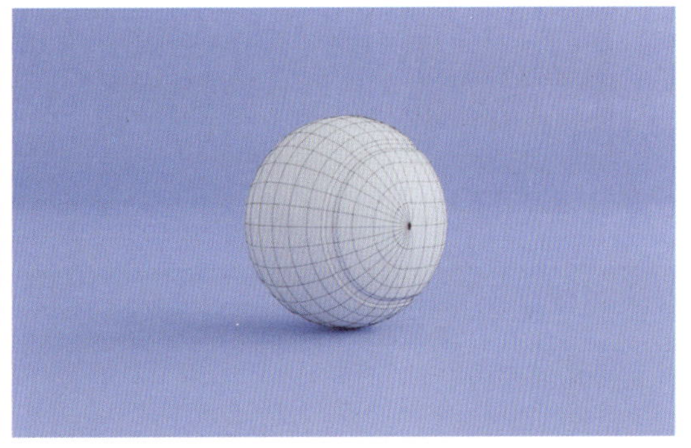

图2-175

01 启动Blender，将场景中自带的立方体模型删除，执行"添加"→"网格"→"经纬球"命令，如图2-176所示，在场景中创建一个经纬球模型。

02 在"添加经纬球"卷展栏中，设置"半径"为0.033m，如图2-177所示。设置完成后，经纬球模型的显示效果如图2-178所示。

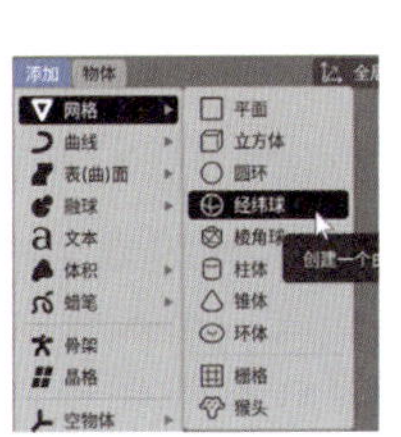

图2-176

图2-177

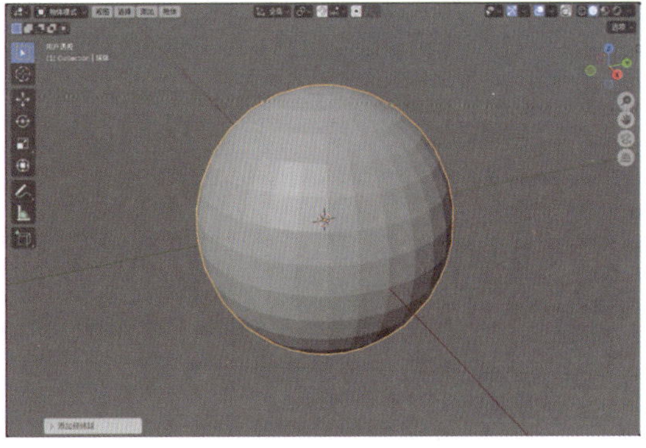

图2-178

03 按Tab键，进入"编辑模式"，选择如图2-179所示的面，右击并在弹出的快捷菜单中选择"拆分"选项，如图2-180所示。

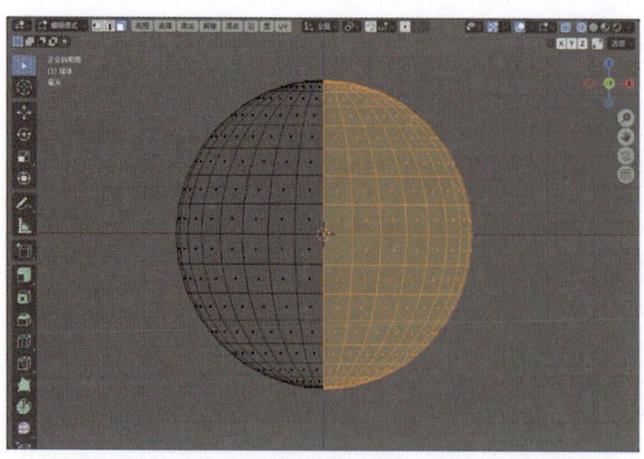

图2-179

04 使用“旋转”工具旋转拆分出来的面，在“旋转”卷展栏中，设置“角度”为90°，如图2-181所示，制作出如图2-182所示的模型效果。

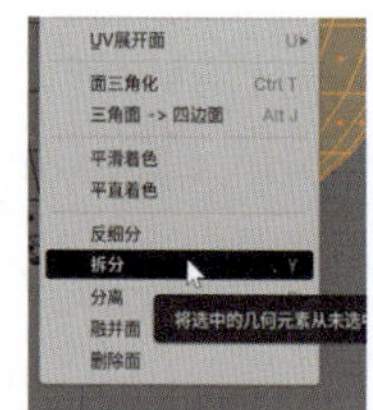

图2-180

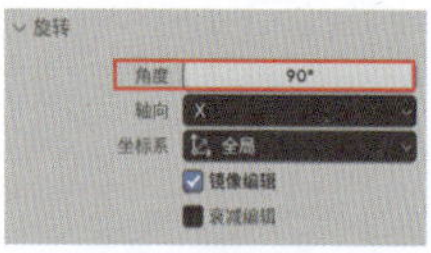

图2-181

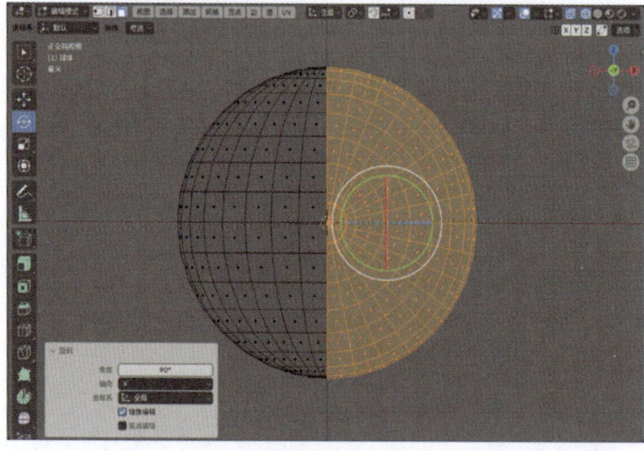

图2-182

05 选择模型上所有的顶点，按M键，在弹出的“合并”菜单中选择“按距离”选项，如图2-183所示。

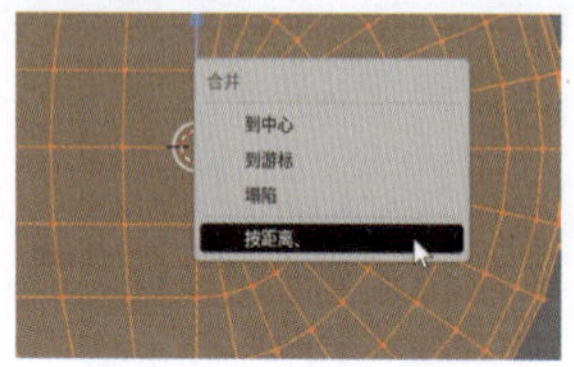

图2-183

06 选择如图2-184所示的边线，使用“倒角”工具制作出如图2-185所示的模型效果。

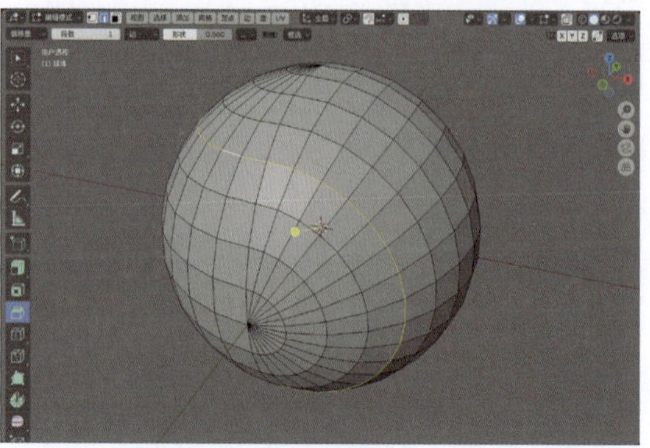

图2-184

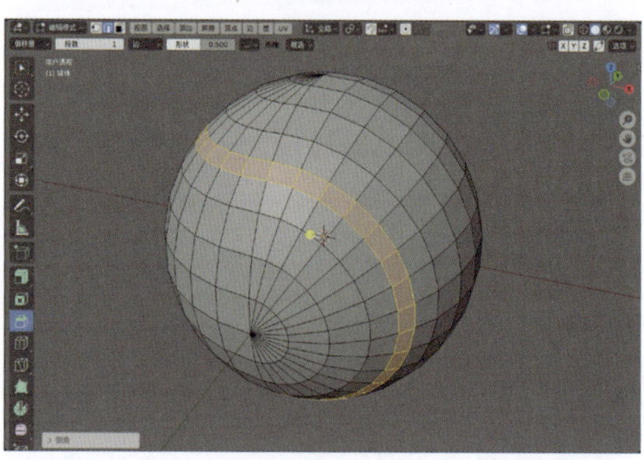

图2-185

07 使用“沿法向挤出”工具对选中的面进行挤出，制作出如图2-186所示的模型效果。

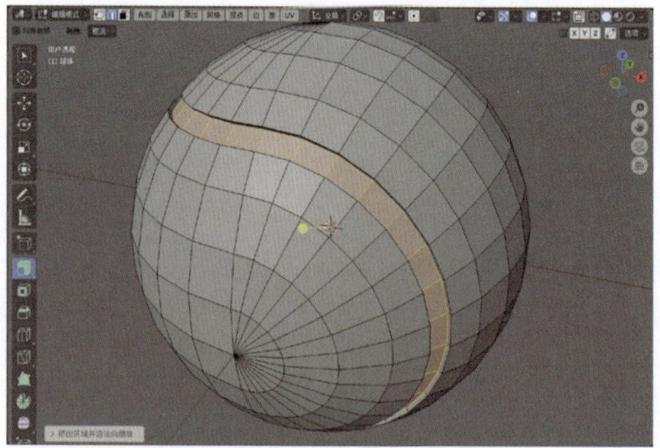

图2-186

08 退出“编辑模式”后，按快捷键Ctrl+2键，为模型添加“表面细分”修改器，即可得到如图2-187所示的模型效果。

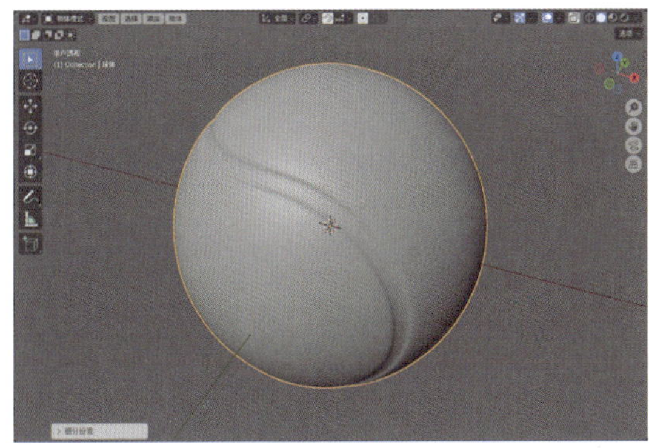

图2-187

09 选择网球模型，右击并在弹出的“物体”菜单中选择“平滑着色”选项，如图2-188所示，即可得到更加平滑的模型显示结果。

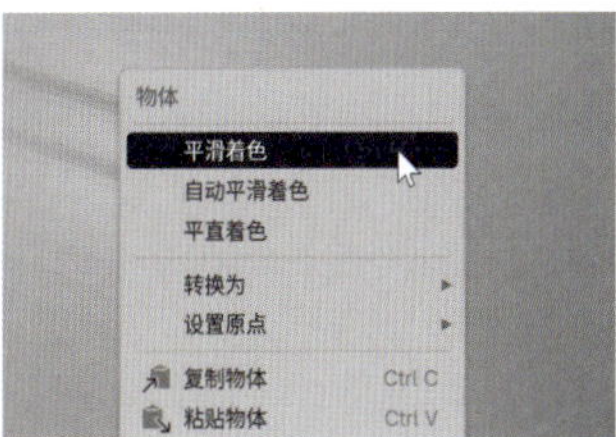

图2-188

本例制作完成的模型效果如图 2-189 所示。

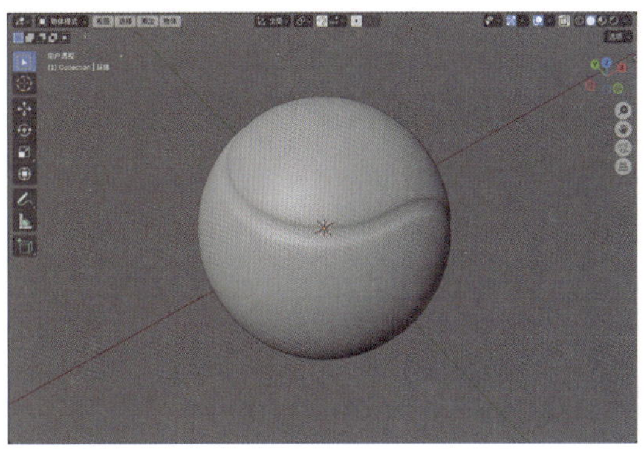

图2-189

第3章 曲线建模

3.1 曲线建模概述

Blender 中文版为用户提供了一种利用曲线图形来创建模型的创新方式。在制作某些特殊造型的模型时，采用曲线建模技术能够极大地简化建模过程，而且完成的模型效果也十分理想。图3-1 所示即为运用曲线建模技术精心制作的花瓶模型。

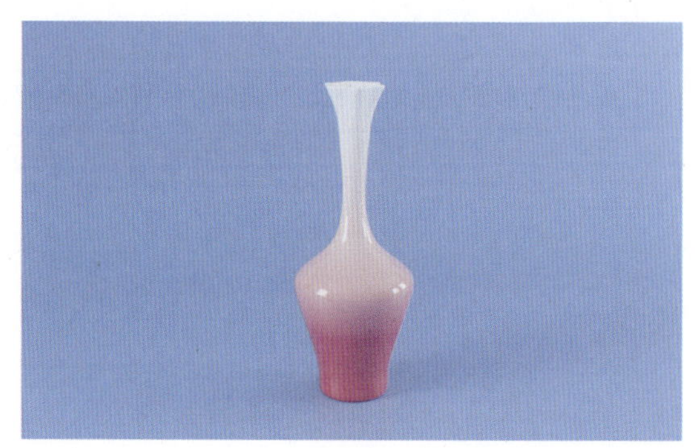

图3-1

3.2 创建曲线

在“添加”→“曲线”子菜单中，即可看到 Blender 提供的多种基本曲线的创建命令，如图3-2 所示。

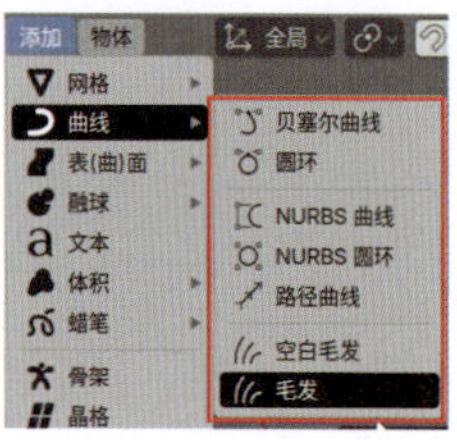

图3-2

工具解析

※ 贝塞尔曲线：用于创建贝塞尔曲线。

※ 圆环：用于创建圆环。

※ NURBS 曲线：用于创建 NURBS 曲线。

※ NURBS 圆环：用于创建 NURBS 圆环。

※ 路径曲线：用于创建路径曲线。

※ 空白毛发：用于创建空白毛发。

※ 毛发：用于创建 Fur 对象。

3.2.1 基础操作：创建及修改曲线

知识点： 创建曲线、控制柄类型、挤出曲线。

01 启动Blender，将场景中自带的立方体模型删除，执行“添加”→“曲线”→“贝塞尔曲线”命令，如图3-3所示，在场景中创建一条贝塞尔曲线，如图3-4所示。

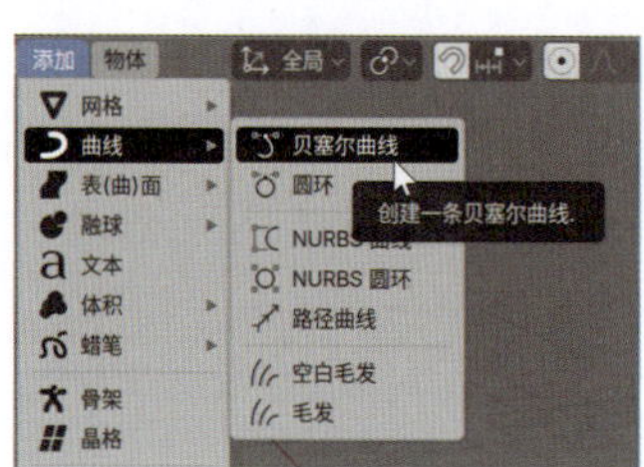

图3-3

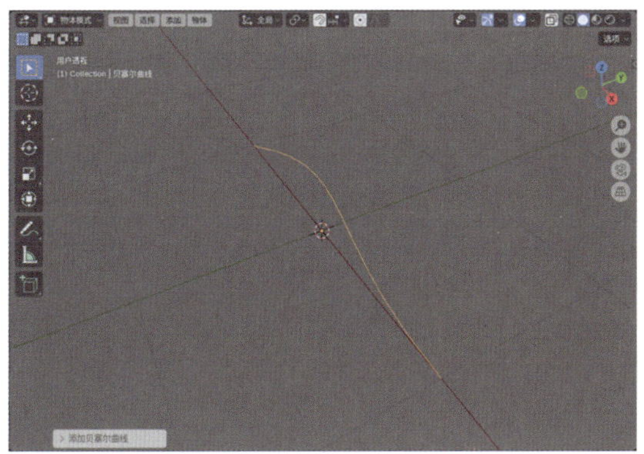

图3-4

02 按Tab键，进入“编辑模式”，贝塞尔曲线的视图显示效果如图3-5所示。可以看到创建出来的贝塞尔曲线具有两个顶点，且每个顶点都有两个控制柄。

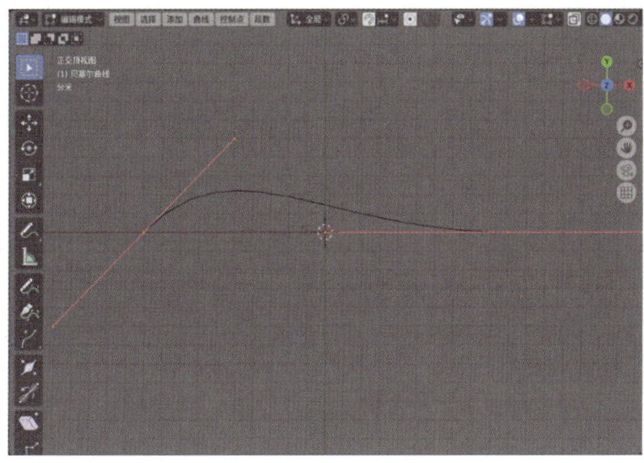

图3-5

03 选择视图中右侧的顶点，按E键，则可以对所选择的顶点进行挤出，得到延长曲线，如图3-6所示。

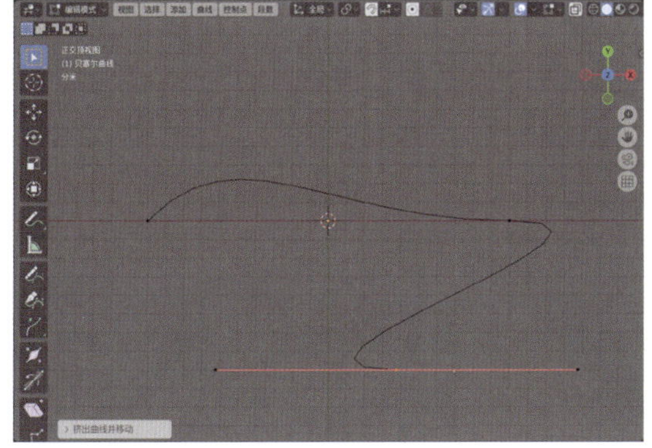

图3-6

04 通过调整曲线顶点上的控制柄，可以更改曲线的形状，如图3-7所示。

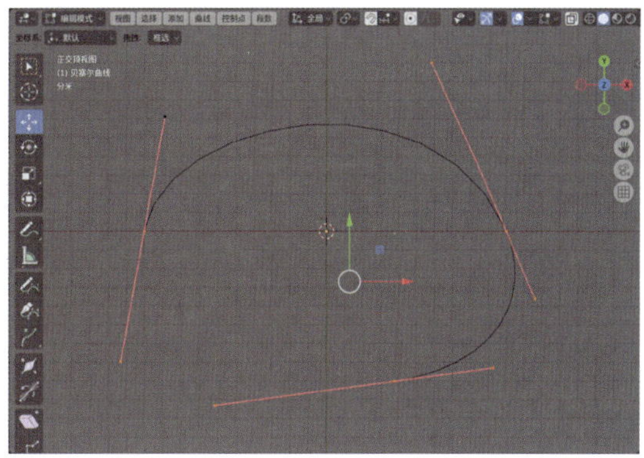

图3-7

05 框选曲线上的所有顶点，右击并在弹出的“曲线”菜单中选择“设置控制柄类型”→“矢量”选项，如图3-8所示，曲线的形状发生了变化，如图3-9所示。

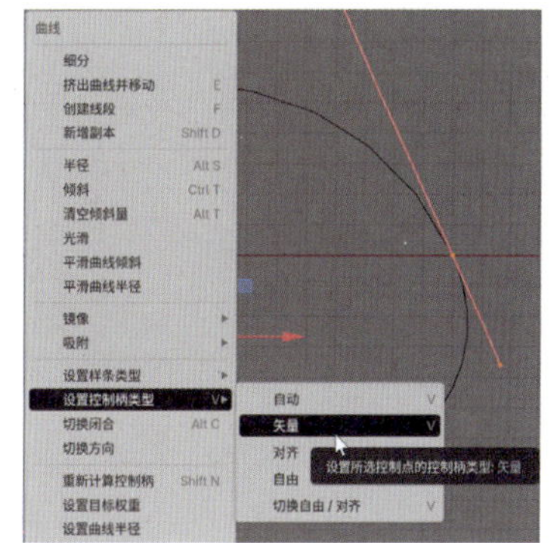

图3-8

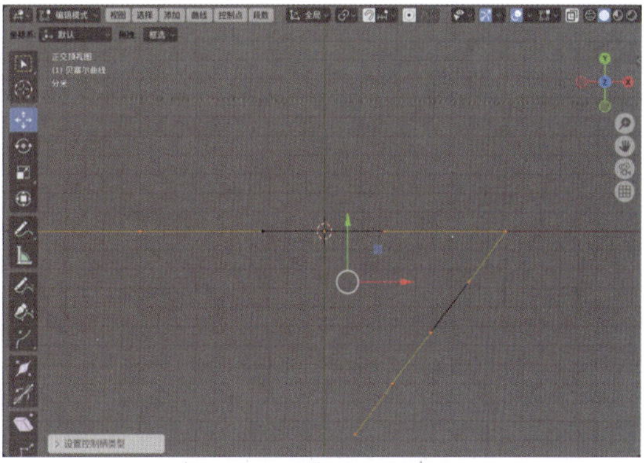

图3-9

06 选择视图中最下方的顶点，多次按E键，对其进行挤出操作，得到延长曲线，如图3-10所示。

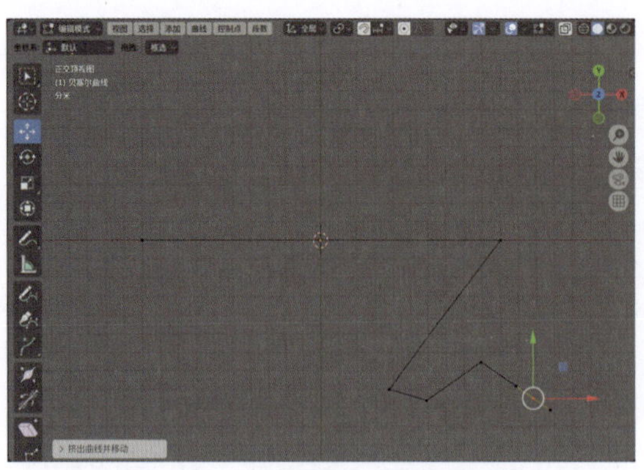

图3-10

07 通过调整曲线顶点控制柄的位置，仍然可以更改曲线的形状，如图3-11所示。

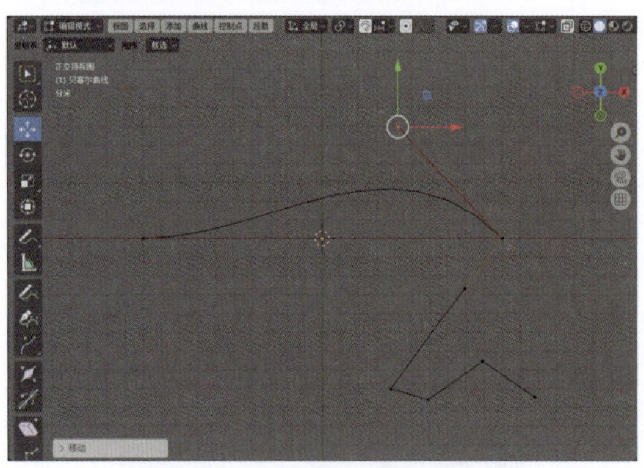

图3-11

08 框选曲线上的所有顶点，右击并在弹出的“曲线”菜单中选择“设置控制柄类型”→“自动”选项，如图3-12所示，曲线的形状会发生变化，如图3-13所示。

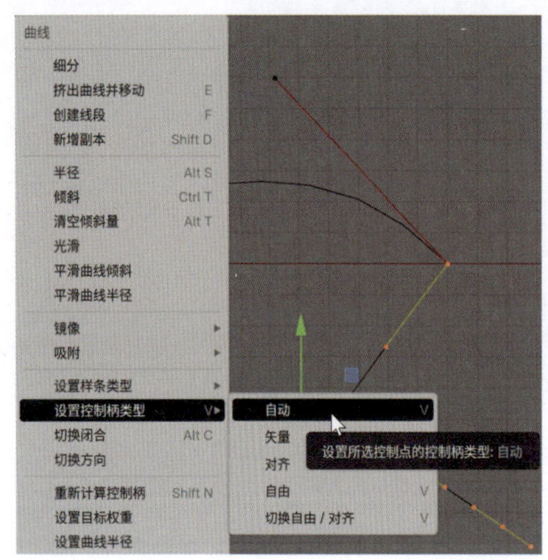

图3-12

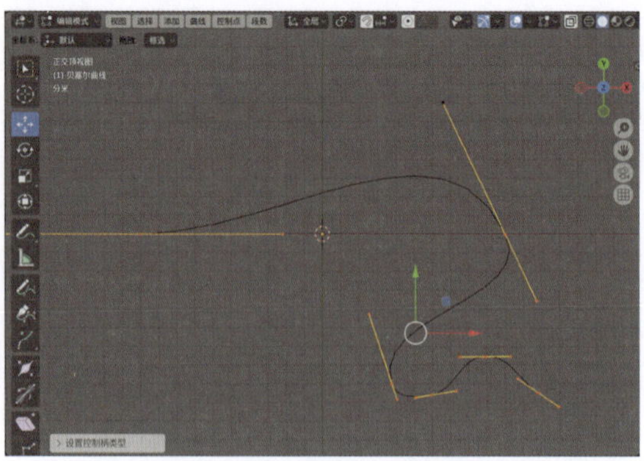

图3-13

09 再次按Tab键，退出“编辑模式”，曲线编辑完成后的显示效果如图3-14所示。

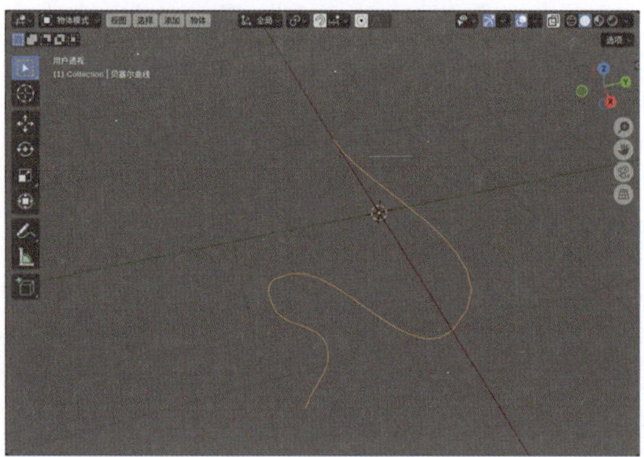

图3-14

3.2.2 实例：制作杯子模型

本例将使用“贝塞尔曲线”工具制作一个杯子模型，最终效果如图 3-15 所示。

图3-15

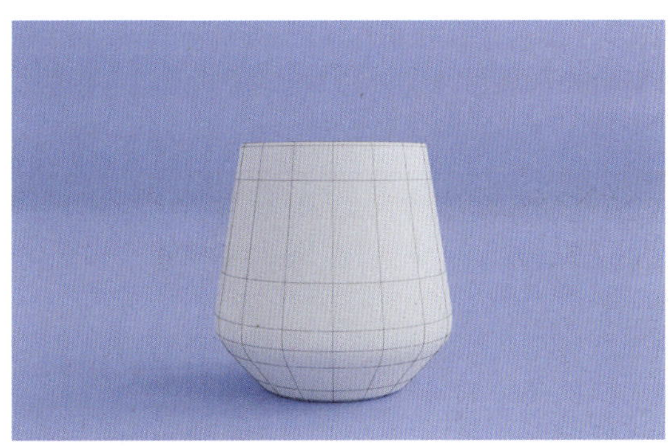

图3-15（续）

01 启动Blender，将场景中自带的立方体模型删除，执行“添加”→“网格”→“平面”命令，如图3-16所示，在场景中创建一个平面模型。

02 在“添加平面”卷展栏中，设置“旋转X”为90°，如图3-17所示。设置完成后，平面的显示效果如图3-18所示。

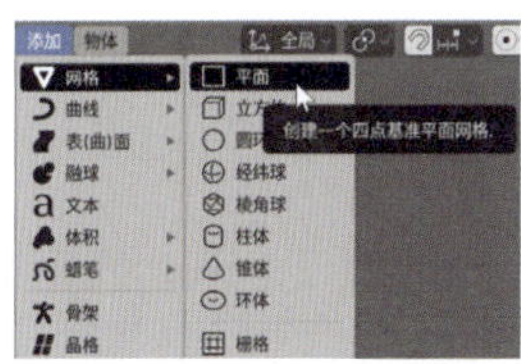

图3-16

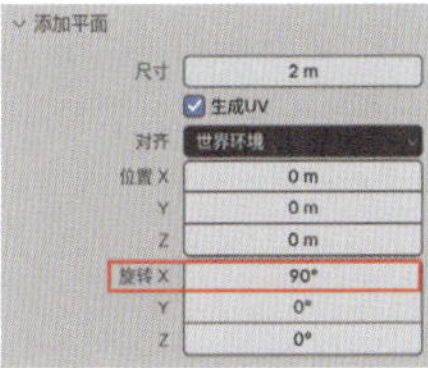

图3-17

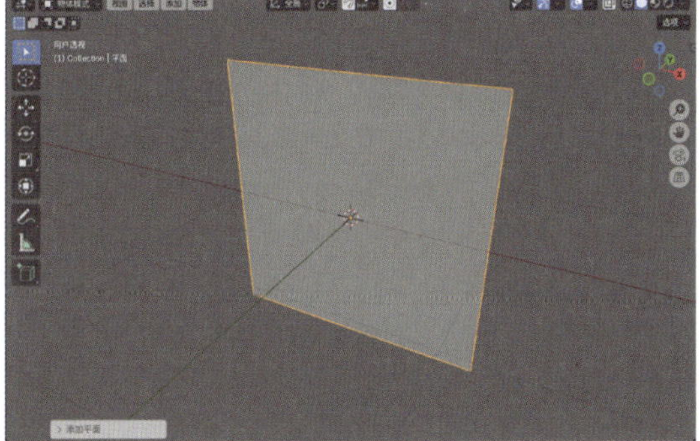

图3-18

03 在“材质”选项卡中，单击“新建”按钮，如图3-19所示。

图3-19

04 在“表（曲）面”卷展栏中，单击“基础色”的黄色圆点按钮，如图3-20所示。

05 在弹出的菜单中选择“图像纹理”选项，如图3-21所示。

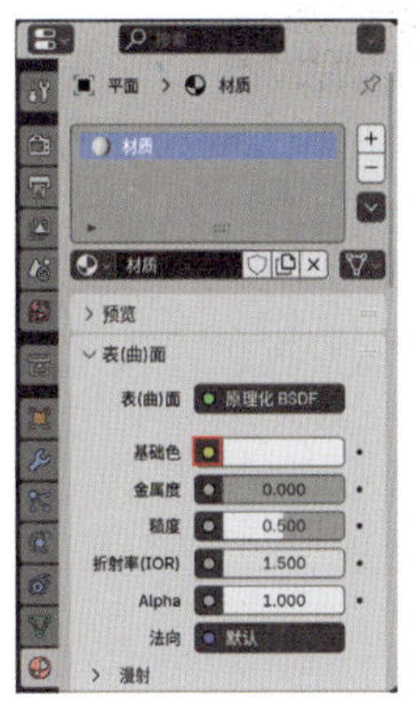

图3-20　　图3-21

06 在“表（曲）面”卷展栏中，为“基础色”添加“杯子.jpg”材质文件，如图3-22所示。

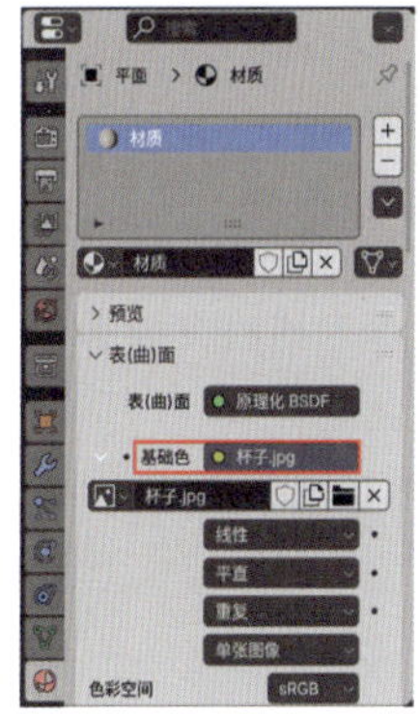

图3-22

07 将视图切换至“材质预览”模式，添加了贴图的平面模型显示效果如图3-23所示。

图3-23

08 执行“添加”→“曲线”→“贝塞尔曲线”命令，如图3-24所示。在场景中创建一条贝塞尔曲线，如图3-25所示。

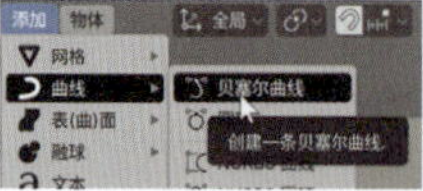

图3-24

图3-25

09 在“正交顶视图”中，按Tab键，进入“编辑模式”，选择曲线上的所有顶点，右击并在弹出的“曲线”菜单中选择“设置控制柄类型”→“矢量”选项，如图3-26所示。曲线会变成一条直线，如图3-27所示。

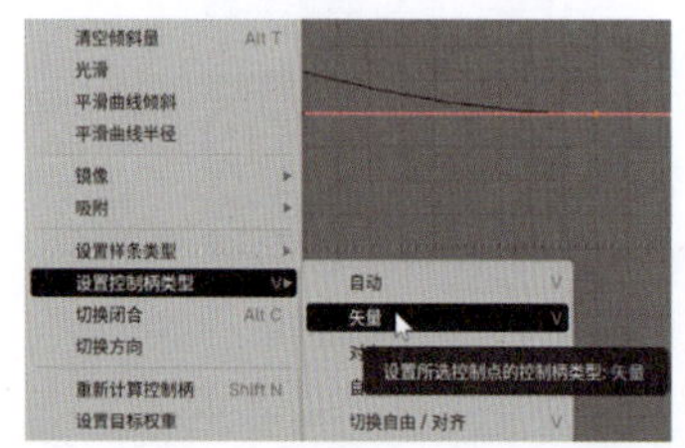

图3-26

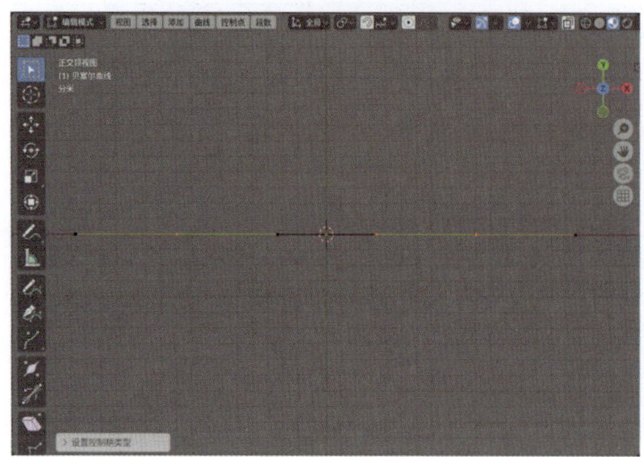

图3-27

10 在“正交前视图”中，调整曲线顶点的位置，如图3-28所示。多次按E键，并调整其位置，制作出杯子的剖面结构，如图3-29所示。

图3-28

图3-29

11 选择如图3-30所示的两个顶点。右击并在弹出的“曲线”菜单中选择“细分”选项，如图3-31所示。这样，可以在选择的两个顶点之间添加新的顶点，如图3-32所示。

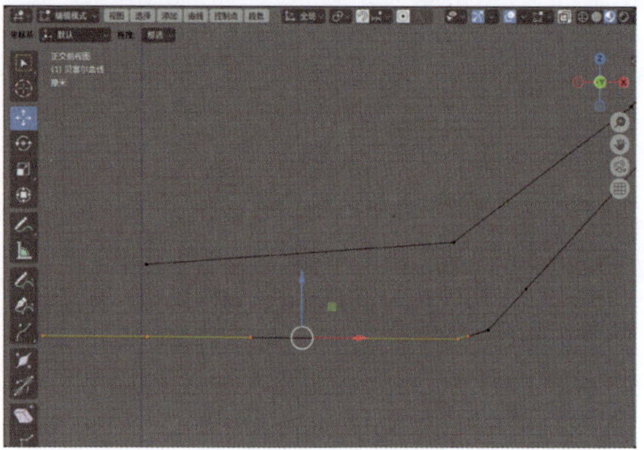

图3-30

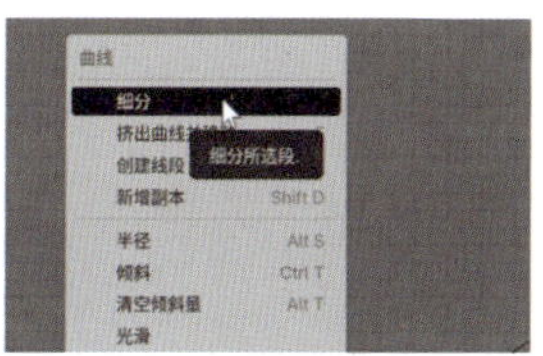

图3-31

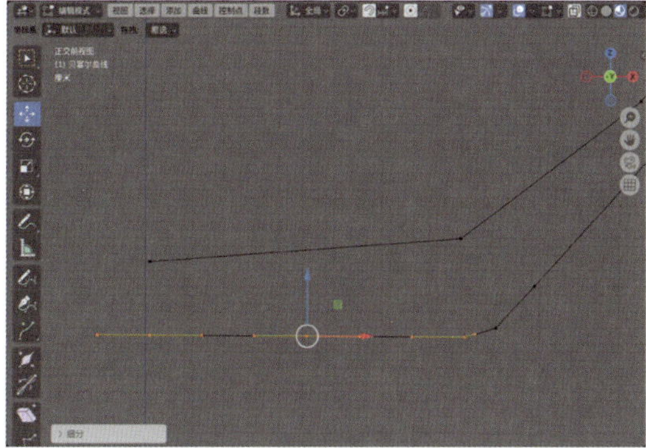

图3-32

技巧与提示

在“细分”卷展栏中，可以通过设置“切割次数”值来更改添加顶点的数量。

12 调整杯子底部曲线的形状至如图3-33所示的状态。

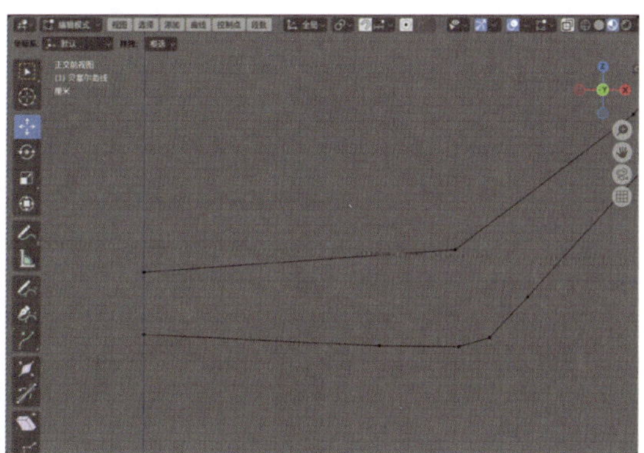

图3-33

13 退出“编辑模式”，在“修改器”选项卡中，为曲线添加“螺旋”修改器，选中“合并”复选框，如图3-34所示。设置完成后，杯子模型的显示效果如图3-35所示。

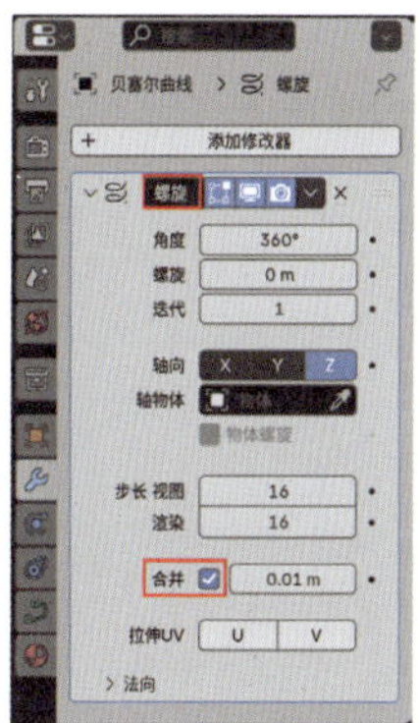

图3-34

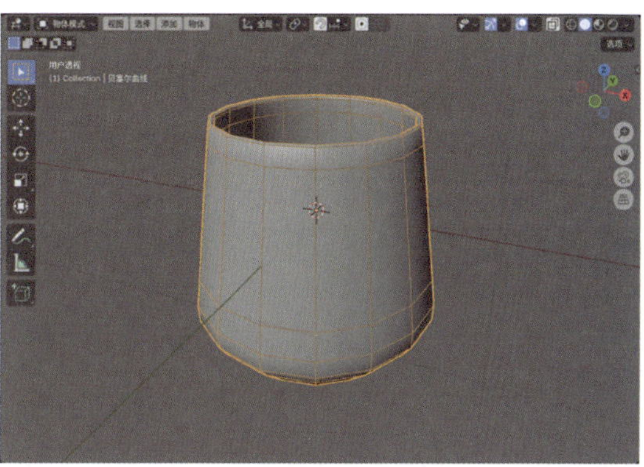

图3-35

14 按快捷键Ctrl+2，为模型添加“表面细分”修改器，即可得到如图3-36所示的模型效果。

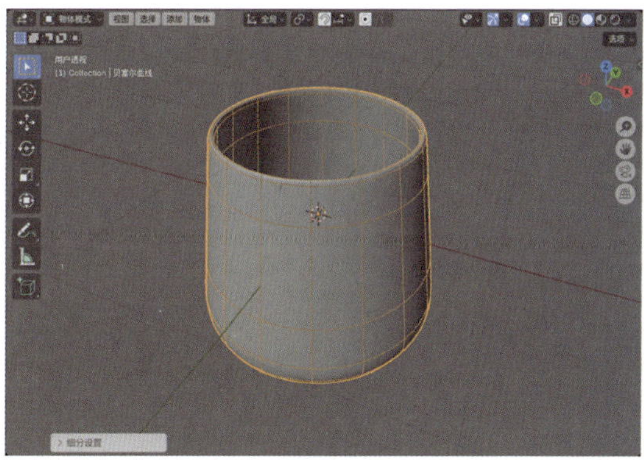

图3-36

本例制作完成的模型效果如图 3-37 所示。

技巧与提示

本例的制作过程还涉及一些材质方面的知识，后文会详细讲解。

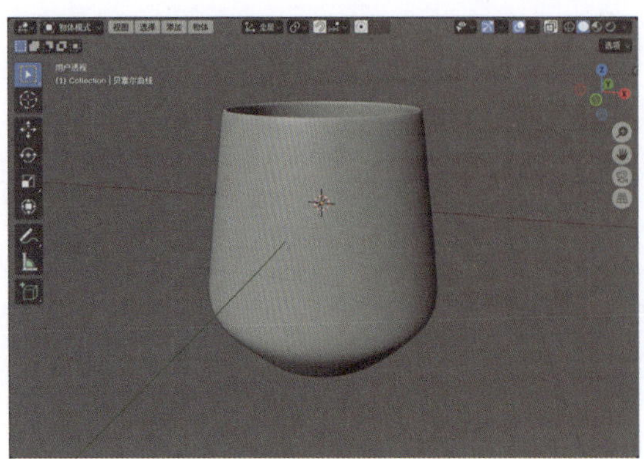

图3-37

3.2.3 实例：制作曲别针模型

本例将使用“NURBS 曲线”工具制作一个曲别针模型，最终效果如图 3-38 所示。

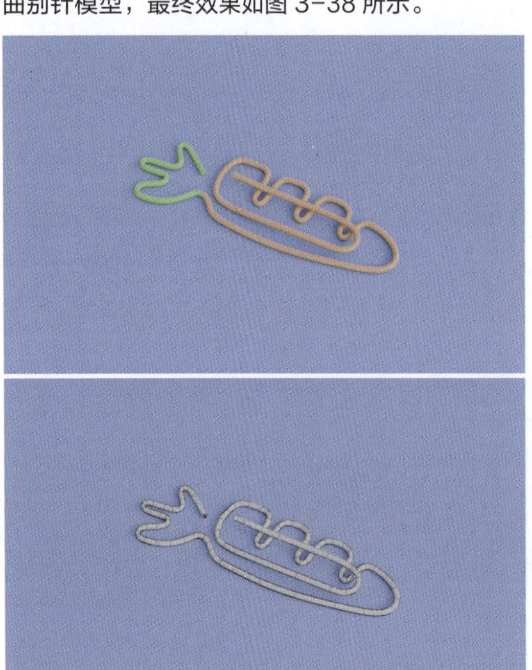

图3-38

01 启动Blender，将场景中自带的立方体模型删除，执行“添加”→“网格”→“平面”命令，如图3-39所示，在场景中创建一个平面模型，如图3-40所示。

图3-39

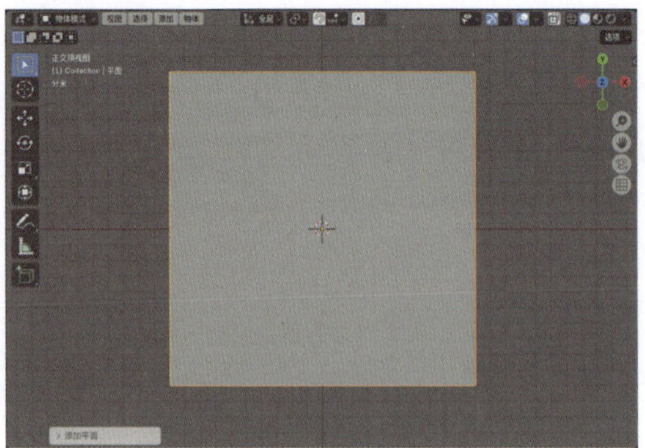

图3-40

02 在“材质”选项卡中，单击“新建”按钮，如图3-41所示。

03 在“表（曲）面”卷展栏中，单击“基础色”的黄色圆点按钮，如图3-42所示。

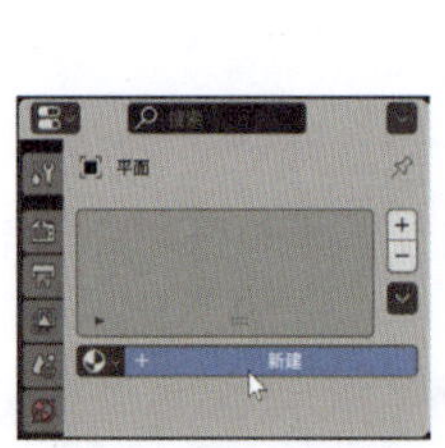

图3-41

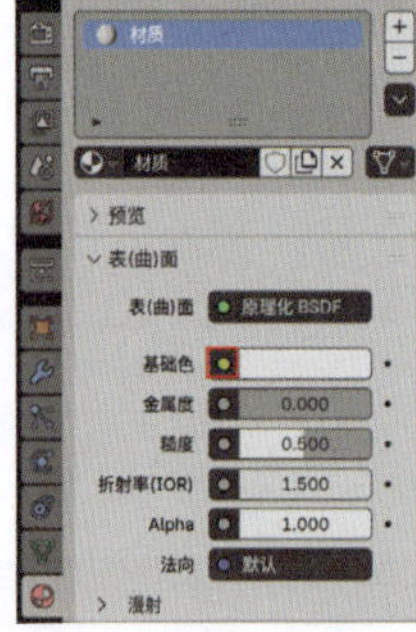

图3-42

04 在弹出的菜单中选择“图像纹理”选项，如图3-43所示。

05 在“表（曲）面”卷展栏中，为“基础色”添加“曲别针.jpg”材质文件，如图3-44所示。

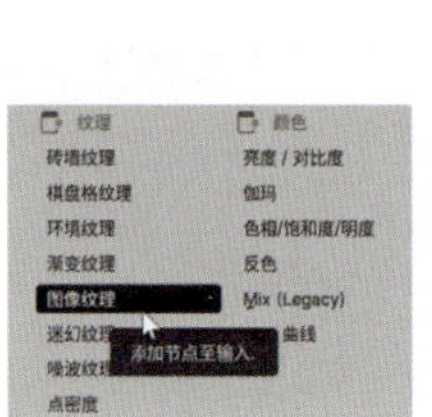

图3-43

图3-44

06 将视图切换至“材质预览”模式，添加了贴图的平面模型显示效果如图3-45所示。

图3-45

07 执行“添加”→“曲线”→“NURBS曲线”命令，如图3-46所示。在场景中创建一条NURBS曲线，如图3-47所示。

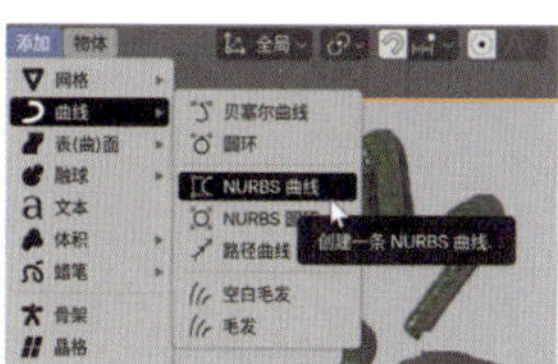

图3-46

图3-47

08 在“正交顶视图”中，选择NURBS曲线，按Tab键，进入“编辑模式”，NURBS曲线的视图显示结果如图3-48所示。

09 框选NURBS曲线上的所有控制点，右击并在弹出的“曲线”菜单中选择“设置样条类型”→“多段线”选项，如图3-49所示。

图3-48

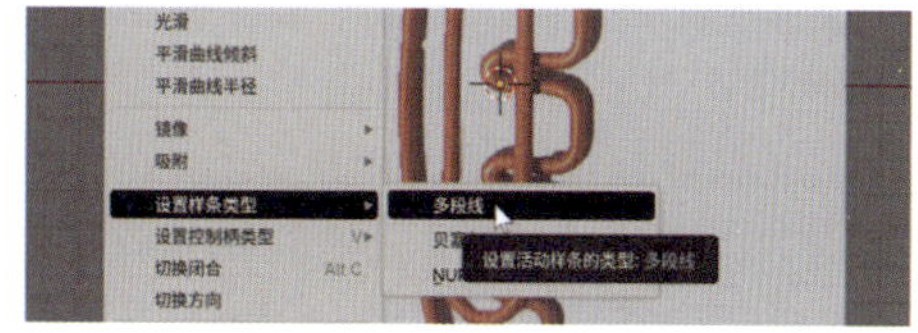

图3-49

10 在“正交前视图”中，调整曲线顶点的位置，如图3-50所示，多次按E键，并调整位置，制作出曲别针的大概形状，如图3-51所示。

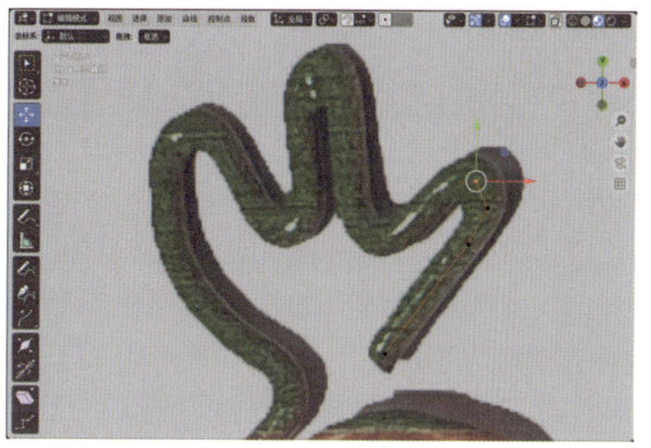

图3-50

图3-51

11 选择如图3-52所示的顶点，调整其位置，如图3-53所示。

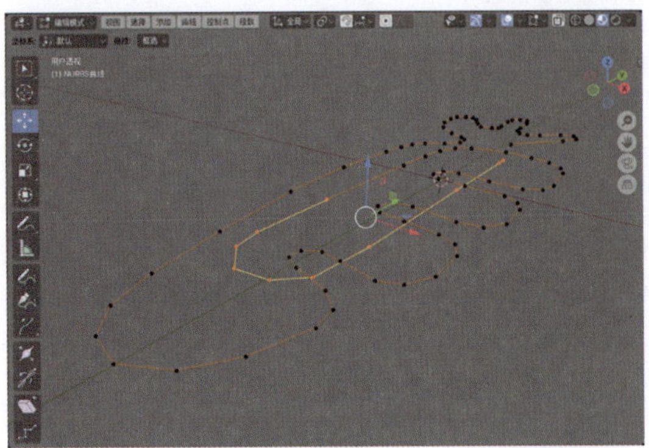

图3-52

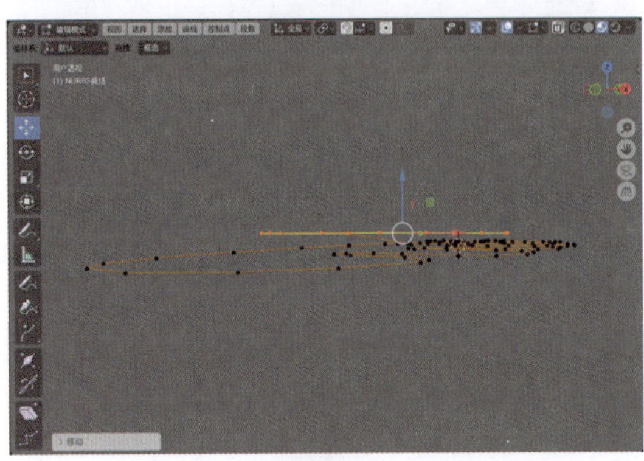

图3-53

12 退出“编辑模式”后，在“几何数据”卷展栏中，设置“深度”为0.02m，选中“填充封盖”复选框，如图3-54所示。设置完成后，曲别针模型的显示效果如图3-55所示。

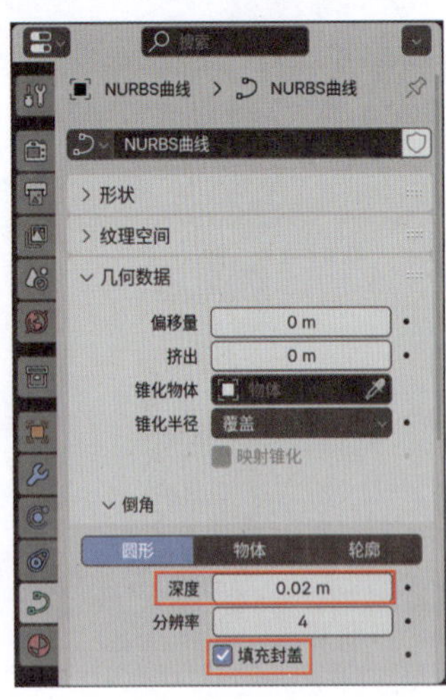

图3-54

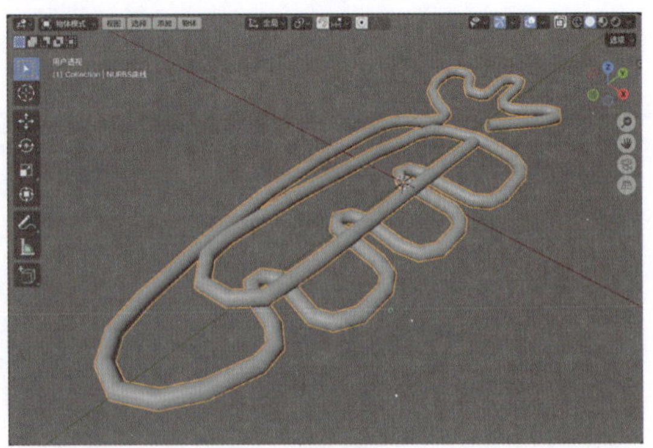

图3-55

13 按快捷键Ctrl+3，为模型添加“表面细分”修改器，即可得到如图3-56所示的模型效果。

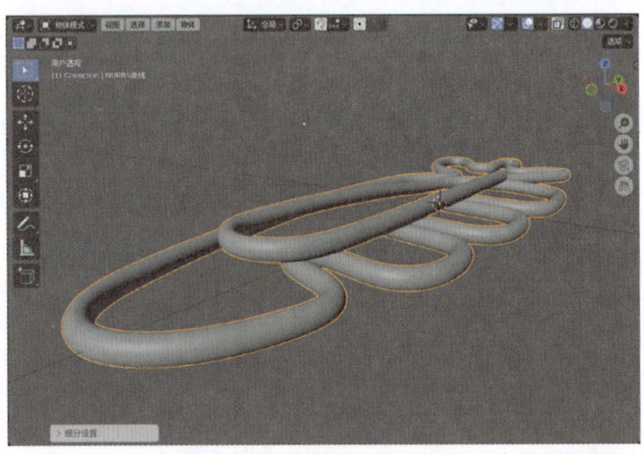

图3-56

本例制作完成的模型效果如图3-57所示。

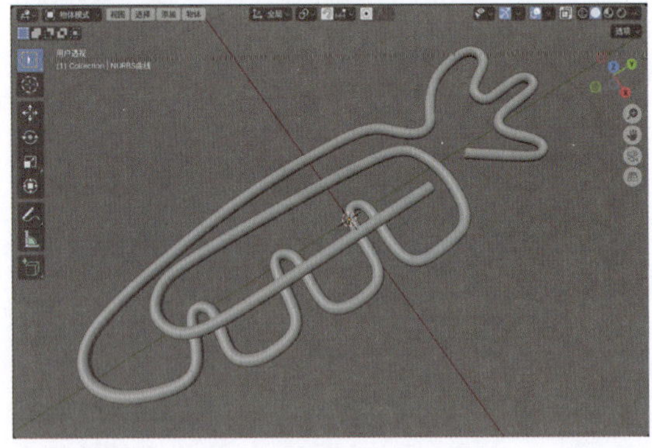

图3-57

3.2.4 实例：制作花瓶模型

本例将使用“圆环”工具制作一个花瓶模型，最终效果如图3-58所示。

图3-58

01 启动Blender，将场景中自带的立方体模型删除，执行“添加”→“曲线”→“圆环”命令，如图3-59所示，在场景中创建一个圆环模型。

02 在“添加贝塞尔圆环”卷展栏中，设置“半径”为0.05m，如图3-60所示。

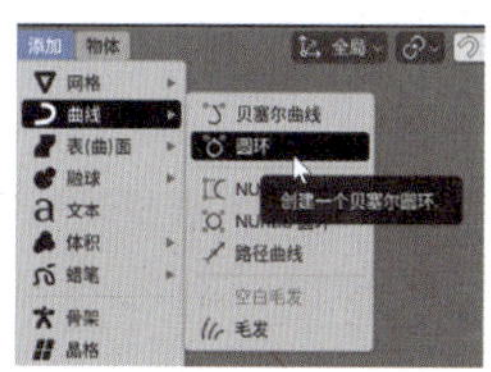

图3-59

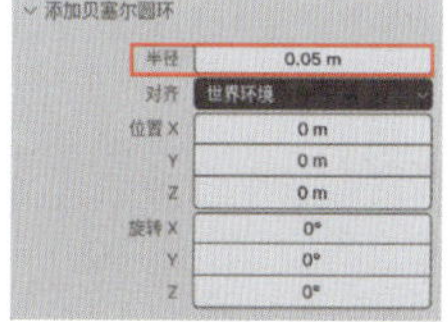

图3-60

03 按Tab键，进入“编辑模式”，圆环的显示效果如图3-61所示。

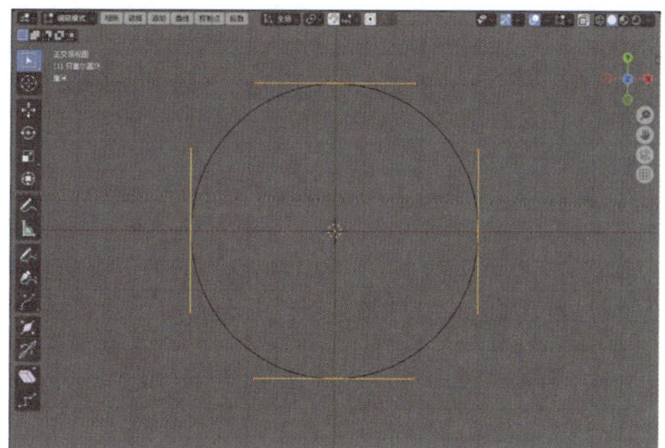

图3-61

04 框选圆环上的所有顶点，右击并在弹出的“曲线”菜单中选择“细分”选项，如图3-62所示。

05 在“细分”卷展栏中，设置“切割次数”值为4，如图3-63所示，得到如图3-64所示的曲线显示效果。

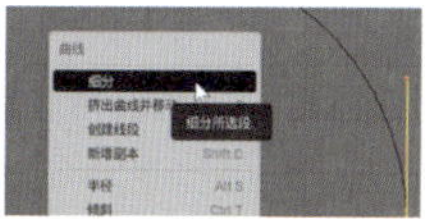

图3-62

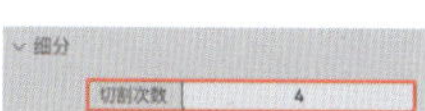

图3-63

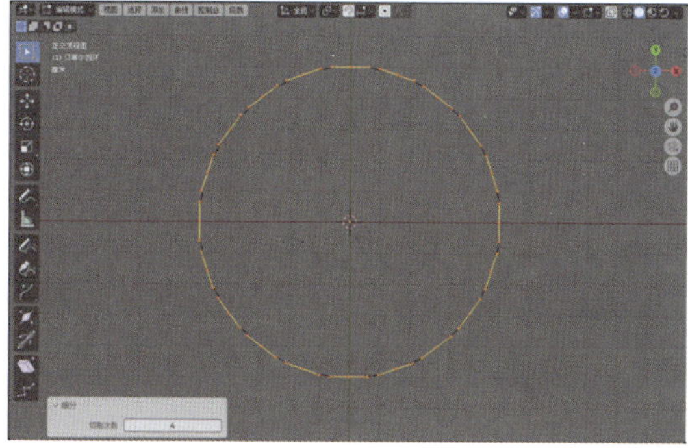

图3-64

06 退出“编辑模式”，选择圆环，按快捷键Shift+D，再按Z键，沿Z轴向上复制一个圆环，如图3-65所示。

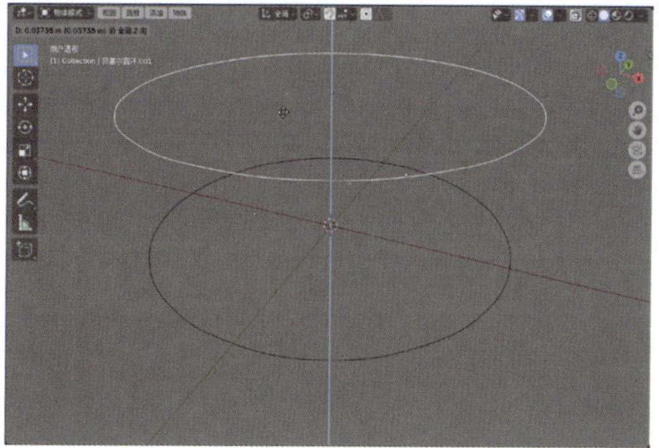

图3-65

07 采用相同的方法，再次复制3个圆环，并调整这些圆环的大小和位置，如图3-66所示。

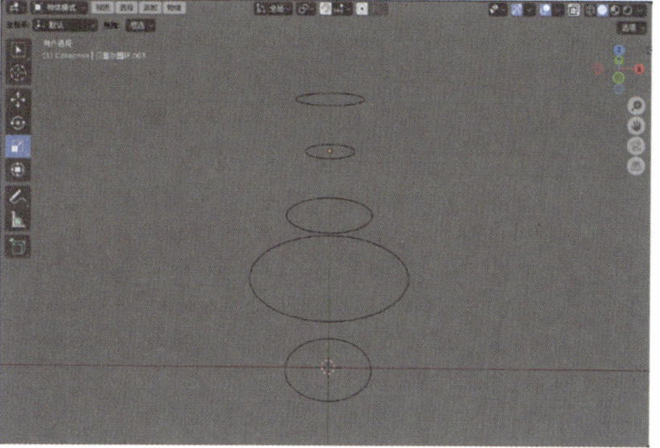

图3-66

08 选择如图3-67所示的圆环。在“编辑模式”中，选择如图3-68所示的顶点。使用“缩放”工具调整所选顶点的位置，如图3-69所示。

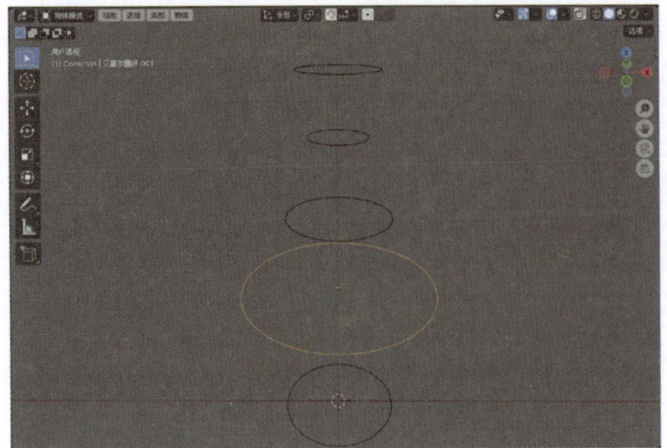

图3-67

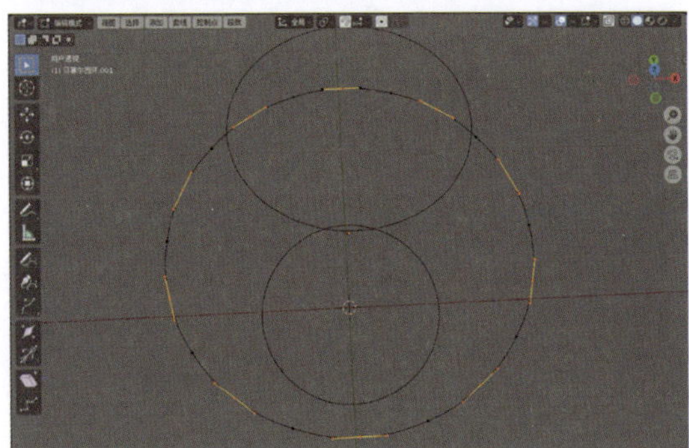

图3-68

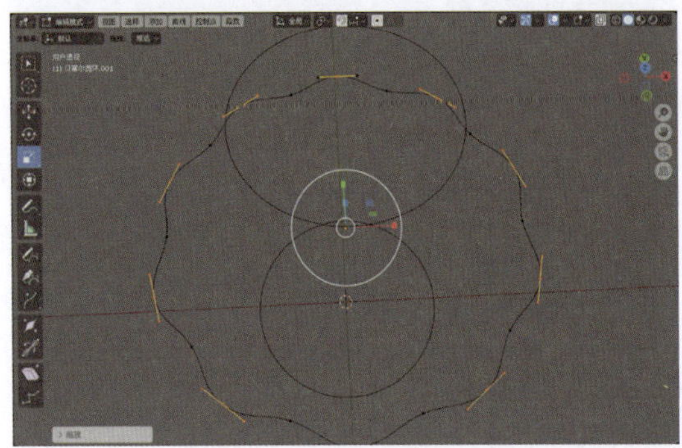

图3-69

09 从下至上依次选择场景中的5个圆环，如图3-70所示。按快捷键Ctrl+J，将其合并为一个图形。

10 在“编辑模式”中，选择圆环上的所有顶点，右击并在弹出的快捷菜单中选择“设置样条类型”→“多段线”选项，如图3-71所示，即可得到如图3-72的曲线显示效果。

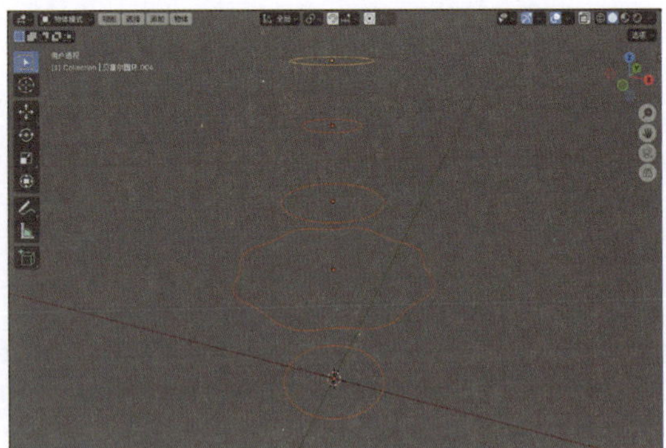

图3-70

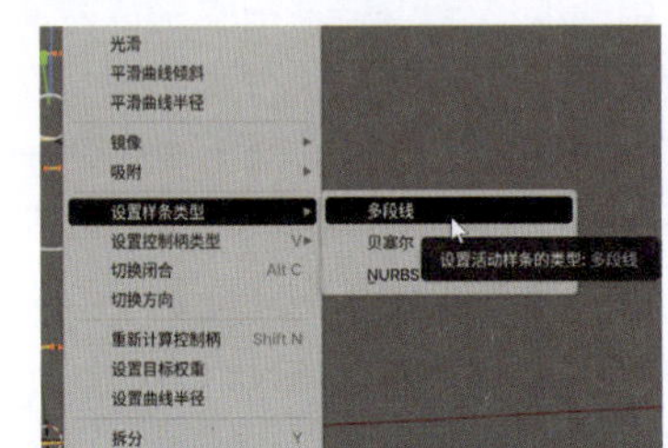

图3-71

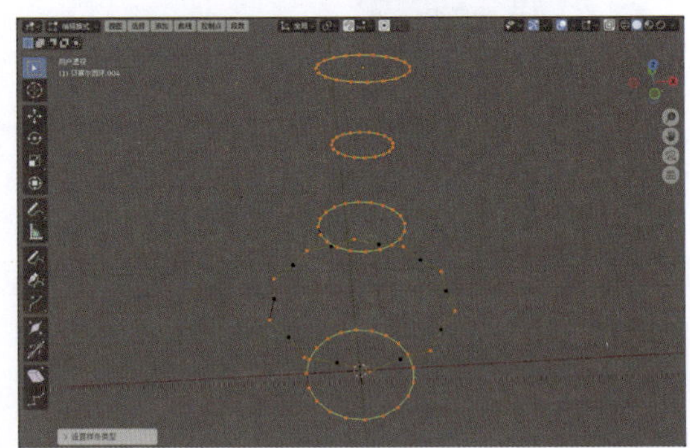

图3-72

11 退出“编辑模式”后，右击并在弹出的“物体”菜单中选择“转换为”→“网格”选项，如图3-73所示。

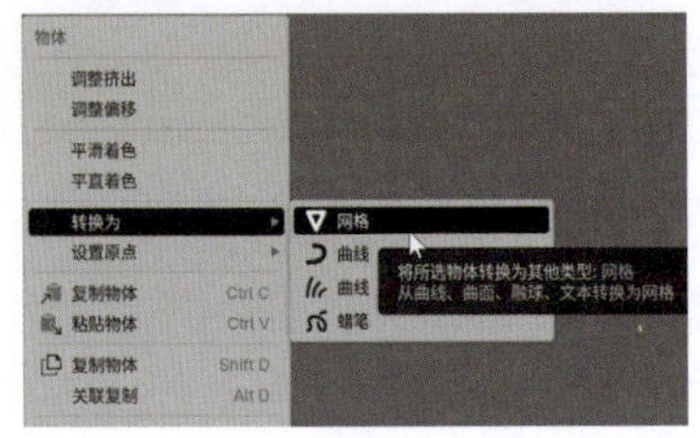

图3-73

12 在“编辑模式”中，选择圆环上的所有顶点，如图3-74所示。

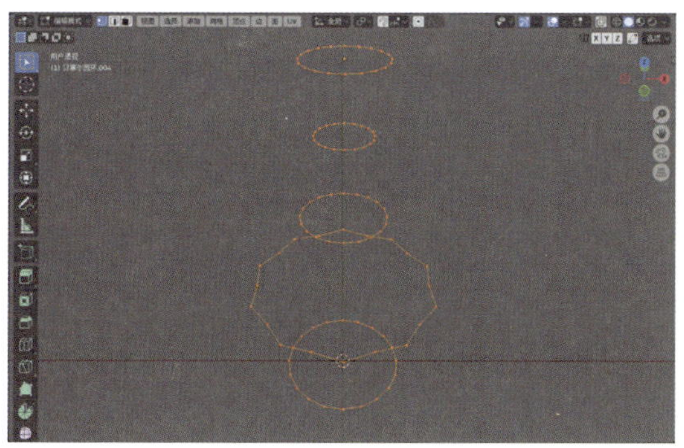

图3-74

13 右击并在弹出的快捷菜单中选择LoopTools | Loft选项，如图3-75所示，即可得到如图3-76所示的模型效果。

图3-75

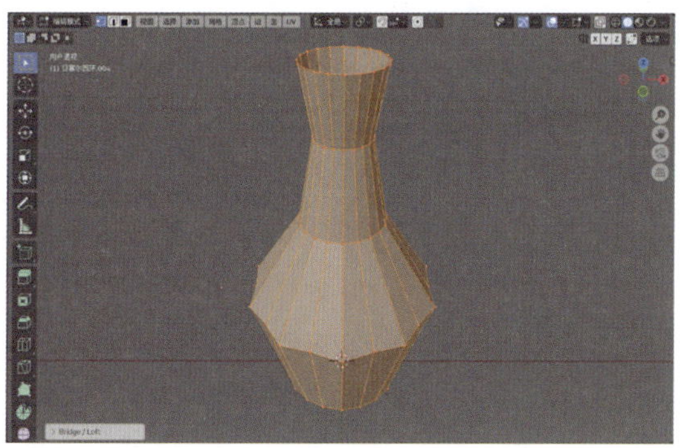

图3-76

14 选择如图3-77所示的边线，按F键，即可得到如图3-78所示的模型效果。

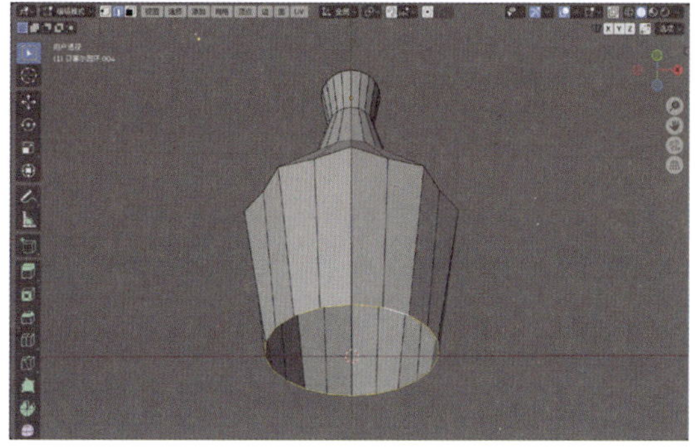

图3-77

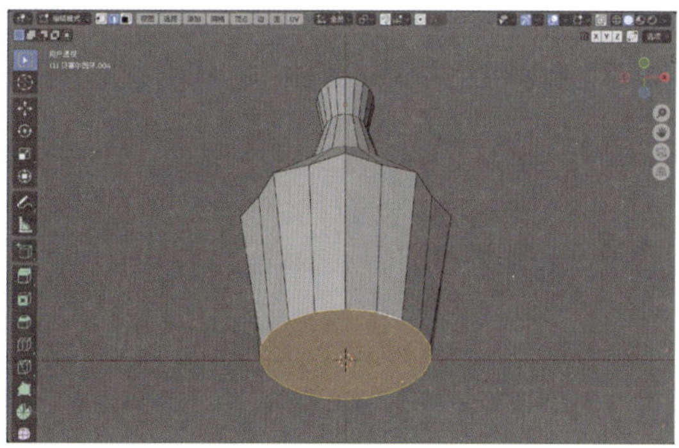

图3-78

15 选择如图3-79所示的边线，使用“倒角”工具制作出如图3-80所示的模型效果。

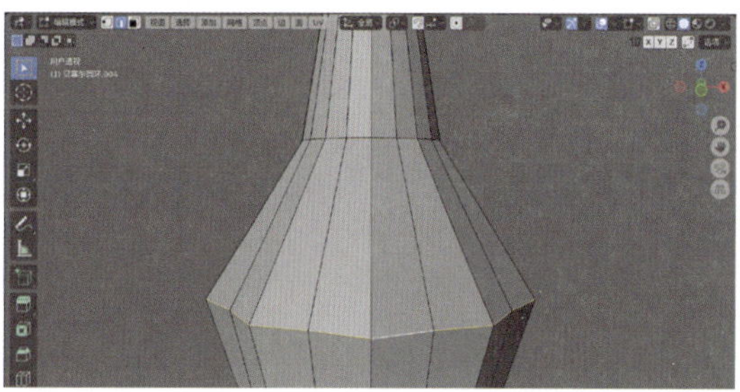

图3-79

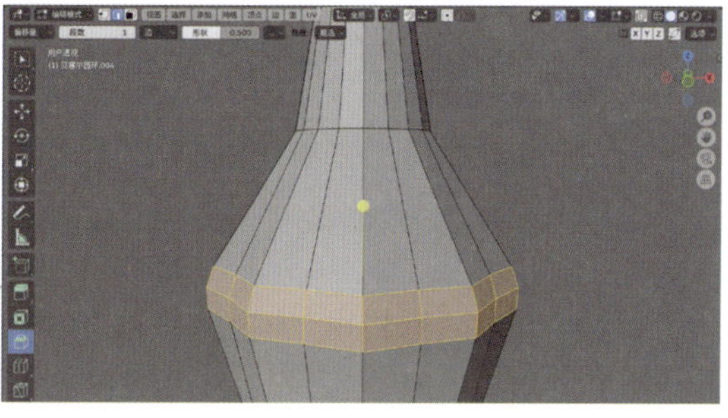

图3-80

16 采用相同的方法，为花瓶的其他边线倒角，制作出如图3-81~图3-83所示的模型细节。

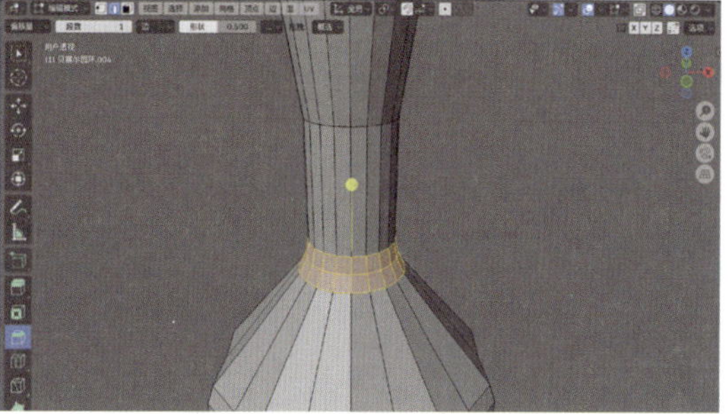

图3-81

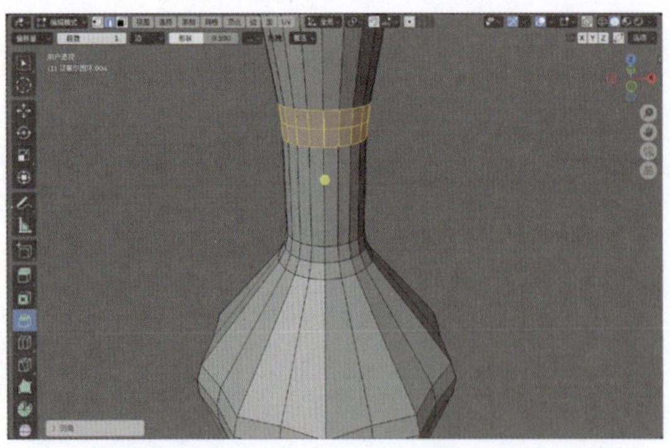

图3-82

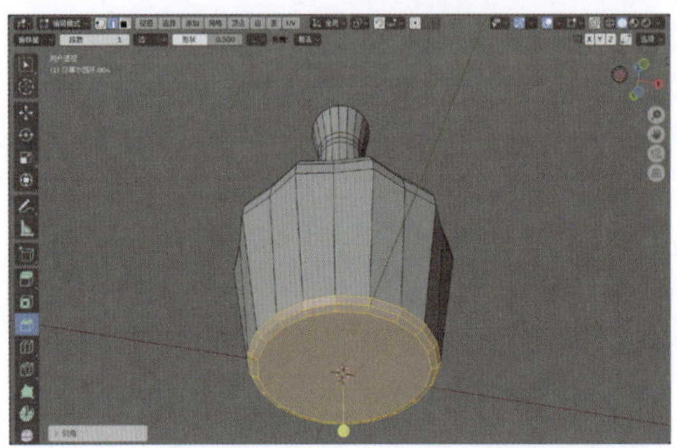

图3-83

17 退出“编辑模式”后，在“修改器”选项卡中，为方瓶模型添加“实体化”修改器。设置“厚（宽）度”为0.005m，如图3-84所示，得到如图3-85所示的模型效果。

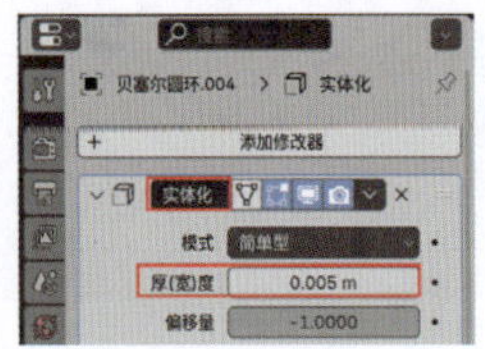

图3-84

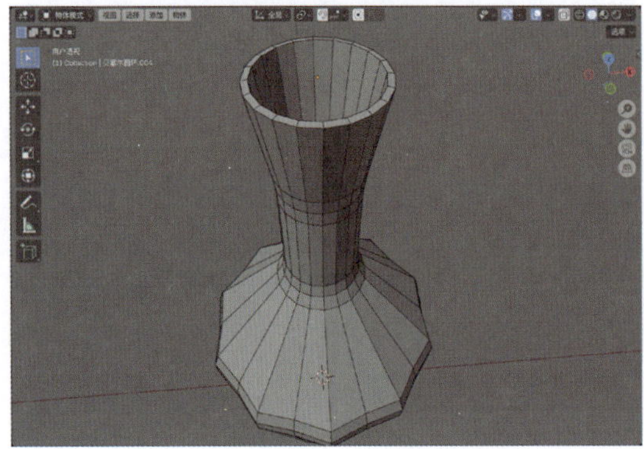

图3-85

18 在“修改器”选项卡中，单击“实体化”修改器右侧的向下箭头按钮，在弹出的下拉列表中选择“应用”选项，如图3-86所示。

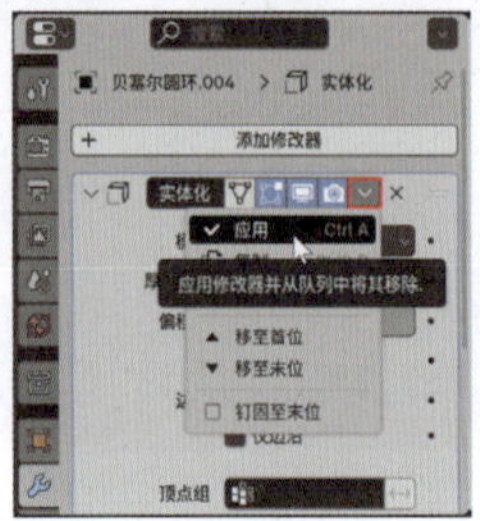

图3-86

19 在“编辑模式”中，选择如图3-87所示的边线，使用“倒角”工具制作如图3-88所示的模型效果。

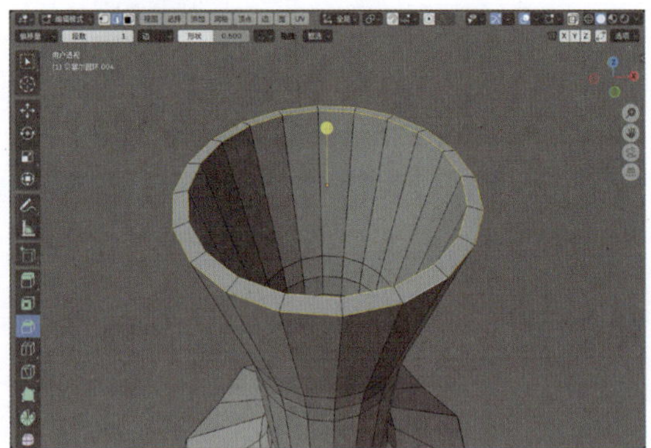

图3-87

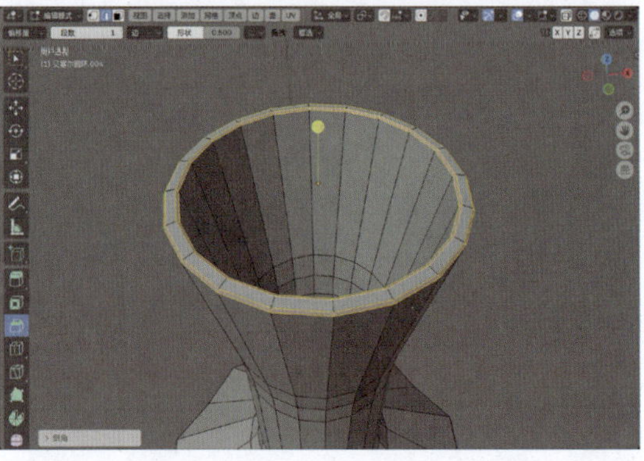

图3-88

20 退出“编辑模式”后，按快捷键Ctrl+2，为模型添加“表面细分”修改器，即可得到如图3-89所示的模型效果。

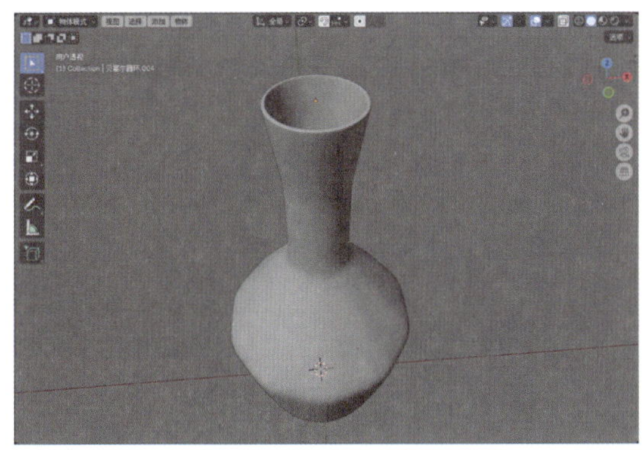

图3-89

21 选择花瓶模型，右击并在弹出的“物体”菜单中选择“平滑着色”选项，如图3-90所示，即可得到更加平滑的模型显示效果。

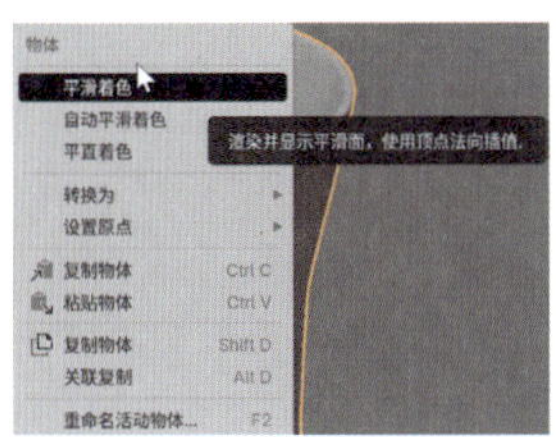

图3-90

本例制作完成的模型效果如图 3-91 所示。

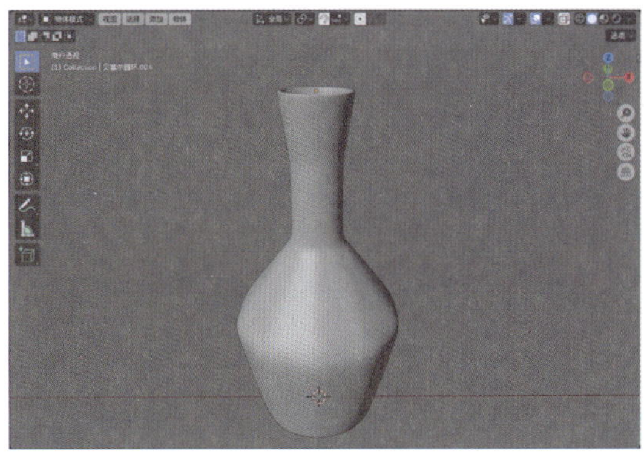

图3-91

第4章
二维绘画

4.1 二维绘画概述

Blender 提供了功能强大的蜡笔工具，允许用户使用鼠标或数位板来创作二维绘画作品。如图 4-1 所示为使用鼠标绘制出的二维卡通形象。

图4-1

4.2 绘制模式

启动Blender，在欢迎界面中单击“二维动画”按钮，如图 4-2 所示，进入 Blender 的二维动画工作界面，如图 4-3 所示。

图4-2

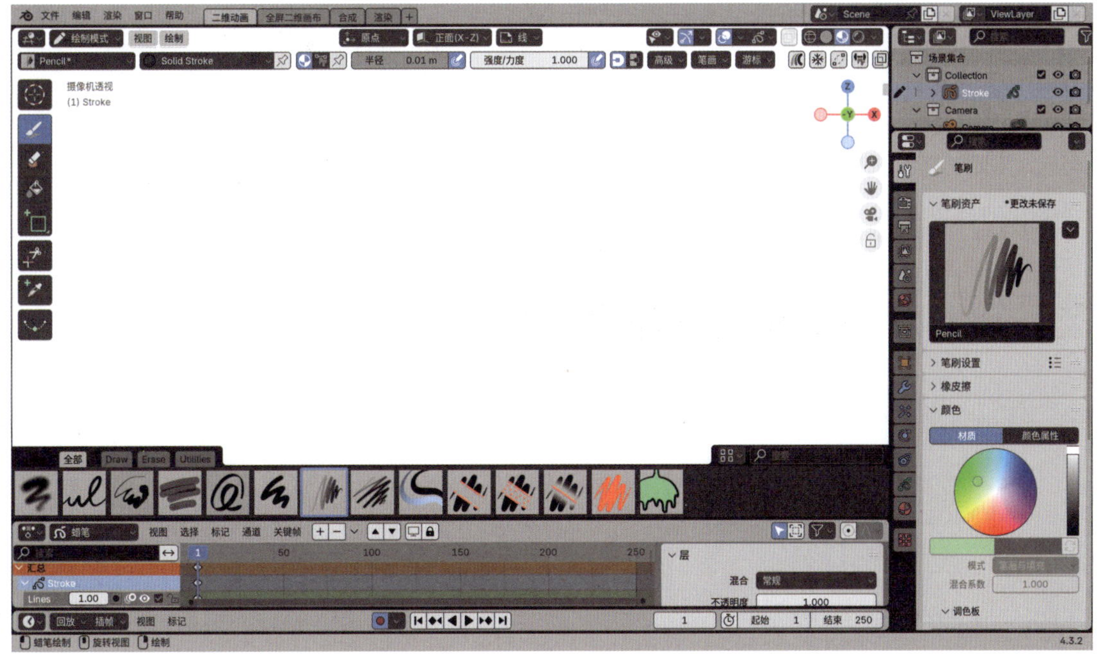

图4-3

4.2.1 使用铅笔绘制简单图形

知识点：绘制模式、蜡笔与铅笔的区别。

01 启动Blender，执行“文件”→“新建”→“二维动画”命令，如图4-4所示，即可将默认的Blender界面切换至二维动画界面。

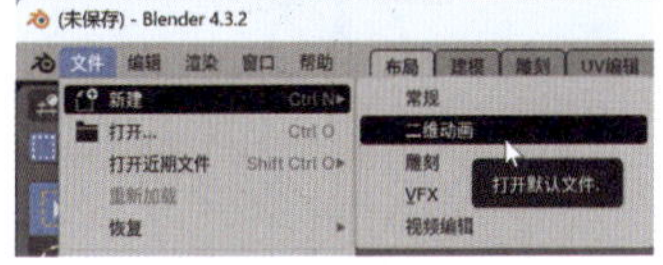

图4-4

02 观察“大纲视图”面板，则可以看到场景中自带一个蜡笔对象，如图4-5所示。

图4-5

技巧与提示

在Blender中，蜡笔就像网格和曲线一样，是物体的一种类别。只有场景中有蜡笔对象，才可以在“绘制模式”下进行绘画。

03 观察视图的左上角，可以看到Blender自动切换为“绘制模式”，并且默认的笔刷工具为Pencil（铅笔），如图4-6所示。

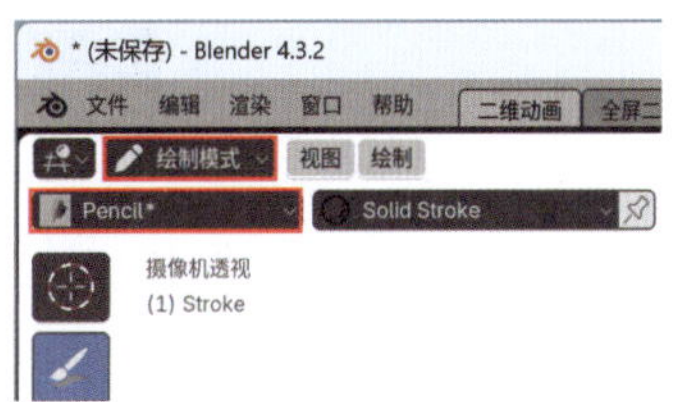

图4-6

技巧与提示

在Blender中，Pencil（铅笔）属于一种笔刷，常用来绘制物体的线条。除了铅笔，还可以选择Airbrush（喷枪）、Ink Pen（墨水笔）、Eraser Hard（硬橡皮）等笔刷工具来进行绘画。

04 设置“半径”为0.05m，如图4-7所示。

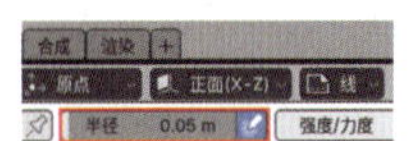

图4-7

05 在场景中绘制出一个方形，如图4-8所示。

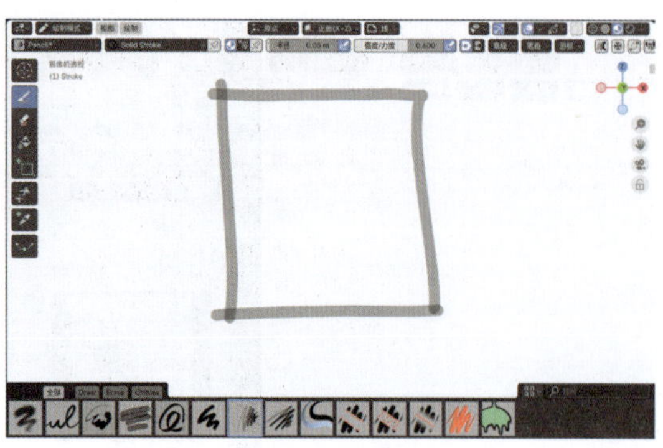

图4-8

06 单击Fill（填充）笔刷按钮，如图4-9所示。

图4-9

07 设置填充的方式为Solid Fill（实心填充），单击“颜色属性”按钮，设置“颜色”为黄色，如图4-10所示。

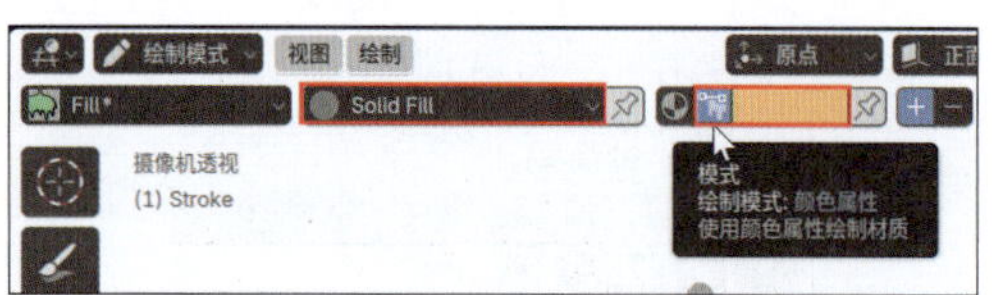

图4-10

08 将鼠标指针放到方形区域内双击，可以为方形区域进行颜色填充，如图4-11所示。

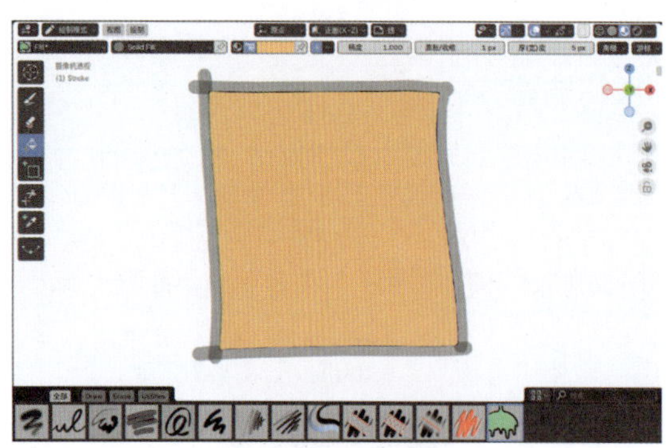

图4-11

09 单击Eraser Hard（硬橡皮）笔刷按钮，如图4-12所示，将不需要的图像区域抹除，如图4-13所示。

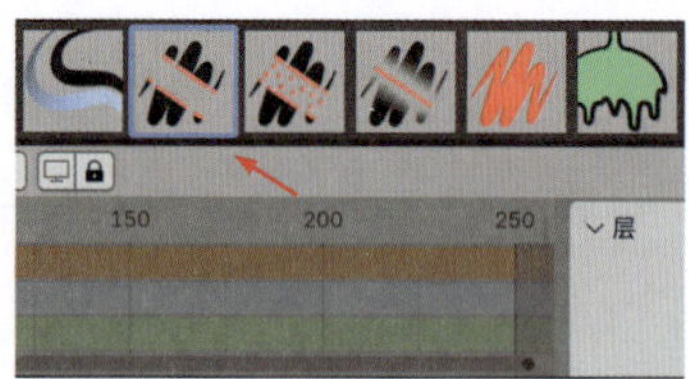

图4-12

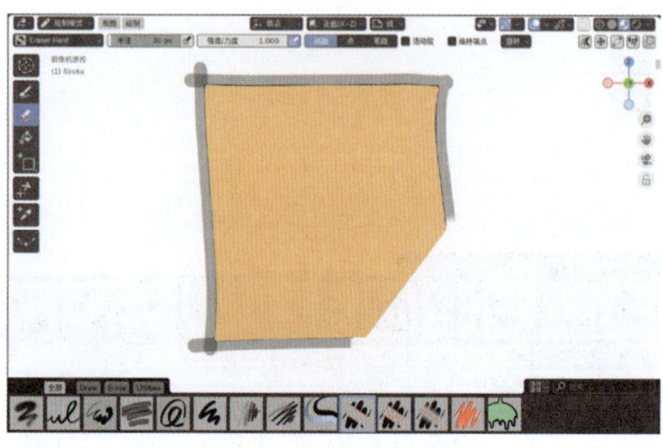

图4-13

4.2.2 实例：绘制一朵花

本例将使用“铅笔”工具绘制一朵花，最终效果如图 4-14 所示。

图4-14

01 启动Blender，执行“文件”→“新建”→“二维动画”命令，如图4-15所示，即可将默认的Blender软件界面切换至二维动画界面。

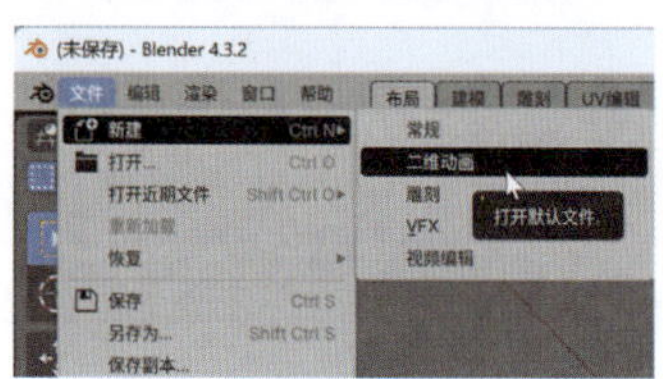

图4-15

02 设置“半径”为0.02m，“强度/力度”值为1.000，如图4-16所示。

图4-16

03 在场景中绘制出一朵花，如图4-17所示。

图4-17

04 在场景中绘制出花茎和两个叶片，绘制时，花茎与叶子要保持一定间距，如图4-18所示。

图4-18

05 单击选中Fill（填充）笔刷，如图4-19所示。

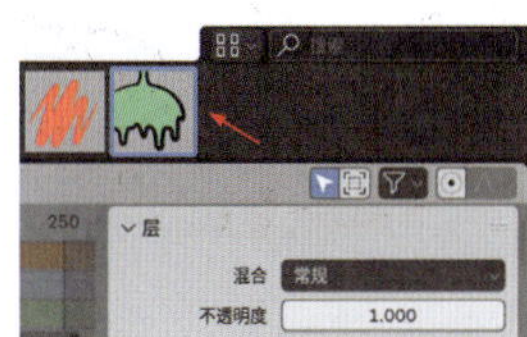

图4-19

06 设置填充的方式为Solid Fill（实心填充），单击“颜色属性”按钮，设置“颜色”为黄色，如图4-20所示。

07 为花蕊填充颜色，如图4-21所示。

图4-20

图4-21

08 采用同样的操作步骤，为花瓣、花茎和叶片填充不同的颜色，如图4-22所示。

图4-22

09 在“编辑模式”中，选择花瓣处的画笔线条，如图4-23所示。右击并在弹出的“笔画”菜单中选择“分离”选项，如图4-24所示，将选中部分分离。

图4-23

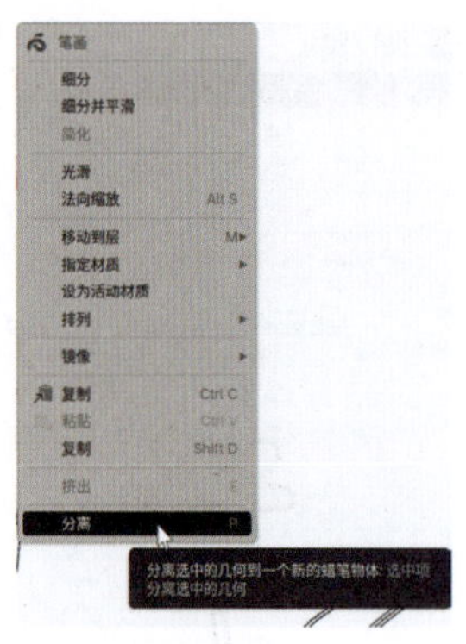

图4-24

10 采用同样的操作步骤，将两个叶片也分离出来，如图4-25所示。

图4-25

11 在“物体模式”中，选择叶片，可以看到其轴心点距离叶片的位置较远，如图4-26所示。

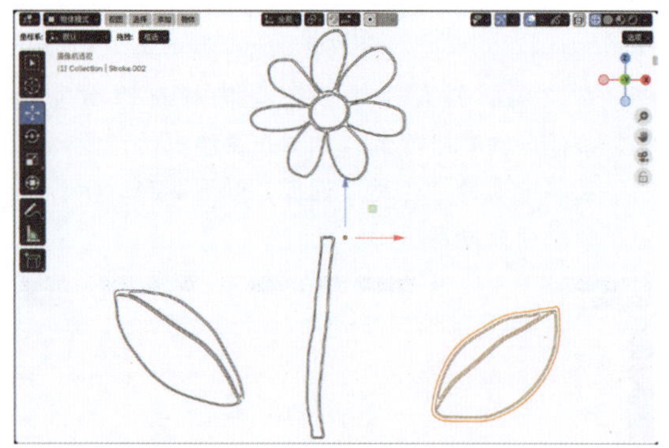

图4-26

12 选中叶片，按快捷键Ctrl+.，调整叶片的坐标轴至叶片底部，如图4-27所示。

13 采用同样的操作步骤，分别调整花、花茎和另一个叶片的轴心点至如图4-28所示的位置。设置完成后，再次按快捷键Ctrl+.，退出物体坐标轴的调整模式。

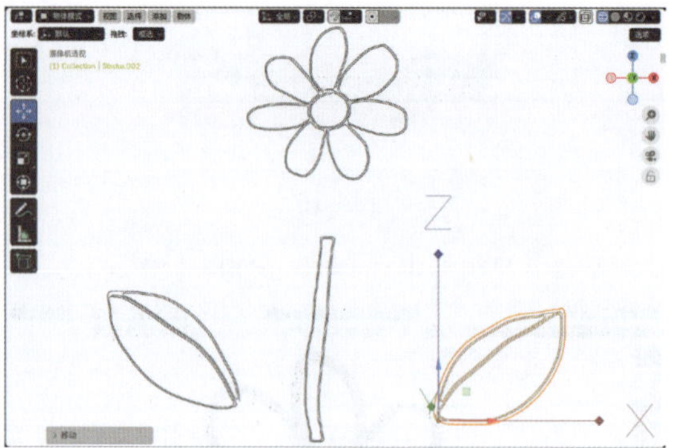

图4-27

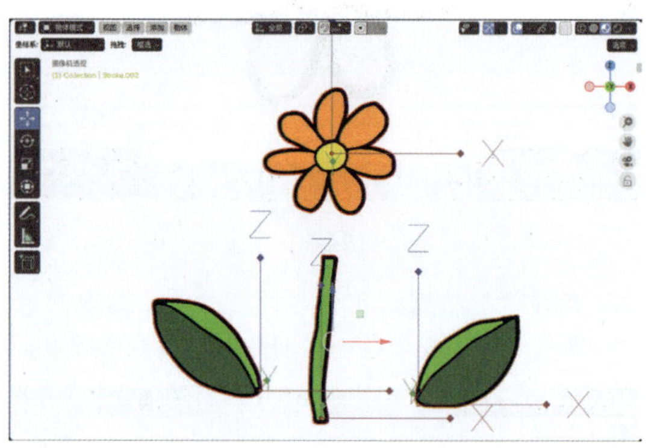

图4-28

14 使用“移动”工具调整叶片和花茎的位置，如图4-29所示。此时，可以发现花茎与花瓣交叉的位置有误。

图4-29

15 在“用户透视”视图中，微调花的位置，如图4-30所示。

16 在“摄像机透视”视图中，调整花的大小和位置，如图4-31所示。

图4-30

图4-31

17 在“表（曲）面”卷展栏中，设置“颜色”为蓝色，更改画面的背景色，如图4-32所示。

图4-32

18 在“格式”卷展栏中，设置“分辨率X”为1200 px，“分辨率Y”为750 px，如图4-33所示。

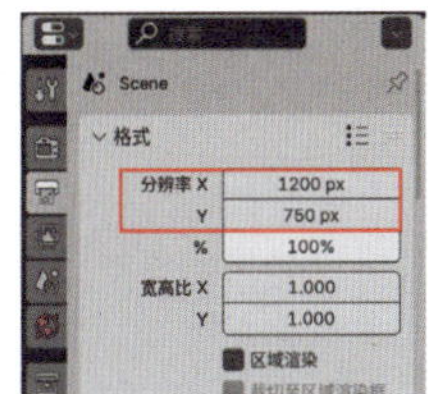

图4-33

19 执行“渲染”→“渲染图像”命令，如图4-34所示。

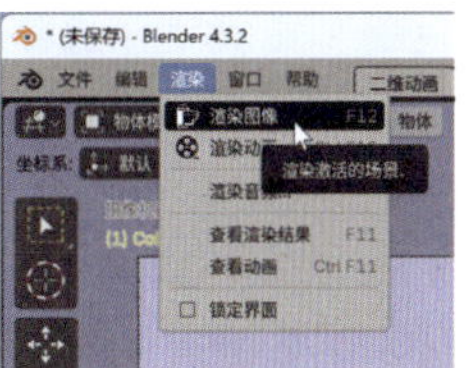

图4-34

技巧与提示

“渲染图像”的快捷键是F12。

本例的最终渲染效果如图4-35所示。

图4-35

4.2.3 实例：绘制一颗星球

本例将使用“铅笔”工具绘制一颗星球，最终效果如图4-36所示。

图4-36

01 启动Blender，将场景中自带的立方体模型删除，执行“添加”→“蜡笔”→“空白蜡笔”命令，如图4-37所示，在场景中创建一个空白蜡笔模型。

02 在“大纲视图”面板中，选择“蜡笔”，如图4-38所示。

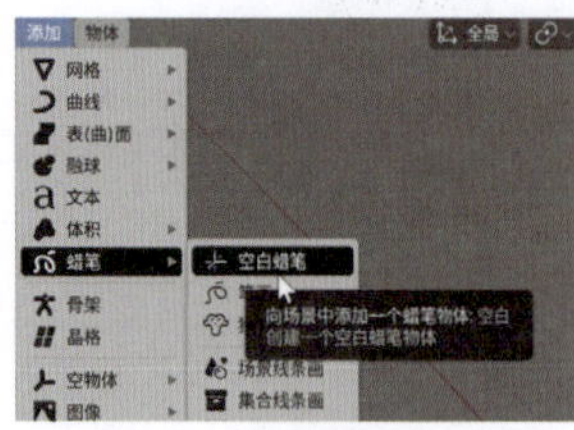

图4-37

图4-38

03 在“正交前视图”中，切换至“绘制模式”，如图4-39所示。

04 设置“强度/力度”值为1.000，如图4-40所示。

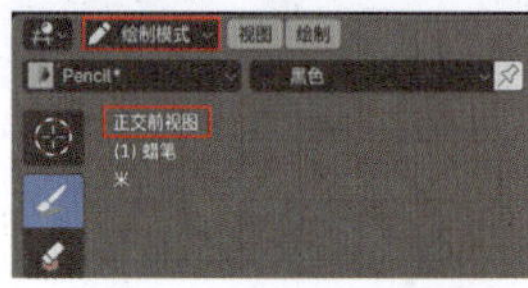

图4-39

图4-40

05 在“材质”选项卡中，设置画笔的材质名称为“棕色”，在“表（曲）面”卷展栏中，设置“基础色”为棕色，如图4-41所示。

图4-41

06 在场景中绘制出星球的线条，如图4-42所示。

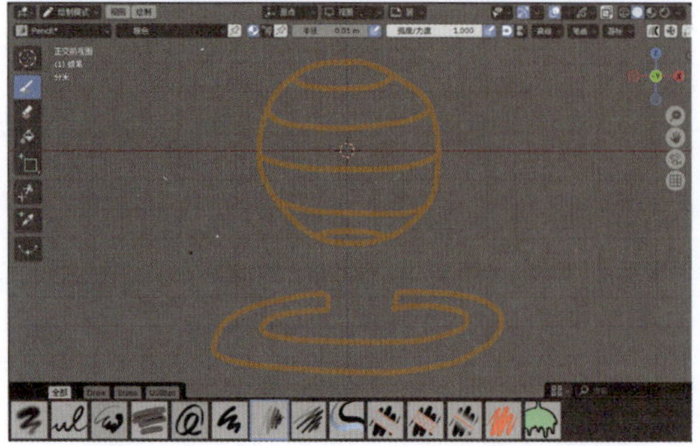

图4-42

07 在“材质”选项卡中，单击“添加材质槽”按钮，如图4-43所示。

08 选择新添加的材质槽，单击“新建”按钮，如图4-44所示。

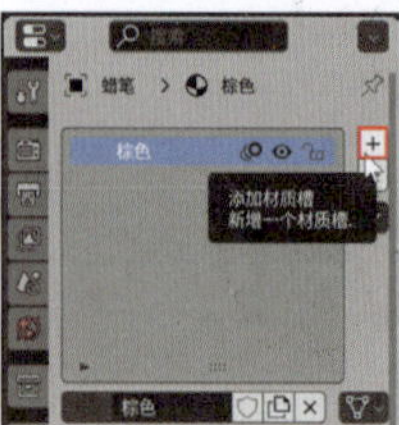

图4-43

图4-44

09 在“材质”选项卡中，更改新建材质的名称为“浅黄色”，在“表（曲）面”卷展栏中，取消选中“笔画”复选框，选中“填充”复选框，设置“基础色”为浅黄色，如图4-45所示。

10 单击选中Fill（填充）笔刷，如图4-46所示。

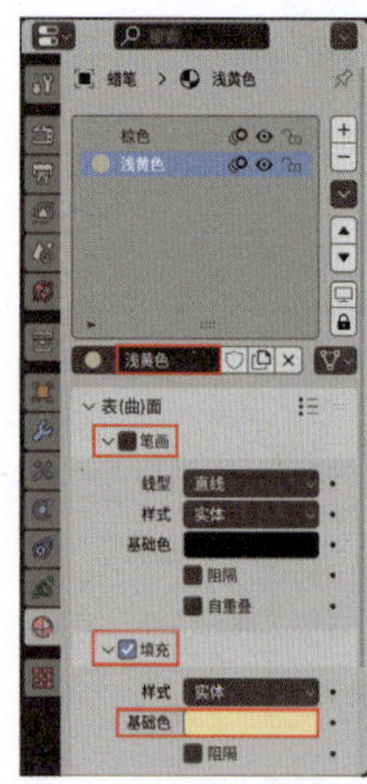

图4-45

图4-46

11 为星球填充颜色，如图4-47所示。

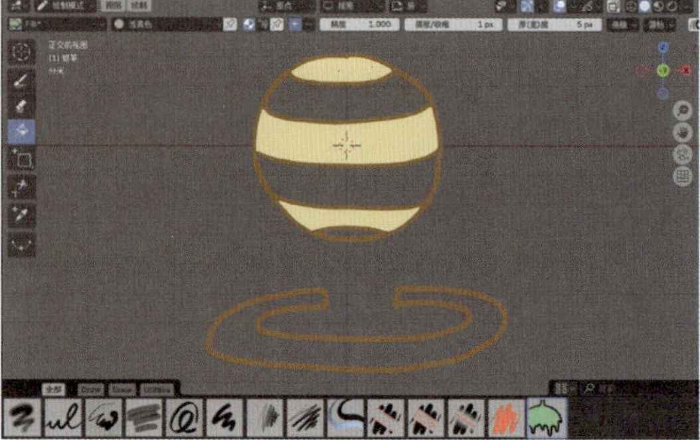

图4-47

12 采用同样的操作步骤，为星球的其他部分和行星环填充颜色，如图4-48所示。

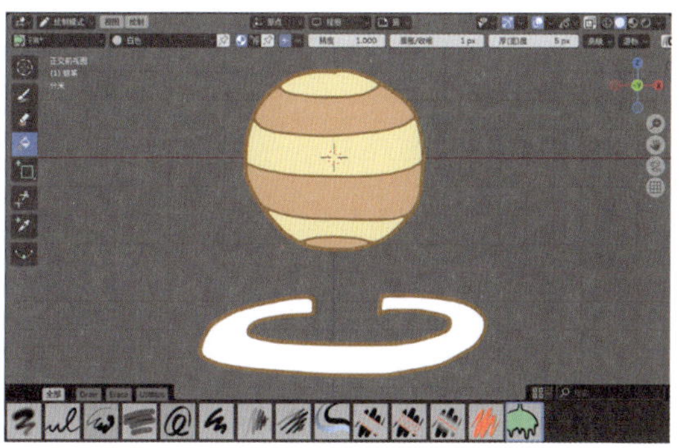

图4-48

13 在“编辑模式”中，选择行星环处的画笔线条，如图4-49所示。右击并在弹出的“笔画”菜单中选择“分离”选项，如图4-50所示，将选中的部分分离。

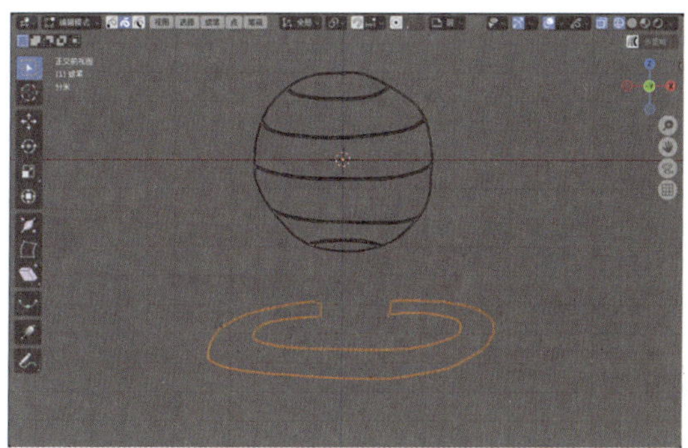

图4-49

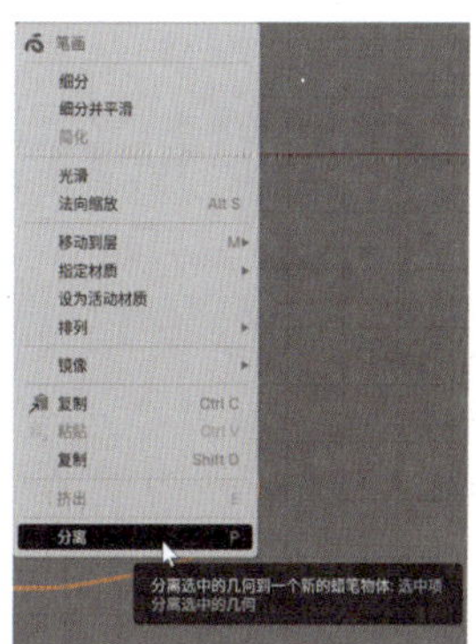

图4-50

14 在“物体模式”中，调整行星环的位置，如图4-51所示。

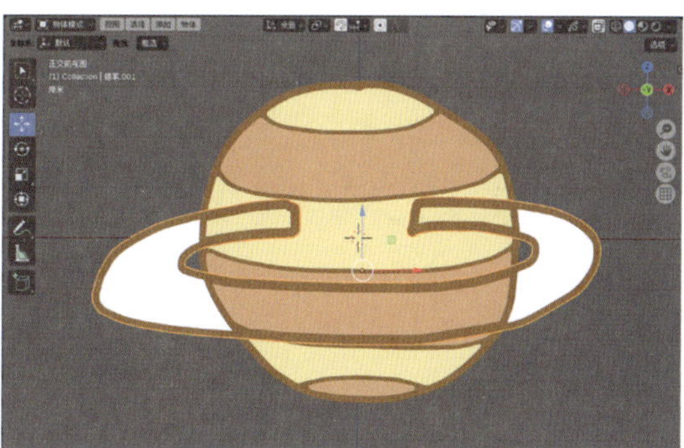

图4-51

15 在“用户透视”视图中，调整行星环的角度和位置，如图4-52所示。

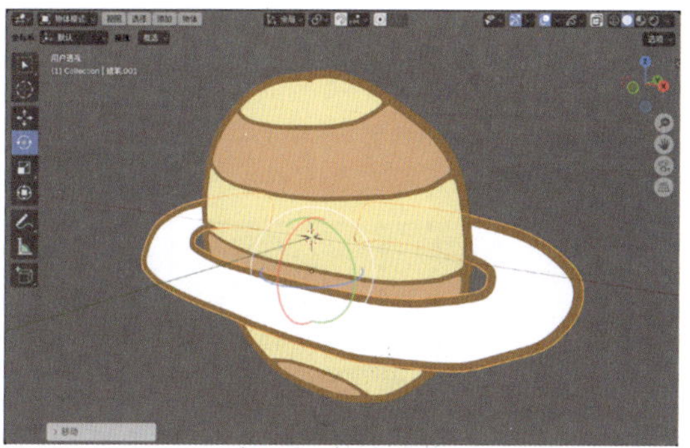

图4-52

回到“正交前视图”中，本例绘制完成的星球效果如图 4-53 所示。

图4-53

技巧与提示

有关摄像机及渲染方面的设置方法，在后文中会详细讲解。

第5章
灯光技术

5.1 灯光概述

Blender 软件提供了多种不同类型的灯光对象，用户可以根据自己的制作需要来选择使用这些灯光照亮场景。有关灯光的参数命令相较于其他知识点来说，并不太多，但是这并不意味着灯光设置学习起来就非常容易。灯光的核心设置主要在于颜色和强度这两个方面，即便是同一个场景，在不同的时间段、不同的天气下所拍摄出来的照片，其色彩与亮度也大不相同，所以在为场景制作灯光之前，优秀的灯光师通常需要寻找大量的相关素材进行参考，这样才能在灯光制作这一环节得心应手，制作出更加真实的灯光效果。图 5-1 和图 5-2 为我所拍摄的室外环境光影照片。

图5-1

图5-2

使用灯光不仅可以影响其周围物体表面的光泽和颜色，还可以渲染出镜头光斑、体积光等特殊效果，如图 5-3 和图 5-4 所示。在 Blender 软件中，灯光通常还需要配合模型以及材质才能得到丰富的色彩和明暗对比效果，从而使我们的三维图像达到犹如照片级别的真实效果。

图5-3

图5-4

5.2 灯光

Blender 软件为用户提供了 4 种灯光，分别是“点光”“日光”“聚光”和“面光”，如图 5-5 所示。

图5-5

工具解析

※ 点光：用于创建点光。

※ 日光：用于创建日光。

※ 聚光：用于创建聚光。

※ 面光：用于创建面光。

5.2.1 基础操作：创建及调整灯光

知识点：创建灯光、调整灯光基本参数、渲染预览。

01 启动Blender，将场景中自带的立方体模型删除，执行“添加”→“曲线”→“平面”命令，如图5-6所示，在场景中创建一个平面当作地面。

02 执行“添加”→“曲线”→“柱体”命令，如图5-7所示，在场景中创建一个柱体模型。

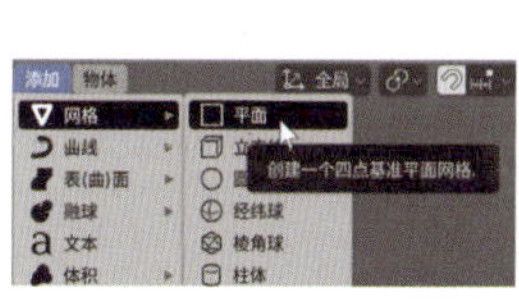

图5-6

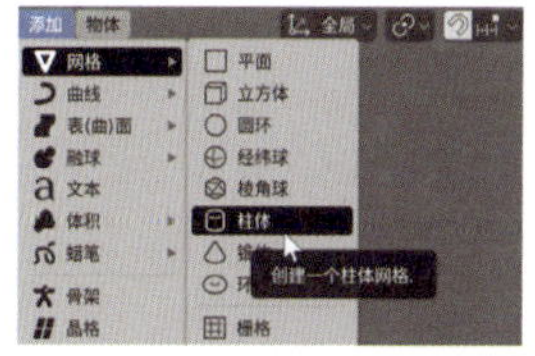

图5-7

03 在“添加柱体”卷展栏中，设置“顶点”值为64，“半径”为0.05m，“深度”为0.2m，“位置Z”为0.1m，如图5-8所示。

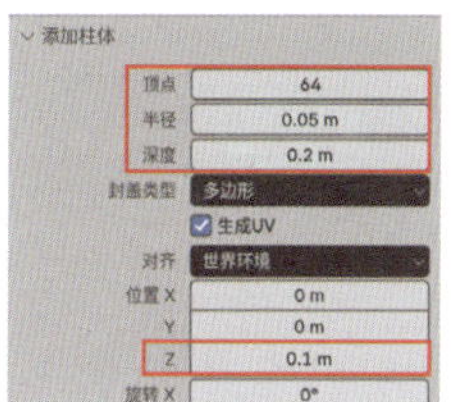

图5-8

04 设置完成后，柱体和平面模型的视图显示结果如图5-9所示。按Z键，在弹出的菜单中选择“渲染”选项，如图5-10所示，将视图切换至“渲染预览”状态。柱体模型的“渲染预览”效果如图5-11所示。

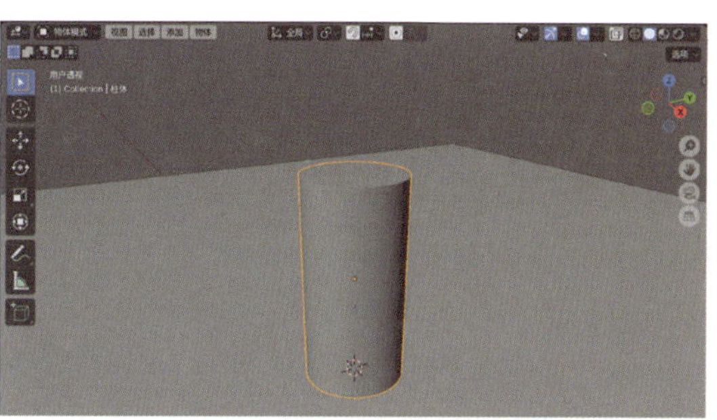

图5-9

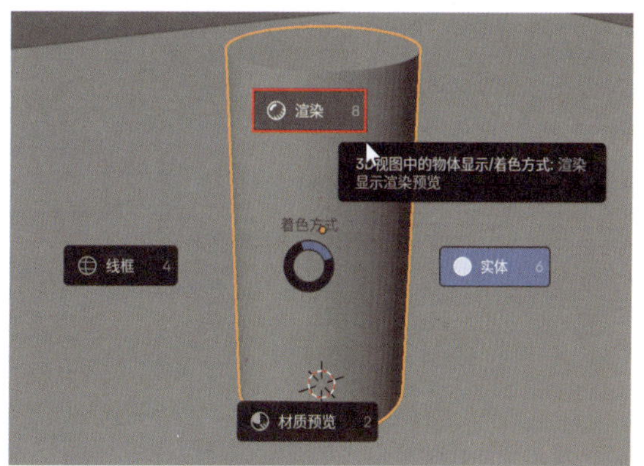

图5-10

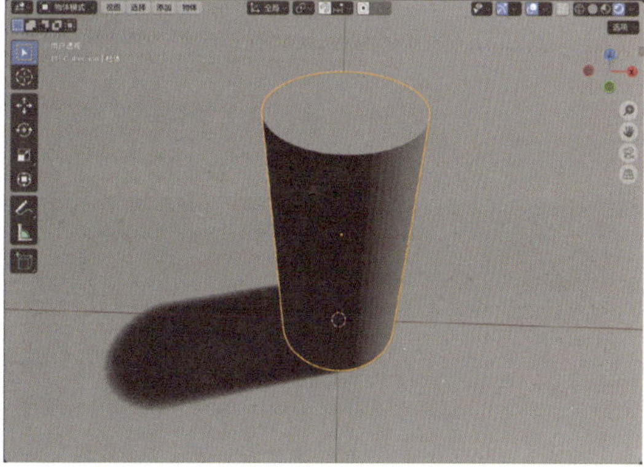

图5-11

05 在“渲染”面板中，设置“渲染引擎”为Cycles，如图5-12所示。观察场景，切换了渲染引擎后的柱体模型的"渲染预览"效果如图5-13所示。

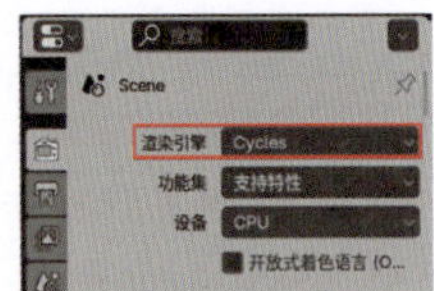

图5-12

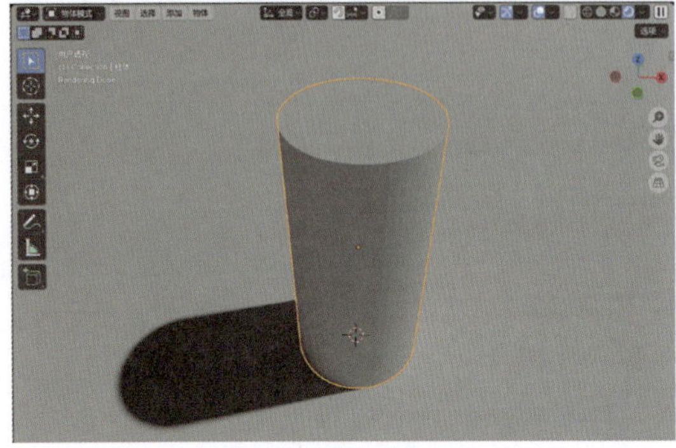

图5-13

06 将场景中自带的灯光删除，执行"添加"→"灯光"→"点光"命令，如图5-14所示，在场景中创建一个点光。

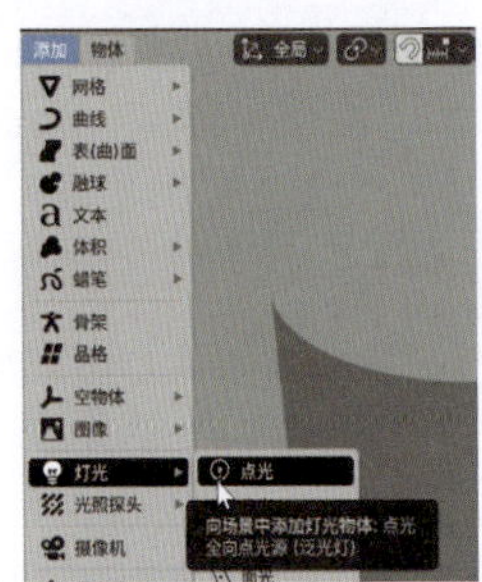

图5-14

07 在视图中，调整点光的位置，如图5-15所示，观察柱体的光影变化。

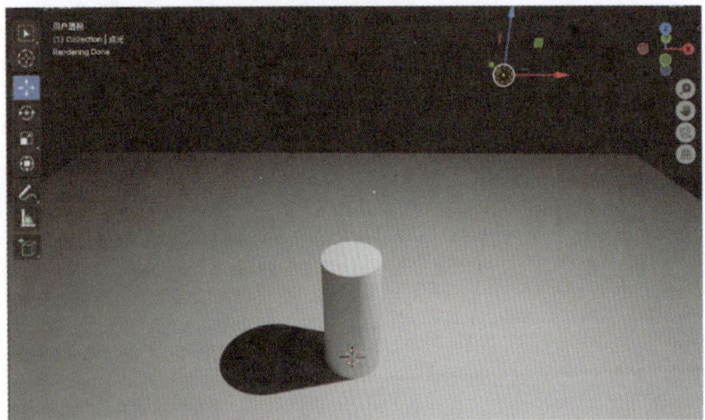

图5-15

08 在"灯光"卷展栏中，设置"能量"为30W，"半径"为0.03m，如图5-16所示。再次观察场景，可以看到"能量"值越大，场景中的光线越亮。"半径"值越大，物体的投影边缘越模糊，如图5-17所示。

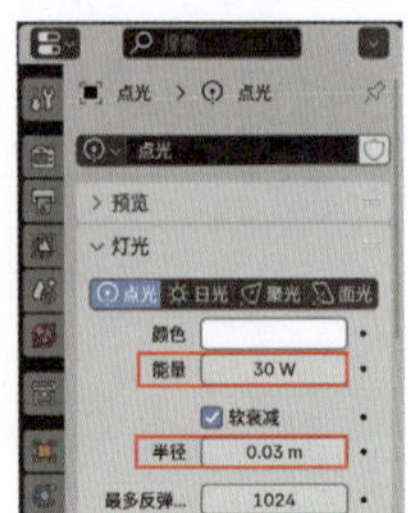

图5-16

图5-17

5.2.2 实例：制作静物表现照明效果

本例详细讲解如何制作静物表现照明效果，最终效果如图 5-18 所示。

图5-18

01 启动Blender，打开配套场景文件"数字.blend"，其中有一个数字模型，并且已经设置好了材质和摄像机，如图5-19所示。

图5-19

技巧与提示

本章中的实例只解决灯光问题，有关材质及摄像机方面的设置，在后文中详细讲解。

02 添加灯光之前，首先需要观察场景，单击“切换摄像机视角”按钮，如图5-20所示，或者按住鼠标中键，缓缓拖动也可以退出摄影机视图。

图5-20

03 在“用户透视”中，可以看到文字模型置于一个室内空间中，如图5-21所示。

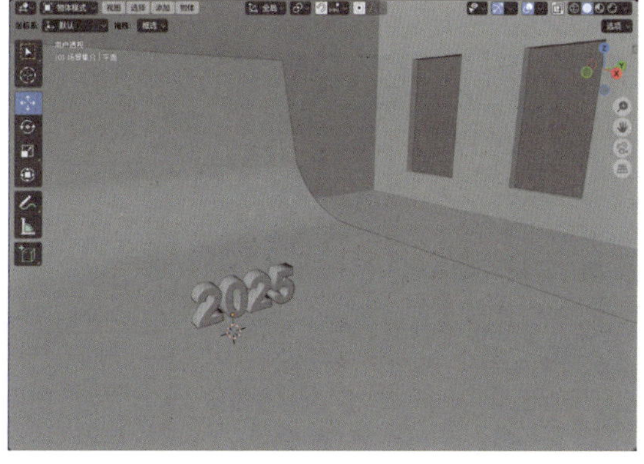

图5-21

04 执行“添加”→“灯光”→“面光”命令，在场景中创建一个面光，如图5-22所示。

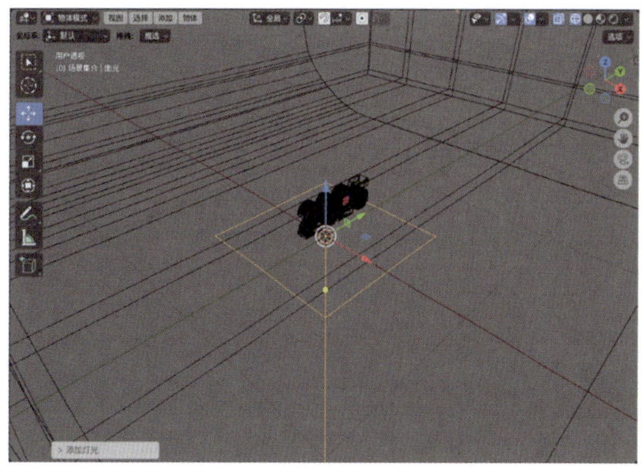

图5-22

05 将面光移至房屋模型的外面，并对其进行旋转，调整灯光的照射方向，如图5-23所示。

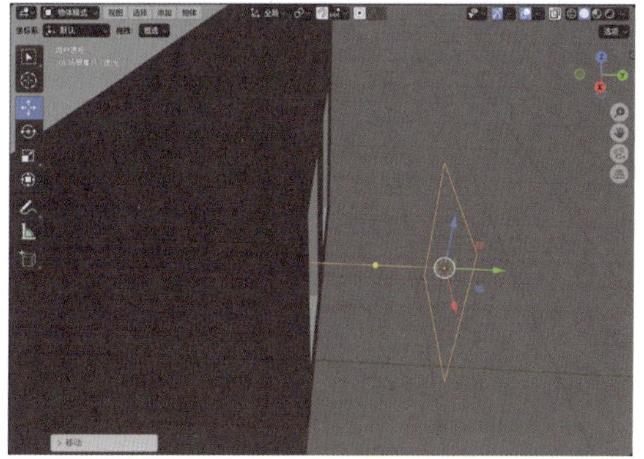

图5-23

06 在“正交后视图”中，调整灯光的位置和大小，如图5-24所示。

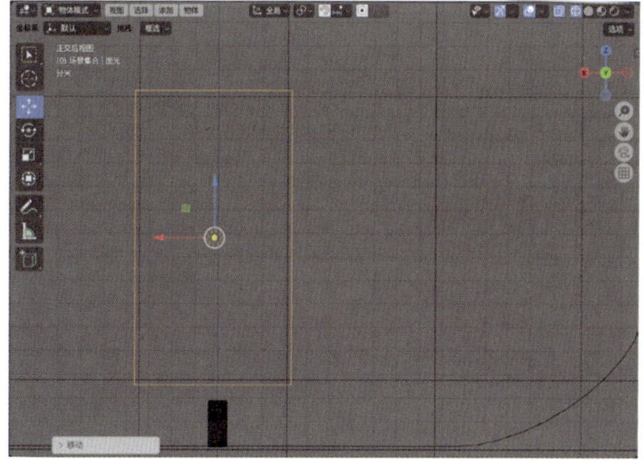

图5-24

07 选择灯光，按快捷键Alt+D，再按X键，对选中的灯光关联复制，并沿X轴向调整位置，如图5-25所示。

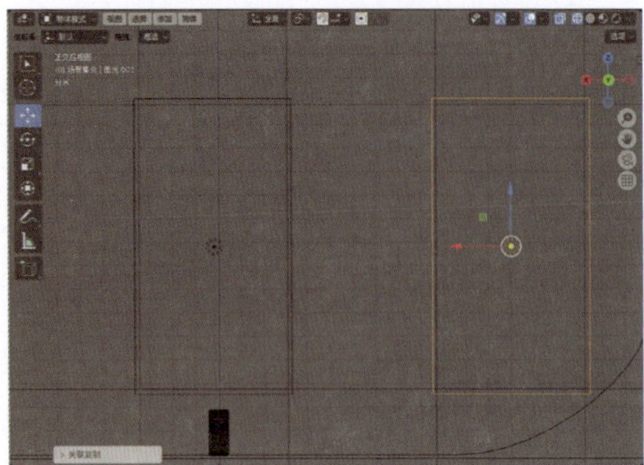

图5-25

08 在“正交顶视图”中，调整两盏灯光的位置，如图5-26所示。

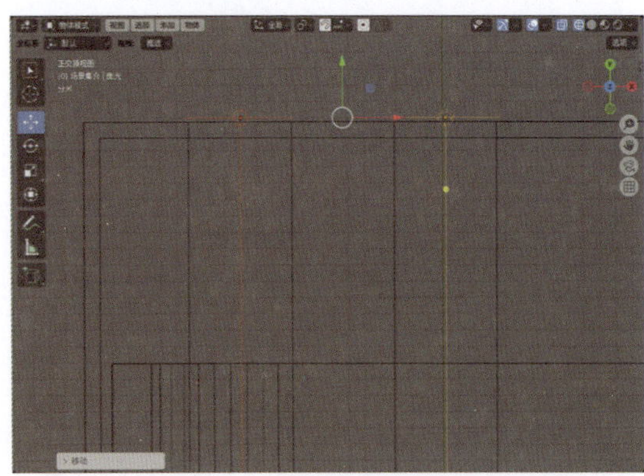

图5-26

09 在“摄像机透视”视图中，按Z键，并单击“渲染”按钮，如图5-27所示。摄像机视图的“渲染预览”效果如图5-28所示。

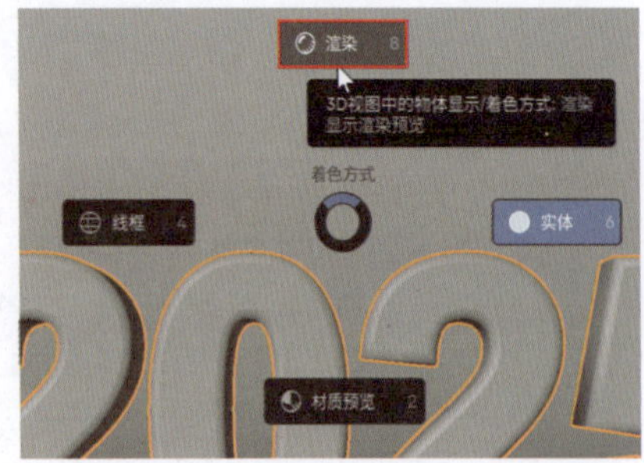

图5-27

10 在“渲染”面板中，设置“渲染引擎”为Cycles，“最大采样”值为512，如图5-29所示。

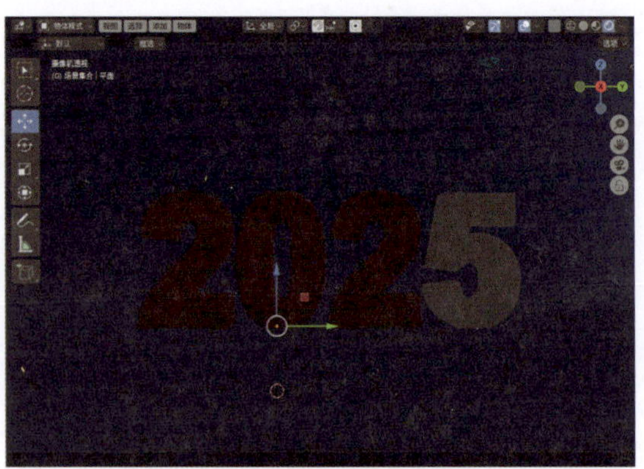

图5-28

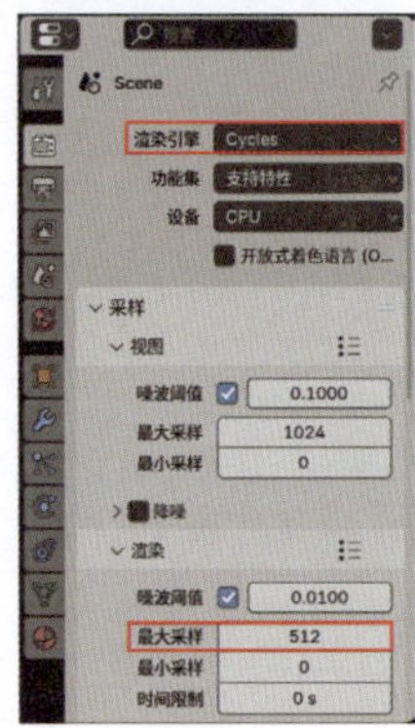

图5-29

技巧与提示

“渲染”卷展栏中的“最大采样”值默认为4096，该值越大，渲染图像的质量越好，同时渲染图像所耗费的时间也越长。适当减小该值可以显著提升渲染场景的速度。

11 再次观察“渲染预览”显示效果，如图5-30所示。可以发现更换了渲染引擎后，渲染预览出来的图像结果要真实了许多。

图5-30

12 选择灯光，在“灯光”卷展栏中，设置“能量”为100W，如图5-31所示。再次观察“渲染预览”的显示效果，如图5-32所示，可以看到场景明亮多了。

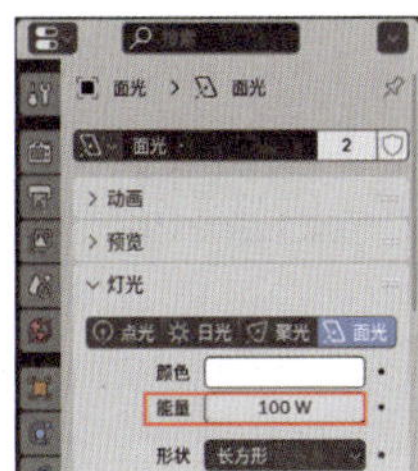

图5-31

图5-32

13 执行“渲染”→“渲染图像”命令，如图5-33所示。

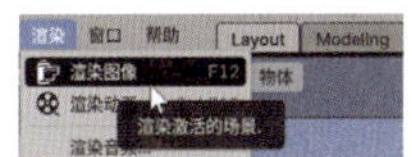

图5-33

本例的最终渲染效果如图 5-34 所示。

图5-34

5.2.3 实例：制作室内阳光照明效果

本例详细讲解如何使用“天空纹理”选项来制作室内阳光照明效果，图 5-35 所示为本例的最终完成效果。

图5-35

01 启动Blender，打开配套场景文件“椅子.blend”，如图5-36所示。

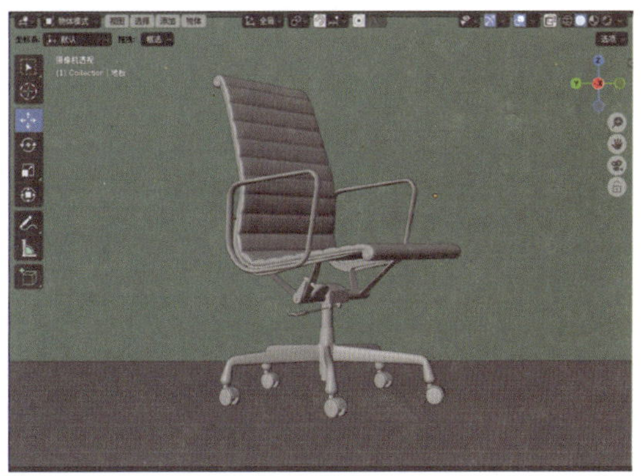

图5-36

02 在“表（曲）面”卷展栏中，单击“颜色”右侧的黄色圆点按钮，如图5-37所示。

03 在弹出的菜单中选择“天空纹理”选项，如图5-38所示。

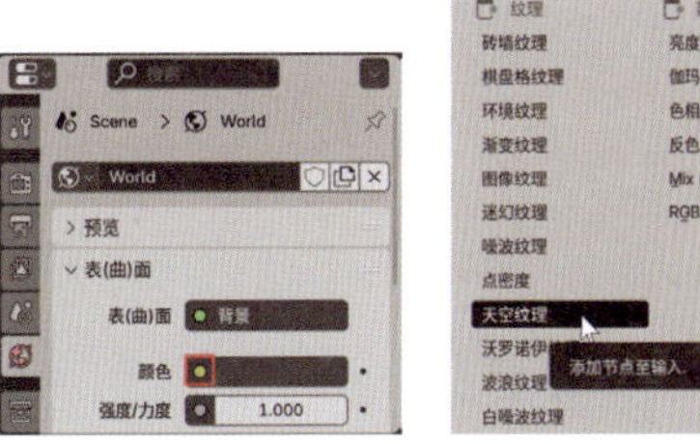

图5-37　　图5-38

04 按Z键，在弹出的菜单中单击“渲染”按钮，将视图切换为“渲染预览”状态，如图5-39所示。场景的渲染预览结果，如图5-40所示。

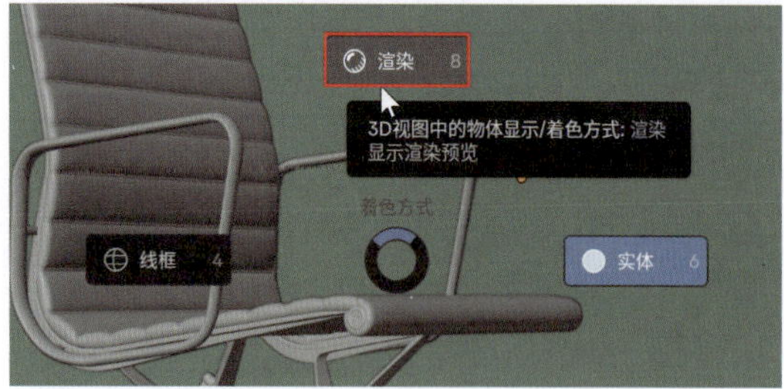

图5-39

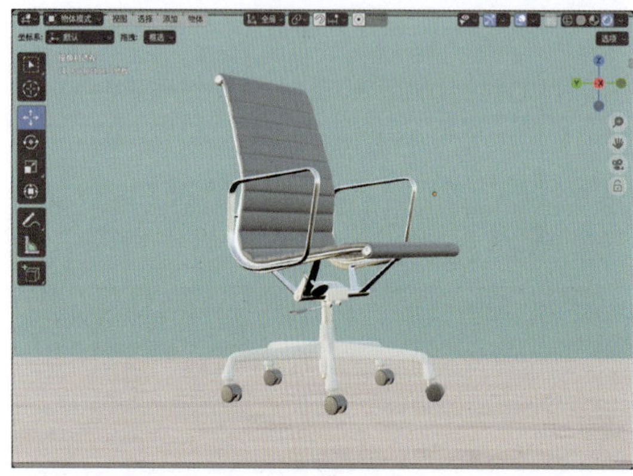

图5-40

05 在“渲染”选项卡中，设置“渲染引擎”为Cycles，如图5-41所示。设置完成后，“摄像机透视”视图的渲染预览效果如图5-42所示。

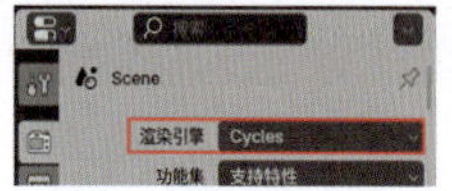

图5-41

图5-42

06 在“表（曲）面”卷展栏中，设置“太阳高度”为25°，“太阳旋转”为-25°，如图5-43所示。设置完成后，“摄像机透视”视图的渲染预览效果如图5-44所示，可以看到现在阳光可以穿透窗户在房间内所产生的投影效果。

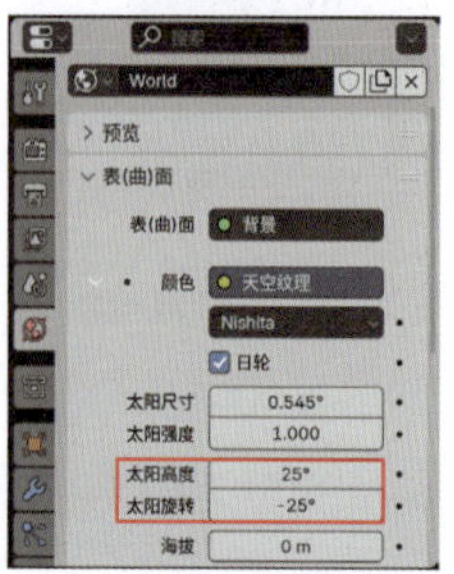

图5-43

图5-44

07 执行“渲染”→“渲染图像”命令，渲染场景，本例的最终渲染效果如图5-45所示。

图5-45

5.2.4 实例：制作射灯照明效果

本例详细讲解如何使用IES文件来制作射灯照明效果。如图5-46所示为本例的最终效果。

图5-46

01 启动Blender，打开配套场景文件“置物架.blend”，其中放置了一个罐子的置物架模型，并且已经设置好了材质和摄影机，如图5-47所示。

图5-47

02 执行“添加”→“灯光”→“点光”命令，在场景中创建一个点光，并调整其位置，如图5-48所示。

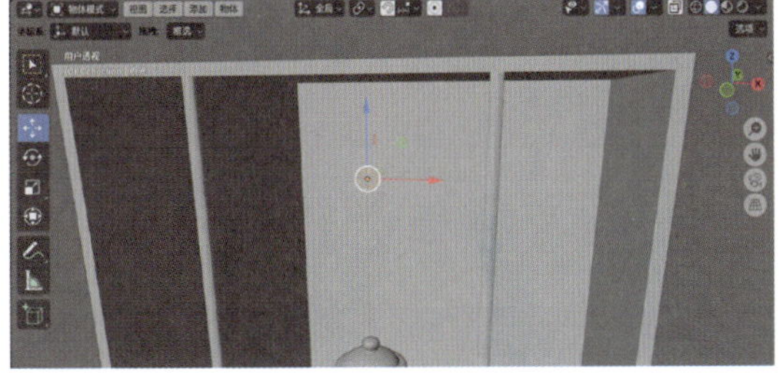

图5-48

03 在“节点”卷展栏中，单击“使用节点”按钮，如图5-49所示。

04 执行“窗口”→“新建窗口”命令，如图5-50所示。

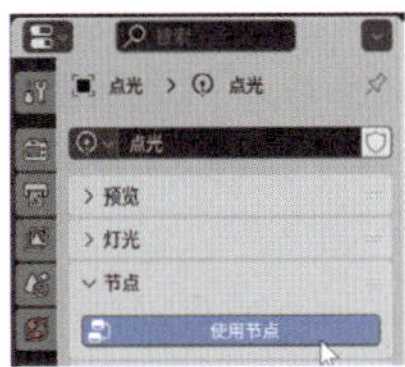

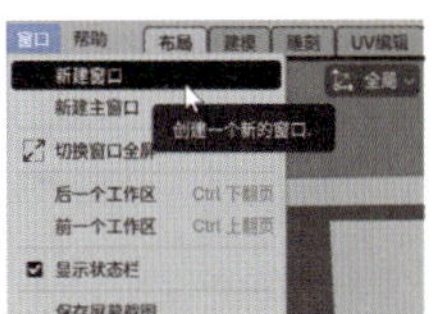

图5-49　　图5-50

05 将新建窗口改为“着色器编辑器”面板，如图5-51所示。

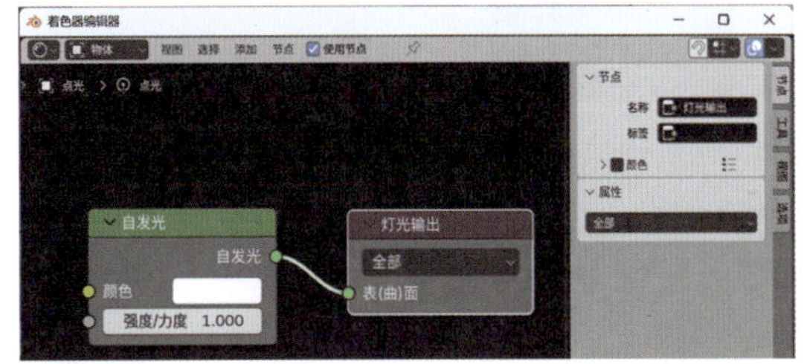

图5-51

06 在“着色器编辑器”面板中，执行“添加”→“纹理”→“IES纹理”命令，如图5-52所示。

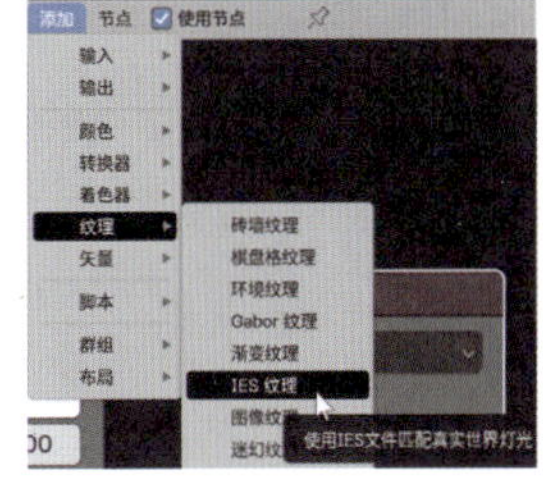

图5-52

07 将“IES纹理”的“系数”连接至“自发光(发射)”的“颜色”上，如图5-53所示。

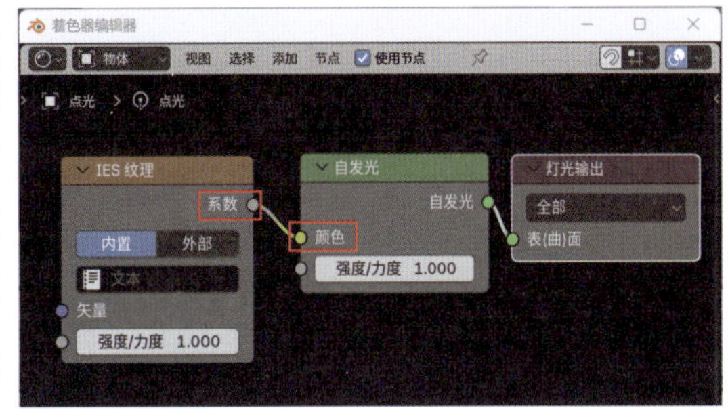

图5-53

08 在“节点”卷展栏中，设置“源”为“外部”，并单击下方的文件夹按钮，选中“射灯.ies”文件，如图5-54所示。

09 在“灯光”卷展栏中，设置点光的“颜色”为黄色，“能量”为100mW，如图5-55所示。设置完成后，“摄像机透视”视图的渲染预览效果如图5-56所示。

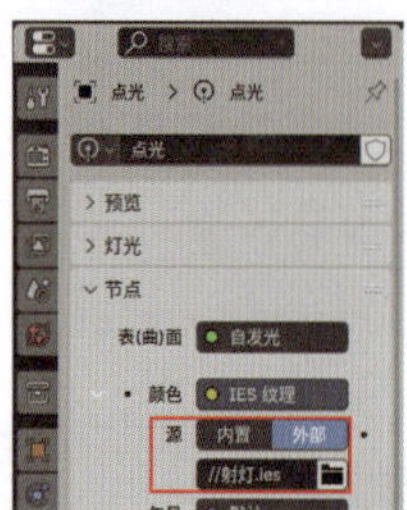

图5-54

图5-55

图5-56

技巧与提示

“能量”的默认单位为W，当输入0.1后，其单位会自动更改为mW。

10 执行“添加”→“灯光”→“面光”命令，在场景中创建一个面光，并调整其位置，如图5-57所示。

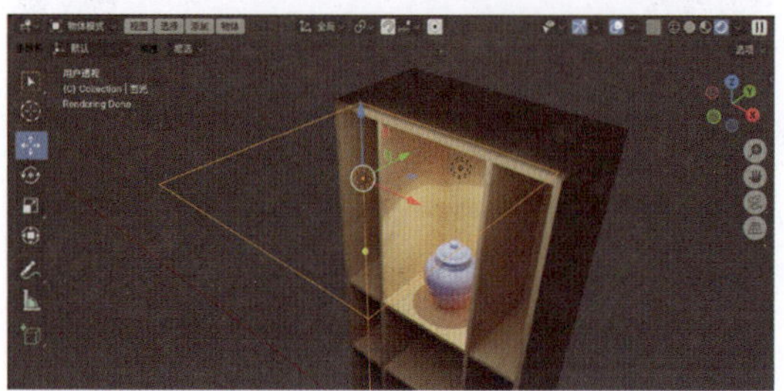

图5-57

11 在“灯光”卷展栏中，设置“能量”为50W，如图5-58所示。设置完成后，“摄像机透视”视图的渲染预览效果如图5-59所示。

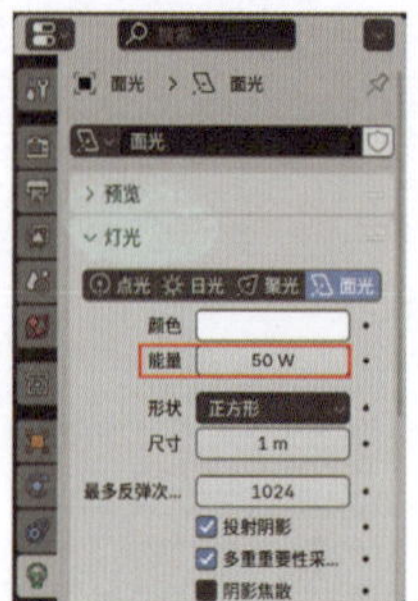

图5-58

图5-59

12 执行“渲染”→“渲染图像”命令，渲染场景，本例的最终渲染效果如图5-60所示。

图5-60

5.2.5 实例：制作天空环境照明效果

本例详细讲解如何制作天空环境照明效果，图5-61所示为本例的最终效果。

图5-61

01 启动Blender，打开配套场景文件“凉亭.blend”，如图5-62所示。

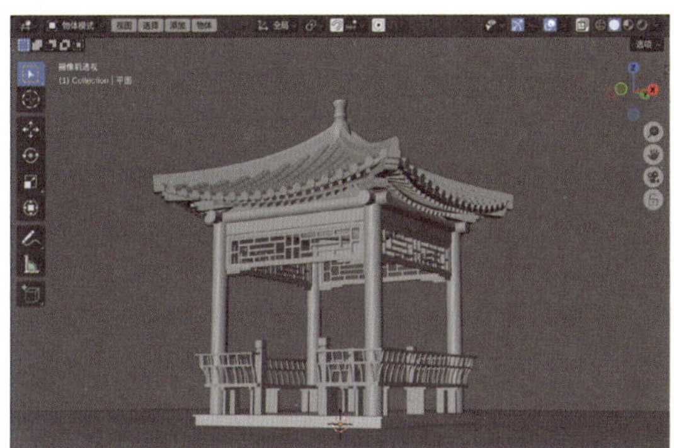

图5-62

02 在“渲染”选项卡中，设置“渲染引擎”为Cycles，如图5-63所示。

03 在“表（曲）面”卷展栏中，单击“颜色”右侧的黄色圆点按钮，如图5-64所示。

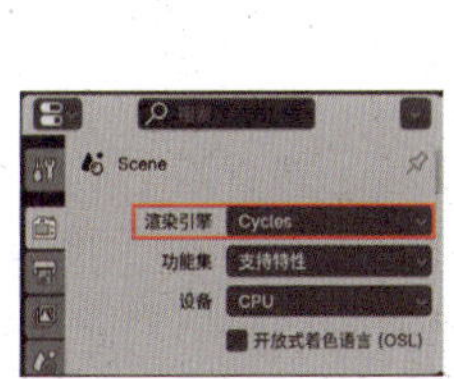

图5-63

图5-64

04 在弹出的菜单中选择“天空纹理”选项，如图5-65所示。

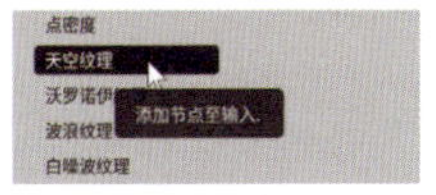

图5-65

05 将视图切换至“渲染预览”，可以看到添加了天空纹理后的渲染预览效果如图5-66所示。

图5-66

06 在“表（曲）面”卷展栏中，设置“太阳高度”为35°，“太阳旋转”为-110°，“臭氧”值为10.000，“强度/力度”值为0.500，如图5-67所示。设置完成后，渲染场景，本例的最终渲染效果如图5-68所示。

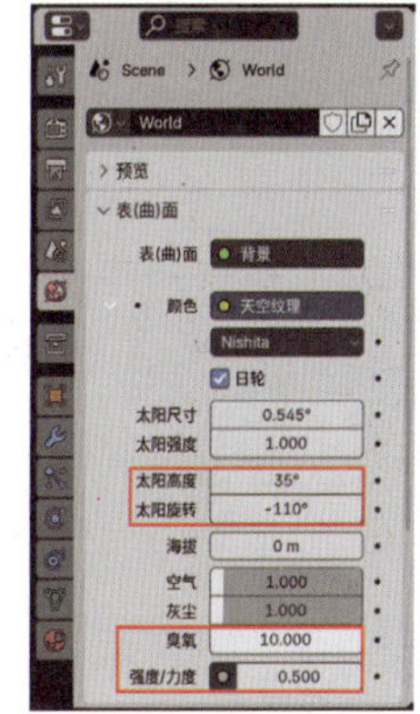

图5-67

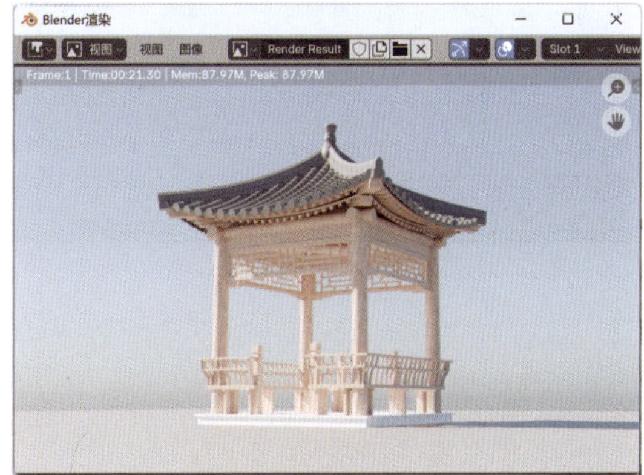

图5-68

第6章 摄像机技术

6.1 摄像机概述

摄像机中的参数设置与现实中的摄像机参数极为相似，例如焦距、光圈、画幅尺寸等。这意味着，如果用户是一名摄影爱好者，那么学习本章内容将会更加得心应手。相较于其他章节，摄像机参数的涉及范围相对较少，但这并不意味着每个人都能轻松掌握摄像机技术。学习摄像机技术如同现实中的摄影实践，读者最好额外学习一些画面构图方面的知识，这有助于更好地展现作品的亮点。如图6-1和图6-2所示，这些是作者在日常生活中拍摄的部分照片。

图6-1

图6-2

6.2 摄像机

当新建一个“常规”文件后，场景中会自动添加一台摄像机，如图6-3所示。通过单击界面右侧的“切换摄像机视角”按钮在“用户透视”视图和“摄像机透视”视图之间切换，如图6-4所示。

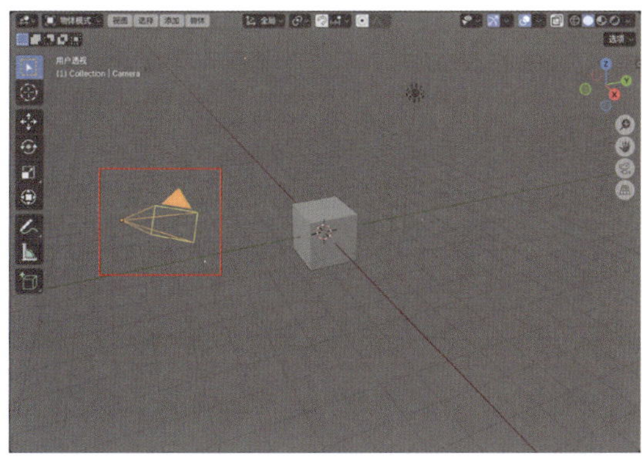

图6-3

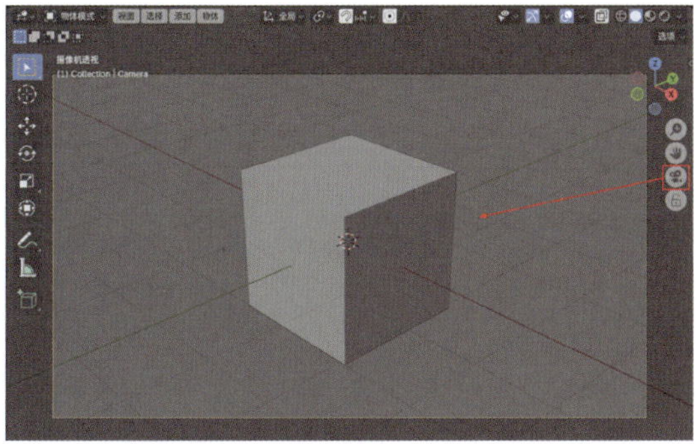

图6-4

在“摄像机透视”视图中，当按下鼠标中键并拖动旋转视图时，则可以自动切换回“用户透视”视图，而不会更改摄像机的位置。

6.2.1 基础操作：创建摄像机

知识点：创建摄像机、调整摄像机、设置活动摄像机。

01 启动Blender，打开配套场景文件“瓶子.blend”，如图6-5所示。

图6-5

02 执行“添加”→“摄像机”命令，在场景中创建一台摄像机，如图6-6所示。

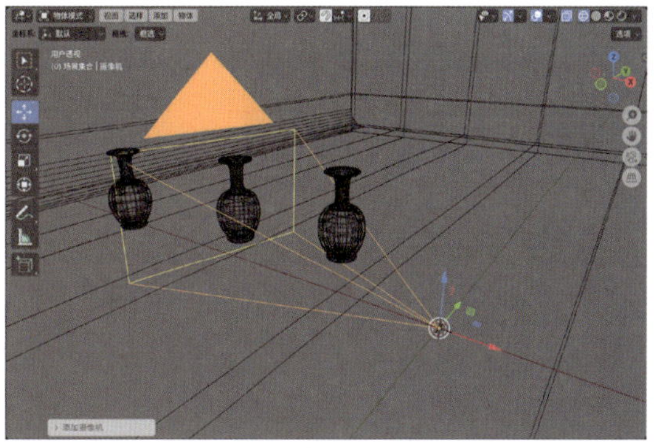

图6-6

03 在“正交顶视图”中，调整摄像机的位置和角度，如图6-7所示。

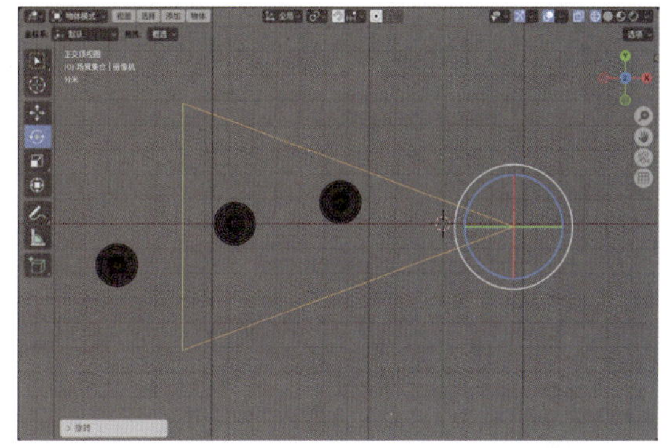

图6-7

04 在“正交前视图”中，调整摄像机的位置和角度，如图6-8所示。

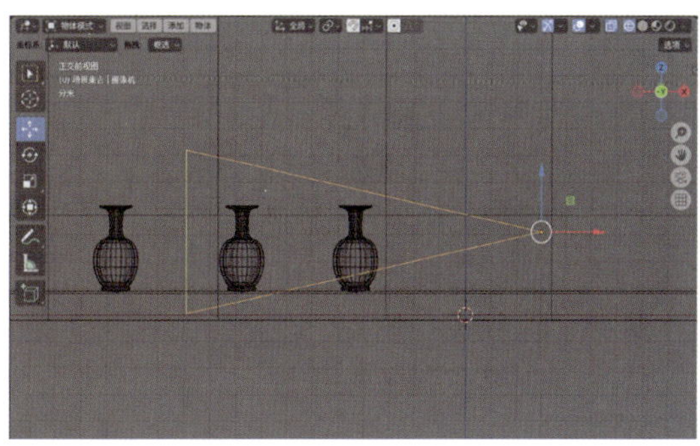

图6-8

05 单击视图上方右侧摄像机形状的“切换摄像机视角”按钮，如图6-9所示。即可将视图切换至“摄像机视图”，如图6-10所示。接下来，准备微调摄像机的拍摄角度。

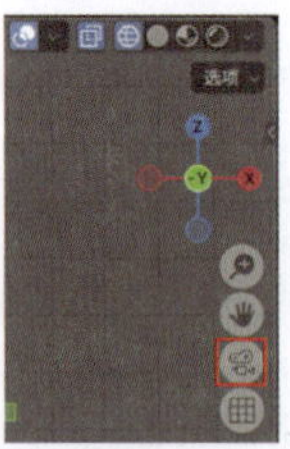

图6-9

图6-10

技巧与提示

切换到“摄像机视图”后，先不要按鼠标中键旋转视图，因为这样会回到“透视”视图中。

06 按N键，弹出“侧栏”，在“视图”卷展栏中，选中“摄像机到视图方位”复选框，如图6-11所示。这样，再按鼠标中键旋转视图时，就不会回到透视视图中，而是在摄像机视图中调整摄像机的拍摄角度。最终调整好的摄像机视图如图6-12所示。

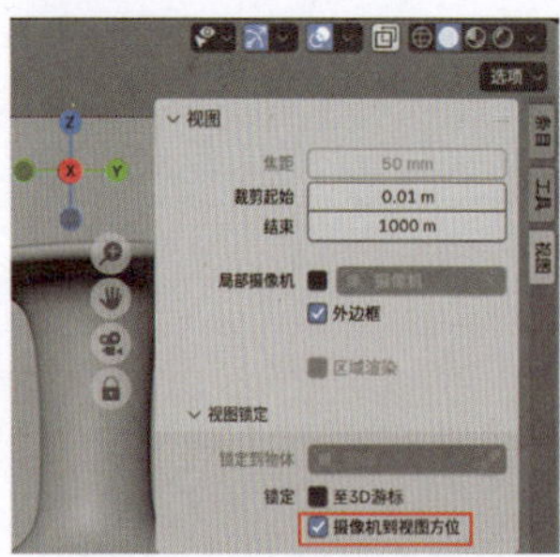

图6-11

技巧与提示

在本例中，摄像机的位置及旋转角度，可以参考图6-13所示的数值来设置。

图6-12

07 设置完成后，取消选中“摄像机到视图方位”复选框，如图6-14所示，这样可以防止因误操作更改摄像机的拍摄角度。

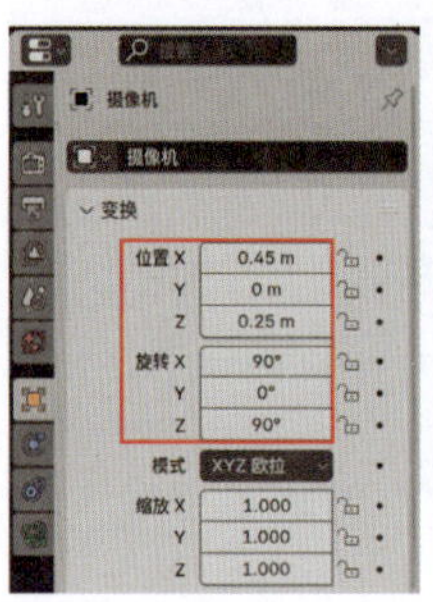

图6-13

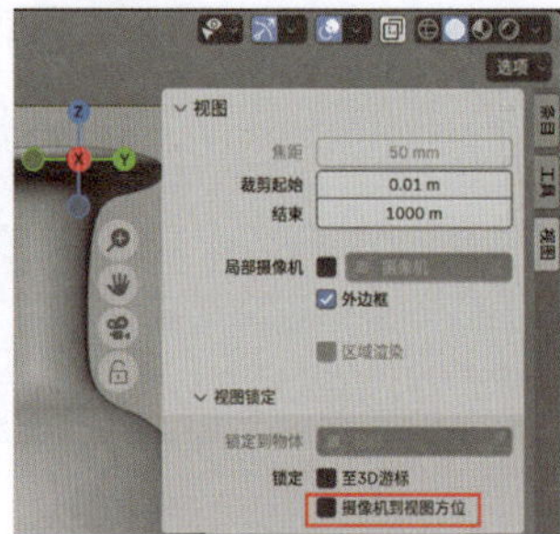

图6-14

08 执行“渲染”→“渲染图像”命令，渲染场景，渲染效果如图6-15所示。

图6-15

09 再次在场景中创建一台摄像机，在“正交顶视图”中，调整摄像机的位置和角度，如图6-16所示。

10 在“用户透视”视图中，调整摄像机的位置和角度，如图6-17所示。

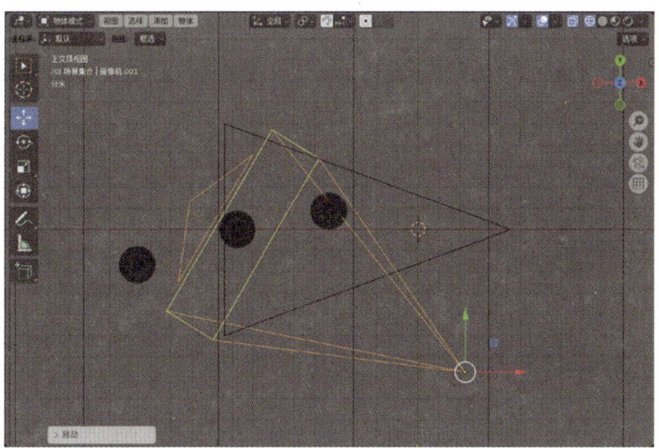

图6-16

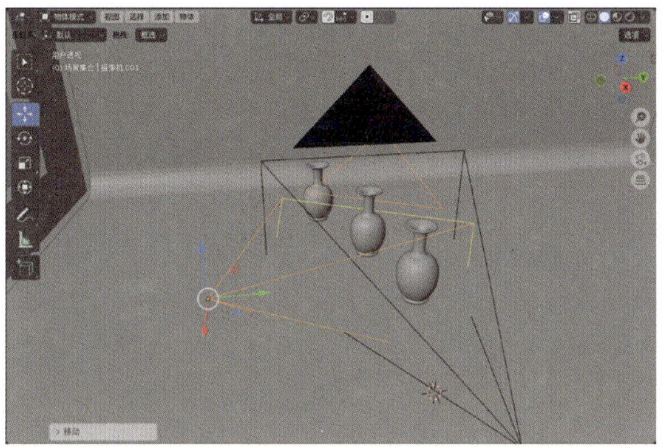

图6-17

11 选择新创建的摄像机，右击并在弹出的“物体”菜单中选择“设置活动摄像机”选项，如图6-18所示。

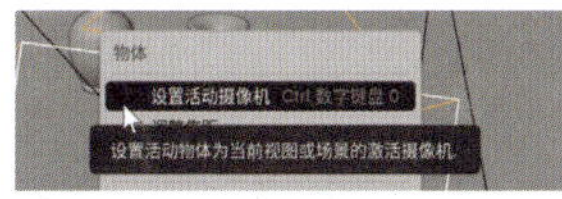

图6-18

12 将视图切换至“摄像机透视”视图，最终调整好的摄像机视图如图6-19所示。

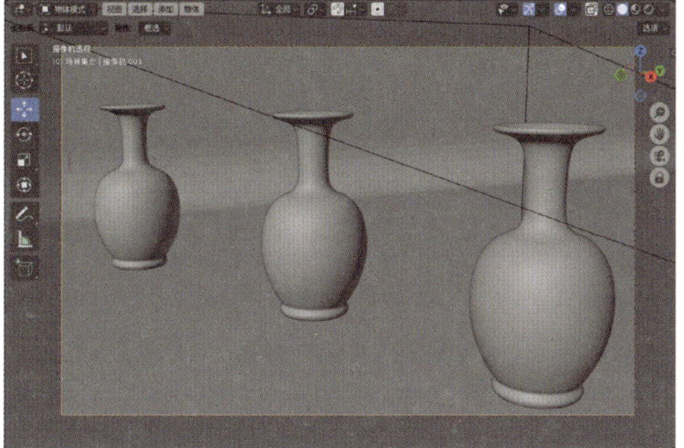

图6-19

13 执行“渲染”→“渲染图像”命令，渲染场景，渲染效果如图6-20所示。

图6-20

> **技巧与提示**
>
> 在Blender中，当场景中有多台摄像机时，只能设置其中一台为活动摄像机，渲染图像也只会渲染活动摄像机的拍摄视角。

6.2.2 实例：制作景深效果

本例，接着使用上一节完成的文件来讲解制作摄像机渲染景深效果的方法。本例的最终渲染效果如图 6-21 所示。

图6-21

01 启动Blender，打开配套场景文件“瓶子-完成.blend”，如图6-22所示。

02 按Z键，在弹出的菜单中单击“渲染”按钮，如图6-23所示。场景的渲染预览效果如图6-24所示。

图6-22

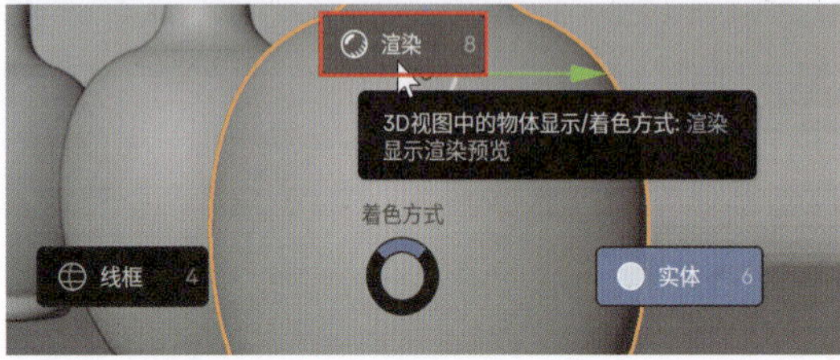

图6-23

图6-24

03 选择摄像机，在“景深”卷展栏中，选中“景深”复选框，如图6-25所示。观察场景，默认景深效果如图6-26所示，可以看到画面已经出现了一定的模糊效果。

图6-25

图6-26

04 执行“添加”→“空物体”→“纯轴”命令，在场景中创建一个名称为“空物体”的纯轴，如图6-27所示。

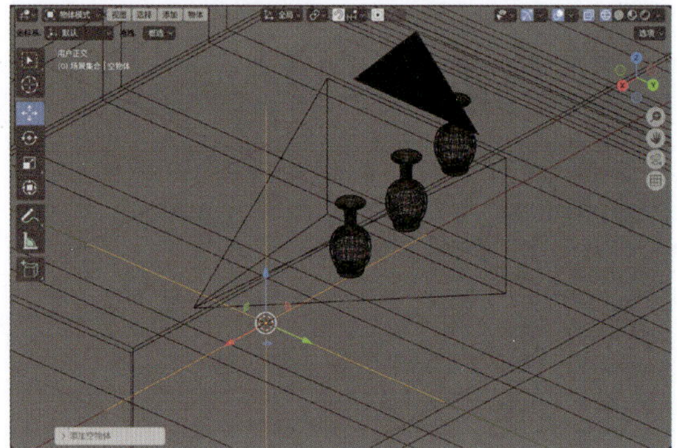

图6-27

05 在“正交顶视图”中，调整纯轴的位置，如图6-28所示。

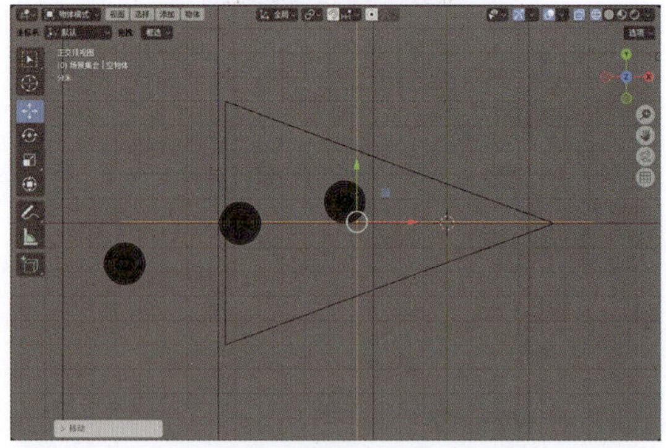

图6-28

06 在“景深”卷展栏中，设置“聚焦到物体”为“空物体”，如图6-29所示。

07 在设置完成后，观察“摄影机视图”，其渲染预览效果如图6-30所示。可以看到纯轴位置处的瓶子渲染结果较为清楚，场景中的其他瓶子则看起来较为模糊。

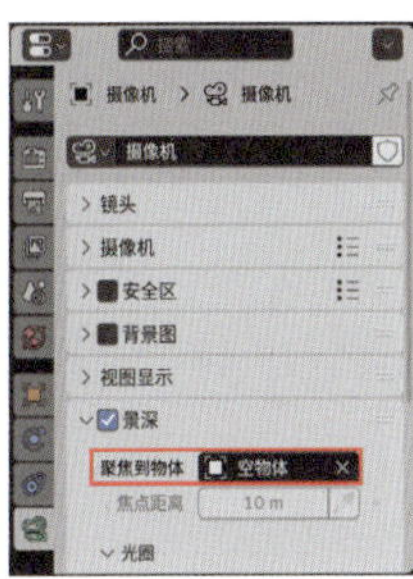

图6-29

图6-30

08 在“景深”卷展栏中，设置“光圈”值为1.0，如图6-31所示。“摄像机透视”视图的渲染预览效果如图6-32所示。

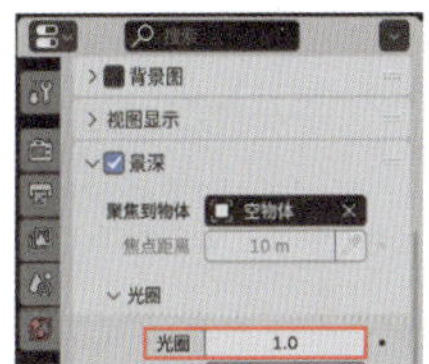

图6-31

图6-32

技巧与提示

“光圈级数”值越小，景深的模糊效果越明显。

09 渲染场景，渲染效果如图6-33所示。

图6-33

10 在“景深”卷展栏中，设置“叶片”值为5，如图6-34所示。

图6-34

11 渲染场景，渲染效果如图6-35所示，可以看出瓶子模糊的地方显示为五边形。

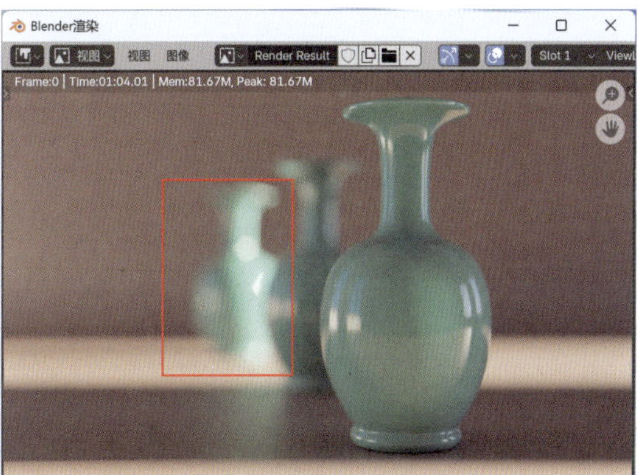

图6-35

6.2.3 实例：制作运动模糊效果

本例详细讲解制作运动模糊效果的方法。本例的最终渲染结果如图6-36所示。

图6-36

01 启动Blender，打开配套场景文件“旋转的吊扇.blend”，该文件已经设置好了材质、灯光及简单的扇叶旋转动画，如图6-37所示。

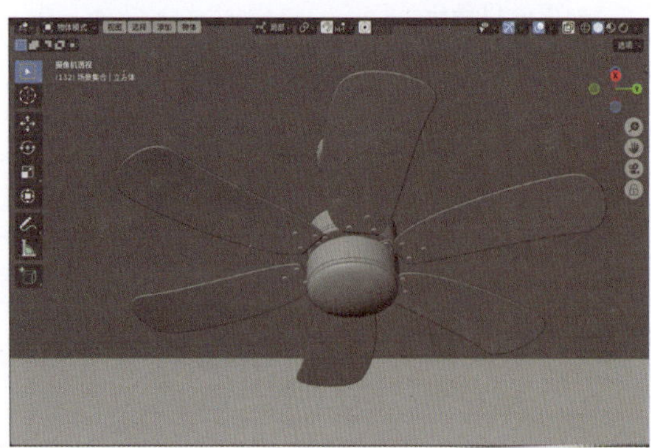

图6-37

02 播放场景动画，可以看到扇叶旋转的动画效果如图6-38和图6-39所示。渲染场景，渲染效果如图6-40所示。

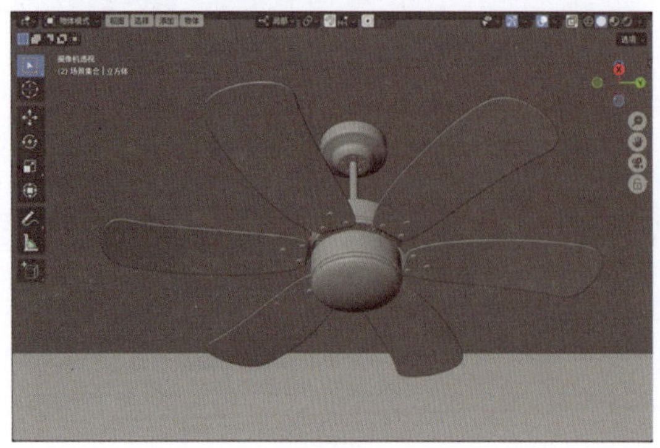

图6-38

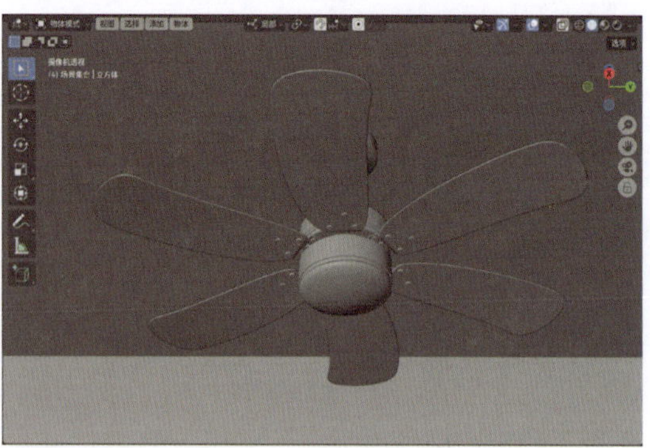

图6-39

图6-40

03 在“运动模糊”卷展栏中，选中“运动模糊”复选框，如图6-41所示。

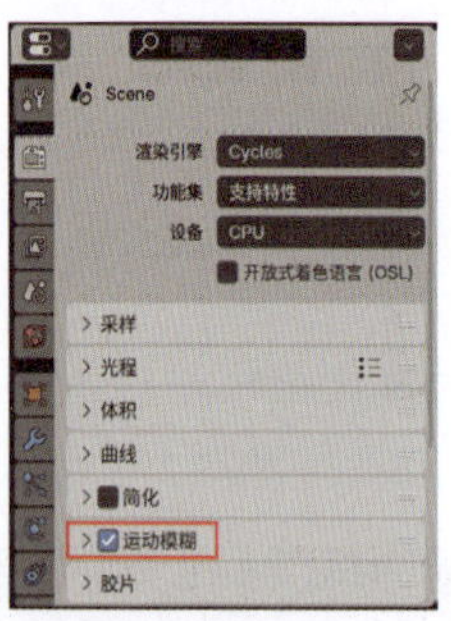

图6-41

04 渲染场景，渲染结果如图6-42所示，可以看到现在扇叶边缘已经出现运动模糊的效果。

05 在“运动模糊”卷展栏中，设置“快门”值为3.00，如图6-43所示。

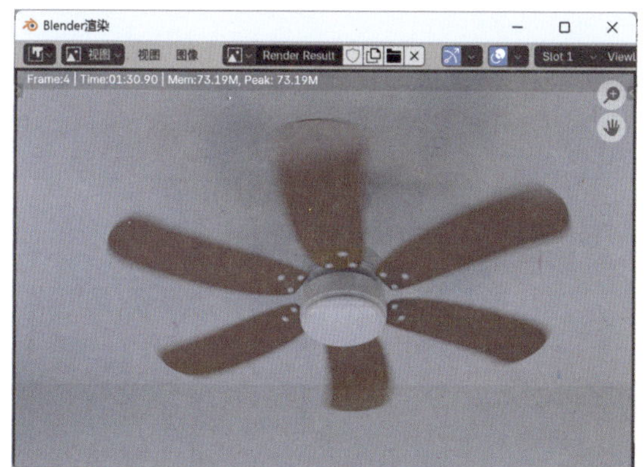

图6-42

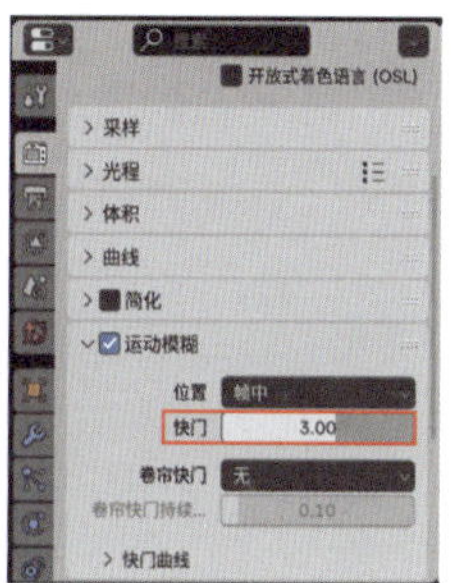

图6-43

06 再次渲染场景，本例的最终渲染结果如图6-44所示。

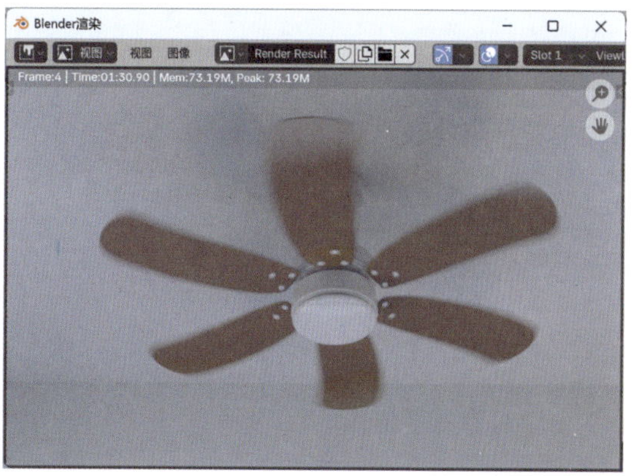

图6-44

技巧与提示

“快门”值越大，运动模糊的效果越明显。

第7章

材质与纹理

7.1 材质概述

材质技术在三维软件中能够真实呈现物体的颜色、纹理、透明度、光泽度以及凹凸质感，使三维作品更显生动逼真。Blender 提供的默认材质节点“原理化 BSDF”即可模拟物体的表面纹理、高光效果、透明度、自发光特性、反射及折射等多种属性。为充分利用这些属性创作出逼真的质感效果，读者需要深入观察现实世界中物体的材质特征。如图 7-1~ 图 7-4 所示，这些是作者拍摄的几种常见物体质感示例照片。

图7-1

图7-2

图7-3

图7-4

新建场景，选择场景中自带的立方体模型，在“材质”面板中，可以看到 Blender 为其指定的默认材质类型为“原理化 BSDF”，如图 7-5 所示。

图7-5

7.2 材质类型

Blender 内置了多种材质类型，可以辅助用户精准模拟各类材质效果。在开展材质技术学习前，建议预先熟悉这些常用材质类型的特性与应用场景。

7.2.1 基础操作：创建材质

知识点：创建材质、玻璃BSDF材质常用参数、关联材质。

01 启动Blender，打开配套场景文件“材质测试.blend”，其中有两个猴头模型，并且已经设置好了灯光和摄影机，如图7-6所示。

图7-6

02 将场景切换至“渲染预览”，可以看到没有材质的猴头模型的渲染效果如图7-7所示，其质感接近现实生活中的白色石膏。

03 选择左侧的猴头模型，在“材质”选项卡中单击“新建”按钮，如图7-8所示，即可为其新建一个材质。

04 在“材质”选项卡中，更改材质的名称为“红色玻璃”，如图7-9所示。

图7-7

图7-8

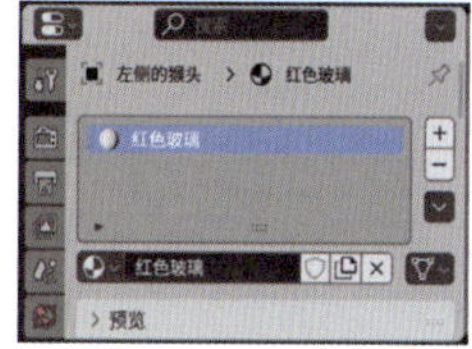
图7-9

05 在“表（曲）面”卷展栏中，设置“表（曲）面”为“玻璃BSDF”，如图7-10所示。

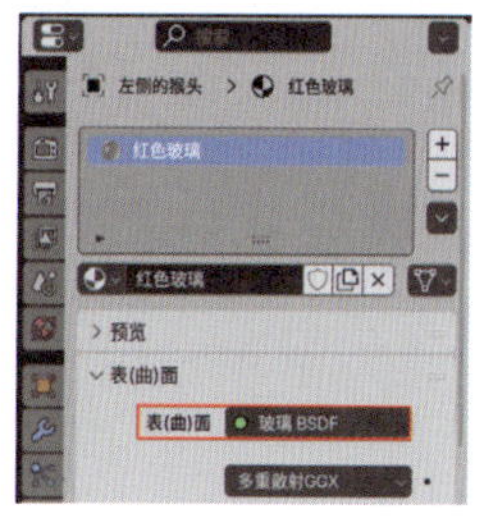
图7-10

06 渲染场景，“玻璃BSDF”材质的默认渲染结果如图7-11所示。

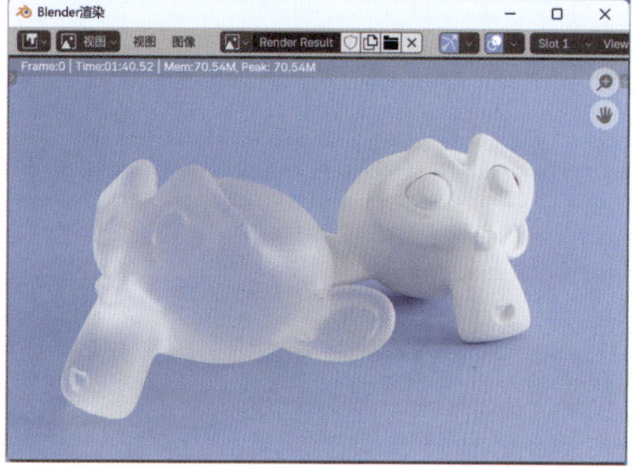
图7-11

第7章 材质与纹理

07 在“表（曲）面”卷展栏中，设置“颜色”为浅红色，“糙度”值为0.000，如图7-12所示。在“预览”卷展栏中，可以观察到红色玻璃材质的预览效果如图7-13所示。

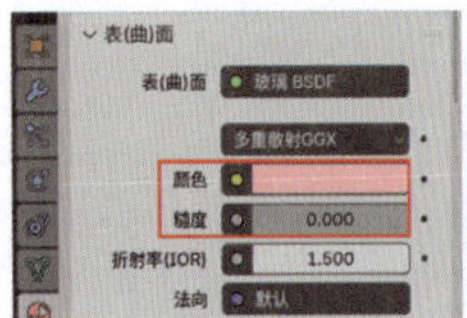

图7-12

图7-13

08 在“预览”卷展栏中，设置“渲染预览类型”为“立方体”，可以观察到红色玻璃材质的预览效果如图7-14所示。

09 在“预览”卷展栏中，设置“渲染预览类型”为“着色球”，可以观察到红色玻璃材质的预览效果如图7-15所示。

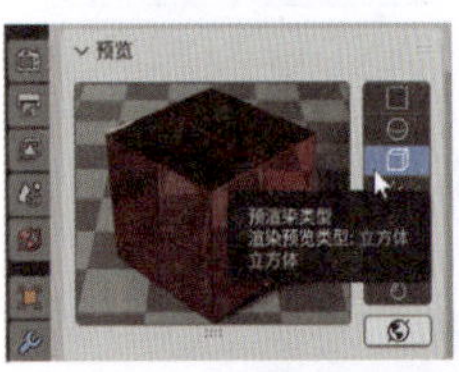

图7-14

图7-15

技巧与提示

可以自行尝试将“渲染预览类型”设置为其他类型来观察材质的预览效果。

10 渲染场景，红色玻璃材质的渲染效果如图7-16所示。

图7-16

11 选择场景中的另一个猴头模型，在“材质”面板中，单击“浏览要关联的材质”按钮，在弹出的下拉列表中选择刚刚制作好的红色玻璃材质，如图7-17所示。这样，即可将刚制作好的材质赋予选中的模型。

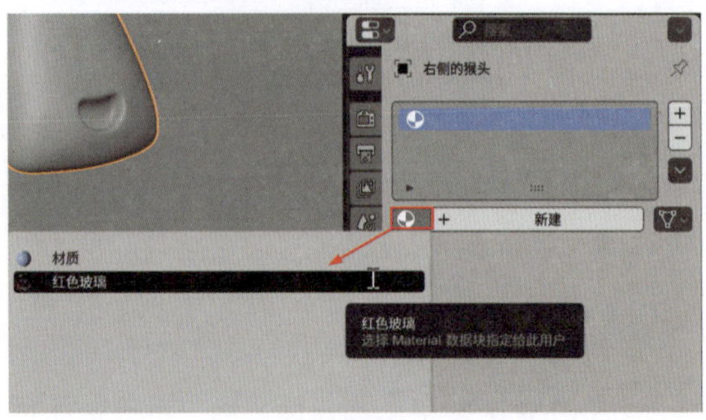

图7-17

12 设置完成后，观察“材质”面板，可以看到材质名称后显示的数字为2，如图7-18所示。这说明该材质被场景中的两个物体使用。

图7-18

13 再次渲染场景，渲染结果如图7-19所示。

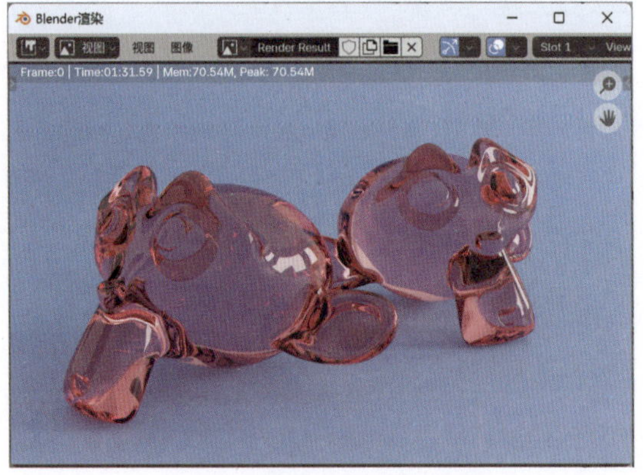

图7-19

7.2.2 基础操作：删除材质

知识点： 断开材质、半透BSDF材质常用参数、删除材质。

在本节中，接着使用上一节制作完成的场景来学习断开材质及删除材质的操作方法。

01 选择场景中左侧的猴头模型，如图7-20所示。

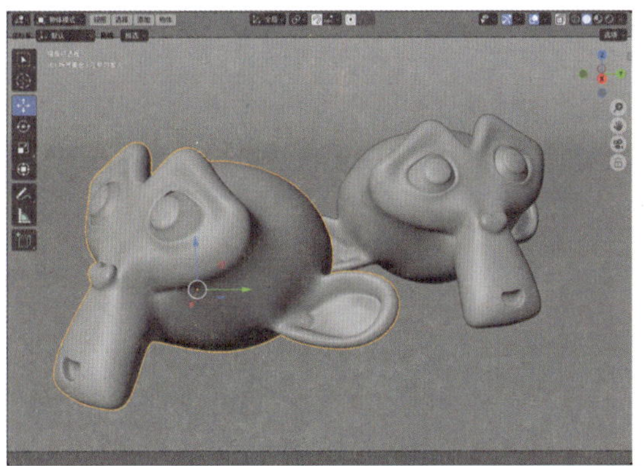

图7-20

02 在“材质”选项卡中，单击“断开数据块关联”按钮，如图7-21所示，即可将该材质与选中的模型断开，模型恢复无材质状态。

03 在“材质”选项卡中，单击“新建”按钮，如图7-22所示，即可为其新建一个材质。

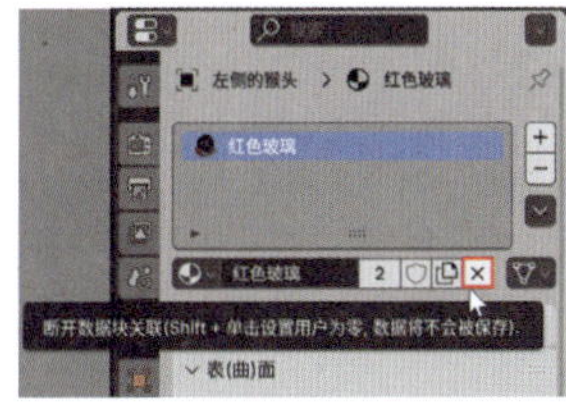

图7-21

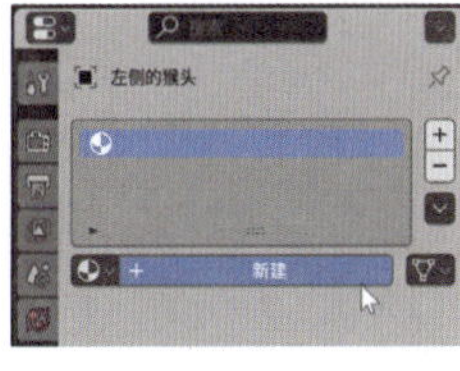

图7-22

04 在“材质”选项卡中，更改材质的名称为“绿色半透明”，如图7-23所示。

05 在“表（曲）面”卷展栏中，设置“表（曲）面”为“半透BSDF”，“颜色”为绿色，如图7-24所示。

图7-23

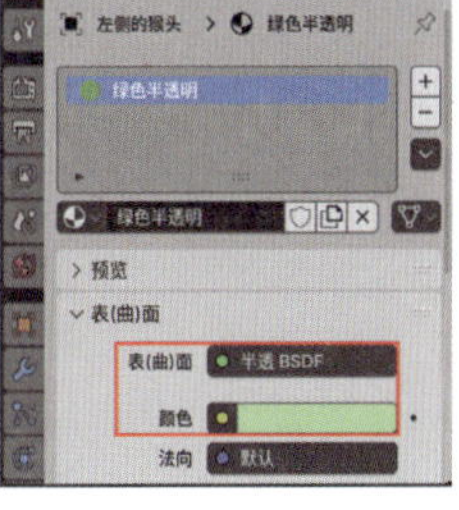

图7-24

06 渲染场景，渲染结果如图7-25所示。

07 选择右侧的猴头模型，为其指定刚刚制作完成的“绿色半透明”材质，再次渲染场景，渲染效果如图7-26所示。

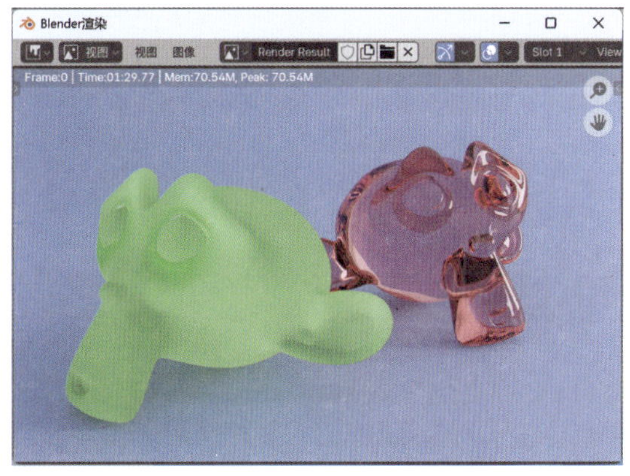

图7-25

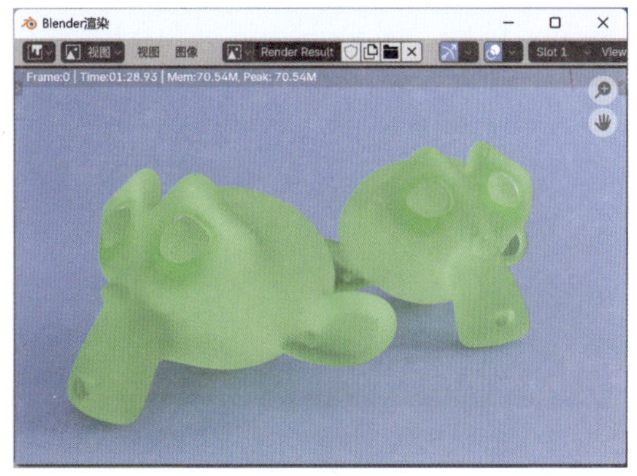

图7-26

08 选择场景中的任意模型，在“材质”选项卡中，单击“浏览要关联的材质”按钮，在弹出的下拉列表中观察到红色玻璃材质前面显示的为0，如图7-27所示，这代表场景中没有任何模型使用该材质。

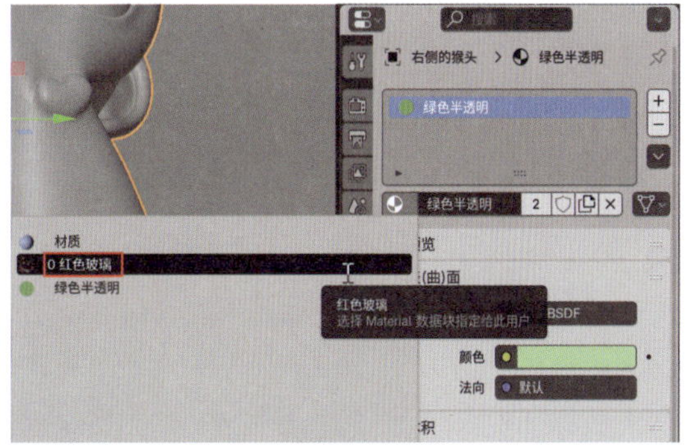

图7-27

09 在“大纲视图”面板中，将“显示模式”切换至“未使用的数据”，如图7-28所示，即可在“大纲视图”中显示出场景中未被使用的材质，如图7-29所示。

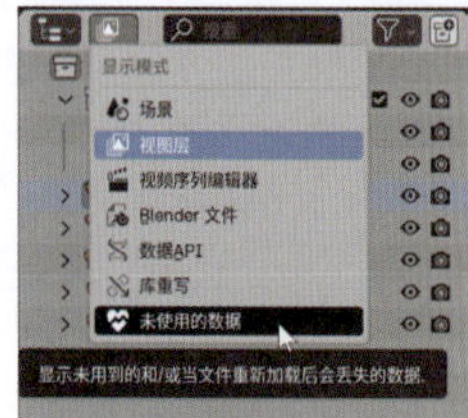

图7-28

图7-29

10 在“大纲视图”中，选择红色玻璃材质，右击并在弹出的快捷菜单中选择“删除”选项，即可将该材质删除。设置完成后，在“材质”面板中，单击“浏览要关联的材质”按钮，在弹出的下拉列表中可以看到红色玻璃材质已经消失，如图7-30所示。

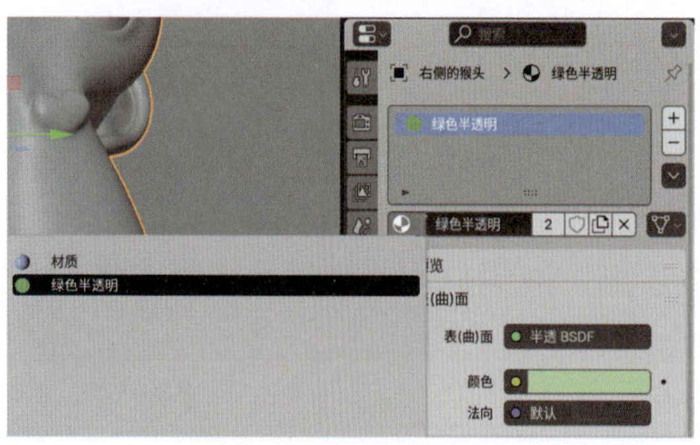

图7-30

7.2.3 实例：制作玻璃材质

本例讲解使用“原理化 BSDF”材质制作玻璃材质的方法，如图 7-31 所示为本例的最终完成效果。

图7-31

01 启动Blender，打开配套场景文件“玻璃材质.blend”，本例为一个简单的室内模型，其中有一组杯子模型以及简单的配景模型，并且已经设置好了灯光及摄影机，如图7-32所示。

图7-32

02 选择场景中的杯子模型，如图7-33所示。

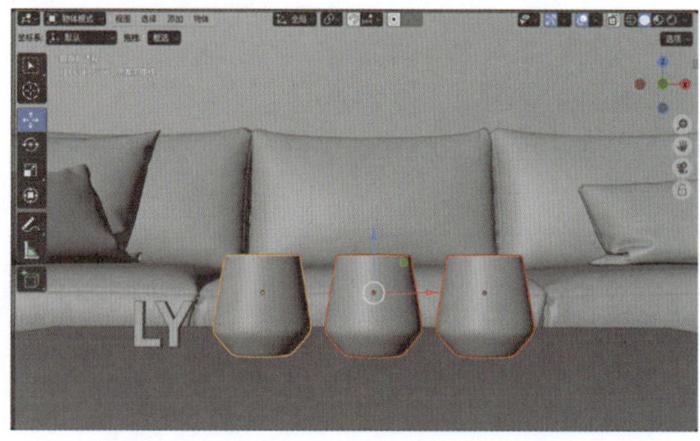

图7-33

03 在“材质”选项卡中，单击“新建”按钮，如图7-34所示，为其添加一个新的材质，并更改材质的名称为“玻璃”，如图7-35所示。

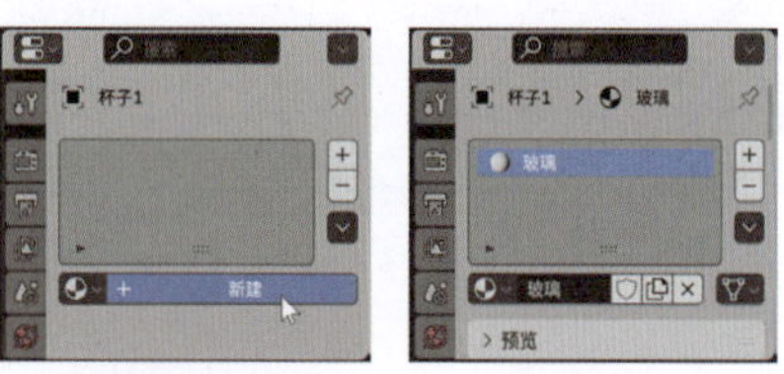

图7-34　　图7-35

04 在“表（曲）面”卷展栏中，设置“基础色”为“白色”，“糙度”值为0.000，“透射”的“权重”值为1.000，如图7-36所示。

技巧与提示

“原理化BSDF”材质的“基础色”在默认状态下为浅灰色，并非纯白色。

05 在“预览”卷展栏中，制作好的玻璃材质显示效果如图7-37所示。执行“渲染”→“渲染图像”命令，渲染场景，本例的最终渲染效果如图7-38所示。

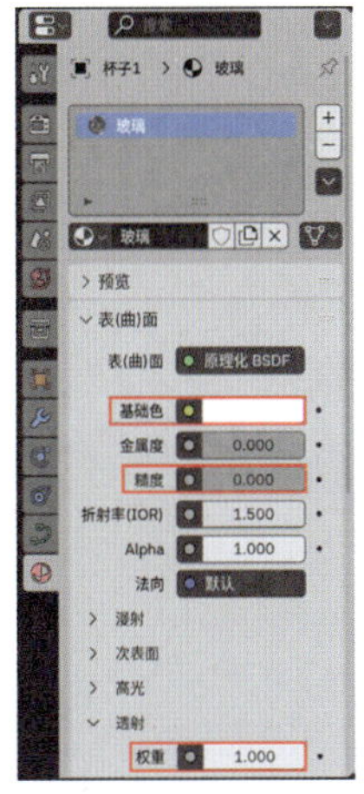

图7-36

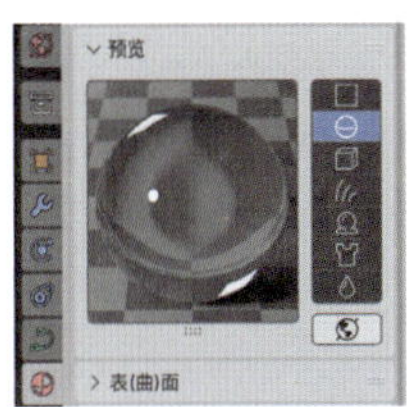

图7-37

图7-38

7.2.4 实例：制作金属材质

本例讲解使用“原理化 BSDF”材质来制作金属材质的方法，如图 7-39 所示为本例的最终完成效果。

图7-39

01 启动Blender，打开配套场景文件“金属材质.blend”，本例为一个简单的室内模型，其中有一只钢锅模型以及简单的配景模型，并且已经设置好了灯光及摄影机，如图7-40所示。

图7-40

02 选择场景中的钢锅模型，如图7-41所示。

图7-41

03 在“材质”选项卡中，单击“新建”按钮，如图7-42所示，为其添加一个新的材质，并更改材质的名称为“金属钢”，如图7-43所示。

图7-42　　图7-43

04 在“表（曲）面”卷展栏中，设置“基础色”为浅灰色，“金属度”值为1.000，“糙度”值为0.200，如图7-44所示。其中，基础色的参数设置如图7-45所示。在“预览”卷展栏中，制作好的金属钢材质显示效果如图7-46所示。

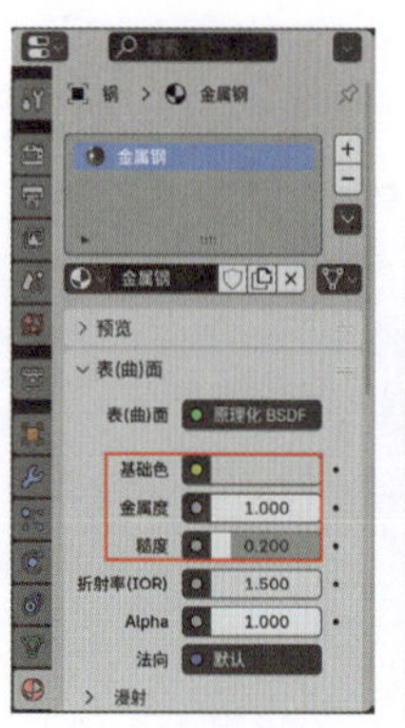

图7-44

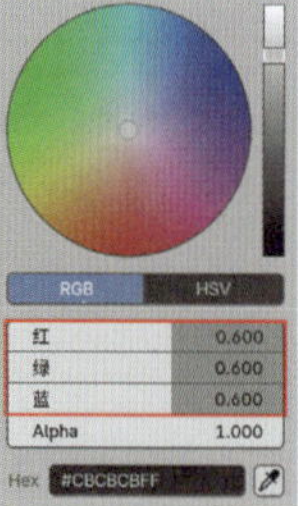

图7-45

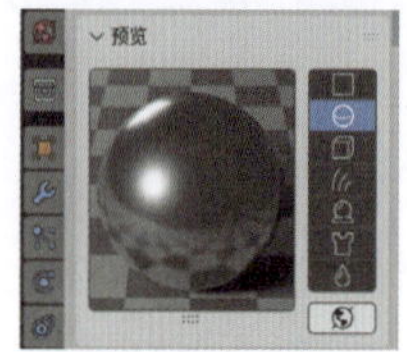

图7-46

05 执行“渲染”→“渲染图像”命令，渲染场景，本例的最终渲染效果如图7-47所示。

图7-47

7.2.5 实例：制作陶瓷材质

本例讲解使用“原理化BSDF”材质来制作陶瓷材质的方法，如图7-48所示为本例的最终完成效果。

01 启动Blender，打开配套场景文件“陶瓷材质.blend”，本例为一个简单的室内模型，其中有一组杯子模型以及简单的配景模型，并且已经设置好了灯光及摄影机，如图7-49所示。

图7-48

图7-49

02 选择场景中的杯子模型，如图7-50所示。

图7-50

03 在“材质”选项卡中，单击“新建”按钮，如图7-51所示，为其添加一个新材质，并更改材质的名称为“蓝色陶瓷”，如图7-52所示。

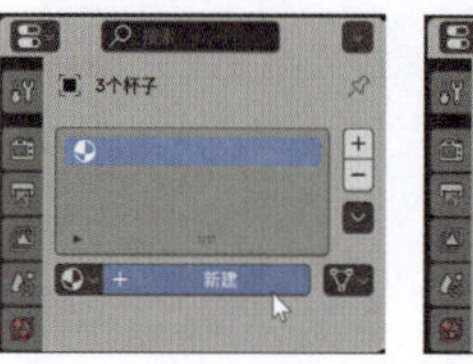

图7-51

图7-52

04 在“表（曲）面”卷展栏中，设置“基础色”为蓝色，“糙度”度为0.100，如图7-53所示。其中，基础色的参数设置如图7-54所示。在“预览”卷展栏中，制作好的蓝色陶瓷材质显示效果如图7-55所示。

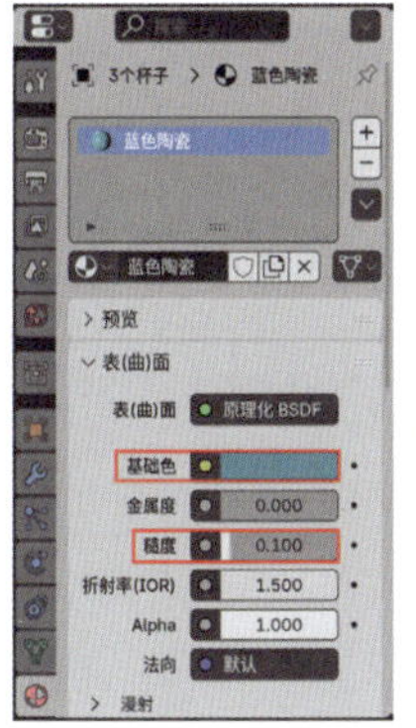

图7-53

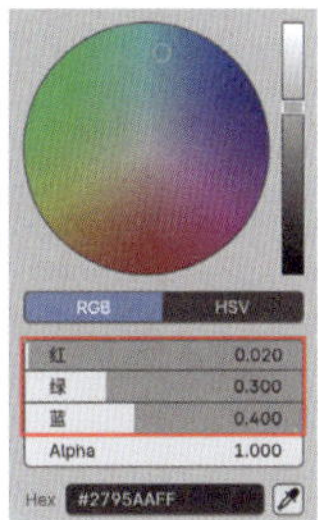

图7-54

05 在“材质”选项卡中，单击“添加材质槽”按钮，如图7-56所示。

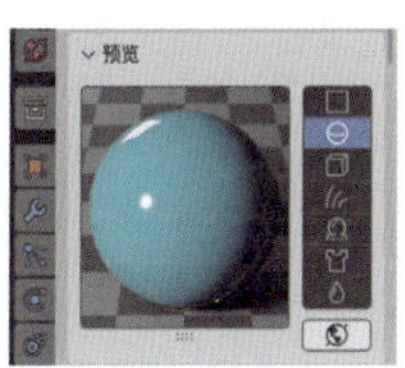

图7-55

图7-56

06 单击“新建”按钮，新建一个材质，如图7-57所示，并更改材质的名称为“红色陶瓷”，如图7-58所示。

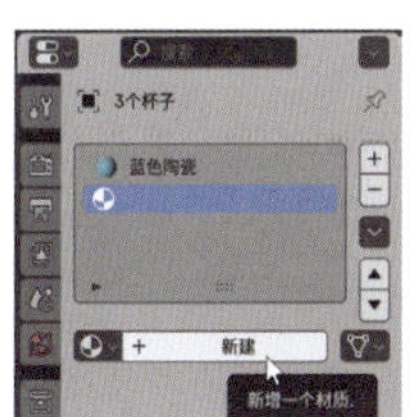

图7-57

图7-58

07 在“表（曲）面”卷展栏中，设置“基础色”为红色，“糙度”度为0.100，如图7-59所示。其中，基础色的参数设置如图7-60所示。在“预览”卷展栏中，制作好的红色陶瓷材质显示效果如图7-61所示。

08 在“编辑模式”中，选择中间杯子模型上的任意面，按快捷键Ctrl+L，则可以选中整个杯子模型上的面，如图7-62所示。

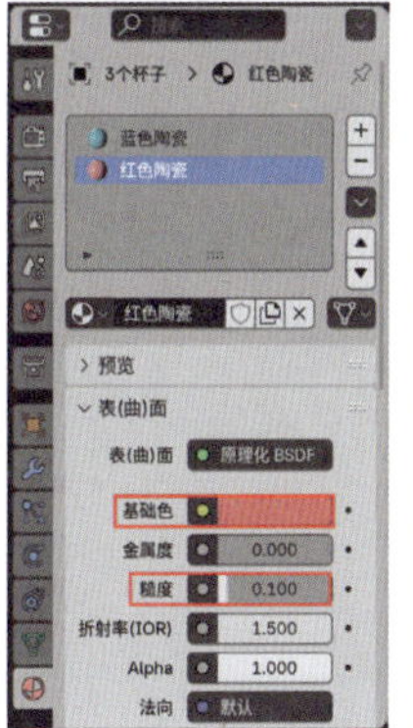

图7-59

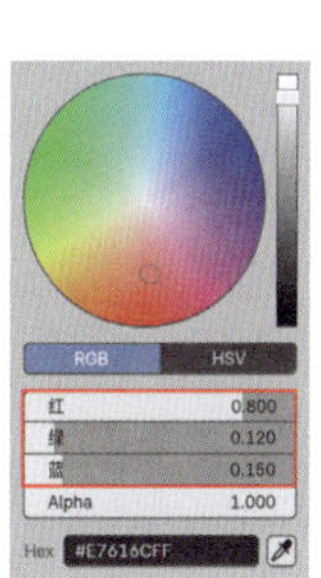

图7-60

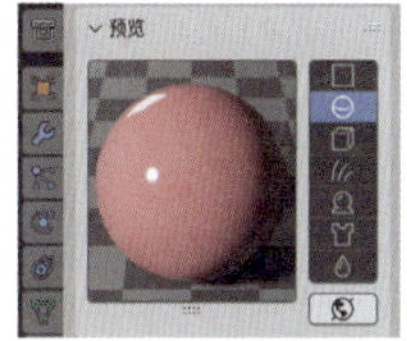

图7-61

图7-62

09 在“材质”选项卡中，单击“指定”按钮，如图7-63所示。

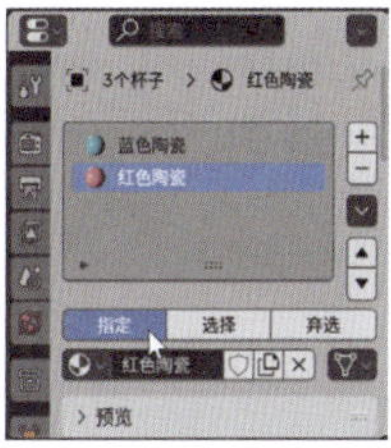

图7-63

10 退出“编辑模式”后，执行“渲染”→“渲染图像”命令，渲染场景，本例的最终渲染效果如图7-64所示。

图7-64

7.2.6 实例：制作线框材质

本例讲解如何为模型渲染出线框材质，如图7-65所示为本例的最终完成效果。

图7-65

01 启动Blender，打开配套场景文件“线框材质.blend”，本例为一个简单的室内模型，其中有一个猴头模型以及简单的配景模型，并且已经设置好了灯光及摄影机，如图7-66所示。

图7-66

02 在“渲染”选项卡中，选中Freestyle复选框，如图7-67所示。

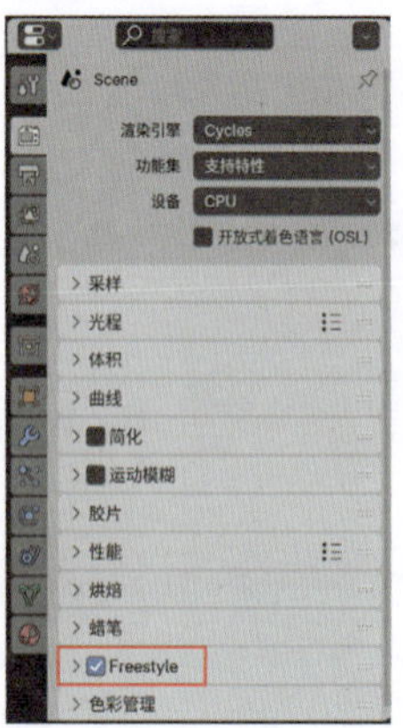

图7-67

03 设置完成后，渲染场景，渲染结果如图7-68所示，可以看到场景中的所有模型均会生成黑色的描边线条。

图7-68

04 选择场景中的猴头模型，按Tab键，进入“编辑模式”，按A键，选择雕塑模型上所有的边线，如图7-69所示。

图7-69

05 右击并在弹出的快捷菜单中选择“标记Freestyle边”选项，如图7-70所示，设置完成后，退出“编辑模式”。猴头模型的视图显示效果如图7-71所示。

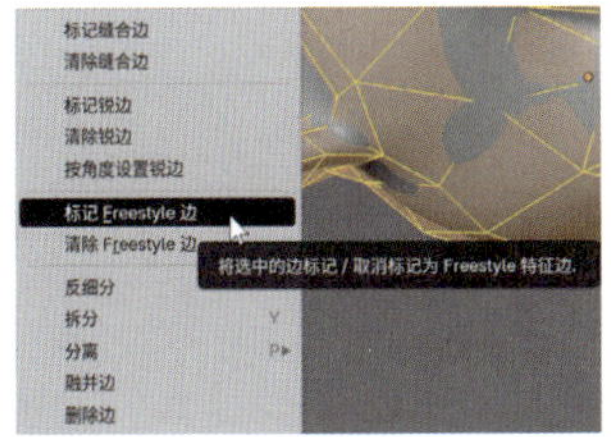

图7-70

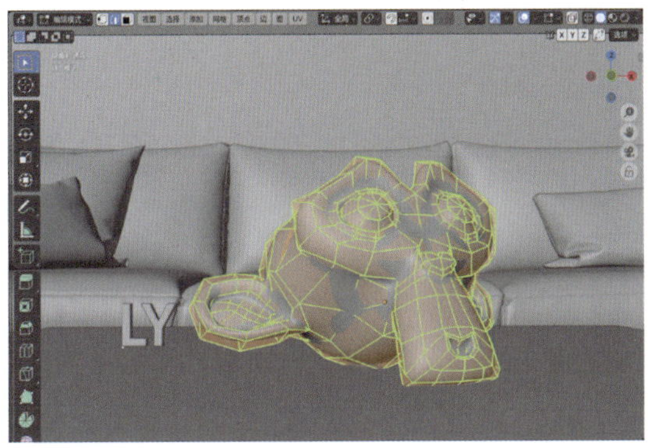

图7-71

06 在“视图层”选项卡中，展开“Freestyle线条集”卷展栏，取消选中“剪影”“折痕”“边界范围”复选框，选中“标记边”复选框，如图7-72所示。

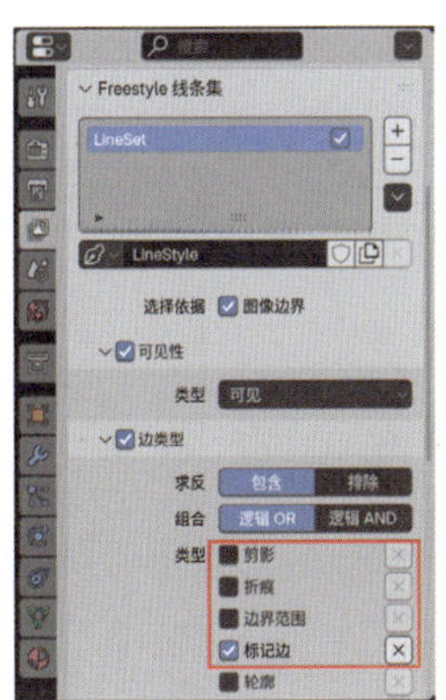

图7-72

07 设置完成后，渲染场景，渲染效果如图7-73所示。可以看到场景中的猴头模型会渲染出黑色的线框效果。

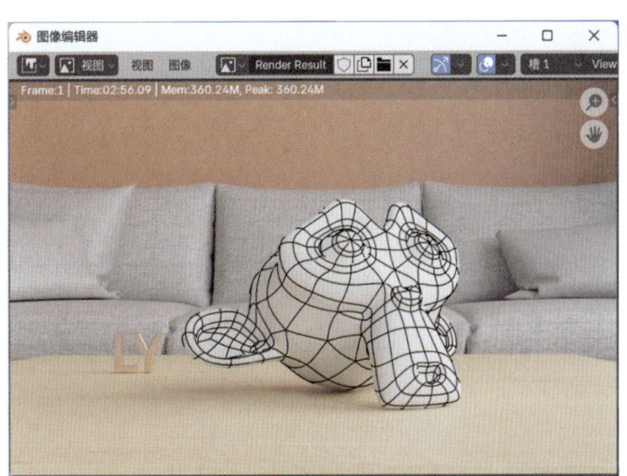

图7-73

08 在“Freestyle颜色”卷展栏中，设置“基础色”为深灰色。在“Freestyle线宽”卷展栏中，设置“基线宽度”值为1.000，如图7-74所示。

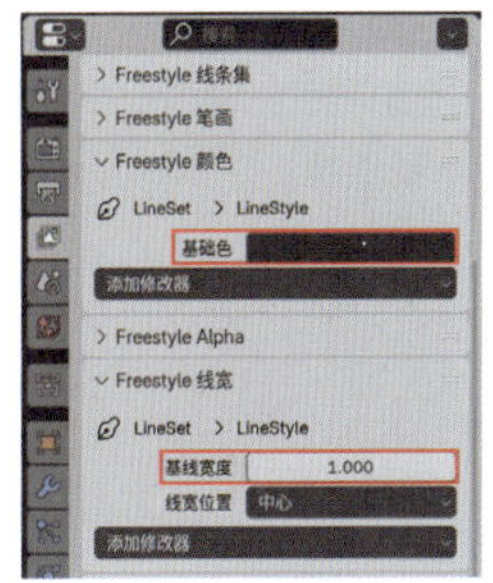

图7-74

09 执行“渲染”→“渲染图像”命令，渲染场景，本例的最终渲染效果如图7-75所示。

图7-75

技巧与提示

本例中的线框效果无须新建材质。

7.3 纹理与 UV

相较于单一颜色填充，贴图纹理能更直观地呈现物体的真实质感。通过添加纹理，可使物体表面呈现更细腻的视觉效果，结合材质的反射、折射、凹凸等特性，能显著提升渲染场景的真实性与自然度。贴图纹理与 UV 展开密切相关，UV 坐标系统作为贴图定位的核心工具，决定了纹理在三维模型表面的精确分布方式。本章将通过多个案例，系统讲解纹理映射与 UV 展开的协同应用技巧。

7.3.1 基础操作：添加纹理

知识点：棋盘格、沃罗诺伊纹理。

01 启动Blender，打开配套场景文件“材质测试.blend”，其中有两个猴头模型，并且已经设置好了灯光和摄影机，如图7-76所示。

图7-76

02 选择左侧的猴头模型，在“材质”选项卡中，单击“新建”按钮，如图7-77所示，为其新建一个材质。

03 在“材质”选项卡中，更改材质的名称为“棋盘格”，如图7-78所示。

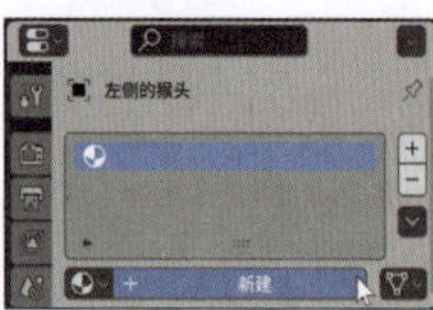

图7-77

图7-78

04 在“表（曲）面”卷展栏中，单击“基础色”右侧的黄色圆点按钮，如图7-79所示。

05 在弹出的菜单中选择“棋盘格纹理”选项，如图7-80所示。设置完成后，渲染场景，渲染效果如图7-81所示。

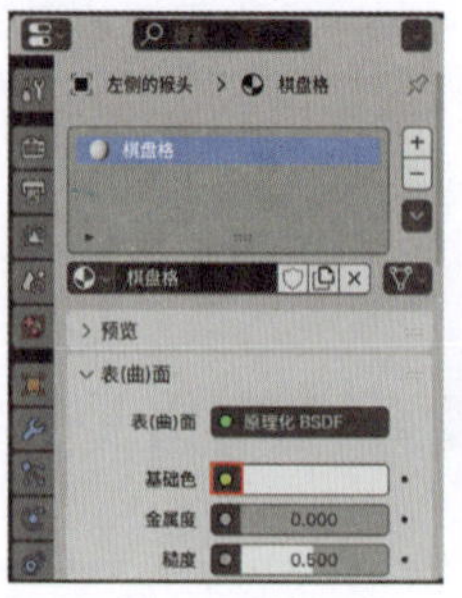

图7-79

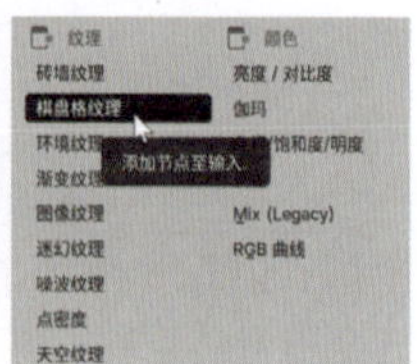

图7-80

图7-81

06 选择场景中右侧的猴头模型，也为其新建一个材质，并更改材质的名称为“沃罗诺伊”，如图7-82所示。

07 在“表（曲）面”卷展栏中，单击“基础色”右侧的黄色圆点按钮，如图7-83所示。

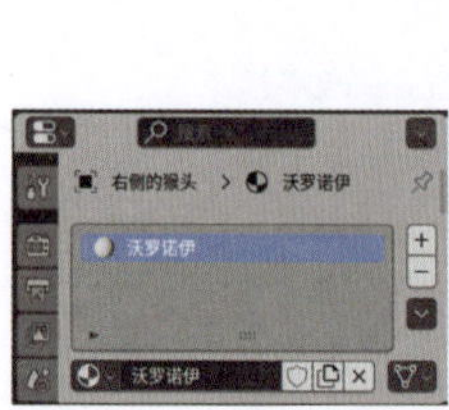

图7-82

图7-83

08 在弹出的菜单中选择“沃罗诺伊纹理”选项，如图7-84所示。

09 在“表（曲）面”卷展栏中，设置“缩放”值为10.000，如图7-85所示。设置完成后，渲染场景，渲染效果如图7-86所示。

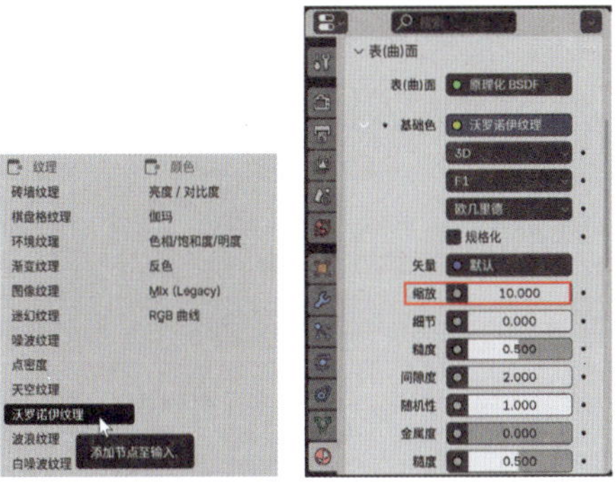

图7-84　　图7-85

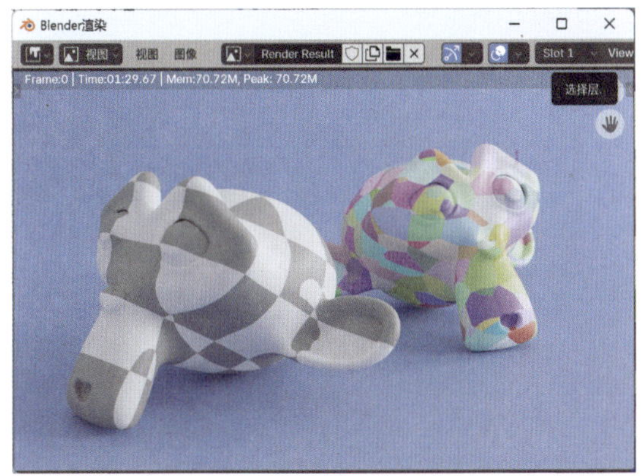

图7-86

7.3.2　实例：制作摆台材质

本例讲解如何为模型的不同部分设置不同的材质以及调整图像UV坐标，如图7-87所示为本例的最终完成效果。

图7-87

01 启动Blender，打开配套场景文件“摆台材质.blend”，本例为一个简单的室内模型，其中有一个摆台模型以及简单的配景模型，并且已经设置好了灯光及摄影机，如图7-88所示。

图7-88

02 选择摆台模型，如图7-89所示。

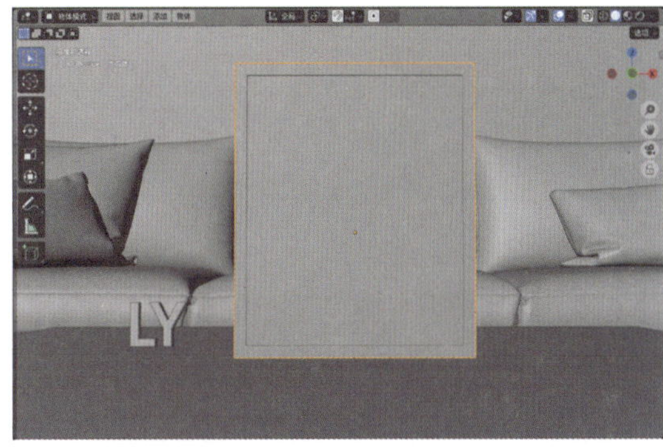

图7-89

03 在“材质”选项卡中，单击“新建”按钮，如图7-90所示，为其添加新的材质，并更改材质的名称为“棕色边框”，如图7-91所示。

图7-90　　图7-91

04 在“表（曲）面”卷展栏中，设置“基础色”为棕色，如图7-92所示，其中，基础色的参数设置如图7-93所示。设置完成后，摆台模型的材质预览效果如图7-94所示。

05 单击“添加材质槽”按钮，新增一个材质，如图7-95所示。

06 单击“新建”按钮，为刚添加的材质槽新增一个材质，如图7-96所示。

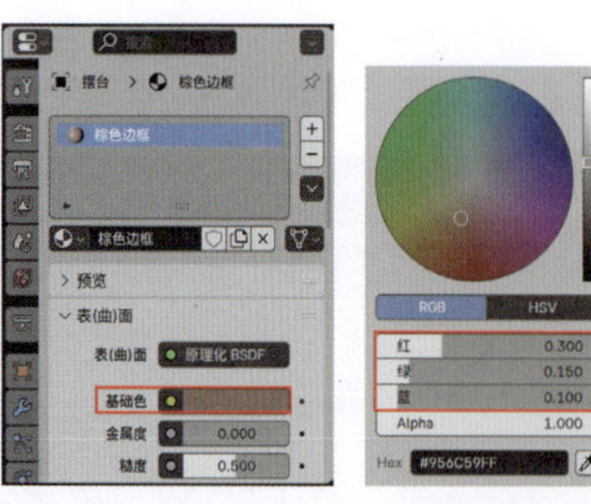

图7-92　　图7-93

图7-94

图7-95　　图7-96

07 在“材质”面板中，更改材质的名称为“白边”，如图7-97所示。

08 以同样的操作步骤，再次创建一个新的材质，并重命名为“照片”，如图7-98所示。

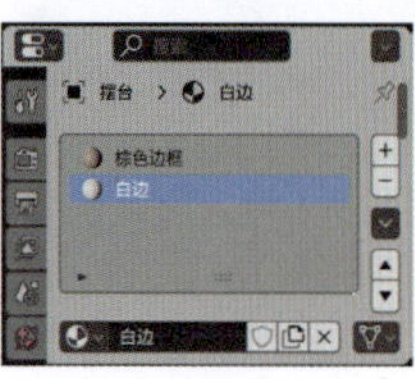

图7-97　　图7-98

09 在“表（曲）面”卷展栏中，单击“基础色”右侧的黄色圆点按钮，如图7-99所示。

10 在弹出的菜单中选择“图像纹理”选项，如图7-100所示。

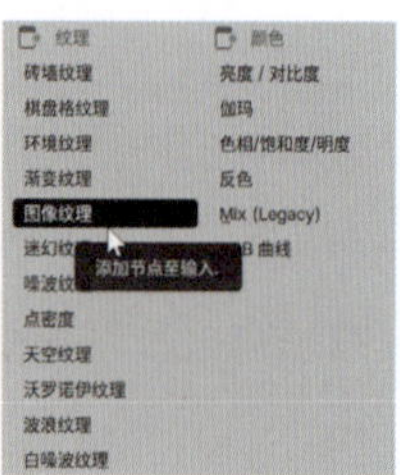

图7-99　　图7-100

11 在“表（曲）面”卷展栏中，单击“打开”按钮，如图7-101所示，选择“照片.jpg”贴图，如图7-102所示。

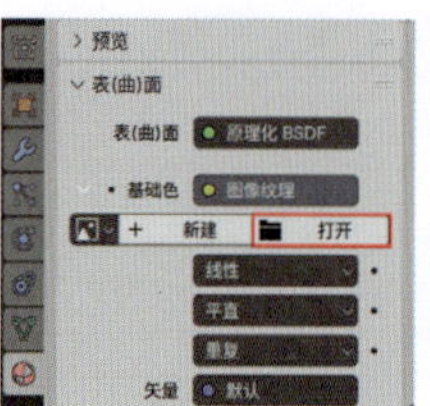

图7-101　　图7-102

12 在场景中选择摆台模型，按?键，即可将选中的模型孤立，如图7-103所示。

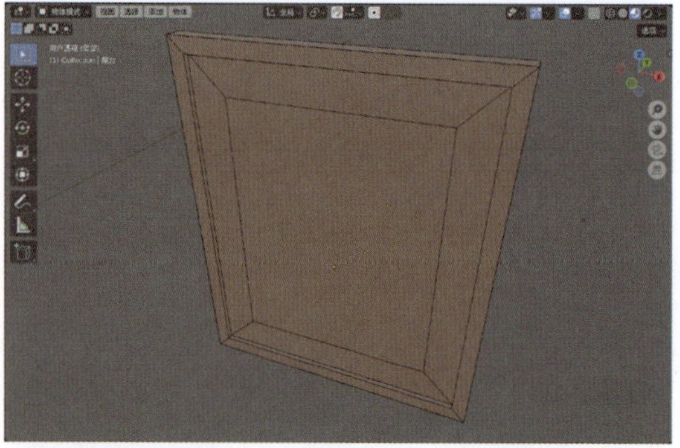

图7-103

技巧与提示

再次按?键，则可以显示之前隐藏的模型。

13 选择如图7-104所示的面，在“材质”面板中，选择“白边”材质球，单击“指定”按钮，为选中的面指定材质，如图7-105所示。

14 选择如图7-106所示的面，在“材质”选项卡中选择“照片”材质球，单击“指定”按钮，为选中的面指定材质，如图7-107所示。

设置完成后，摆台模型的材质预览效果如图7-108所示。

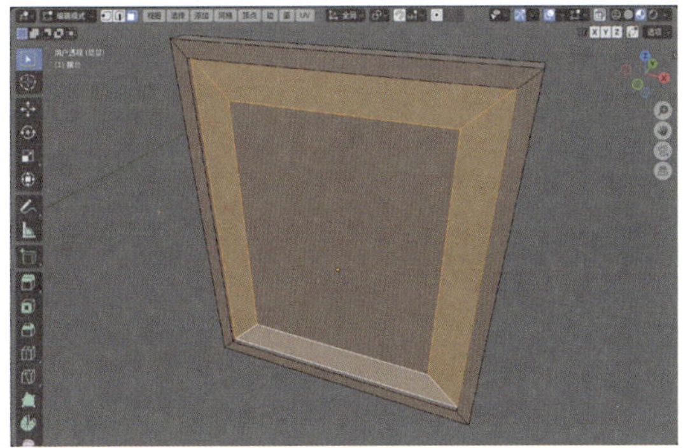

图7-104

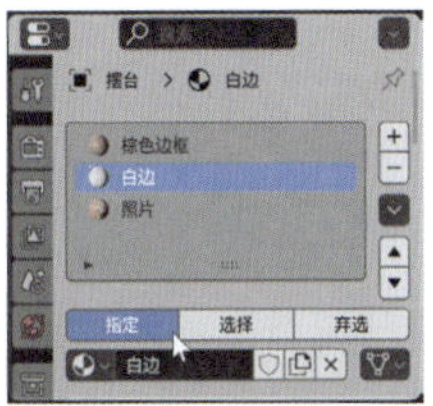

图7-105

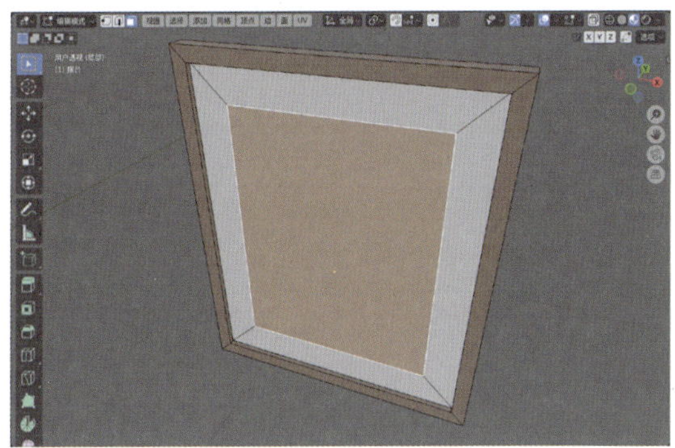

图7-106

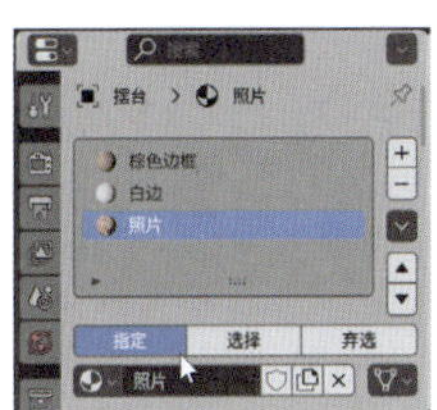

图7-107

15 在“UV编辑器”面板中查看选中面的UV状态，如图7-109所示。

16 在“UV编辑器”面板中，调整选中面的UV顶点位置，如图7-110所示。观察场景中的摆台模型，可以看到照片贴图效果如图7-111所示。

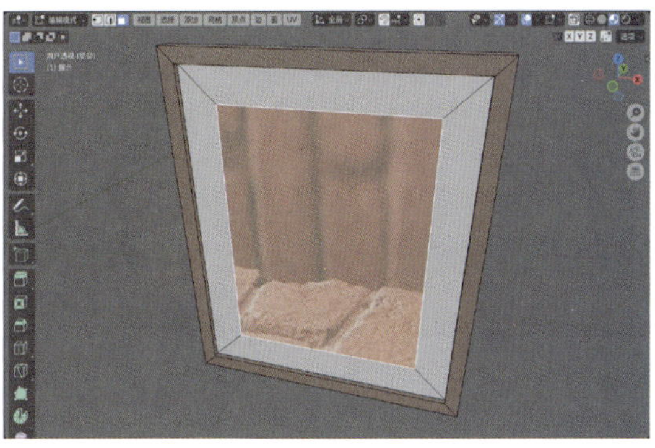

图7-108

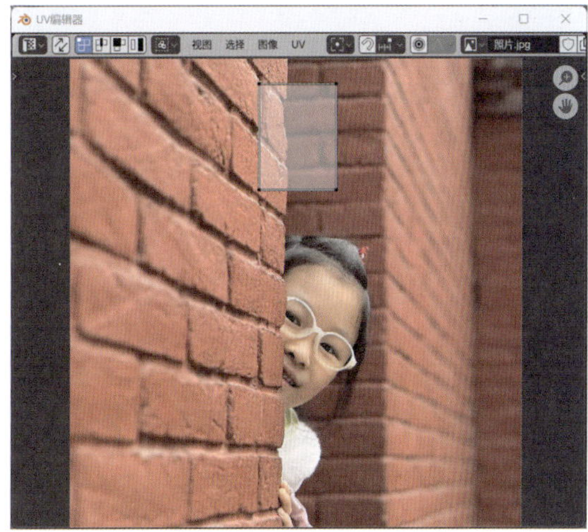

图7-109

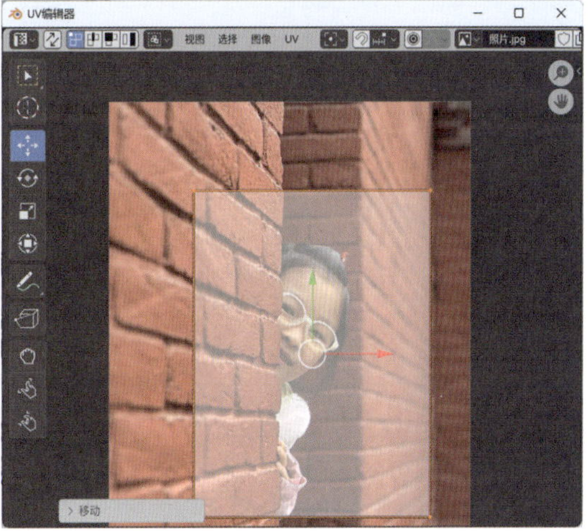

图7-110

图7-111

17 摆台模型的材质制作完成后，再次按?键，显示场景中隐藏的模型，如图7-112所示。

图7-112

18 执行“渲染”→“渲染图像”命令，渲染场景，本例的最终渲染效果如图7-113所示。

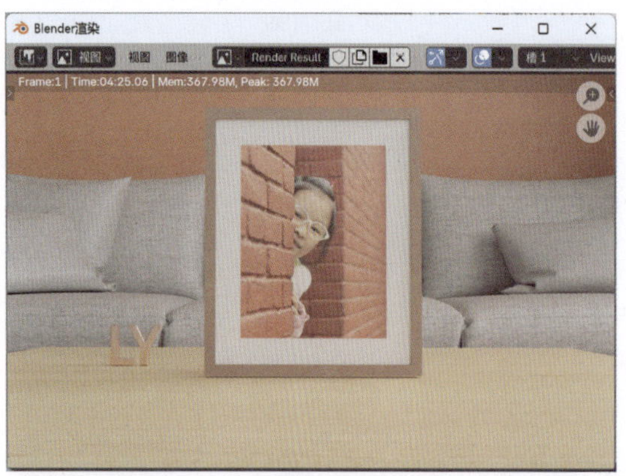

图7-113

7.3.3 实例：制作渐变色材质

本例讲解如何为模型设置渐变色材质以及调整颜色方向，如图 7-114 所示为本例的最终完成效果。

图7-114

01 启动Blender，打开配套场景文件“渐变色材质.blend”，本例为一个简单的室内模型，其中有一个瓶子模型以及简单的配景模型，并且已经设置好了灯光及摄影机，如图7-115所示。

图7-115

02 选中瓶子模型，如图7-116所示。

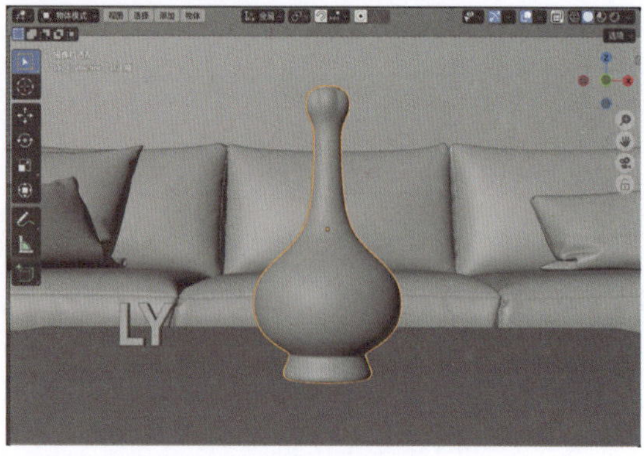

图7-116

03 在“材质”面板中，单击“新建”按钮，如图

7-117所示，为其添加一个新的材质，并更改材质的名称为“渐变色陶瓷”，如图7-118所示。

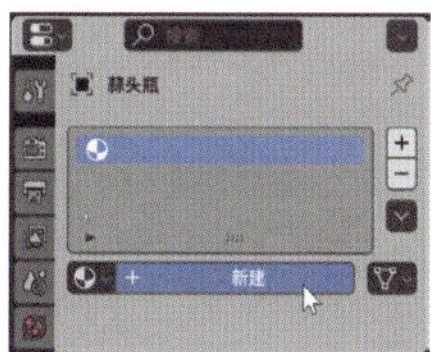

图7-117

图7-118

04 在“表（曲）面”卷展栏中，设置“糙度”值为0.100，然后单击“颜色”右侧的黄色圆点按钮，如图7-119所示。

05 在弹出的菜单中选择“颜色渐变”选项，如图7-120所示。

图7-119

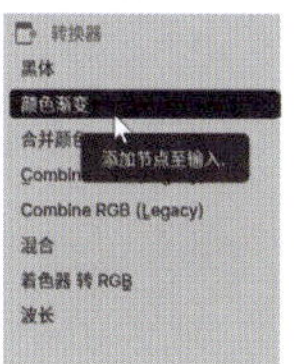

图7-120

06 在“表（曲）面”卷展栏中，单击“系数”右侧的灰色圆点按钮，如图7-121所示。

07 在弹出的菜单中选择“分离XYZ”|Z选项，如图7-122所示。

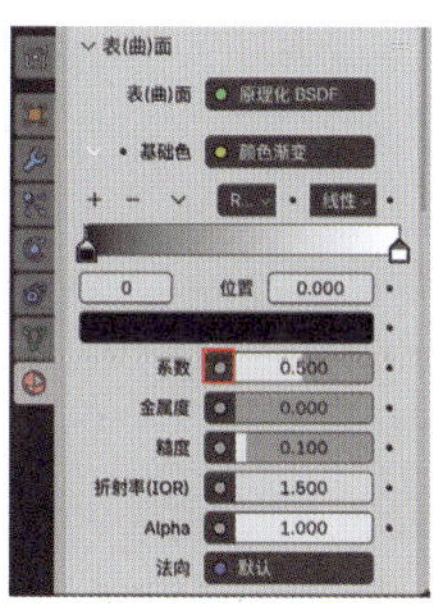

图7-121

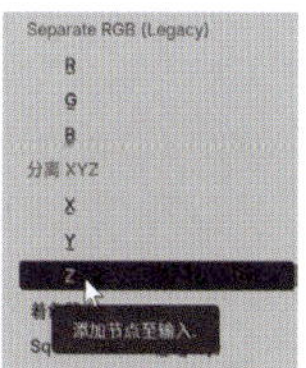

图7-122

08 单击“分离XYZ”贴图下“矢量”右侧的紫色圆点按钮，如图7-123所示。

09 在弹出的菜单中选择“纹理坐标”→“生成”选项，如图7-124所示。设置完成后，瓶子的渲染预览效果如图7-125所示。

10 在“表（曲）面”卷展栏中，设置“颜色渐变”贴图的渐变色，如图7-126所示。

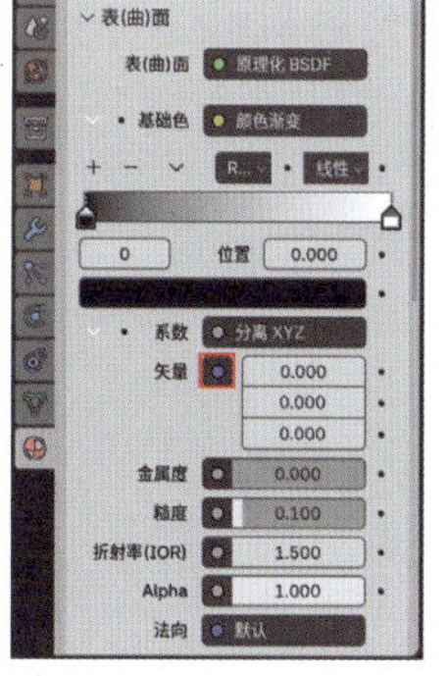

图7-123

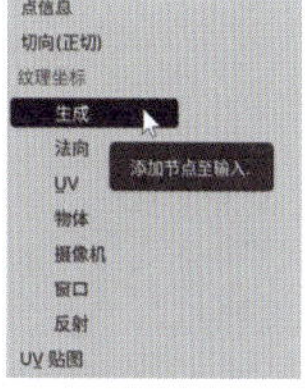

图7-124

图7-125

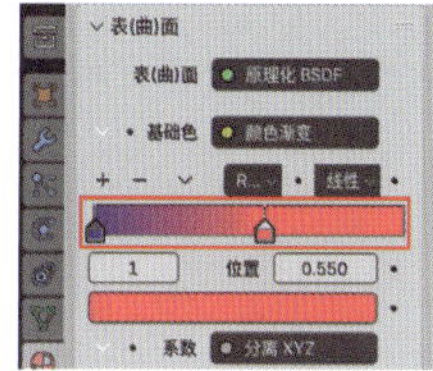

图7-126

11 执行“渲染”→“渲染图像”命令，渲染场景，本例的最终渲染效果如图7-127所示。

图7-127

7.3.4 实例：制作随机颜色材质

本例讲解如何制作随机颜色材质，如图7-128所示为本例的最终完成效果。

图7-128

01 启动Blender，打开配套场景文件“随机颜色材质.blend”，本例为一个简单的室内模型，其中有一组茶具模型以及简单的配景模型，并且已经设置好了灯光及摄影机，如图7-129所示。

图7-129

02 选择茶壶模型，如图7-130所示。

图7-130

03 在“材质”选项卡中，单击“新建”按钮，如图7-131所示，为其添加一个新的材质，并更改材质的名称为“随机颜色”，如图7-132所示。

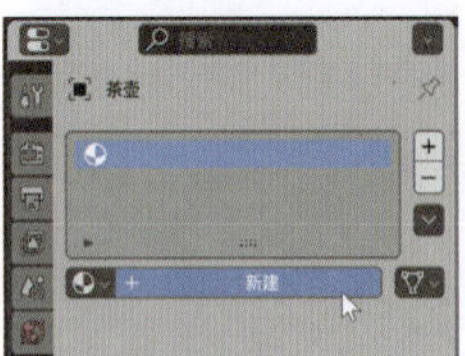

图7-131　　图7-132

04 在“表（曲）面”卷展栏中，设置“糙度”值为0.100，单击“基础色”右侧的黄色圆点按钮，如图7-133所示，在弹出的菜单中选择“颜色渐变”选项，如图7-134所示。

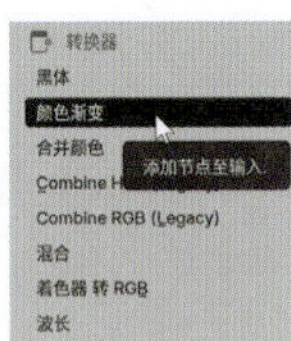

图7-133　　图7-134

05 在“表（曲）面”卷展栏中设置渐变色，如图7-135所示后，单击下方“系数”右侧的灰色圆点按钮，在弹出的菜单中选择“物体信息”→“随机”选项，如图7-136所示。

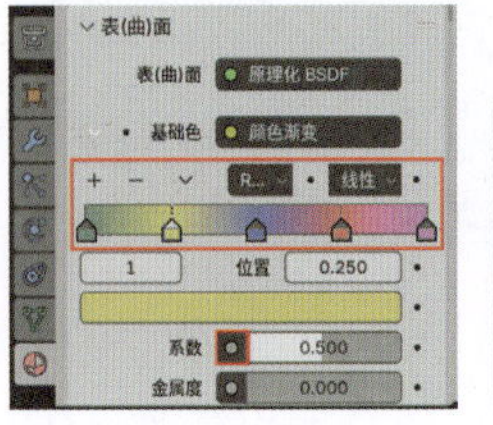

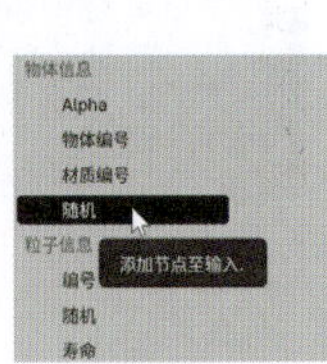

图7-135　　图7-136

06 渲染场景，茶壶的渲染效果如图7-137所示。

07 将该材质指定给场景中的其他茶杯模型后，再次渲染场景，如图7-138所示。可以看到场景中的4个茶杯与茶壶使用的是同一个材质，但是渲染出来的颜色却是随机的。

图7-137

图7-138

7.3.5 实例：制作图书材质

本例讲解如何使用“UV 编辑器”来制作图书材质，如图 7-139 所示为本例的最终完成效果。

图7-139

01 启动Blender，打开配套场景文件“图书材质.blend”，本例为一个简单的室内模型，其中有一本书模型以及简单的配景模型，并且已经设置好了灯光及摄影机，如图7-140所示。

图7-140

02 选择图书模型，如图7-141所示。

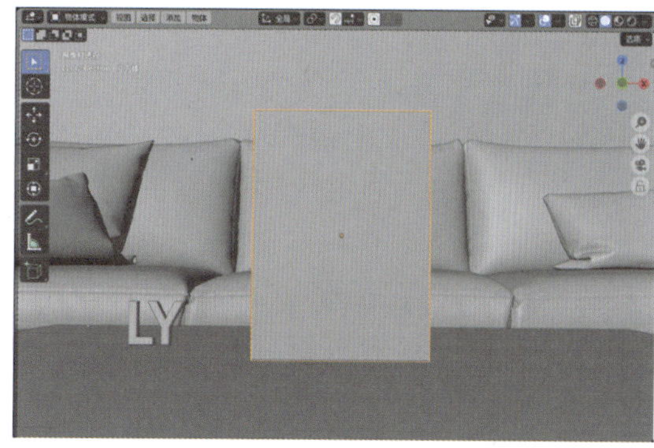
图7-141

03 在“材质”选项卡中，单击“新建”按钮，如图7-142所示，为其添加一个新的材质，并更改材质的名称为“图书”，如图7-143所示。

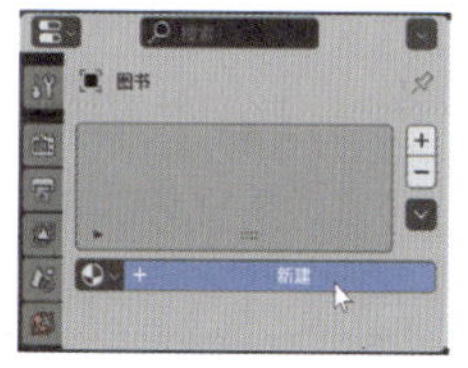
图7-142

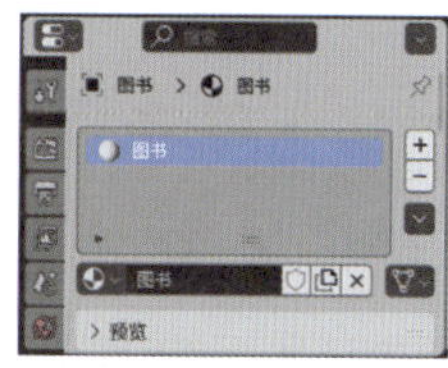
图7-143

04 在“表（曲）面”卷展栏中，单击“基础色”右侧的黄色圆点按钮，如图7-144所示。在弹出的“菜单”中选择“图像纹理”选项，如图7-145所示。

05 在“表（曲）面”卷展栏中，单击“打开”按钮，如图7-146所示，选择一张“图书封面.jpg”贴图，如图7-147所示。

图7-144

图7-145

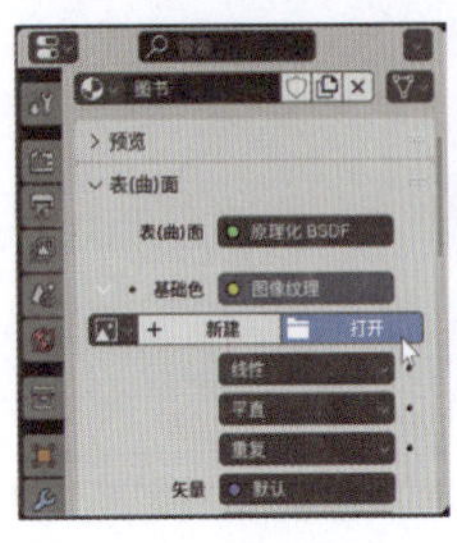

图7-146

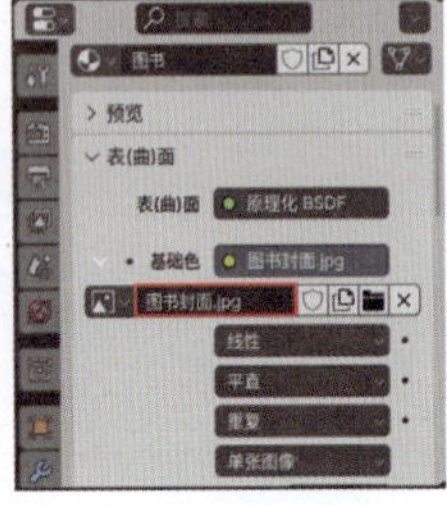

图7-147

06 设置完成后，将视图切换至“着色模式”，可以看到图书模型贴图的默认效果如图7-148所示。

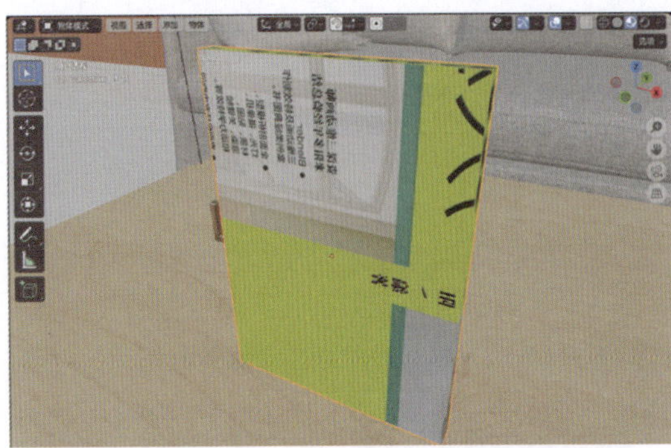

图7-148

07 为了方便观察，选择图书模型后，按?键，即可将未选中的对象隐藏，如图7-149所示。

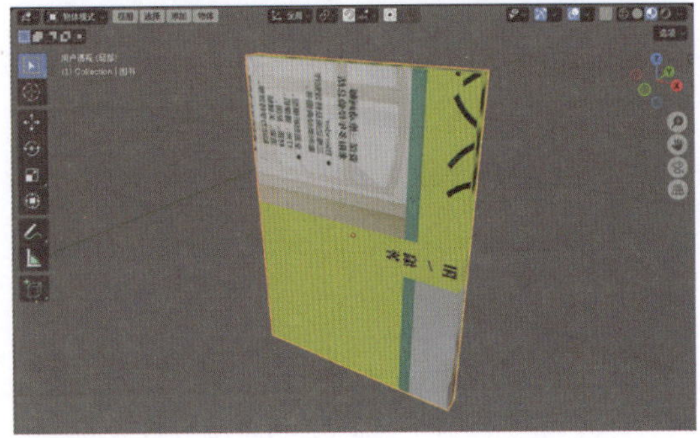

图7-149

08 选中书模型，在“编辑模式”中调出“UV编辑器”面板，即可看到书的UV显示效果，如图7-150所示。

图7-150

09 选中如图7-151所示的面，在“UV编辑器”面板中查看选中面的UV状态，如图7-152所示。

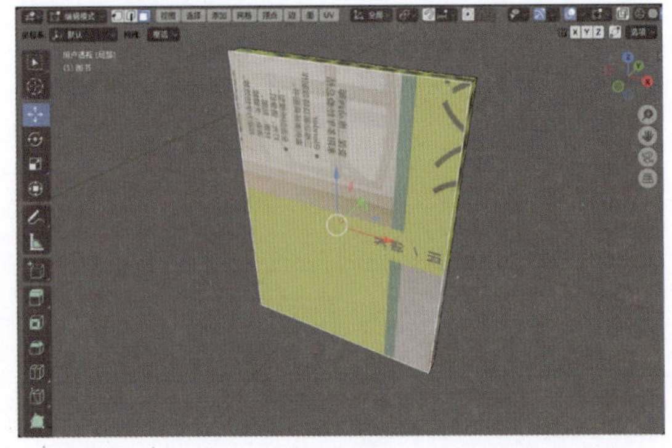

图7-151

图7-152

10 在“UV编辑器”面板中，调整选中面的UV顶点位置，如图7-153所示。设置完成后，观察场景中的书模型，可以看到书模型的封面贴图效果，如图7-154所示。

图7-153

图7-154

11 采用同样的操作步骤制作书脊和封底的贴图效果，如图7-155和图7-156所示。

图7-155

图7-156

12 单击“添加材质槽”按钮，新增一个材质，如图7-157所示。

图7-157

13 创建新的材质槽后，单击“新建”按钮，如图7-158所示。这样，就添加了一个新的白色材质球，将其命名为“书页”，如图7-159所示。

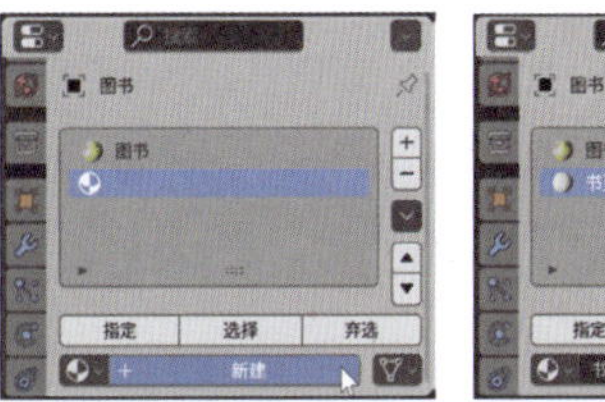

图7-158　　图7-159

14 选中书模型的其他3个面，如图7-160所示。

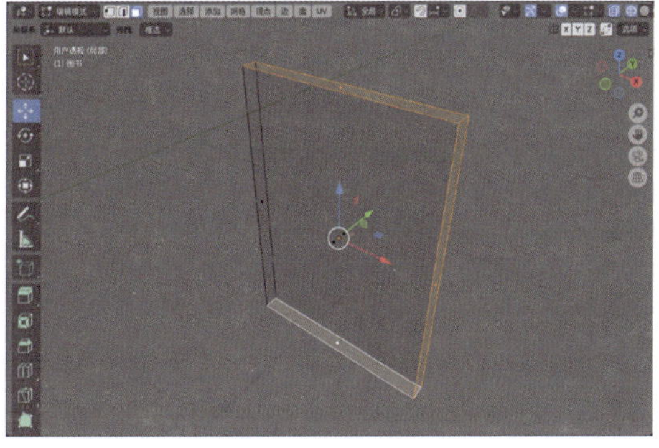

图7-160

15 在“材质”选项卡中，选择“书页”材质，单击“指定”按钮，如图7-161所示，为选中的面指定一个新的白色材质，如图7-162所示。

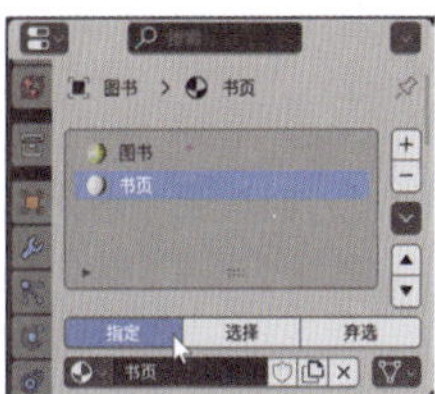

图7-161

图7-162

16 再次按?键，显示出场景中隐藏的模型。执行“渲染”→“渲染图像”命令，渲染场景，本例的最终渲染效果如图7-163所示。

图7-163

7.3.6 实例：制作花盆材质

本例讲解如何使用“UV 编辑器”来制作花盆材质，如图 7-164 所示为本例的最终完成效果。

图7-164

01 启动Blender，打开配套场景文件“花盆材质.blend”，本例为一个简单的室内模型，其中有一个花盆模型以及简单的配景模型，并且已经设置好了灯光及摄影机，如图7-165所示。

图7-165

02 选中花盆模型，如图7-166所示。

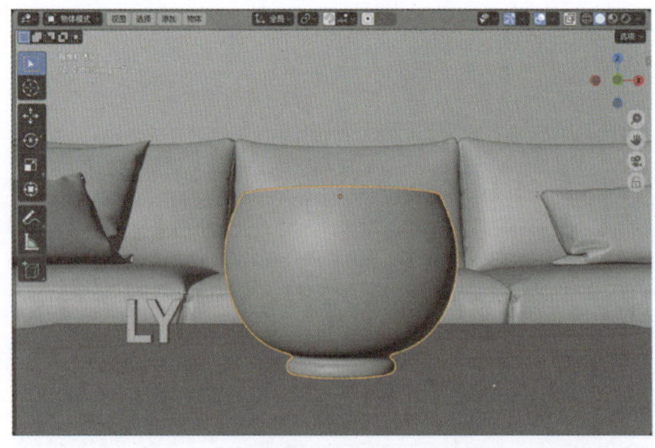

图7-166

03 在“材质”选项卡中，单击“新建”按钮，如图7-167所示，为其添加一个新的材质，并更改材质的名称为“花盆”，如图7-168所示。

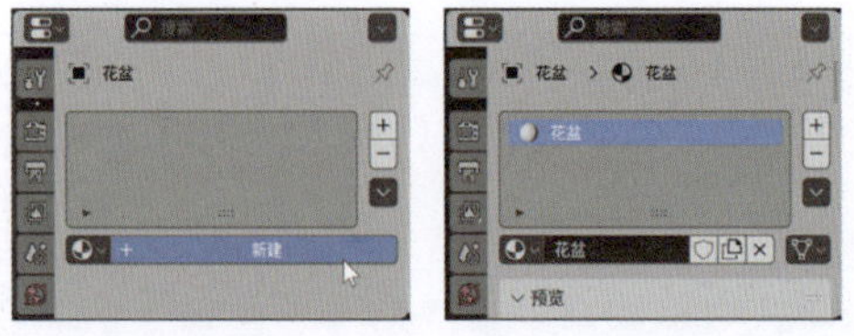

图7-167　　图7-168

04 在“表（曲）面”卷展栏中，设置“糙度”值为0.100，单击“基础色”右侧的黄色圆点按钮，如图7-169所示，在弹出的“菜单”中选择“图像纹理”选项，如图7-170所示。

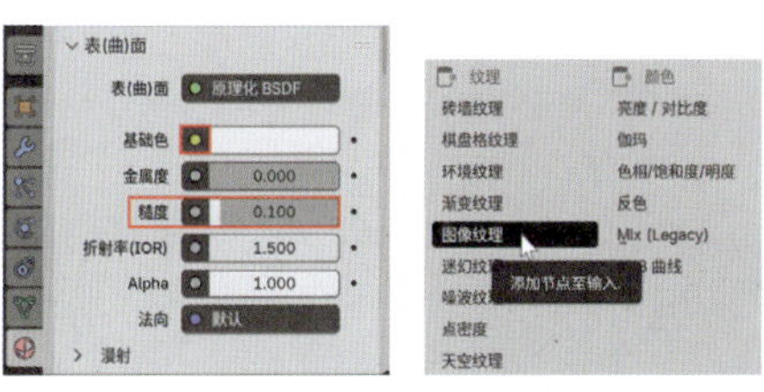

图7-169　　图7-170

05 在“表（曲）面”卷展栏中，单击“打开”按钮，如图7-171所示，选择一张“花盆纹理.jpg”贴图，如图7-172所示。设置完成后，可以看到花盆表面并没有显示任何图案，如图7-173所示，所以，此时需要为其编辑UV。

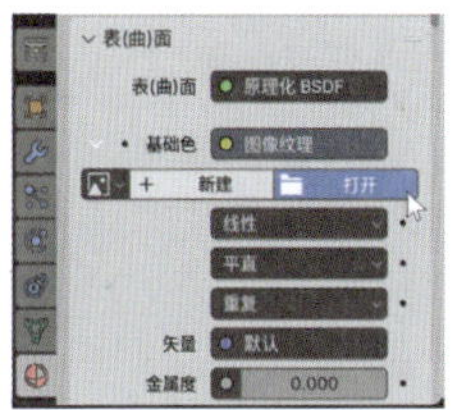

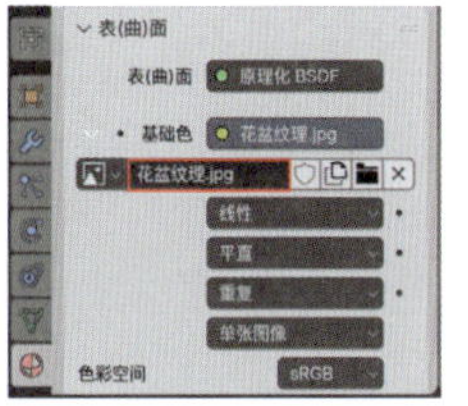

图7-171　　图7-172

图7-173

06 为了方便观察，选择花盆模型后，按?键，即可将未选中的对象隐藏，如图7-174所示。

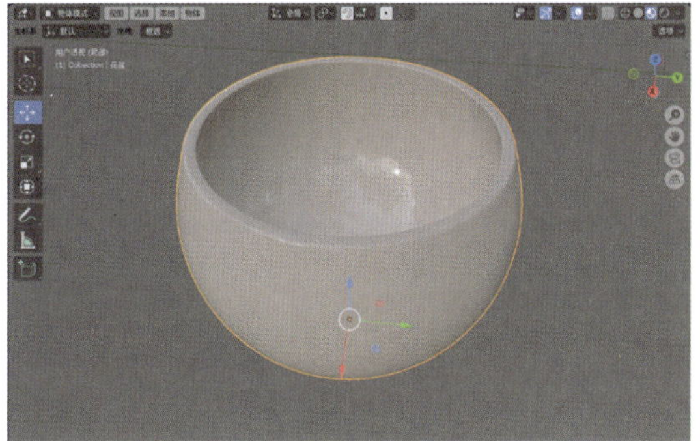

图7-174

07 选择花盆模型，在“编辑模式”中，调出“UV编辑器”面板，即可看到花盆模型的UV显示效果，如图7-175所示。

图7-175

08 选择如图7-176所示的边线，右击并在弹出的快捷菜单中选择“标记缝合边”选项，如图7-177所示，得到如图7-178所示的显示效果。

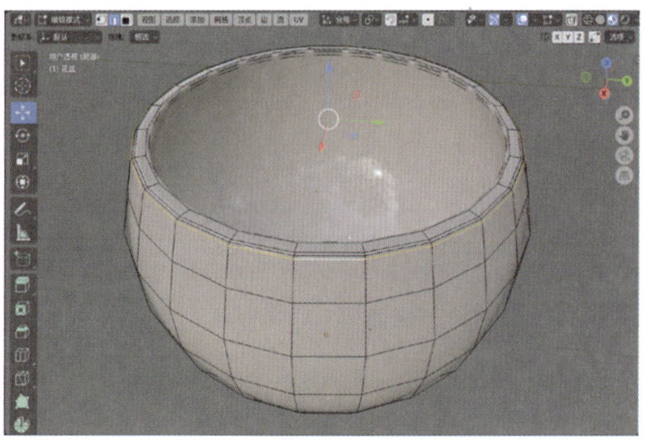

图7-176

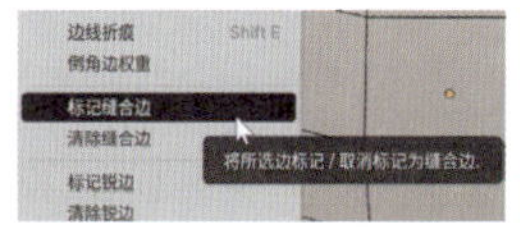

图7-177

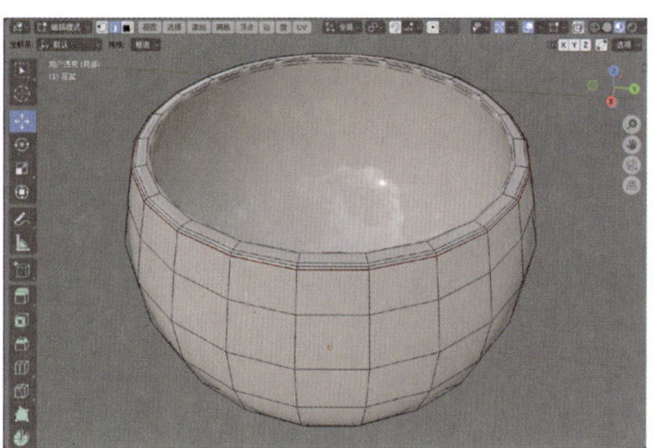

图7-178

09 采用同样的操作步骤，分别为花盆底部和侧面设置标记缝合边，如图7-179和图7-180所示。

图7-179

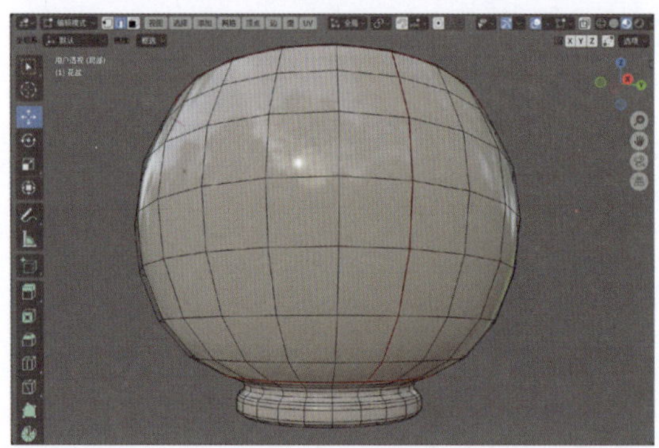

图7-180

10 选择花盆模型上的所有面后，执行UV | "展开"→"基于角度"命令，如图7-181所示。设置完成后，观察"UV编辑器"面板，花盆模型的UV展开效果如图7-182所示。

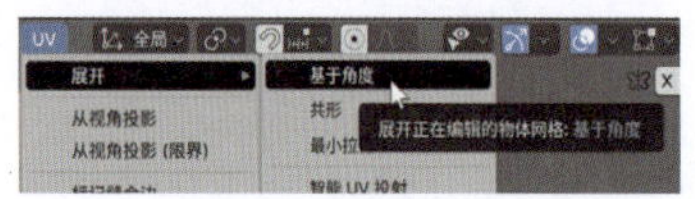

图7-181

图7-182

11 在"UV编辑器"面板中，调整花盆模型的UV展开效果，如图7-183所示。

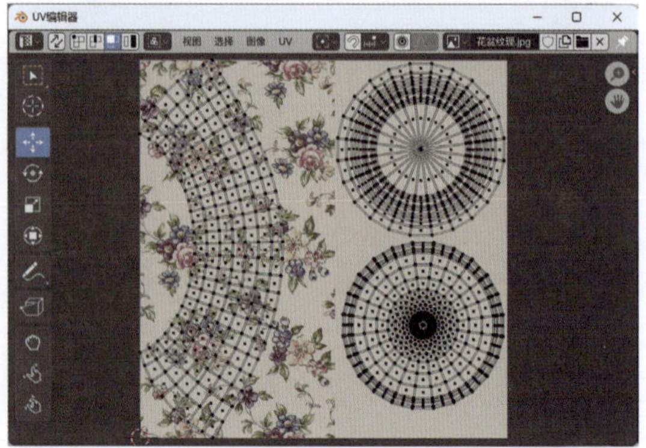

图7-183

技巧与提示

还可以通过执行UV | "导出UV布局图"命令，将UV布局图保存到本地硬盘，方便后期的贴图绘制工作，如图7-184所示。

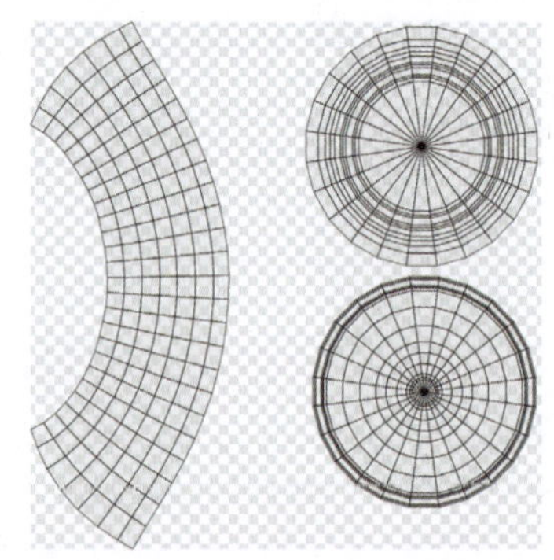

图7-184

12 观察场景中的花盆模型，可以看到制作好的贴图效果，如图7-185所示。

图7-185

13 再次按?键，显示场景中隐藏的模型。执行“渲染”→“渲染图像”命令，渲染场景，本例的最终渲染效果如图7-186所示。

图7-186

7.3.7 实例：制作毛绒材质

本例讲解如何使用“粒子系统”来制作毛绒材质，图 7-187 所示为本例的最终完成效果。

图7-187

01 启动Blender，打开配套场景文件“毛绒材质.blend”，本例为一个简单的室内模型，其中有一只玩具狗模型以及简单的配景模型，并且已经设置好了灯光及摄影机，如图7-188所示。

02 选择玩具狗模型，如图7-189所示。在“材质”选项卡中单击“新建”按钮，如图7-190所示，为其添加一个新的材质，并更改材质的名称为“黄色”，如图7-191所示。

图7-188

图7-189

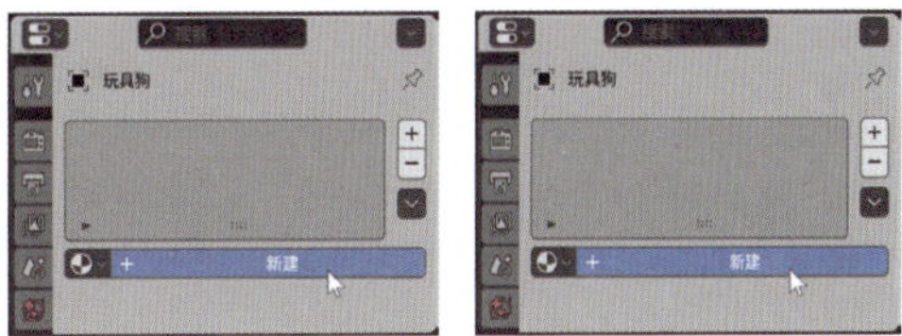

图7-190　　图7-191

03 在“表（曲）面”卷展栏中，设置“基础色”为黄色，如图7-192所示。

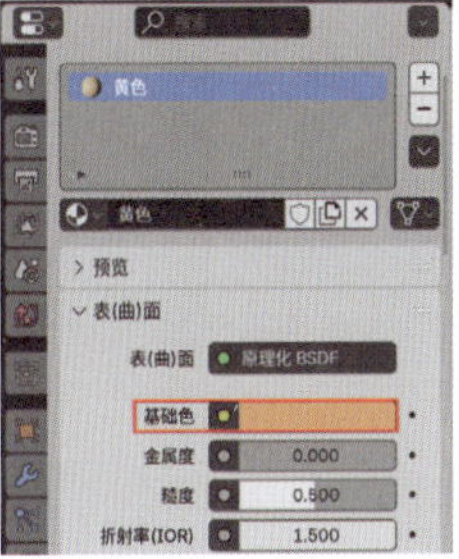

图7-192

技巧与提示

玩具狗的材质主要用于控制毛发的颜色。

04 渲染场景，玩具狗的渲染效果如图7-193所示。

图7-193

05 选择玩具狗模型，在“粒子”选项卡中，单击“添加一个粒子系统槽”按钮，如图7-194所示。

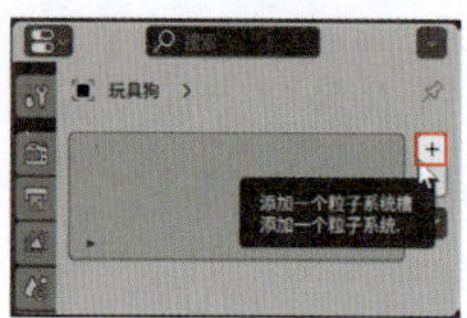

图7-194

06 单击“毛发”按钮，使其呈现激活状态后，在“发射”卷展栏中设置“毛发长度”为0.01m，如图7-195所示。

07 在“子级”卷展栏中，单击“插值型”按钮，设置“显示数量”值为100，“渲染数量”值为100，如图7-196所示。

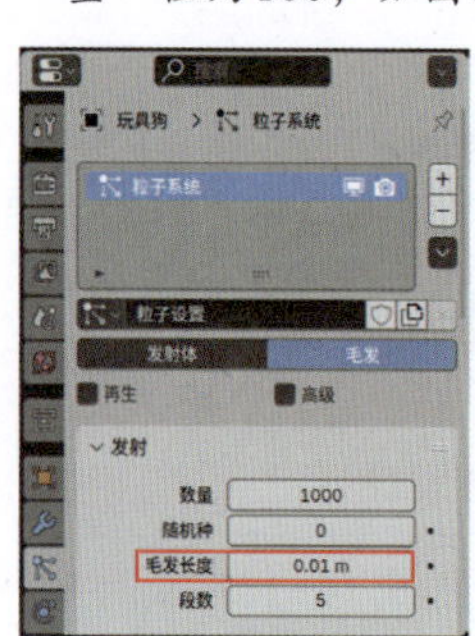

图7-195

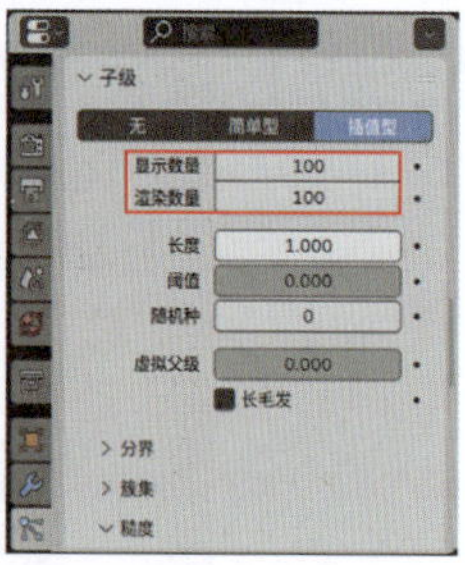

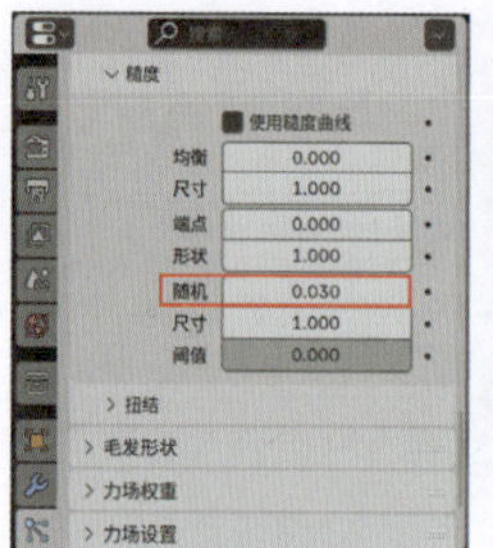

图7-196

08 在“糙度”卷展栏中，设置“随机”值为0.030，如图7-197所示。

09 在“毛发形状”卷展栏中，设置“直径 根”为0.08m，如图7-198所示。设置完成后，玩具狗的显示效果如图7-199所示。

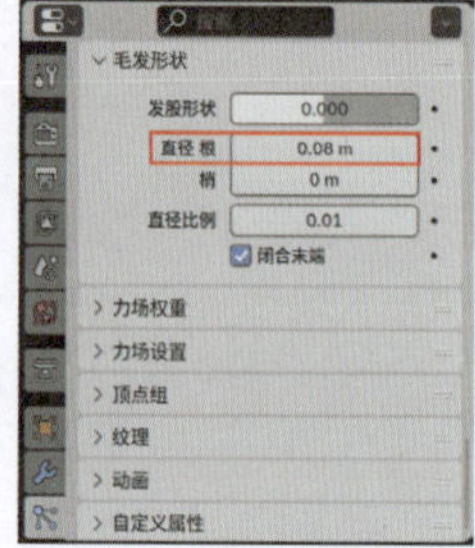

图7-197

图7-198

图7-199

10 执行“渲染”→“渲染图像”命令，渲染场景，本例的最终渲染效果如图7-200所示。

图7-200

第8章 渲染技术

8.1 渲染概述

何为“渲染”？从其英文Render的词义来看，可译为“着色”；从三维项目流程中的环节定位而言，亦可理解为“输出图像”。渲染是否仅限于项目收尾时执行“渲染图像”命令的那次操作？显然并非如此。通常所说的渲染，是指在“渲染”面板中通过参数调整，平衡计算时间与图像质量等要素，使计算机在合理时间内生成令人满意的图像——这些参数设置本身即构成渲染的核心内容。在实际渲染工作中，渲染还涵盖灯光布置、摄影机设置及材质调节等技术环节。

使用Blender进行三维项目制作时，典型工作流程通常遵循“建模→灯光→材质→摄影机→渲染”的顺序。渲染作为最终环节，标志着前期所有设置的计算输出。图8-1和图8-2是作者创作的三维渲染作品示例。

图8-1

图8-2

8.2 渲染引擎

Blender内置了3个不同的渲染引擎：Eevee、工作台（Workspace）和Cycles，如图8-3所示。用户可以在“渲染”面板中选择相应的渲染引擎进行图像生成。其中，Eevee和Cycles渲染器适用于项目最终输出，而“工作台”引擎主要用于建模和动画阶段的视图实时预览。

需要特别注意的是，在进行材质设置前，应预先规划项目所采用的渲染引擎。这是因为不同渲染引擎对同一材质的渲染结果可能存在显著差异。例如，某些材质在Eevee的实时渲染中可能呈现近似效果，而在Cycles的物理精确渲染中，则会展现更真实的光照交互效果。

图8-3

8.2.1 Eevee 渲染引擎

Eevee 是 Blender 的实时渲染引擎。相较于 Cycles 渲染引擎，Eevee 在渲染速度方面具有显著优势，同时能够生成高质量的渲染图像。值得注意的是，Eevee 并非基于光线追踪的渲染引擎，而是采用光栅化算法进行计算的。这种技术特性使其在图像生成过程中存在一定局限性。如图 8-4 所示，该作品即采用 Eevee 渲染引擎生成的三维渲染效果。

图8-4

8.2.2 Cycles 渲染引擎

Cycles是Blender内置的高性能渲染引擎。依托其物理精确渲染算法，Cycles 能够生成比 Eevee 渲染引擎更高质量、更精确的渲染图像。如图 8-5 所示，该三维渲染作品即采用 Cycles 渲染引擎生成。

图8-5

8.3 综合实例：室内空间日光照明表现

本例通过制作一幅客厅的空间表现效果图来讲解常用材质及灯光的制作方法和思路，如图 8-6 所示为本例的最终完成效果。启动 Blender，打开配套场景文件“客厅 .blend”，如图 8-7 所示。

图8-6

图8-7

8.3.1 制作窗户玻璃材质

本例中窗户玻璃的渲染效果如图 8-8 所示。

图8-8

01 选择场景中的窗户玻璃模型，如图8-9所示。

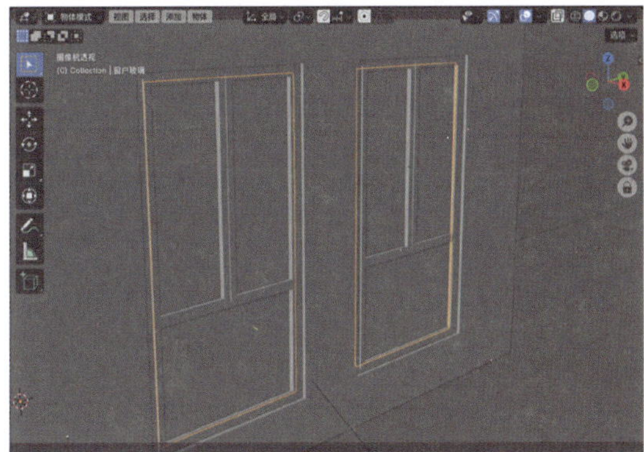

图8-9

02 在“材质”选项卡中，添加一个新的材质并重命名为“窗户玻璃”，如图8-10所示。

03 在“表（曲）面”卷展栏中，设置“表（曲）面”为“玻璃BSDF”，“颜色”为白色，“糙度”值为0.000，如图8-11所示。

图8-10　　图8-11

04 在“物体”选项卡中，展开“可见性”卷展栏中的“射线可见性”卷展栏，取消选中“阴影”复选框，如图8-12所示。设置完成后，玻璃材质的预览效果如图8-13所示。

技巧与提示

窗户玻璃模型需要取消选中“阴影”复选框，否则窗户模型会阻挡窗外的光线。

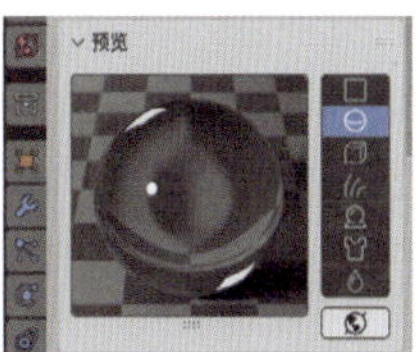

图8-12　　图8-13

8.3.2 制作地砖材质

本例中地砖材质的渲染效果如图8-14所示。

图8-14

01 选择场景中的地砖模型，如图8-15所示。

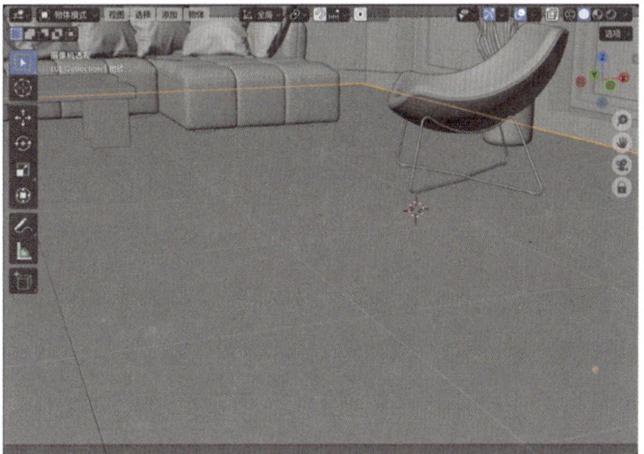

图8-15

02 在“材质”选项卡中，为其添加一个新的材质并重命名为“地砖”，如图8-16所示。

图8-16

03 在“表（曲）面”卷展栏中，为“基础色”指定一张“地砖.png”贴图，设置“糙度”值为0.100，如图8-17所示。设置完成后，地砖材质的预览效果如图8-18所示。

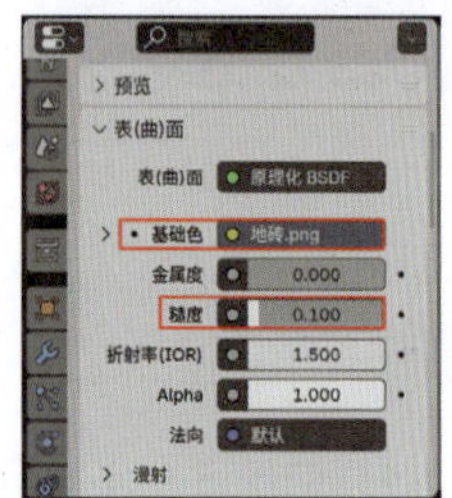

图8-17

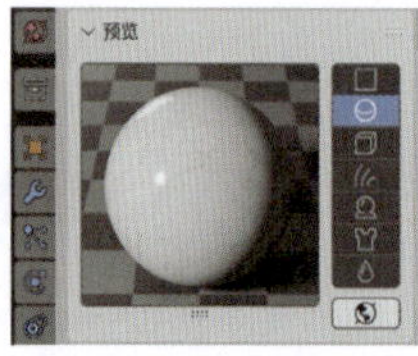

图8-18

8.3.3 制作金属材质

本例中的椅子腿使用了金属材质，渲染效果如图 8-19 所示。

图8-19

01 选择场景中的椅子腿模型，如图8-20所示。

02 在“材质”选项卡中，添加一个新的材质并重命名为“金属”，如图8-21所示。

03 在“表（曲）面”卷展栏中，设置“金属度”值为1.000，“糙度”值为0.100，如图8-22所示。设置完成后，金属材质的预览效果如图8-23所示。

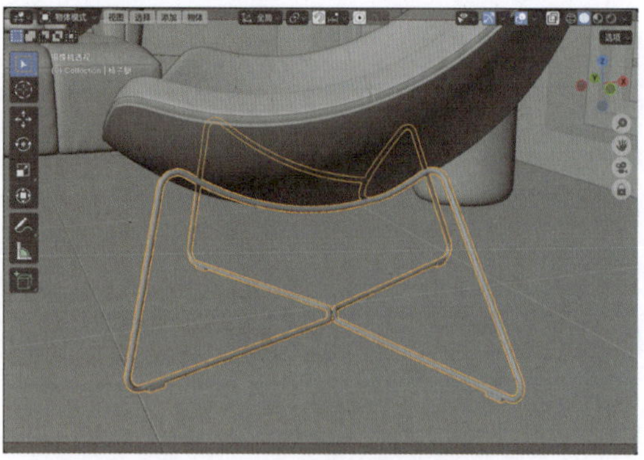

图8-20

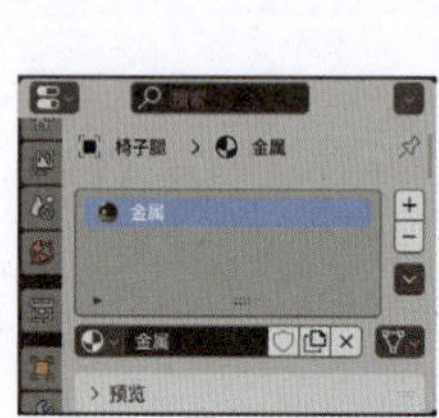

图8-21

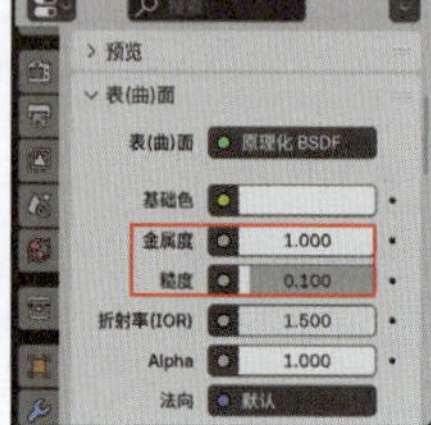

图8-22

图8-23

8.3.4 制作背景墙材质

本例中背景墙材质的渲染效果如图 8-24 所示。

图8-24

01 选择场景中的背景墙模型，如图8-25所示。

图8-25

02 在“材质”选项卡中，添加一个新的材质并重命名为“背景墙”，如图8-26所示。

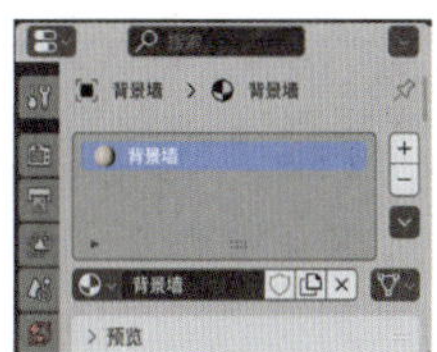

图8-26

03 在“表（曲）面”卷展栏中，设置“基础色”为黄色，单击“法向”右侧的蓝色圆点按钮，如图8-27所示，“基础色”的参数设置如图8-28所示。

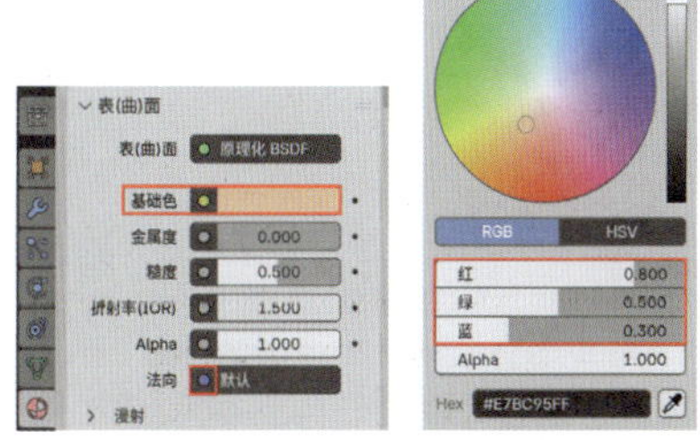

图8-27　　图8-28

04 在弹出的菜单中选择“法线贴图”选项，如图8-29所示。

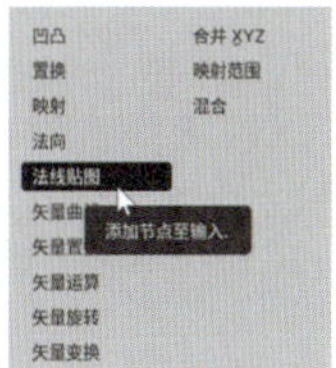

图8-29

05 设置“强度/力度”值为0.200，为“颜色”指定一张“砖墙法线贴图.png”贴图，如图8-30所示。设置完成后，背景墙材质的预览效果如图8-31所示。

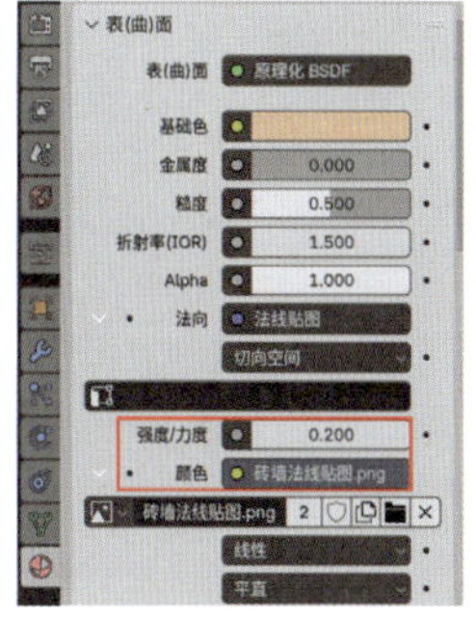

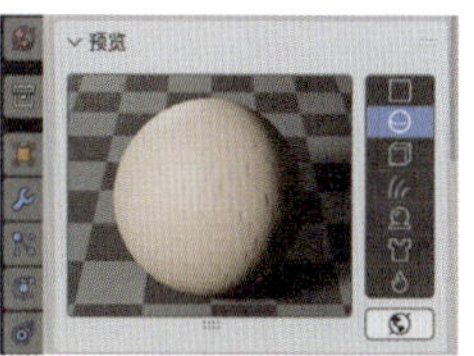

图8-30　　图8-31

8.3.5 制作沙发材质

本例中沙发材质的渲染效果如图8-32所示。

图8-32

01 选择场景中的沙发模型，如图8-33所示。

图8-33

02 在“材质”选项卡中，添加一个新的材质并重命名为“沙发1”，如图8-34所示。

图8-34

03 在“表（曲）面”卷展栏中，为“基础色”指定一张“沙发-1.png”贴图，如图8-35所示。设置完成后，沙发材质的预览效果如图8-36所示。

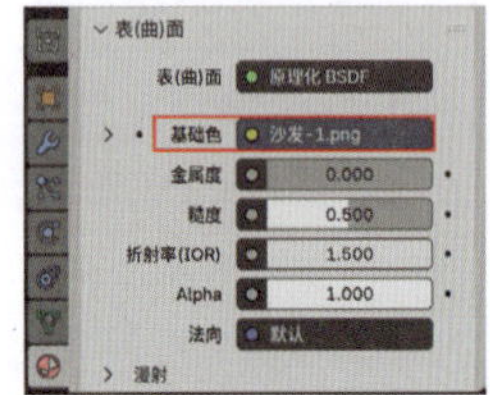

图8-35

图8-36

8.3.6 制作窗外环境材质

本例中窗外环境材质的渲染效果如图8-37所示。

图8-37

01 选择场景中的背景模型，如图8-38所示。

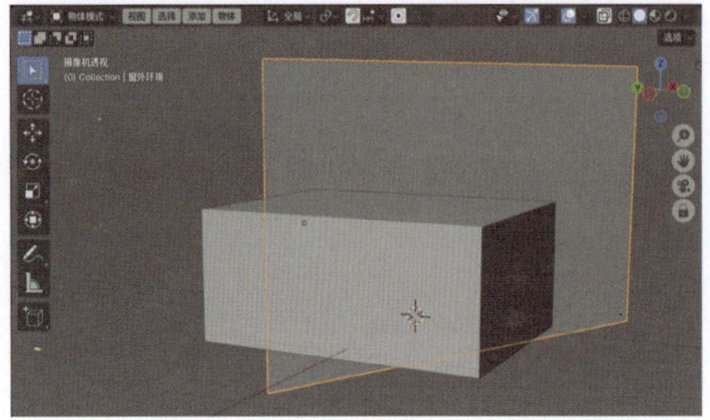

图8-38

02 在“材质”选项卡中，添加一个新的材质并重命名为“窗外环境”，如图8-39所示。

图8-39

03 在“表（曲）面”卷展栏中，设置“表（曲）面”为“自发光”，为“颜色”指定一张“窗外.jpg”贴图，如图8-40所示。设置完成后，窗外环境材质的预览效果如图8-41所示。

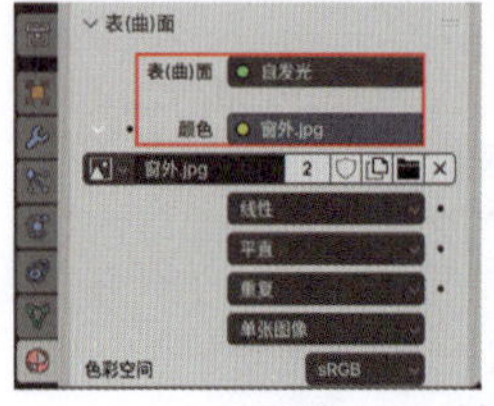

图8-40

图8-41

8.3.7 制作日光照明效果

01 在“世界环境”选项卡中，单击“颜色”右侧的黄色圆点按钮，如图8-42所示。

02 在弹出的菜单中选择“天空纹理”选项，如图8-43所示。

图8-42

图8-43

03 在“表（曲）面”卷展栏中，设置“太阳高度”为25°，“太阳旋转”为110°，“强度/力度”值为0.600，如图8-44所示。设置完成后，本例的渲染预览效果如图8-45所示。

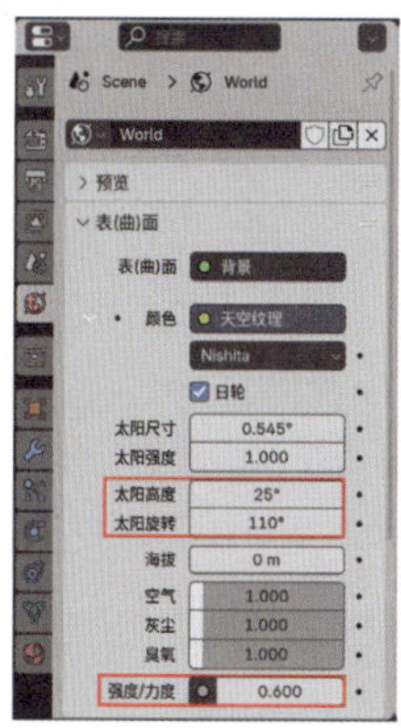

图8-44

图8-45

8.3.8 渲染设置

01 在“渲染”选项卡中，设置“渲染引擎”为Cycles，在“采样”的“渲染”卷展栏中，设置“最大采样”值为1024，如图8-46所示。

02 在“格式”卷展栏中，设置“分辨率X”为1200px，“分辨率Y”为750px，如图8-47所示。

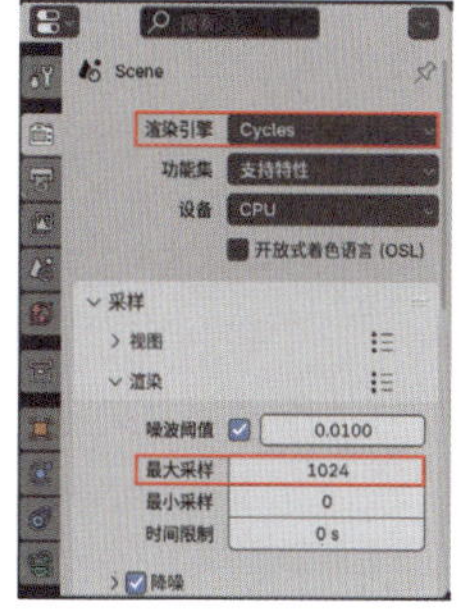

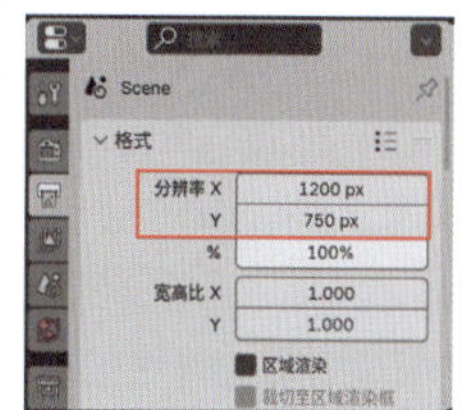

图8-46　　图8-47

03 执行“渲染”|“渲染图像”命令，渲染场景，渲染效果如图8-48所示。

图8-48

8.4 综合实例：行星表面地形表现

本例通过制作一幅行星地形表现效果图来详细讲解行星材质及灯光的制作方法和思路，如图8-49所示为本例的最终完成效果。

图8-49

8.4.1 创建行星

01 启动Blender，将场景中自带的立方体模型删除，执行“添加”→“网格”→“经纬球”命令，如图8-50所示，在场景中创建一个经纬球模型，如图8-51所示。

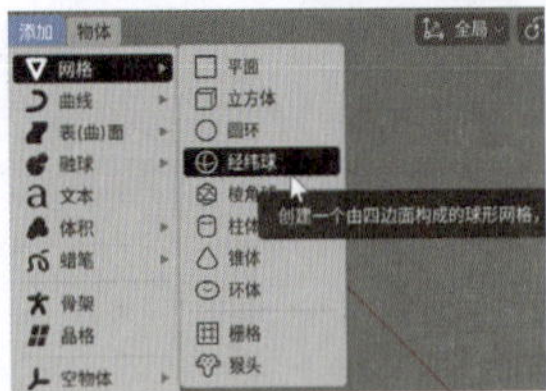

图8-50

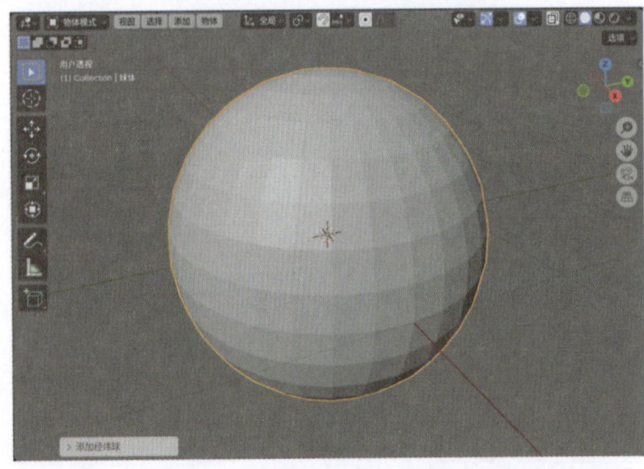

图8-51

02 选择球体，按快捷键Ctrl+4，为其添加“层级视图”值为4的“表面细分”修改器，如图8-52所示。

图8-52

技巧与提示

按快捷键Ctrl+4添加的“表面细分”修改器，其名称显示为Subdivision。

03 在“材质”选项卡中，单击“新建”按钮，如图8-53所示，新建一个材质，并重命名为“行星”，如图8-54所示。球体在材质预览下的显示效果如图8-55所示。

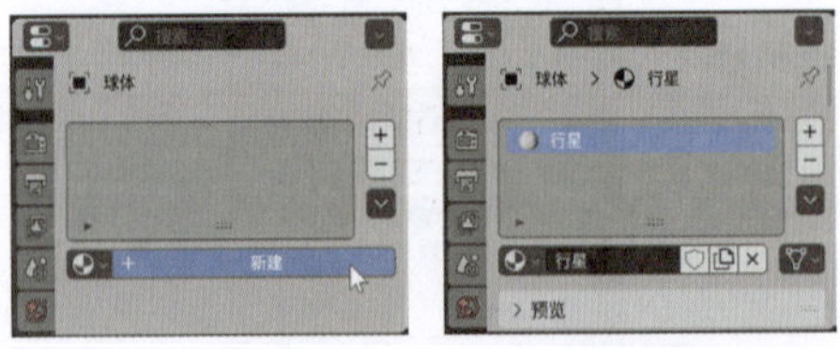

图8-53　　图8-54

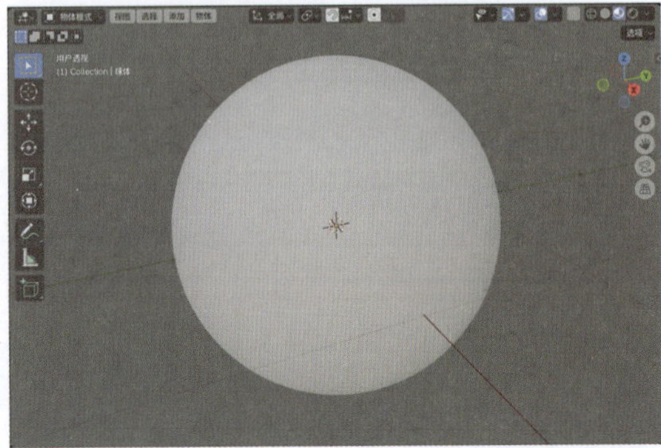

图8-55

8.4.2 制作行星表面材质

01 在“着色器编辑器”面板中，查看行星的材质节点，如图8-56所示。

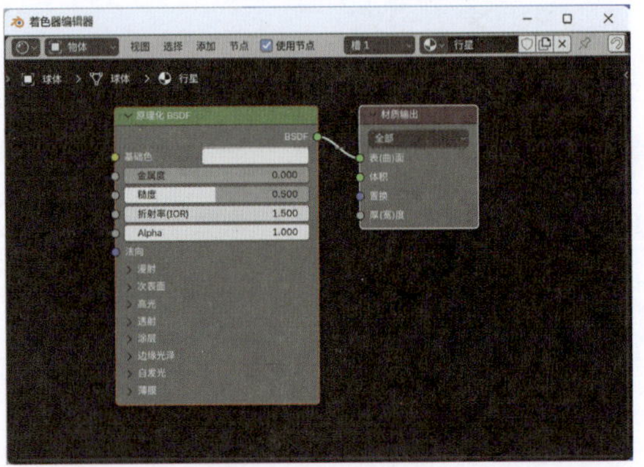

图8-56

技巧与提示

本例操作步骤较为复杂，建议读者观看教学视频进行学习。

02 在“着色器编辑器”面板中，执行“添加”→“纹理”→“沃罗诺伊纹理”命令，添加一个“沃罗诺伊纹理”节点，并将其“距离”属性连接至“原理化BSDF”节点的“基础色”属性上，如图8-57所示。设置完成后，行星的显示效果如图8-58所示。

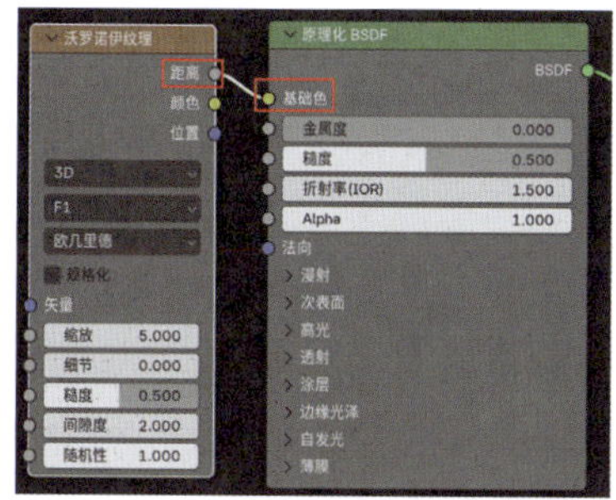

图8-57

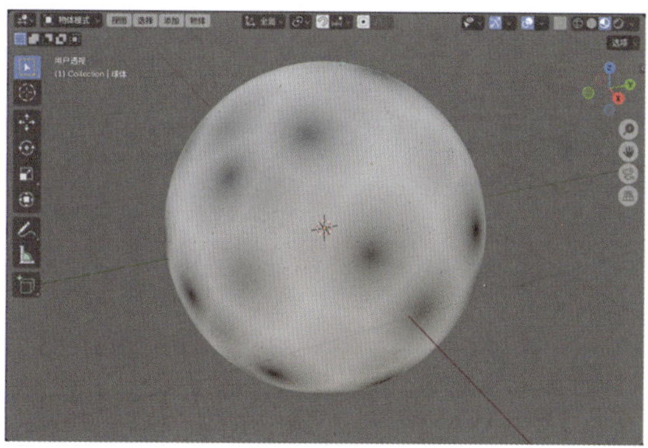

图8-58

03 执行“添加”→“纹理”→“噪波纹理”命令，添加一个“噪波纹理”节点，并将其“颜色”属性连接至“沃罗诺伊纹理”节点的“矢量”属性上，如图8-59所示。

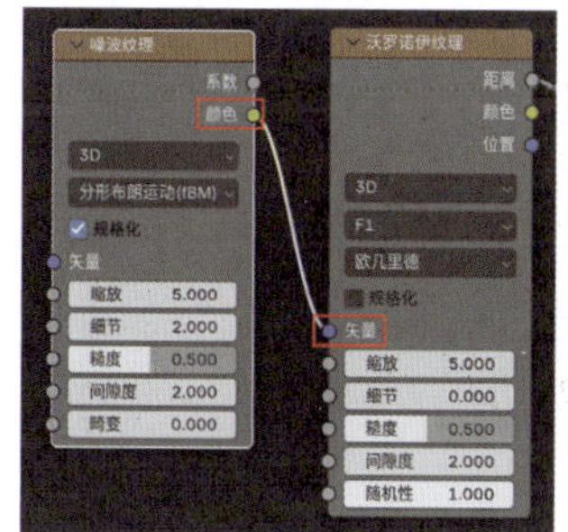

图8-59

04 执行“添加”→“输入”→“纹理坐标”命令，添加一个“纹理坐标”节点，并将其“物体”属性连接至“噪波纹理”节点的“矢量”属性上，如图8-60所示。设置完成后，行星的显示效果如图8-61所示。

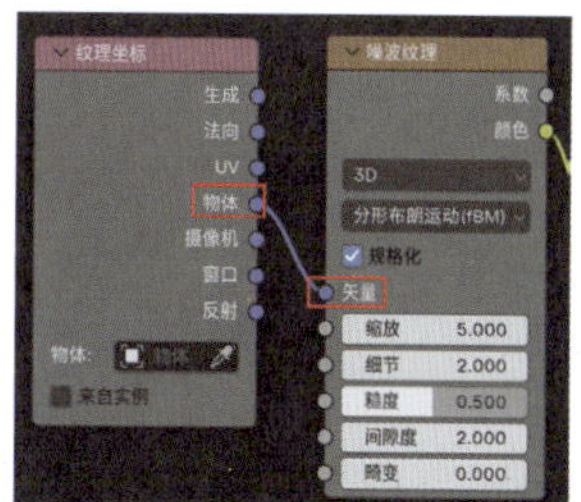

图8-60

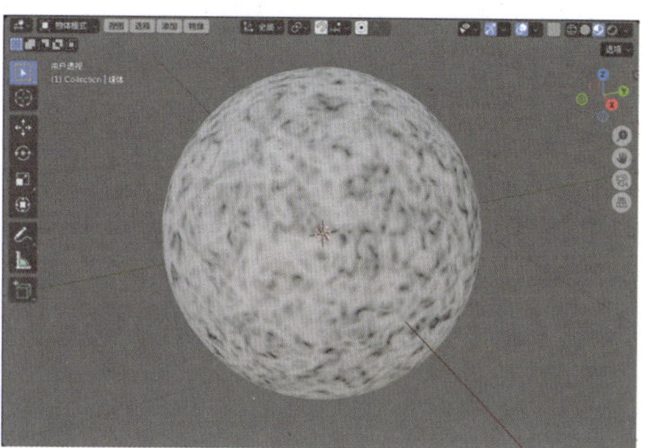

图8-61

05 执行“添加”→“颜色”→“混合颜色”命令，添加一个“混合”节点，将“噪波纹理”节点的“颜色”属性连接至“混合”节点的A属性上，将“纹理坐标”节点的“物体”属性连接至“混合”节点的B属性上，将“混合”节点的“结果”属性连接至“沃罗诺伊纹理”节点的“矢量”属性上，如图8-62所示。

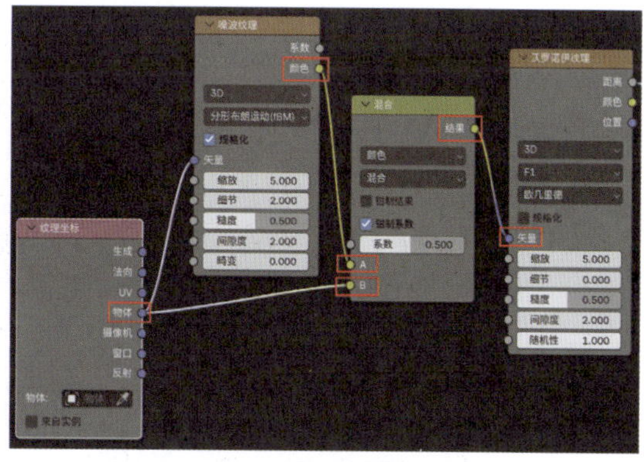

图8-62

技巧与提示

“混合颜色”节点的名称显示为“混合”。

06 执行“添加”→“转换器”→“颜色渐变”命令，添加一个“颜色渐变”节点，将“沃罗诺伊纹理”节点的“距离”属性连接至“颜色渐变”节点的“系数”属性上，将“颜色渐变”节点的“颜色”属性连接至“原理化BSDF”的“基础色”属性上，如图8-63所示。

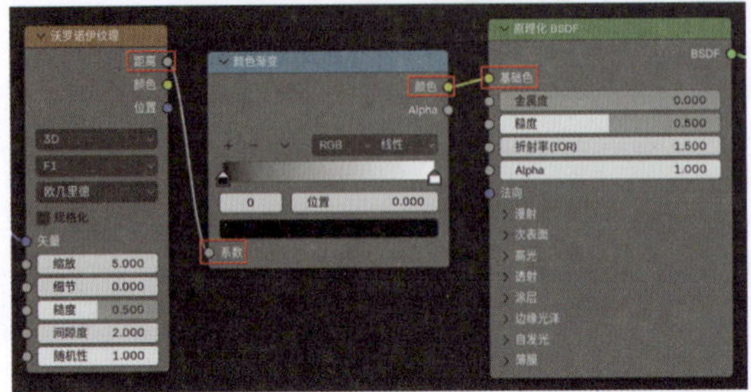

图8-63

07 在“噪波纹理”节点中，设置“缩放”值为10.000，“细节”值为10.000。在“混合”节点中，设置“系数”值为0.700，如图8-64所示。

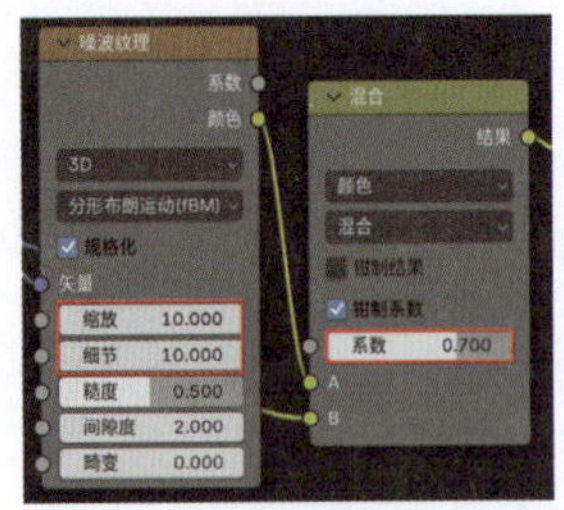

图8-64

08 在“沃罗诺伊纹理”节点中，设置“缩放”值为2.500。在“颜色渐变”节点中，设置颜色渐变，如图8-65所示。设置完成后，行星的显示效果如图8-66所示。

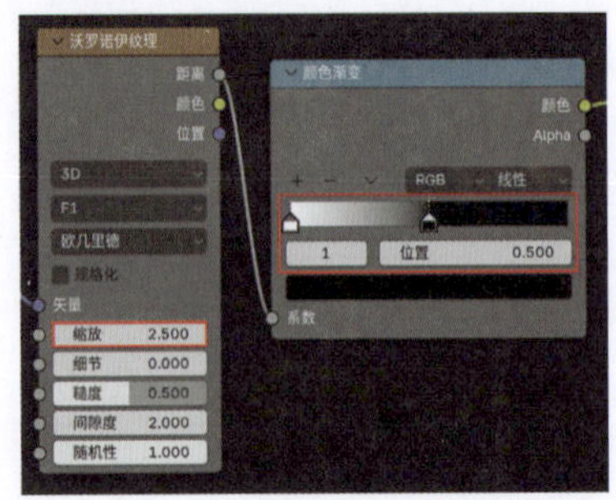

图8-65

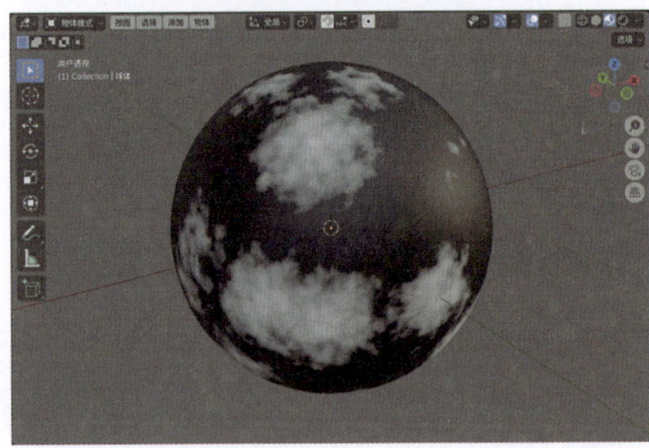

图8-66

09 选择“混合颜色”“沃罗诺伊纹理”和“颜色渐变”这3个节点，按快捷键Ctrl+Shift+D进行复制，如图8-67所示。

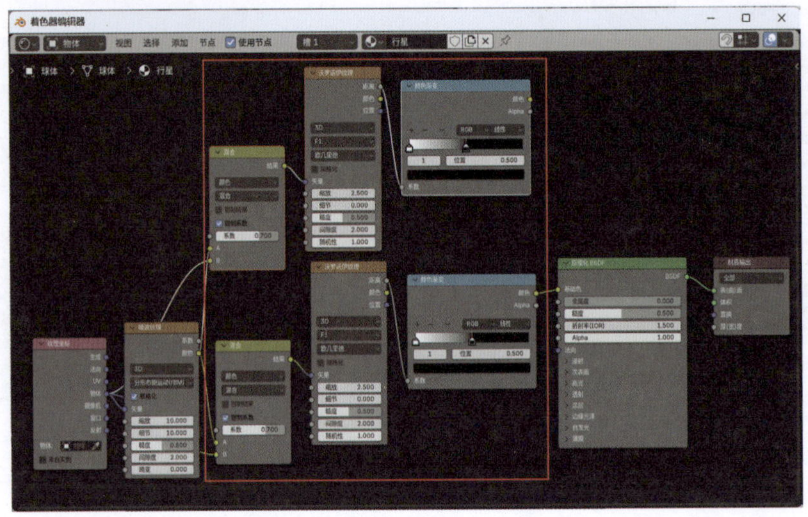

图8-67

10 在第1个“混合”节点中，设置“系数”值为0.900；在第1个“沃罗诺伊纹理”节点中，设置“缩放”值为20.000，如图8-68所示。设置完成后，行星的显示效果如图8-69所示。

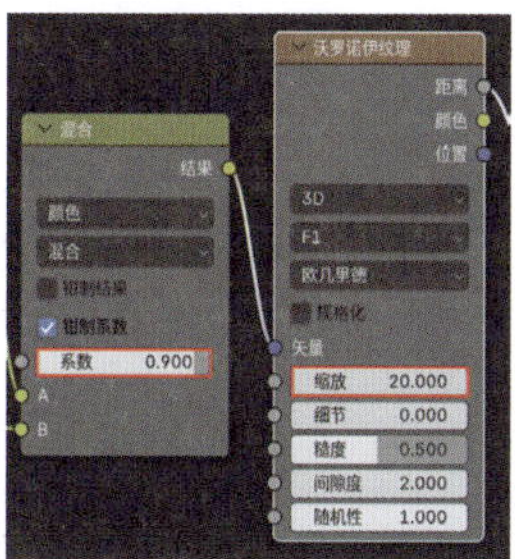

图8-68

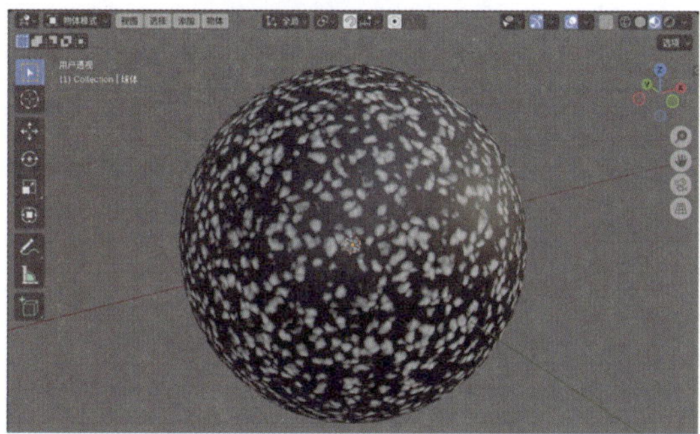

图8-69

11 执行“添加”→“颜色”→“混合颜色”命令，添加一个“混合”节点，将复制的第2个“颜色渐变”节点的“颜色”属性连接至“混合颜色”节点的A属性上，将第1个“颜色渐变”节点的“颜色”属性连接至“混合”节点的B属性上，将“混合”节点的“结果”属性连接至“原理化BSDF”节点的“基础色”属性上。在“混合颜色”节点中，设置“系数”值为0.200，如图8-70所示。设置完成后，行星的显示效果如图8-71所示。

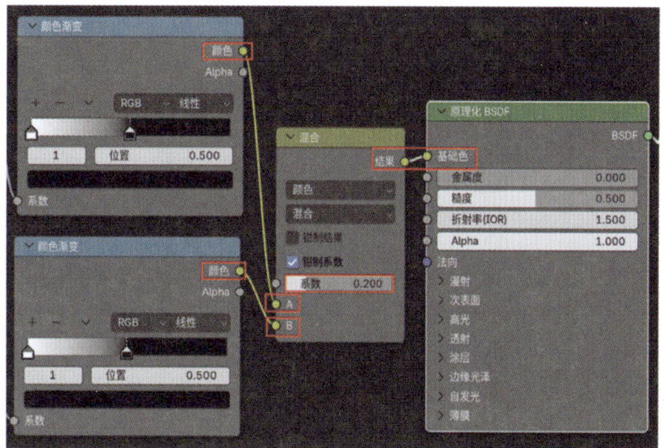

图8-70

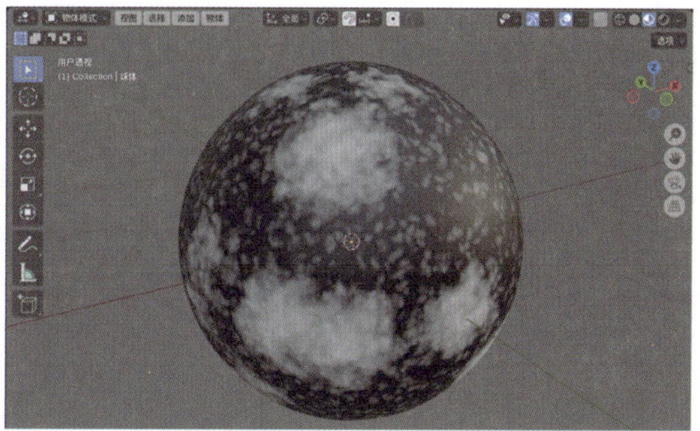

图8-71

12 选择第1个“混合”节点，按快捷键Ctrl+Shift+D，复制出第4个“混合颜色”节点，如图8-72所示。

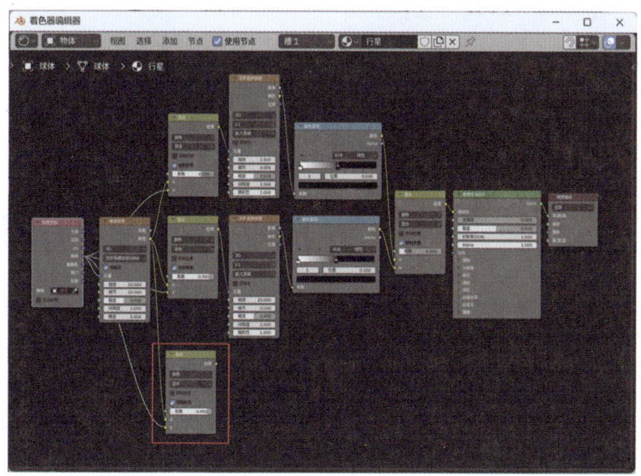

图8-72

第8章 渲染技术

13 执行“添加”→“纹理”→“噪波纹理”命令，添加一个“噪波纹理”节点，并将第4个“混合”节点上的“结果”属性连接至“噪波纹理”节点的“矢量”属性上。在“噪波纹理”节点中，设置“缩放”值为20.000，“细节”值为15.000，如图8-73所示。

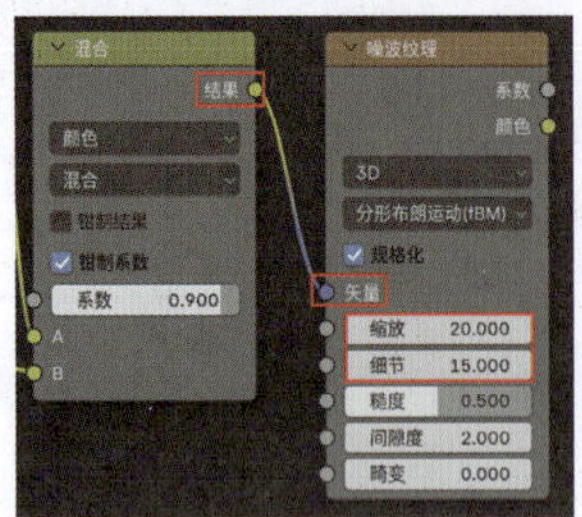

图8-73

14 执行“添加”→“颜色”→“混合颜色”命令，添加第5个“混合”节点，将第3个“混合”节点的“结果”属性连接至第5个“混合”节点的A属性上，将“噪波纹理”节点的“系数”属性连接至“混合”节点的B属性上，将第5个“混合”节点的“结果”属性连接至“原理化BSDF”节点的“基础色”属性上，如图8-74所示。设置完成后，行星的显示效果如图8-75所示。

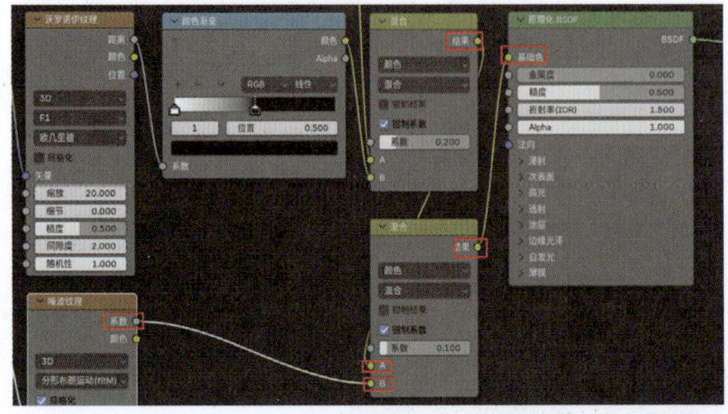

图8-74

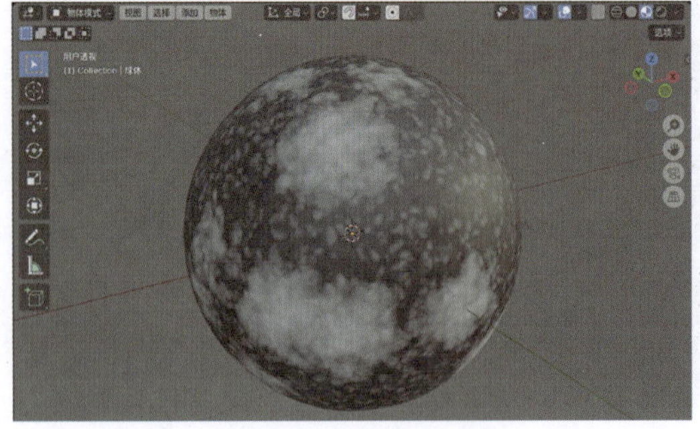

图8-75

15 将第5个“混合”节点的“结果”属性连接至“材质输出”节点的“置换”属性上，如图8-76所示。

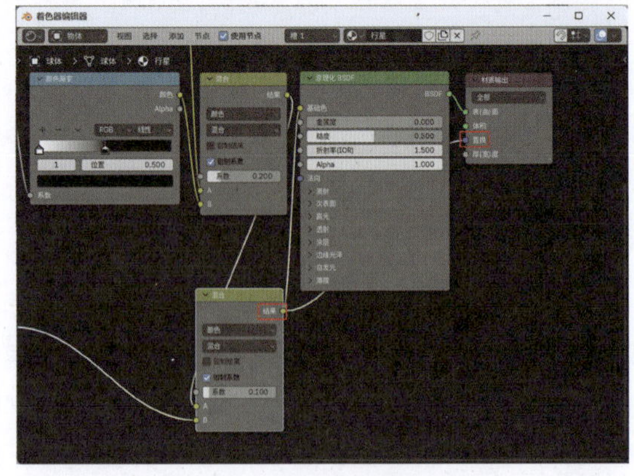

图8-76

16 选择经纬球，在“材质”选项卡中，展开“设置”卷展栏，设置“置换”为“置换与凹凸”，如图8-77所示。设置完成后，行星的显示效果如图8-78所示。

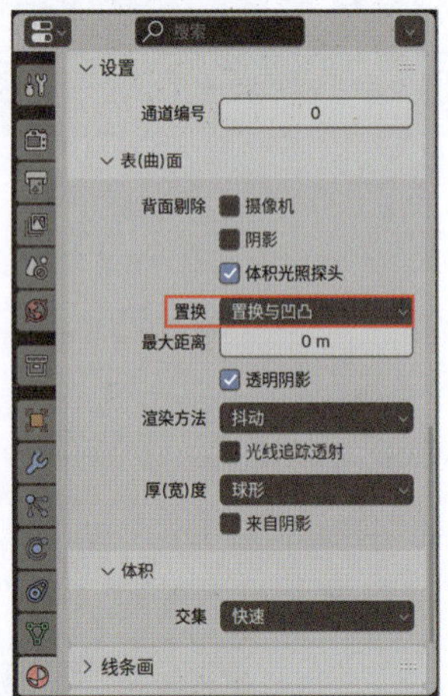

图8-77

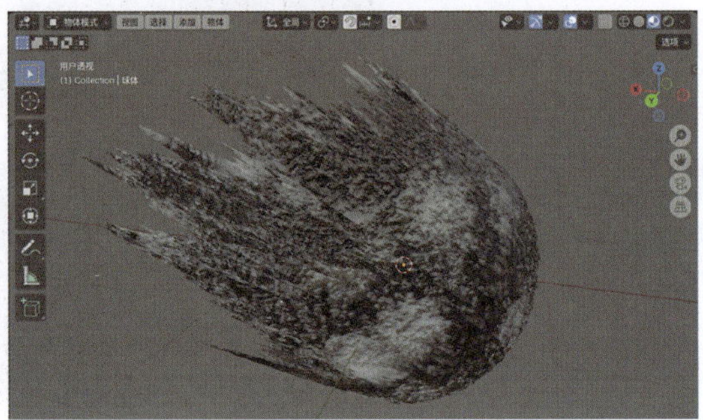

图8-78

17 执行“添加”→“矢量”→“置换”命令，添加一个“置换”节点，并将第5个“混合颜色”节点的“结果”属性连接至“置换”节点的“高度”属性上，将“置换”节点的“置换”属性连接至“材质输出”节点的“置换”属性上。在“置换”节点中，设置“缩放”值为0.010，如图8-79所示。设置完成后，行星的显示效果如图8-80所示。

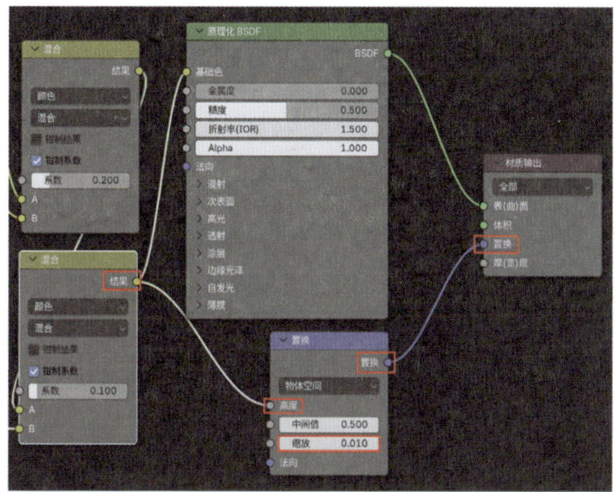

图8-79

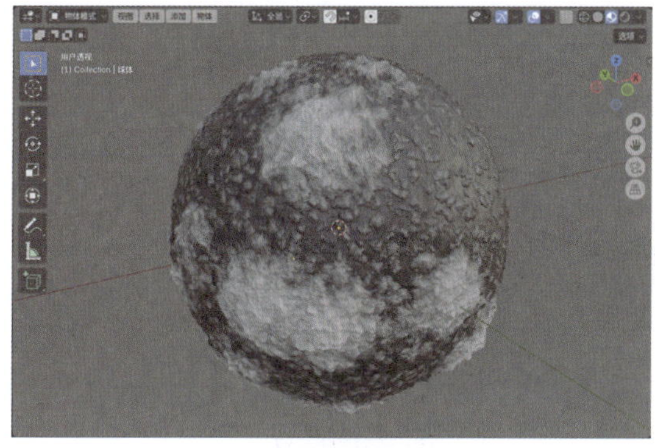

图8-80

18 执行“添加”→“转换器”→“颜色渐变”命令，添加一个“颜色渐变”节点，将“混合”节点的“结果”属性连接至“颜色渐变”节点的“系数”属性上，将“颜色渐变”节点的“颜色”属性连接至“原理化BSDF”的“基础色”属性上。在“颜色渐变”节点中，调整渐变色，如图8-81所示。设置完成后，行星的显示效果如图8-82所示。

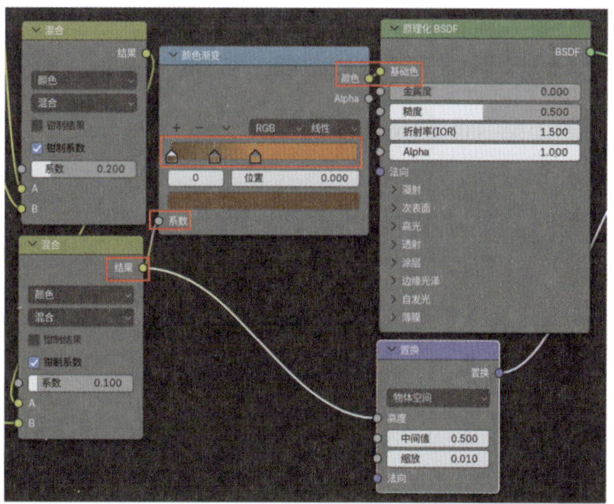

图8-81

图8-82

8.4.3 灯光及渲染设置

01 将场景中自带的灯光删除后，执行“添加”→“灯光”→“面光”命令，在场景中创建一个面光，并调整其位置和角度，如图8-83所示。

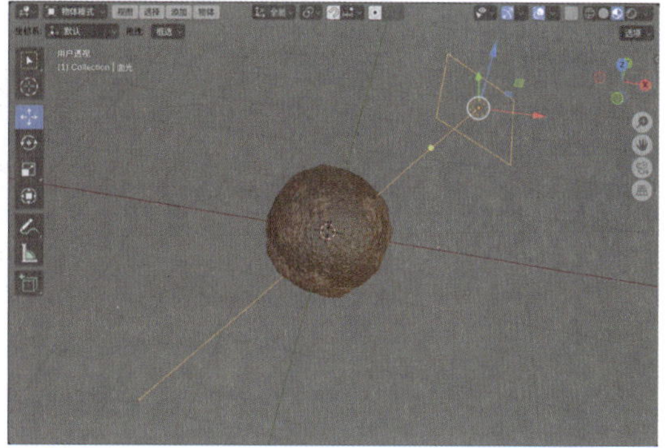

图8-83

02 在“灯光”卷展栏中，设置“能量”为

150W，如图8-84所示。

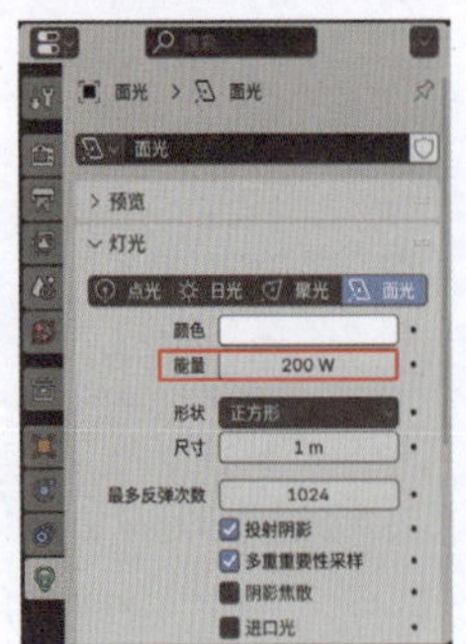

图8-84

03 在“表（曲）面”卷展栏中，设置“颜色”为黑色，如图8-85所示。

图8-85

04 在“渲染”选项卡中，设置“渲染引擎”为Cycles，在“采样”卷展栏中的“渲染”卷展栏中，设置“最大采样”值为1024，如图8-86所示。

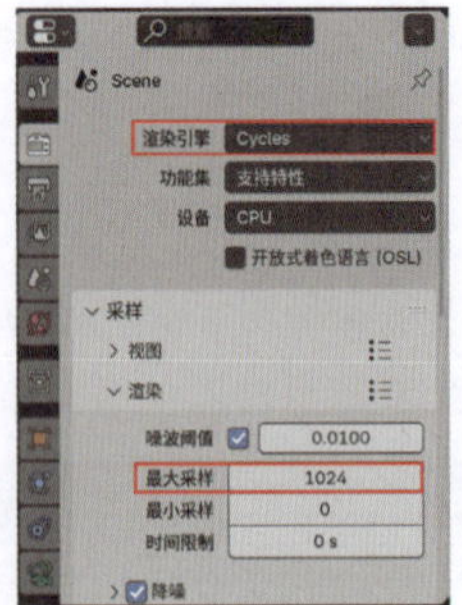

图8-86

05 在“格式”卷展栏中，设置“分辨率X”为1200px，“分辨率Y”为750px，如图8-87所示。

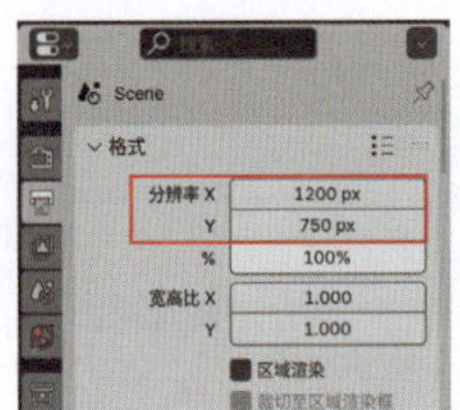

图8-87

06 执行“渲染”→“渲染图像”命令，渲染场景，渲染效果如图8-88所示。

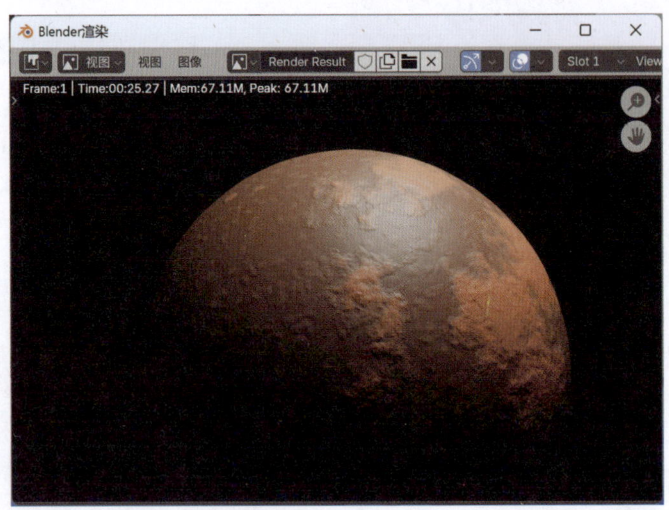

图8-88

第9章
关键帧动画

9.1 动画概述

动画是一门融合了漫画、电影、数字媒体等多种艺术形式的综合性艺术，同时也是一门相对年轻的学科。历经 100 多年的发展，它已构建起较为完备的理论体系，并形成了多元化的产业格局。动画因其独特的艺术魅力而深受大众喜爱。

在本书中，动画仅在狭义上被理解为运用 Blender 来设定对象的形变及运动过程并进行记录。读者在学习本章内容之前，建议先阅读相关书籍，掌握一定的动画基础理论，这有助于制作出更具说服力的动画效果。图 9-1 是使用 Blender 制作完成的文字消失动画效果截图。

图9-1

9.2 制作关键帧动画

关键帧动画是 Blender 动画技术中最为常用且基础的动画设置方法。简单来说，它就是在物体动画的关键时间点进行数据记录设置。Blender 会依据这些关键点的数据设定，自动完成中间时间段的动画计算，如此一来，一段流畅的三维动画便制作完成了。

9.2.1 基础操作：创建关键帧动画

知识点： 创建关键帧动画、动画运动路径、删除关键帧。

01 启动Blender，选择场景中自带立方体模型，如图9-2所示。

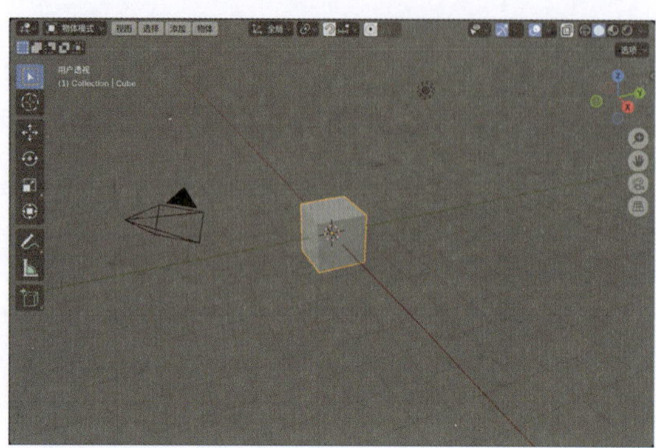

图9-2

02 在“变换”卷展栏中，单击“位置X”右侧的黑色圆点按钮，如图9-3所示，即可为该属性设置动画关键帧。设置完成后，黑色圆点会显示为黑色菱形按钮，如图9-4所示。在“时间线”面板中，可以看到在第1帧处，有一个菱形标记，代表了所选对象在第1帧处有一个关键帧，如图9-5所示。在“大纲视图”面板中，可以看到立方体模型名称的后面有一个弯折的箭头标记，如图9-6所示，代表该对象设置了动画效果。

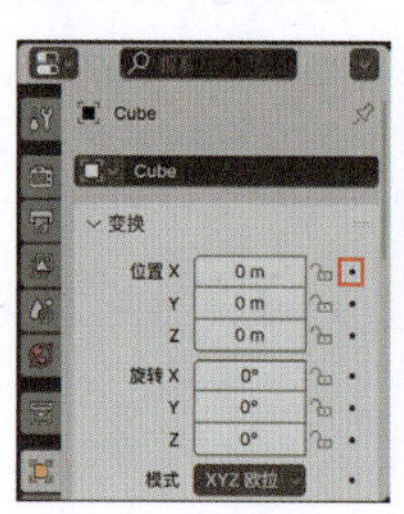

图9-3　　图9-4

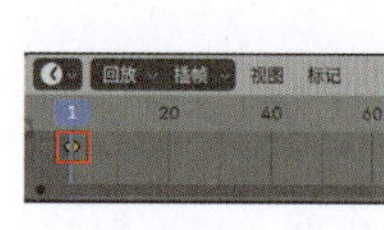

图9-5　　图9-6

03 在第60帧处，使用“移动”工具沿X轴调整立方体模型的位置，如图9-7所示。

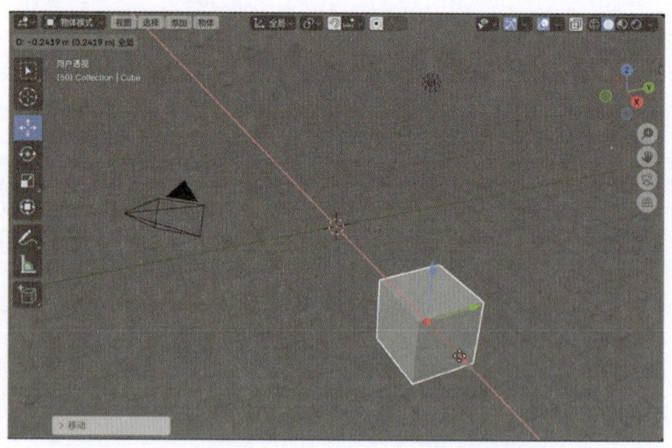

图9-7

04 在“变换”卷展栏中，单击“位置X”右侧的空心菱形按钮，如图9-8所示，再次为其设置动画关键帧，此时该按钮会显示为实心菱形按钮，如图9-9所示。在“时间线”面板中，可以看到第60帧处，也生成了一个动画关键帧，如图9-10所示。

05 在第60帧处，在“变换”卷展栏中，单击“位置Z”右侧的黑色圆点按钮，使其变成黑色菱形按钮，如图9-11所示，为其设置动画关键帧。

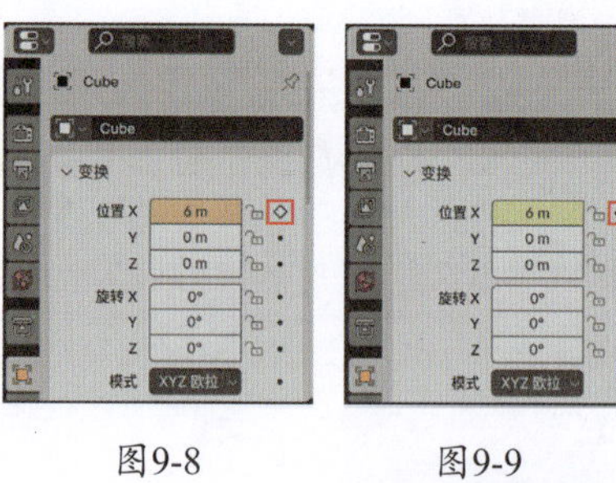

图9-8　　图9-9

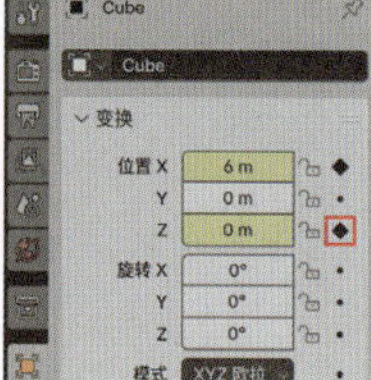

图9-10　　图9-11

06 在第100帧处，使用“移动”工具沿Z轴调整立方体模型的位置，如图9-12所示。

07 在“变换”卷展栏中，单击“位置Z”右侧的菱形按钮，为其设置动画关键帧，如图9-13所示。在“时间线”面板中，可以看到第100

帧处，也生成了一个动画关键帧，如图9-14所示。

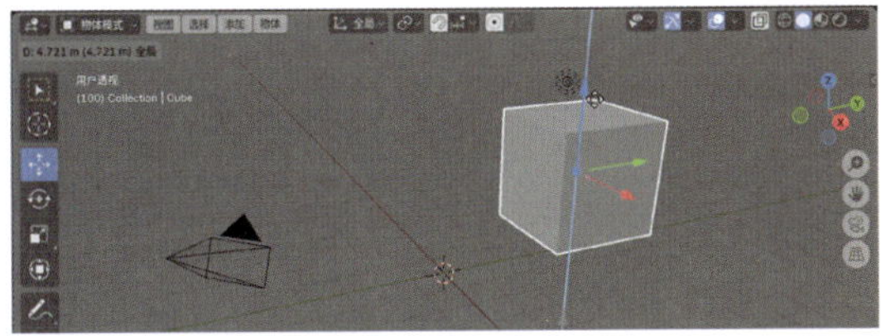

图9-12

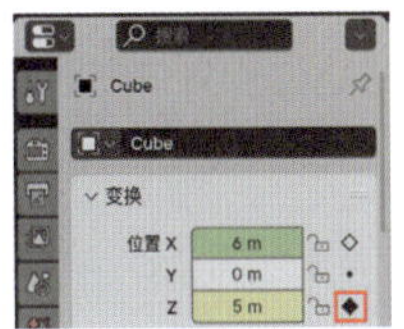

图9-13

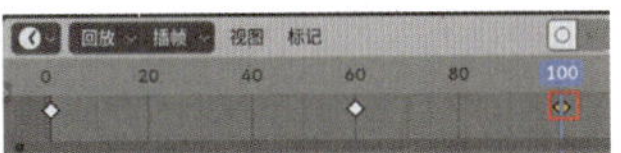

图9-14

08 在“运动路径”卷展栏中，单击“计算”按钮，如图9-15所示。在弹出的“计算物体运动路径”对话框中，单击“计算”按钮，如图9-16所示。计算完成后，立方体模型的运动路径显示效果如图9-17所示。

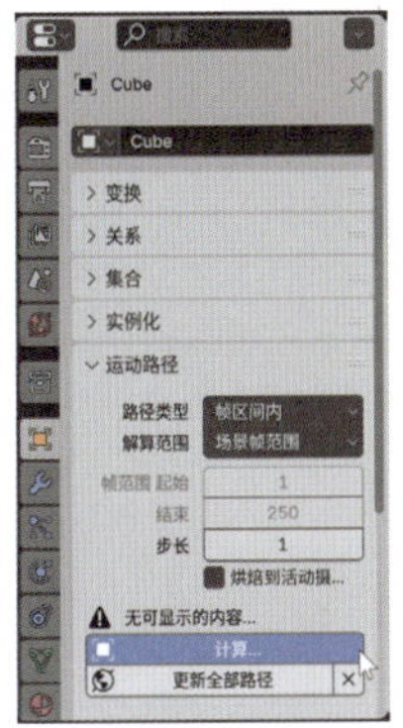

图9-15

图9-16

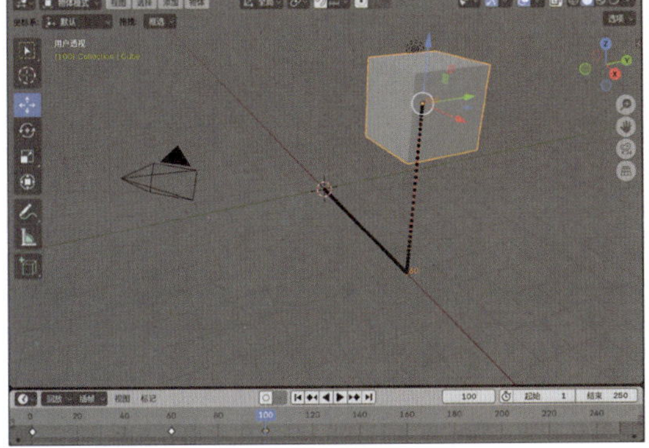

图9-17

09 在“时间线”面板中，框选所有关键帧，按X键，在弹出的“删除”菜单中选择“删除关键帧”选项，如图9-18所示。即可删除选中对象的关键帧动画。

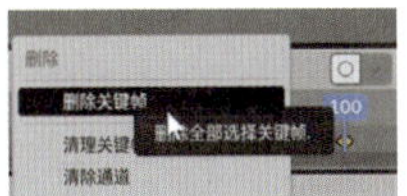

图9-18

技巧与提示

关键帧动画不仅可以制作物体的位移、旋转及缩放动画，配合修改器及材质还可以制作出许多其他有趣的动画效果。

9.2.2 实例：制作冰激凌挤出动画

本例讲解如何使用“弯绕”修改器来制作冰激凌挤出动画，最终渲染效果如图 9-19 所示。

图9-19

01 启动Blender，打开场景文件“冰激凌.blend”，其中有一个冰激凌盒子模型，如图9-20所示。

图9-20

02 执行“编辑”→“偏好设置”命令，如图9-21所示。

图9-21

03 在弹出的“偏好设置”对话框中，选择“获取扩展”选项卡，并在搜索框中输入extra，进行查找，单击Extra Curve Objects（额外曲线对象）选项右侧的“安装”按钮，如图9-22所示，安装Blender自带的Extra Curve Objects插件。

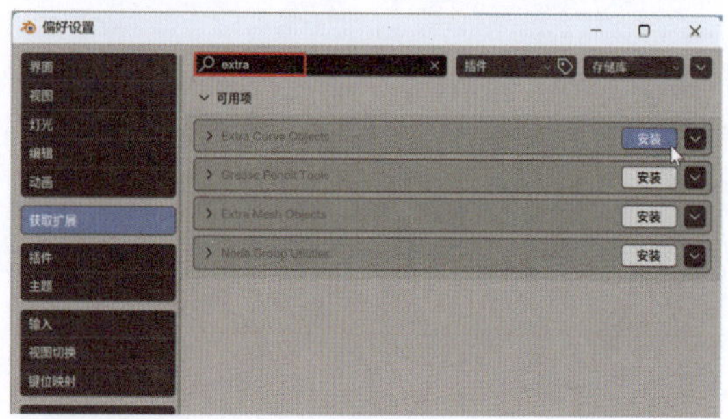

图9-22

04 执行“添加”→“曲线”| Curve Spirals（螺旋线）| Logarithmic（对数）命令，如图9-23所示。

05 在Curve Spirals（螺旋线）卷展栏中，设置“圈数”值为5，“半径”值为0.03，Expansion Force（膨胀力）值为0.95，“高度”值为0.01，“位置”的Z值为0.04m，如图9-24所示。设置完成后，螺旋线的显示效果如图9-25所示。

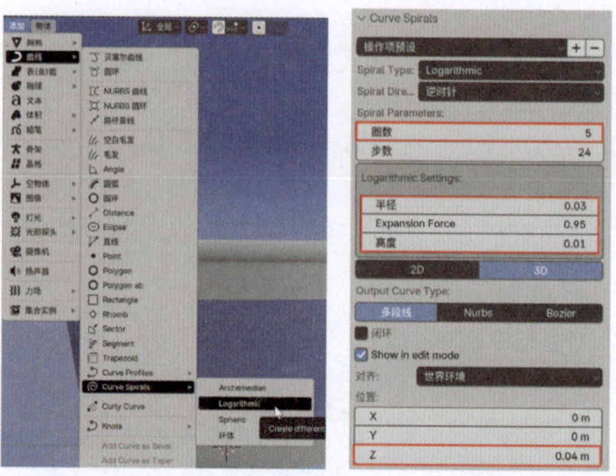

图9-23　　图9-24

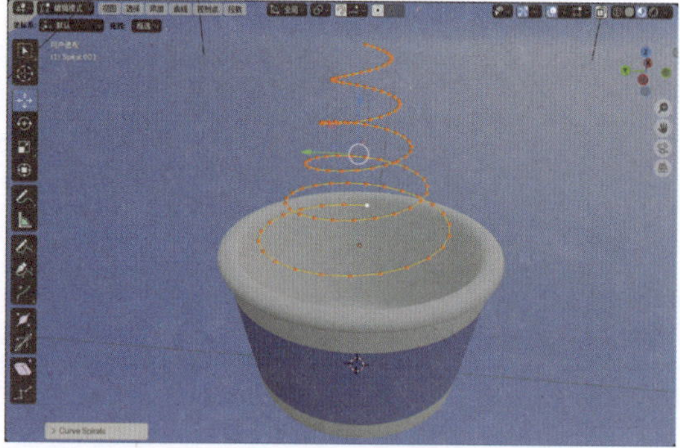

图9-25

06 在“倒角”卷展栏中，单击“轮廓”按钮，设置“深度”为0.01m，“分辨率”值为8，倒角曲线如图9-26所示。观察场景，冰激凌的形态如图9-27所示。

图9-26

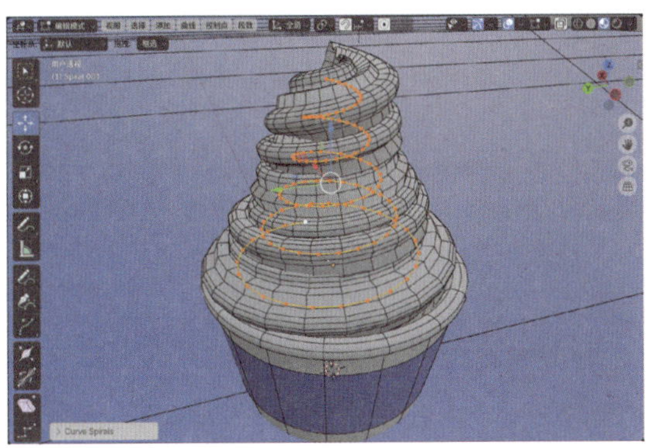

图9-27

07 选择如图9-28所示的顶点，按快捷键Alt+S，对其进行缩放，调整冰激凌的形态，如图9-29所示。

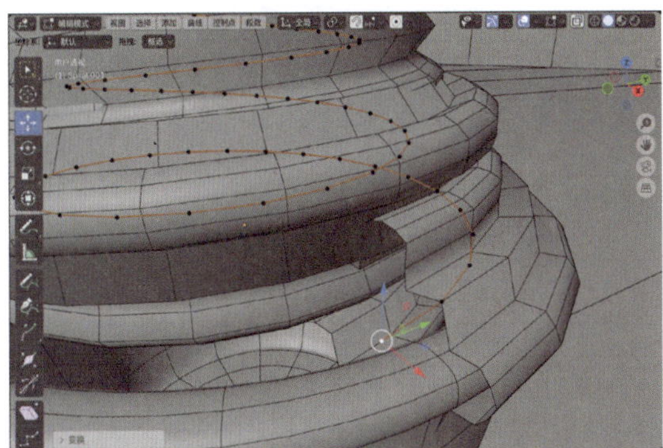

图9-28

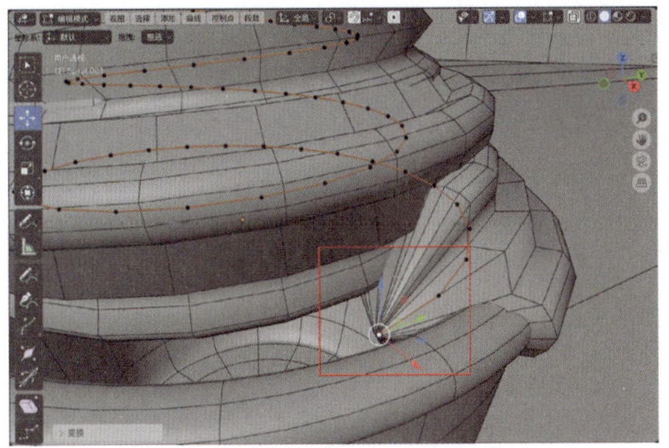

图9-29

08 采用同样的操作步骤，继续调整冰激凌底部的形态，如图9-30所示。

09 选择冰激凌顶部的顶点，如图9-31所示。多次按E键，对其进行“挤出”创作，制作出如图9-32所示的模型效果。

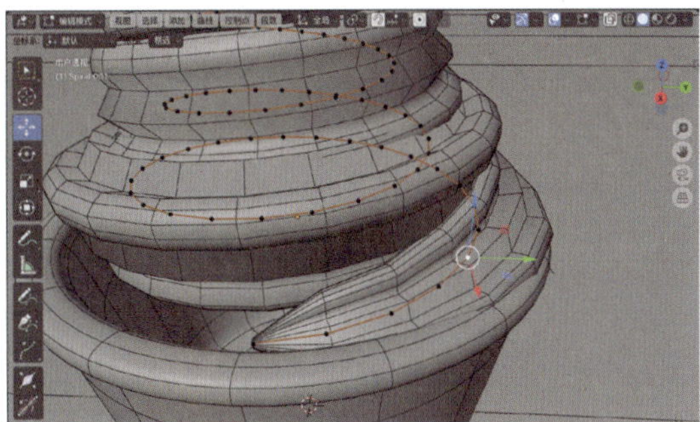

图9-30

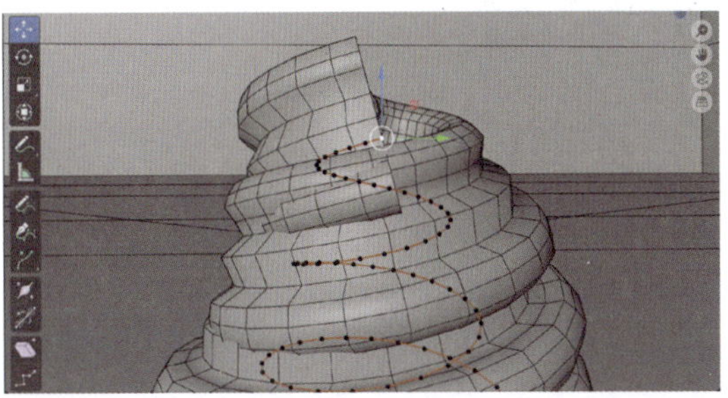

图9-31

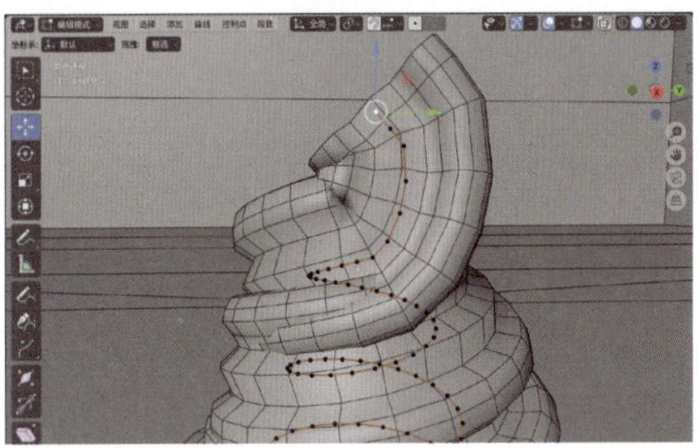

图9-32

10 采用同样的操作步骤，调整冰激凌顶部的形态，如图9-33所示。

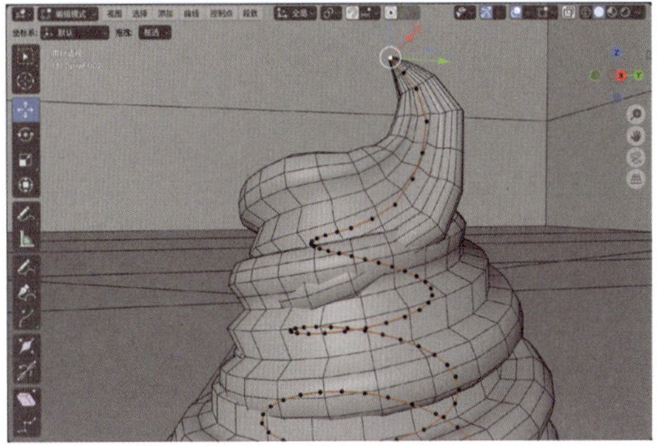

图9-33

11 执行“添加”→“空物体”→“纯轴”命令，如图9-34所示，在场景中创建一个纯轴。

12 在“添加空物体”卷展栏中，设置“半径”为0.1m，如图9-35所示。设置完成后，纯轴的显示效果如图9-36所示。

图9-34

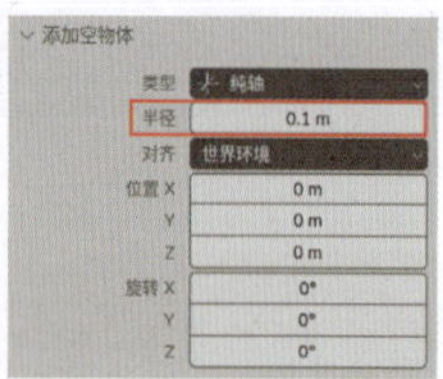

图9-35

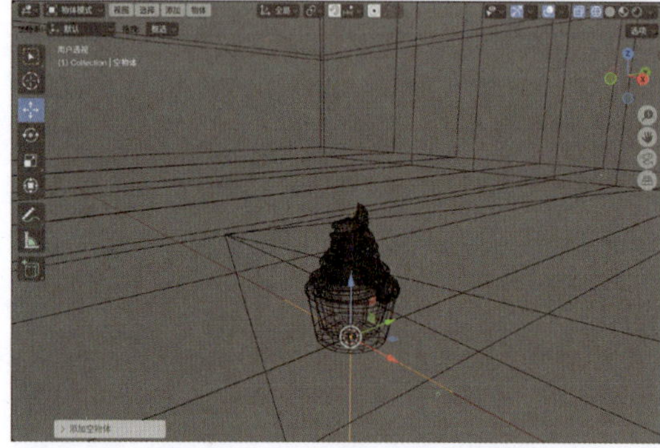

图9-36

13 选择纯轴，按快捷键Shift+D，再按Z键，沿Z轴向上复制一个纯轴，如图9-37所示。

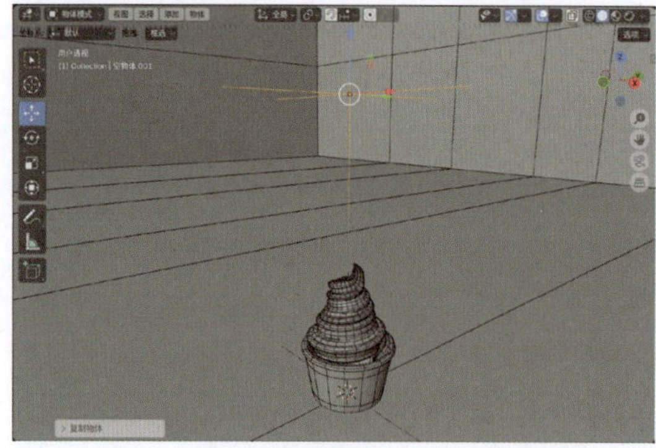

图9-37

14 选择冰激凌模型，如图9-38所示。在“修改器”选项卡中，添加“弯绕”修改器。设置“源物体”为“空物体.001”，“目标物体”为“空物体”，“强度/力度”值为-3.00，“半径”为0.1m，如图9-39所示。

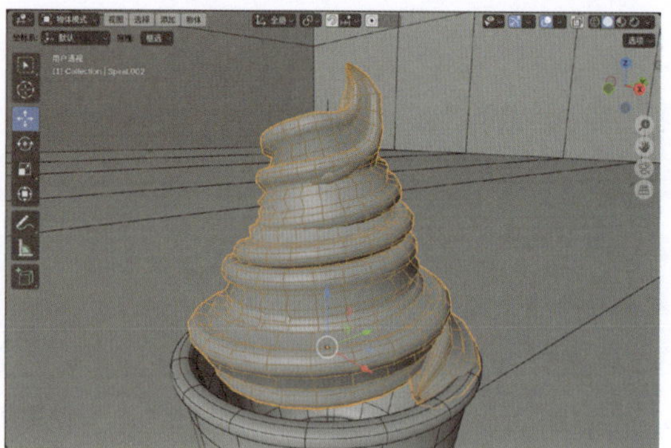

图9-38

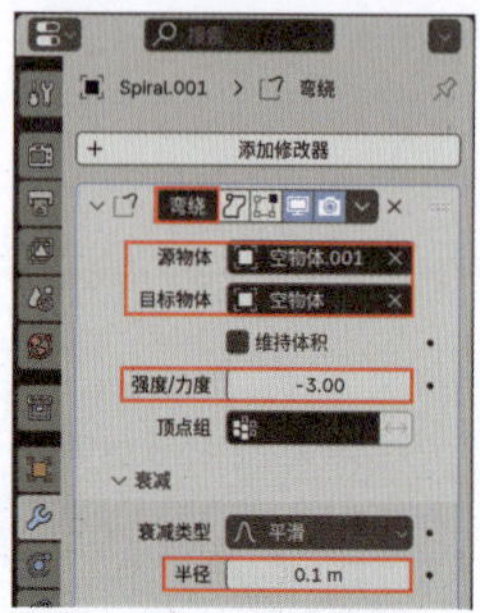

图9-39

15 选择冰激凌上方的纯轴，如图9-40所示。在第1帧处，设置其位置，如图9-41所示。

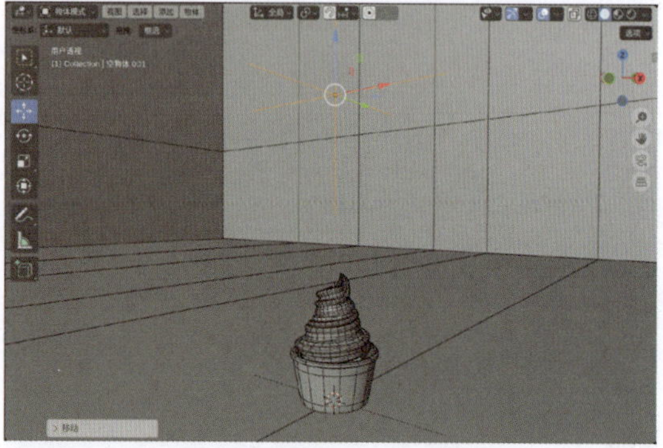

图9-40

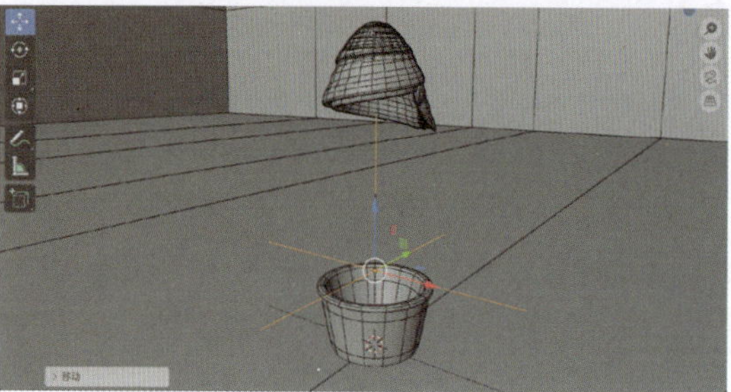

图9-41

16 在“变换”卷展栏中，为“位置Z”属性设置关键帧，如图9-42所示。

17 在第60帧处，设置“位置Z”为0.25m，并再次为其设置关键帧，如图9-43所示。

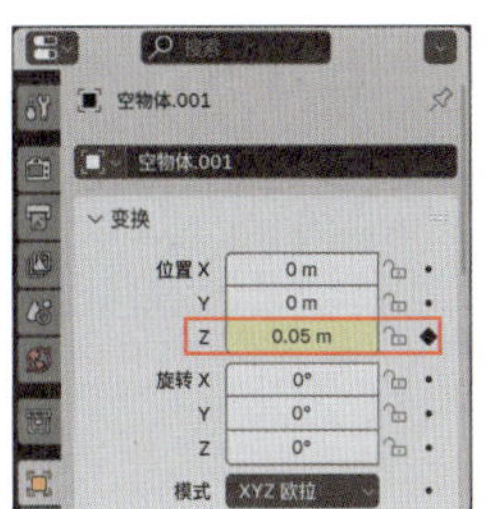

图9-42

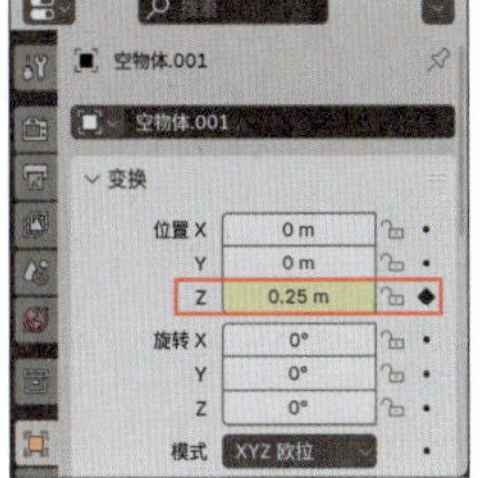

图9-43

18 播放动画，即可看到冰激凌下落的动画效果，如图9-44和图9-45所示。

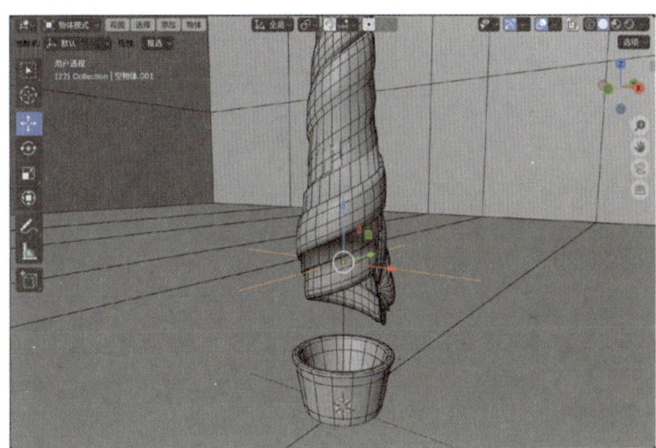

图9-44

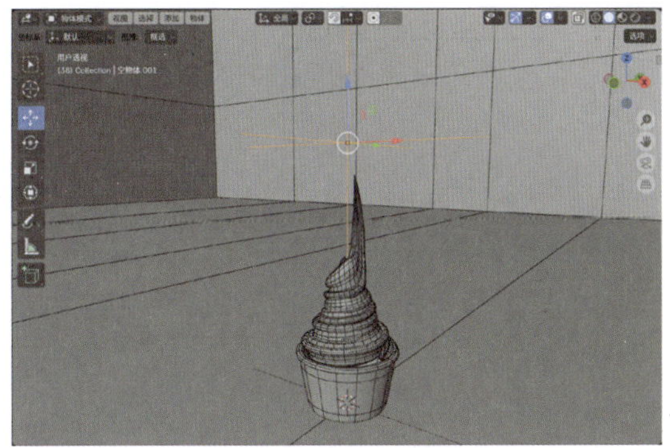

图9-45

19 选择冰激凌模型，在“修改器”选项卡中，单击“应用到样条线”按钮，使其处于激活（按下）状态，如图9-46所示。

20 再次播放动画，冰激凌下落的动画效果如图9-47所示。

图9-46

图9-47

21 选择冰激凌模型，在“修改器”选项卡中，添加“表面细分”修改器。设置“层级 视图”值为2，如图9-48所示。这样，可以得到更加平滑的冰激凌模型效果，如图9-49所示。

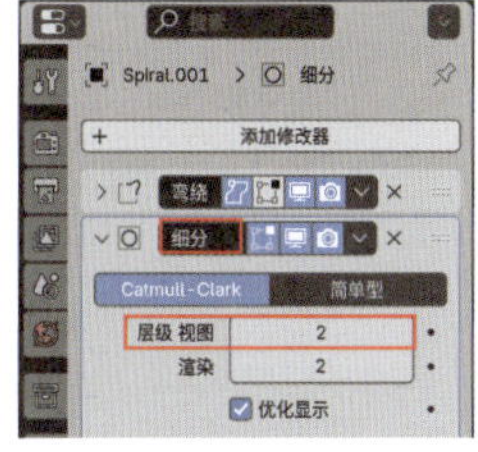

图9-48

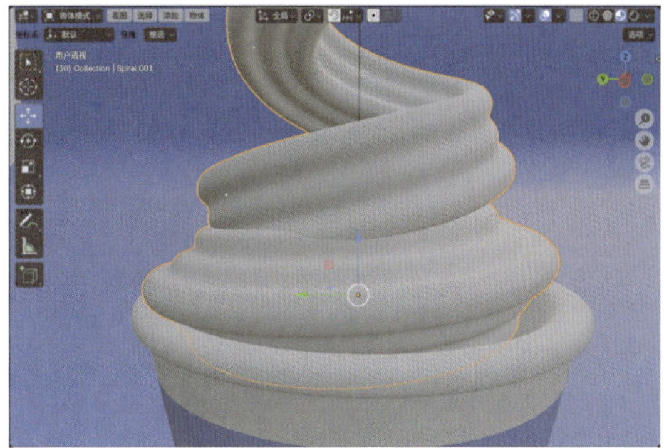

图9-49

技巧与提示

"表面细分"修改器添加完成后，在"修改器"选项卡中的名称显示为"细分"。

22 本例制作完成的动画效果如图9-50所示。渲染场景，渲染效果如图9-51所示。

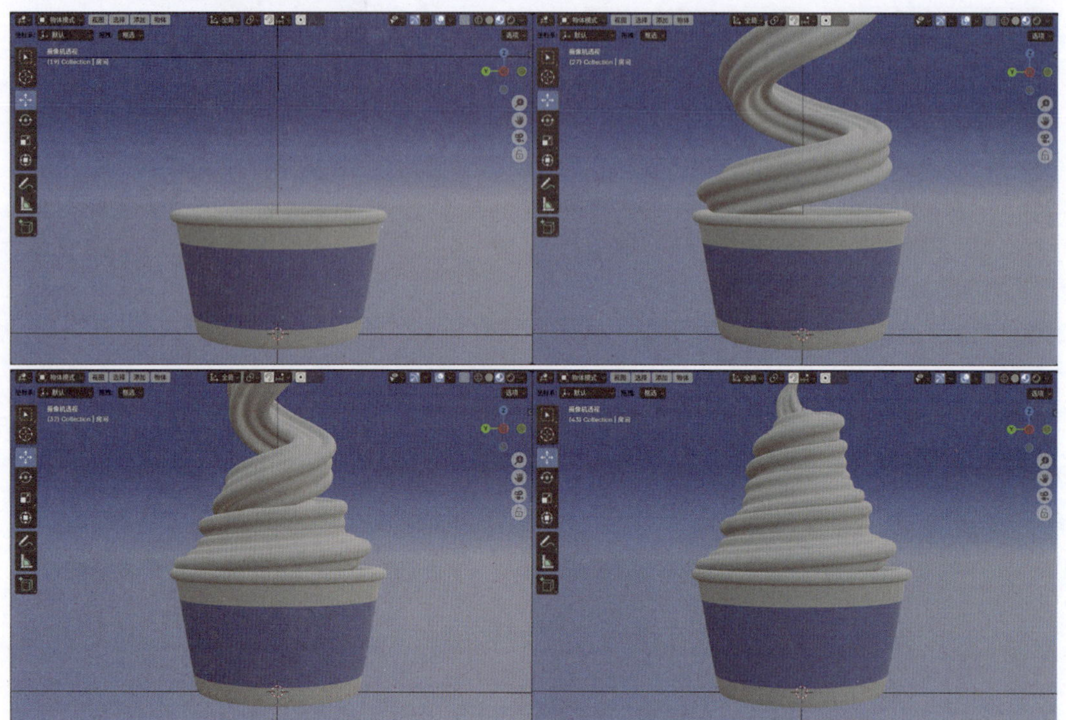

图9-50

图9-51

9.2.3 实例：制作画卷打开动画

本例讲解使用"曲线"修改器来制作画卷打开动画的方法，最终渲染效果如图 9-52 所示。

图9-52

01 启动Blender，打开场景文件“画卷.blend”，其中有一个白纸模型，如图9-53所示。

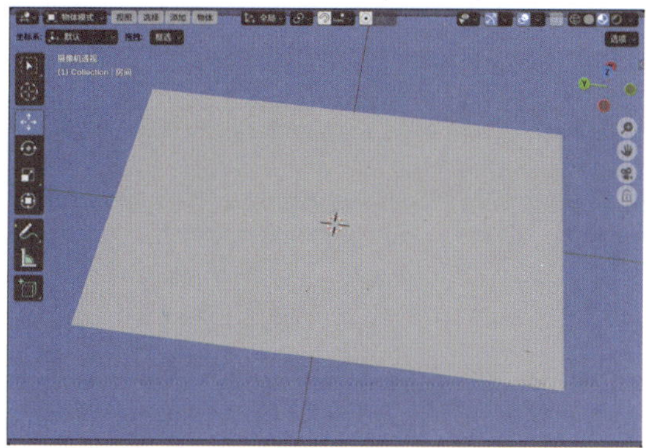

图9-53

02 选择白纸模型，在“材质”选项卡中，单击“新建”按钮，如图9-54所示，新建一个材质，并更改该材质的名称为“画卷”，如图9-55所示。

图9-54

图9-55

03 在“表（曲）面”卷展栏中，设置“表（曲）面”为“混合着色器”，单击“系数”右侧的灰色圆点按钮，如图9-56所示。

04 在弹出的菜单中选择“背面”选项，如图9-57所示。

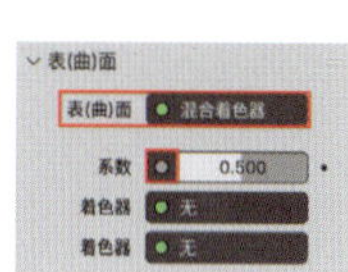

图9-56

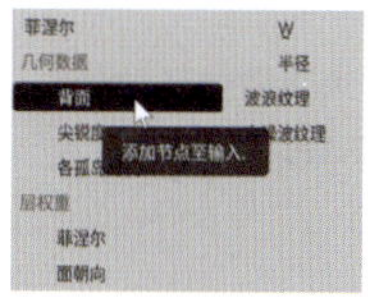

图9-57

05 在“表（曲）面”卷展栏中，设置两个“着色器”均为“漫射BSDF”，单击“颜色”右侧的黄色圆点按钮，如图9-58所示。

06 在弹出的菜单中选择“图像纹理”选项，如图9-59所示。

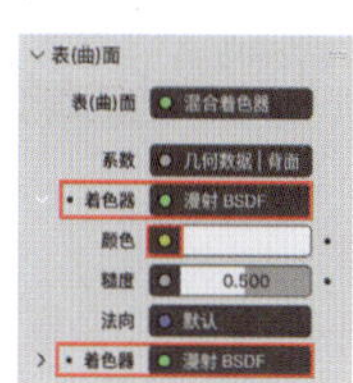

图9-58

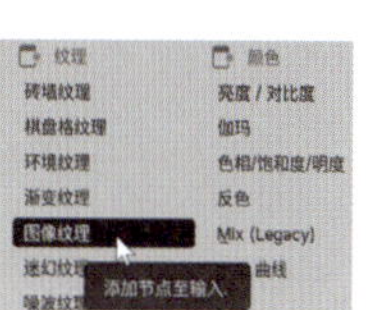

图9-59

07 在“表（曲）面”卷展栏中，单击“打开”按钮，如图9-60所示，为“颜色”属性添加“画.png”贴图，如图9-61所示。设置完成后，画卷材质的显示效果如图9-62所示。

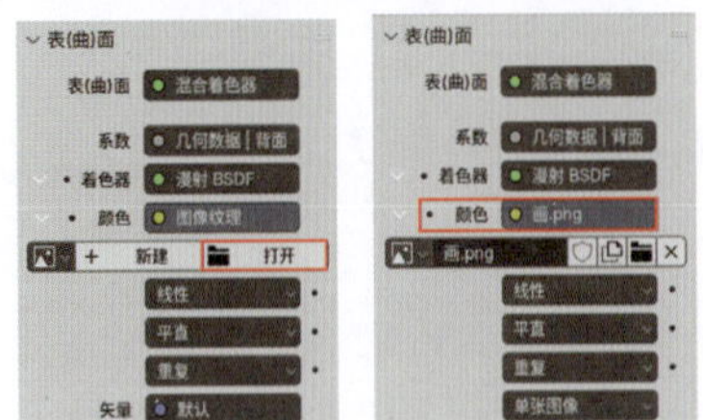

图9-60　　图9-61

图9-62

08 执行“添加”→“曲线”→Curve Spirals（螺旋线）→Logarithmic（对数）命令，如图9-63所示。

图9-63

09 在Curve Spirals（螺旋线）卷展栏中，设置“圈数”值为5，“半径”值为0.05，Expansion Force（膨胀力）值为0.95，“旋转X”为90°，“旋转Y”为90°，“旋转Z”为90°，如图9-64所示。设置完成后，螺旋线的显示效果如图9-65所示。

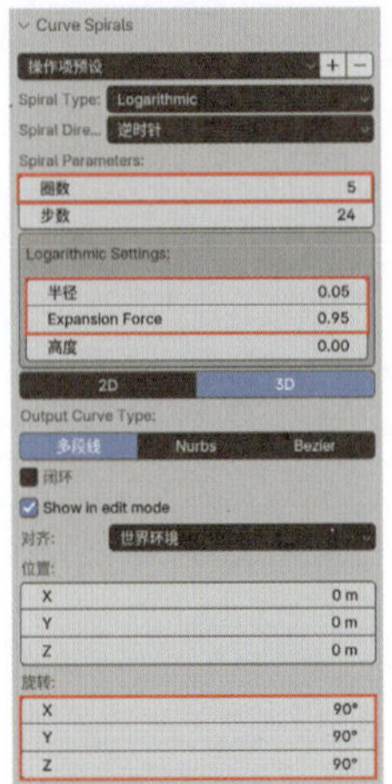

图9-64

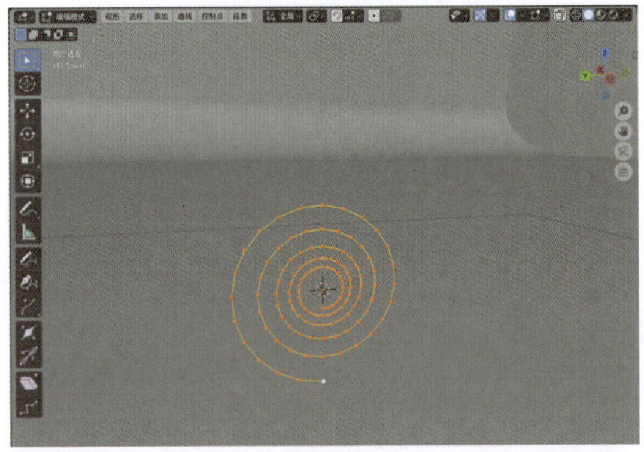

图9-65

10 选择如图9-66所示的顶点，按E键，再按Y键，对其沿Y轴向进行挤出，得到如图9-67所示的曲线效果。

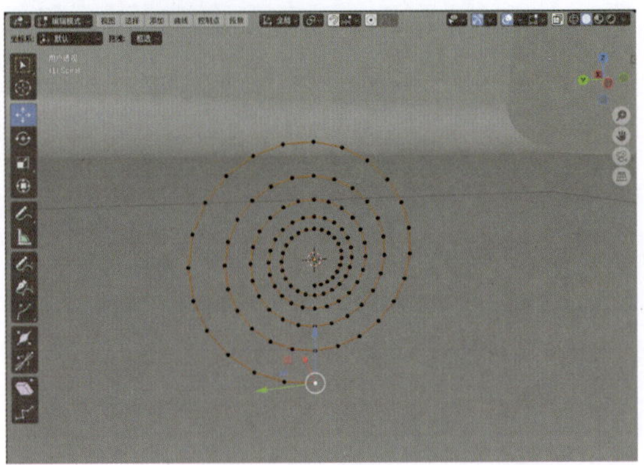

图9-66

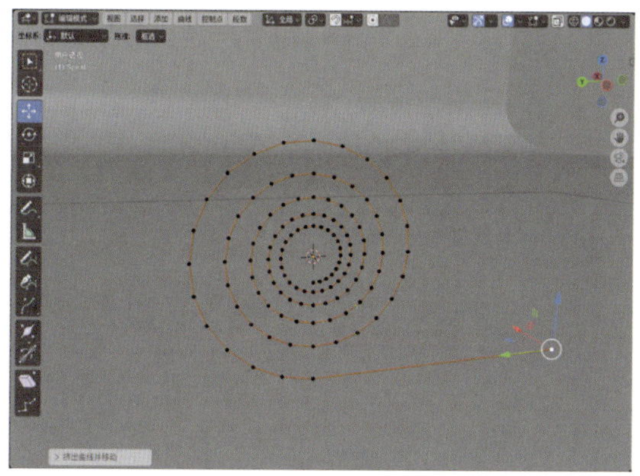

图9-67

11 选择白纸模型，在“修改器”选项卡中，添加“曲线”修改器。设置“曲线物体”为Spiral，“形变轴”为Y，如图9-68所示。设置完成后，白纸模型的形变效果如图9-69所示。

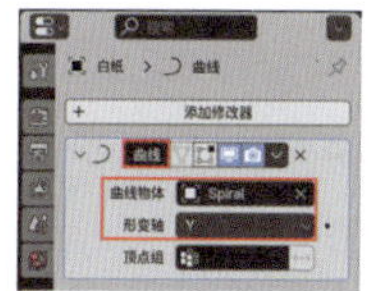

图9-68

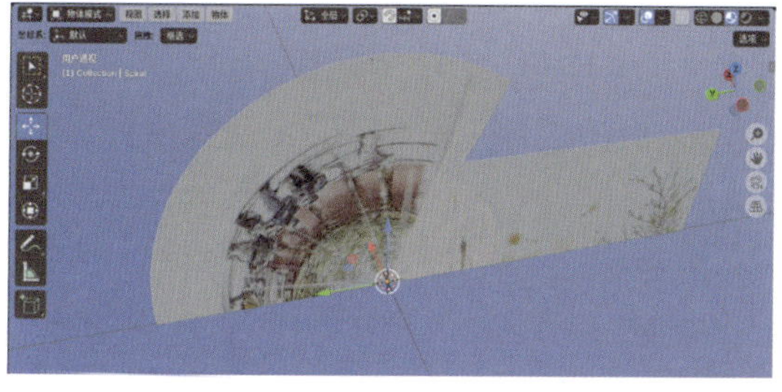

图9-69

12 选择白纸模型，调整其角度，如图9-70所示。

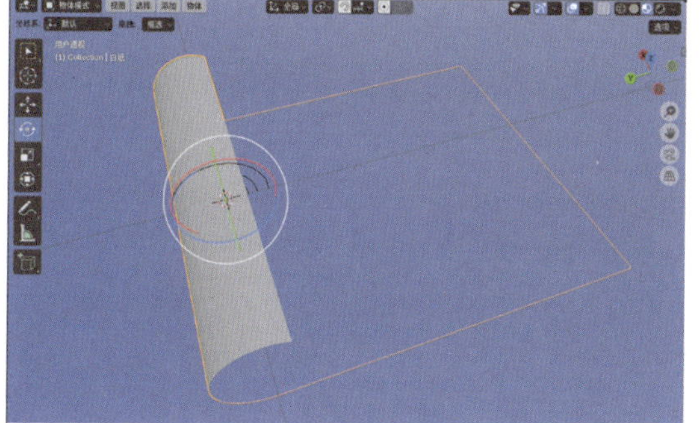

图9-70

13 选择螺旋线和白纸模型，并调整位置，如图9-71所示。

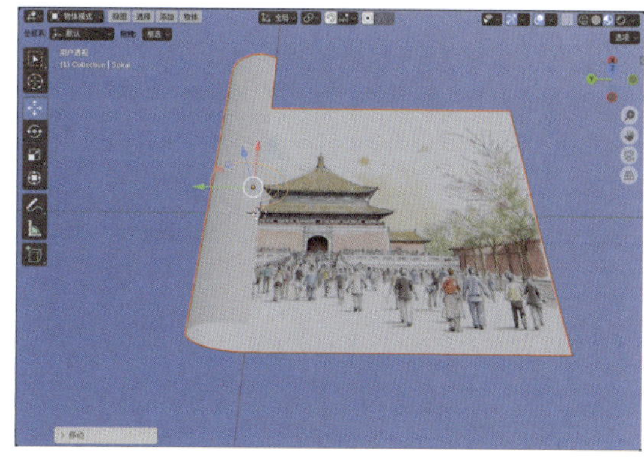

图9-71

14 在第1帧处，选择螺旋线，并调整其位置，如图9-72所示。在“变换”卷展栏中，为其“位置Y”属性设置关键帧，如图9-73所示。

图9-72

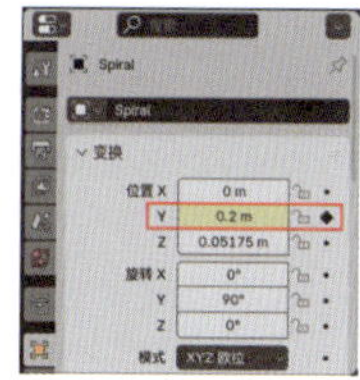

图9-73

15 在第90帧处，调整螺旋线的位置，如图9-74所示。再次为其“位置Y”属性设置关键帧，如图9-75所示。

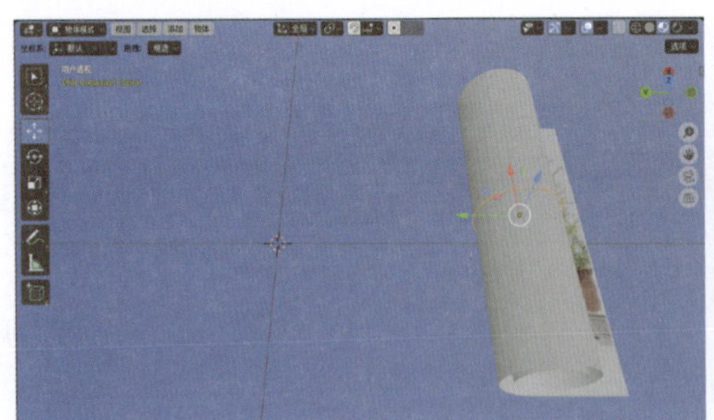

图9-74

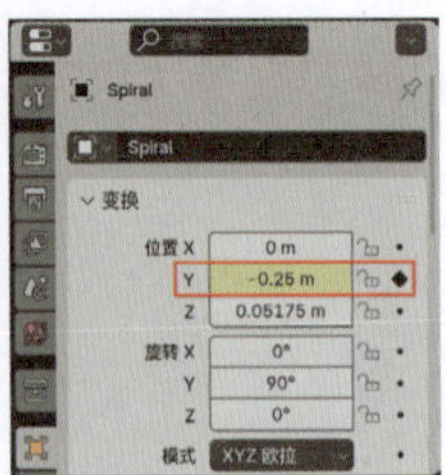

图9-75

16 本例制作完成的动画效果如图9-76所示。渲染场景，渲染效果如图9-77所示。

图9-76

图9-77

9.2.4 实例：制作旋转循环动画

本例讲解使用“简易变形”修改器来制作物体旋转循环动画的方法，最终渲染效果如图 9-78 所示。

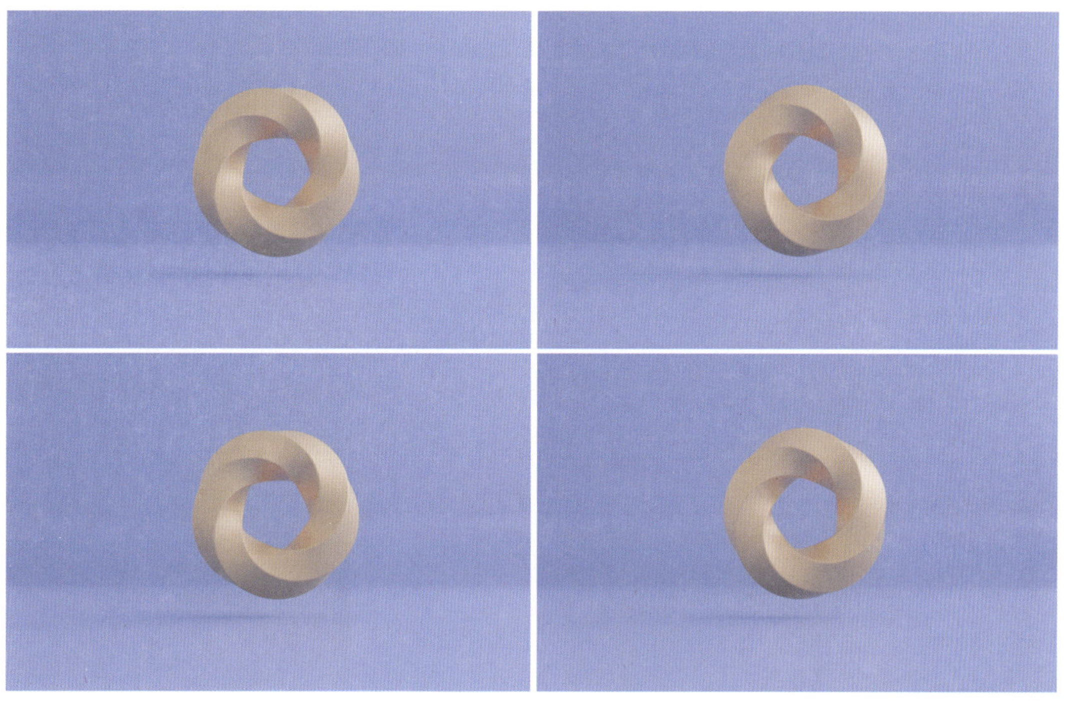

图9-78

01 启动Blender，打开场景文件“空场景.blend”，如图9-79所示。

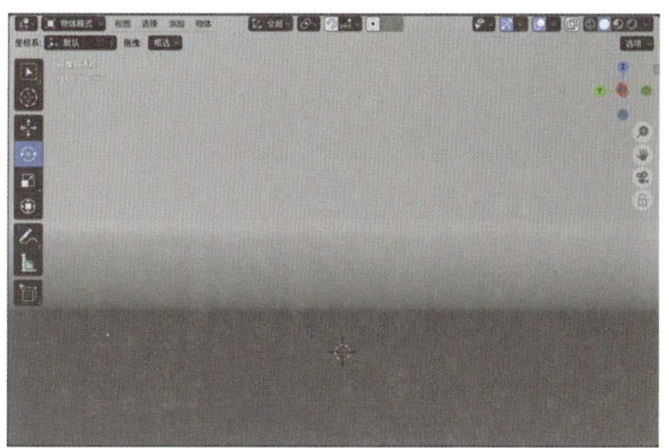

图9-79

02 执行“添加”→“网格”→“柱体”命令，如图9-80所示，创建一个柱体模型。

03 在“添加柱体”卷展栏中，设置“顶点”值为5，“半径”为0.03m，“深度”为0.4m，“封盖类型”为“无”，如图9-81所示。设置完成后，柱体的显示效果如图9-82所示。

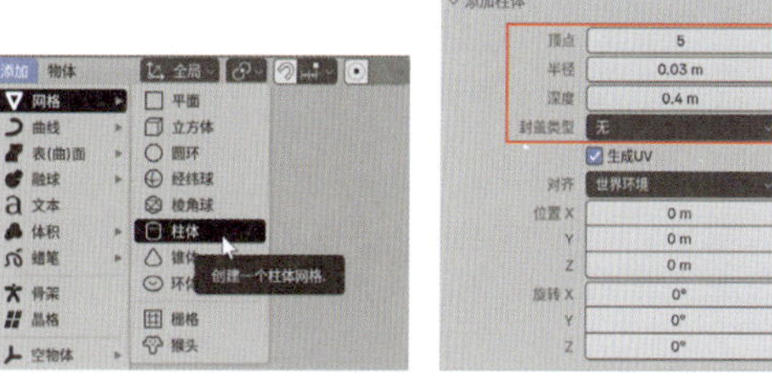

图9-80　图9-81

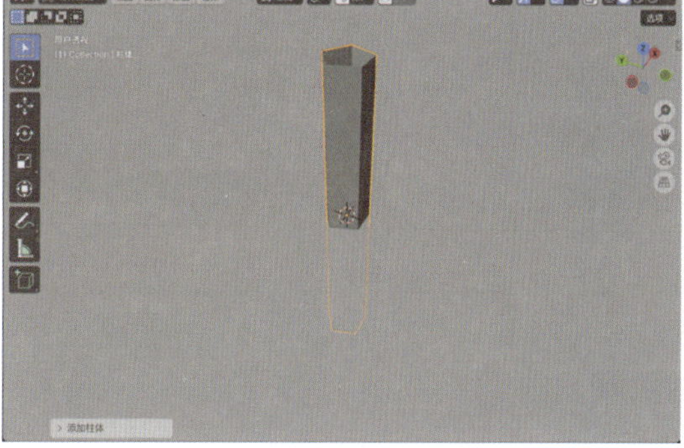

图9-82

04 在“编辑模式”中，使用“环切”工具为柱体添加边线，如图9-83所示。

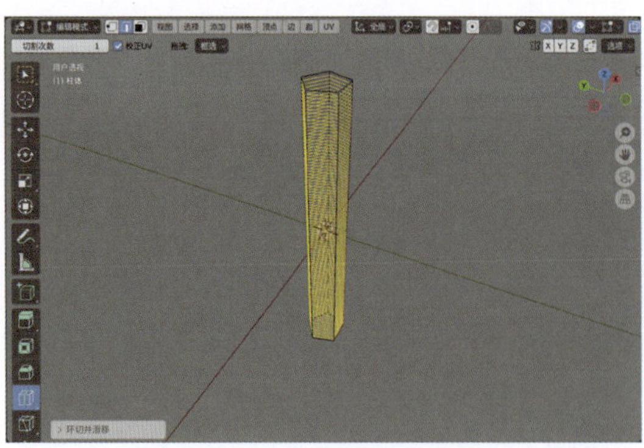

图9-83

05 在“环切并滑移”卷展栏中，设置“切割次数”值为100，如图9-84所示。

06 执行“添加”→“空物体”→“球形”命令，如图9-85所示。

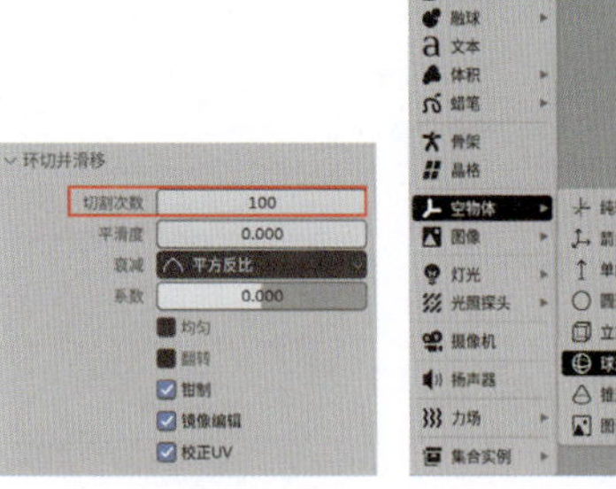

图9-84　　图9-85

07 在“添加空物体”卷展栏中，设置“半径”为0.05m，如图9-86所示。

08 选择柱体模型，在“修改器”选项卡中，添加“简易形变”修改器。单击“扭曲”按钮，设置“角度”为360°，“原点”为“空物体”，“轴向”为Z，如图9-87所示，即可得到如图9-88所示的模型效果。

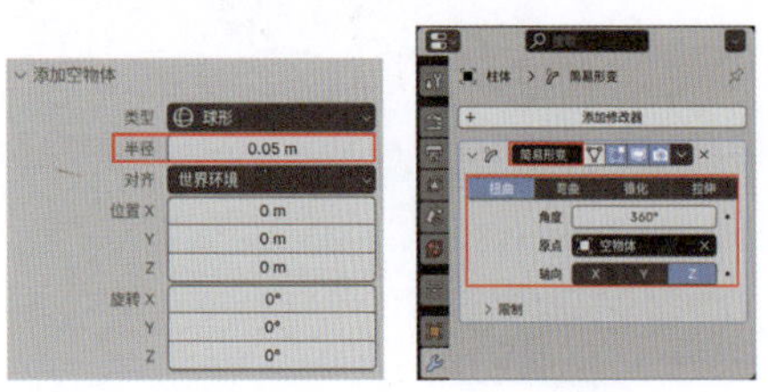

图9-86　　图9-87

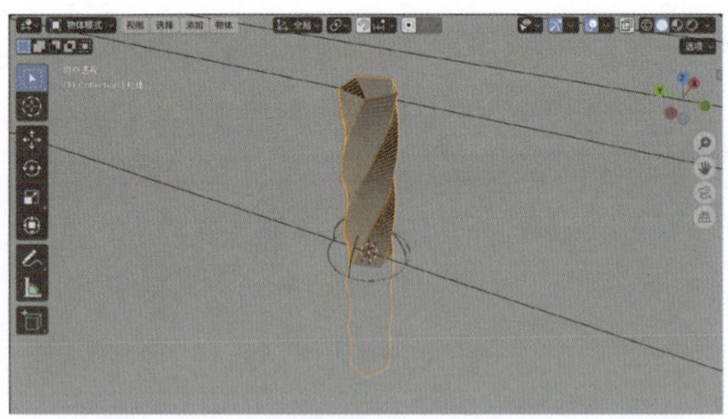

图9-88

09 在“修改器”选项卡中，添加“简易形变”修改器。单击“弯曲”按钮，设置“角度”为360°，“原点”为“空物体”，“轴向”为X，如图9-89所示，即可得到如图9-90所示的模型效果。

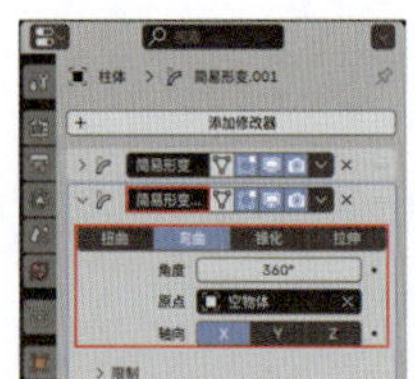

图9-89

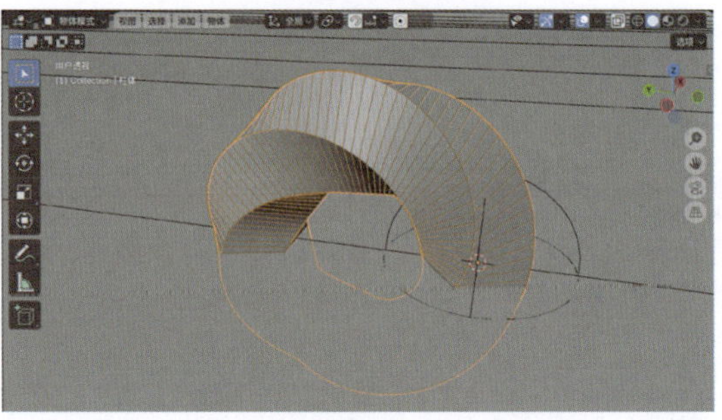

图9-90

10 在“修改器”选项卡中，添加“倒角”修改器，设置“（数）量”为0.002m，“段数”值为3，如图9-91所示，即可得到如图9-92所示的模型效果。

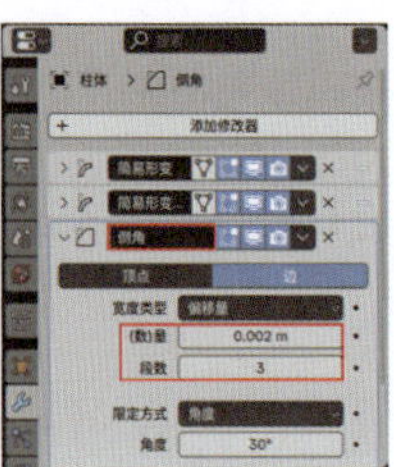

图9-91

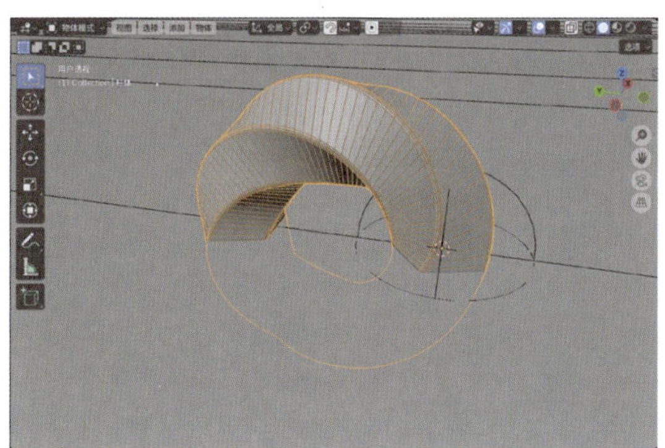

图9-92

11 设置完成后，在“摄影机视图”中，调整柱体和球体的位置，如图9-93所示。

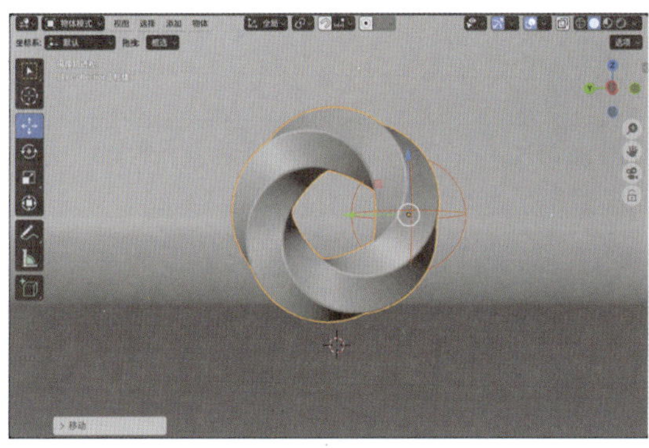

图9-93

12 选择柱体，右击并在弹出的快捷菜单中选择“自动平滑着色”选项，如图9-94所示，即可得到更加平滑的模型效果。

图9-94

13 选择柱体，在第1帧处，为“旋转Z”属性设置关键帧，如图9-95所示。

14 在第200帧处，设置“旋转”的Z为360°，并为其设置关键帧，如图9-96所示。

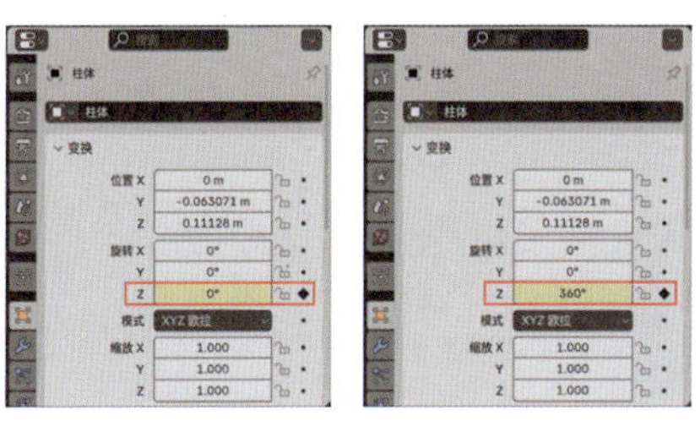

图9-95　　图9-96

15 本例制作完成的动画效果如图9-97所示。渲染场景，渲染效果如图9-98所示。

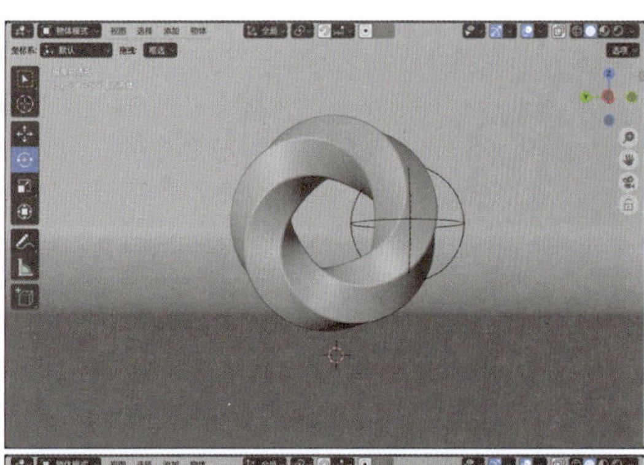

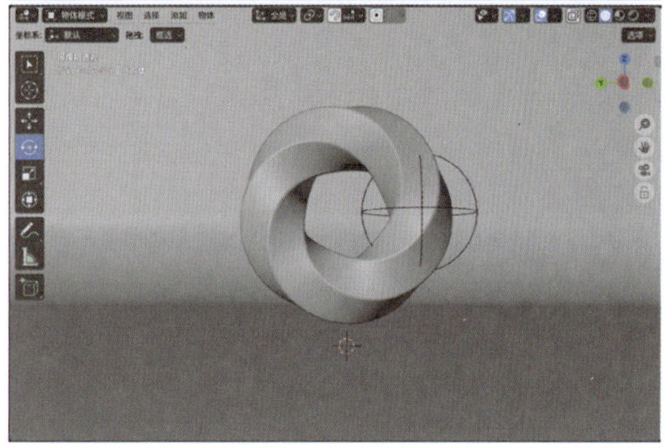

图9-97

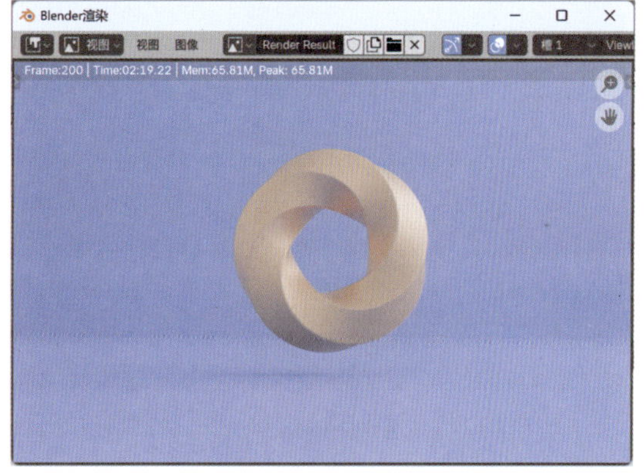

图9-98

9.2.5 实例：制作物体旋转动画

本例讲解使用“阵列”修改器来制作物体旋转循环动画的方法，最终渲染效果如图9-99所示。

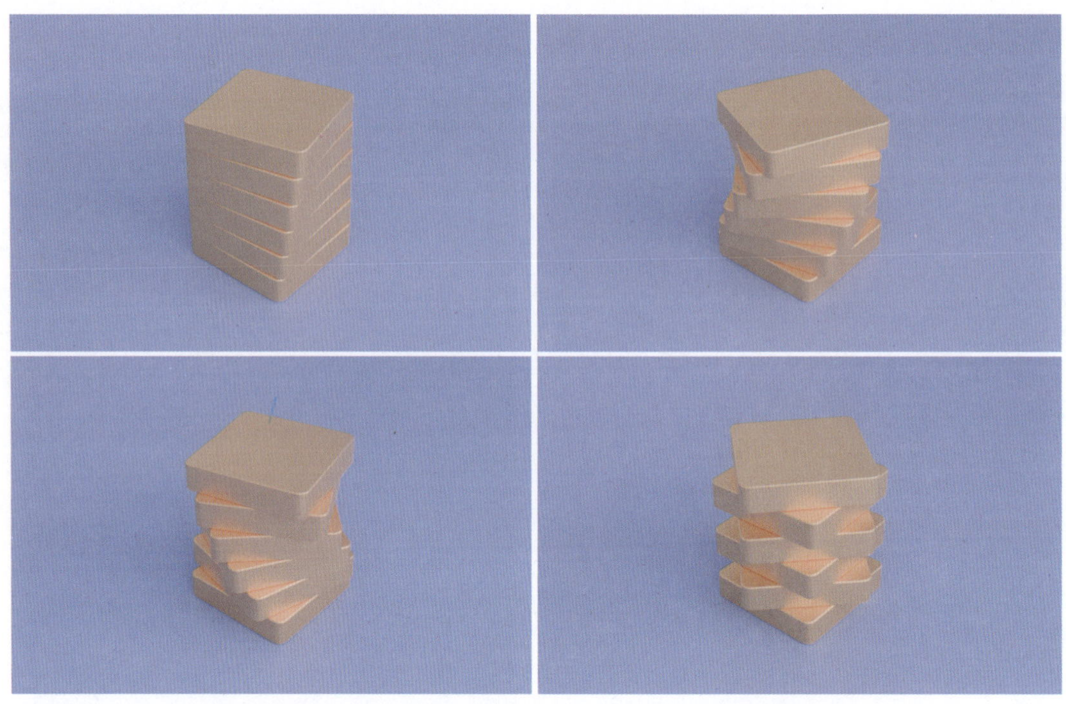

图9-99

01 启动Blender，打开场景文件“方块.blend”，其中有一个方块模型，如图9-100所示。

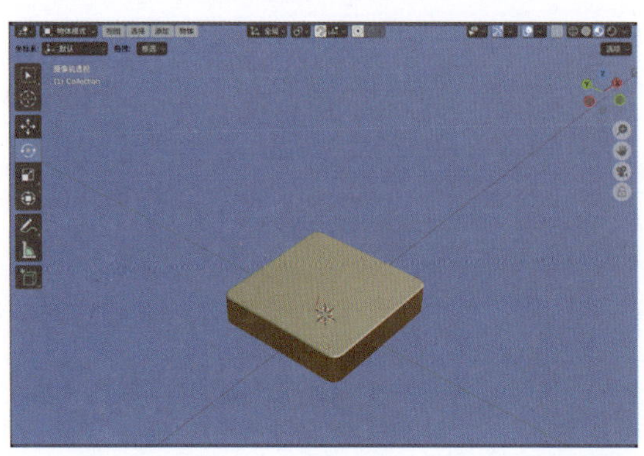

图9-100

02 选择方块模型，在“修改器”选项卡中，添加“阵列”修改器，设置“数量”值为6，“系数X”值为0.000，Z值为1.000，如图9-101所示。设置完成后，得到的方块模型，如图9-102所示。

03 执行“添加”→“空物体”→“球形”命令，如图9-103所示。

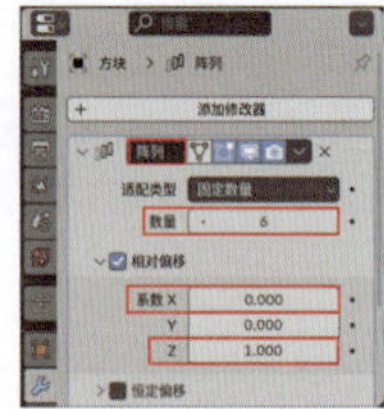

图9-101

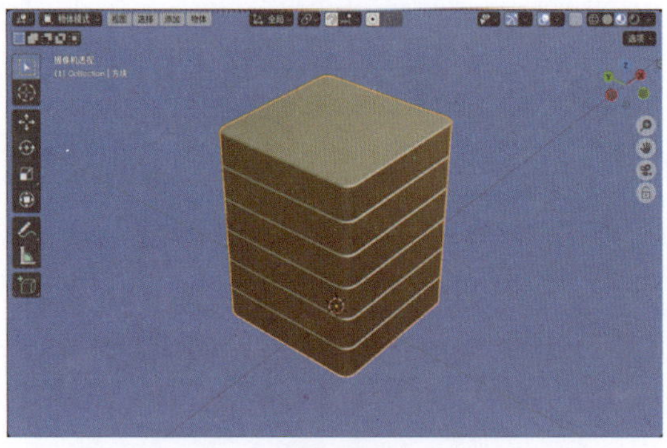

图9-102

04 在“添加空物体”卷展栏中，设置“半径”为0.1m，如图9-104所示。

05 选择方块模型，在“修改器”选项卡中，选中“物体偏移”复选框，设置“物体”为“空物体”，如图9-105所示。

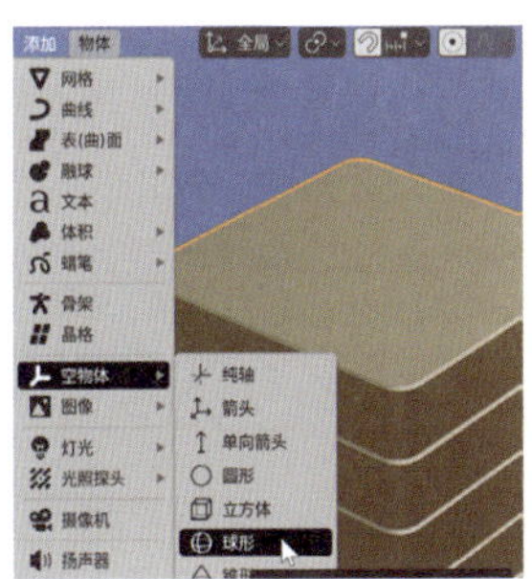

图9-103

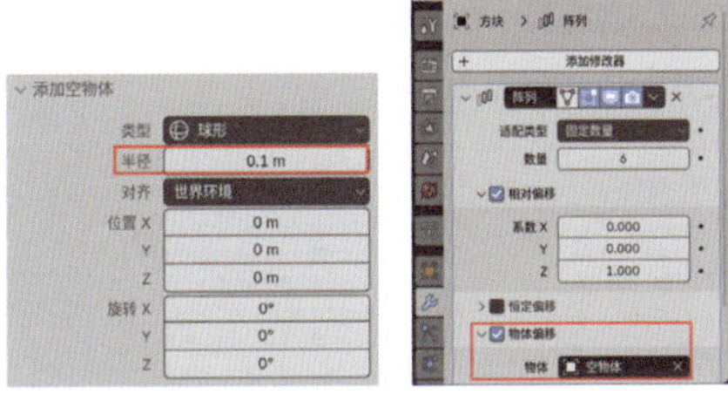

图9-104　　图9-105

06 选择名称为“空物体”的球形，如图9-106所示。在第1帧处，为“旋转Z”属性设置关键帧，如图9-107所示。

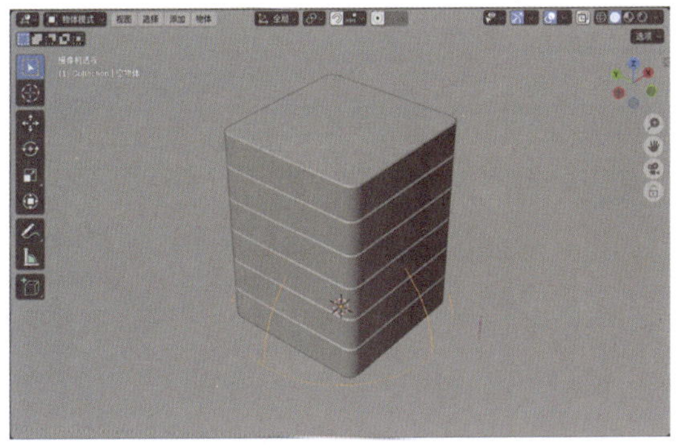

图9-106

07 在第100帧处，设置“旋转”的Z为90°，并为其设置关键帧，如图9-108所示。

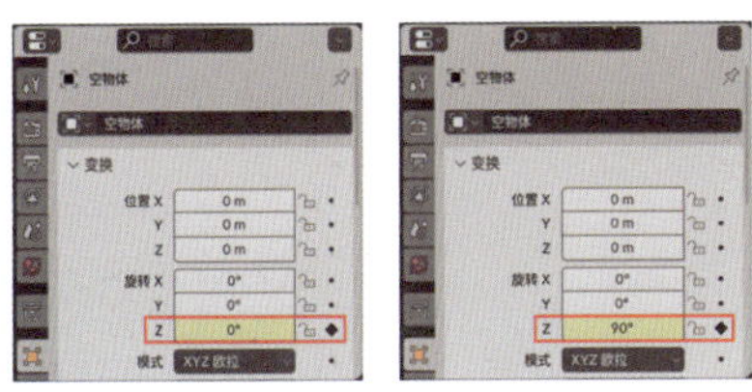

图9-107　　图9-108

08 本例制作完成的动画效果如图9-109所示。渲染场景，渲染效果如图9-110所示。

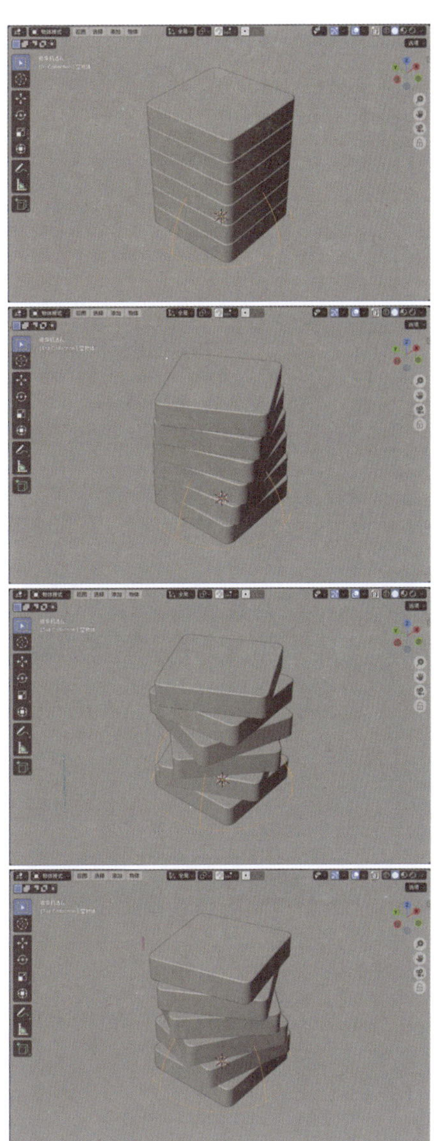

图9-109

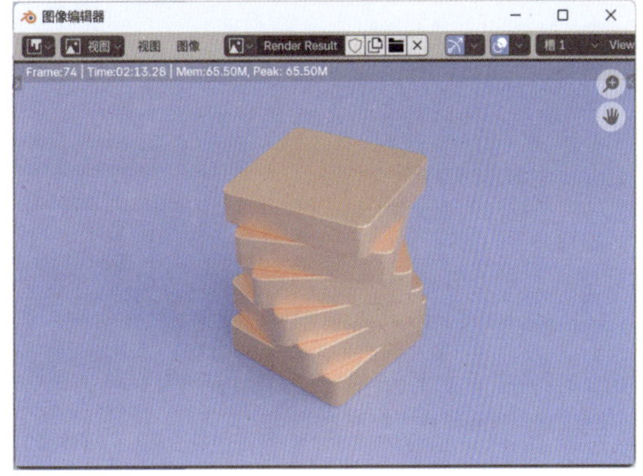

图9-110

9.2.6 实例：制作场景分解动画

本例讲解使用“曲线编辑器”来制作场景分解下落动画的方法，最终渲染效果如图 9-111 所示。

图9-111

01 启动Blender，打开场景文件“房间.blend”，其中有一个带有简单家具的房间模型，如图9-112所示。

图9-112

02 选择场景中的墙体模型，如图9-113所示。在第80帧处，为“位置Z”属性设置关键帧，如图9-114所示。

03 采用同样的操作步骤，为场景中的其他物体的“位置Z”属性设置关键帧，并单击“自动插帧”按钮，如图9-115所示。

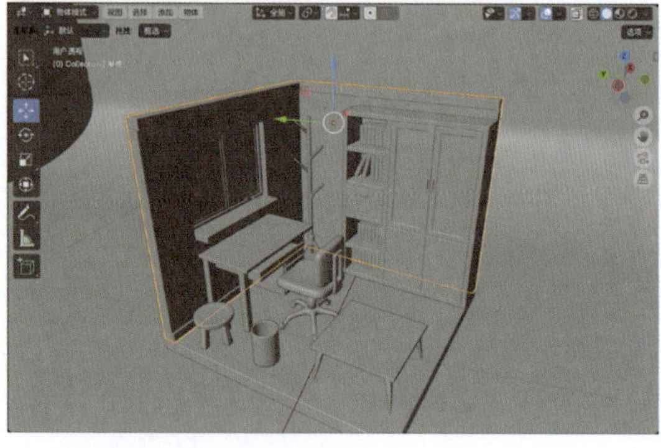

图9-113

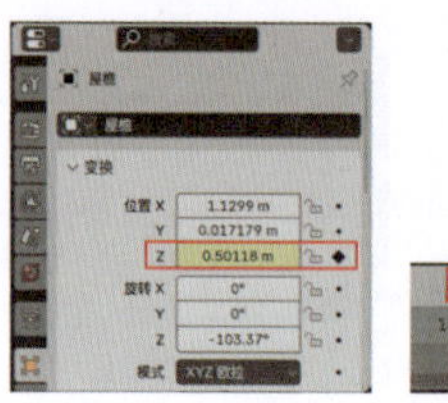

图9-114　图9-115

04 选中场景中构成房间的所有模型，如图9-116所示。

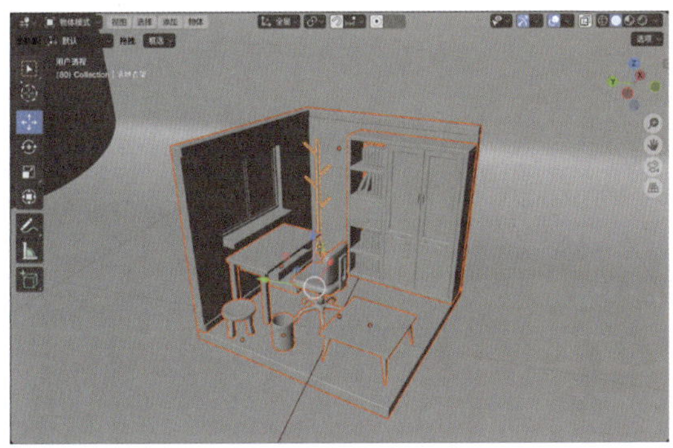

图9-116

05 在第60帧处，沿Z轴向上调整房间模型的位置，如图9-117所示。

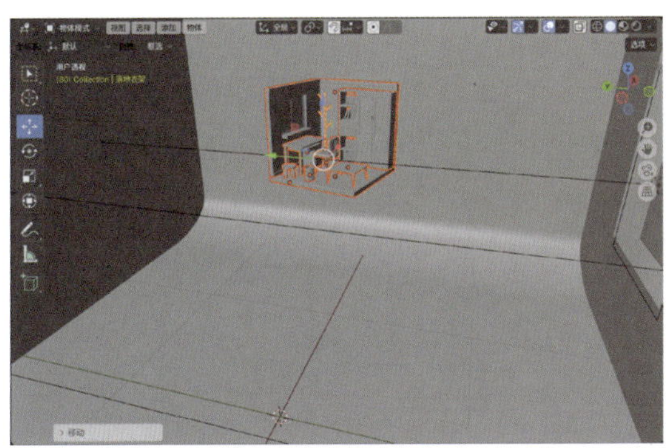

图9-117

06 执行“窗口”→“新建窗口”命令，如图9-118所示。

图9-118

07 将新建窗口切换为“曲线编辑器”后，观察场景中物体的动画曲线，如图9-119所示。

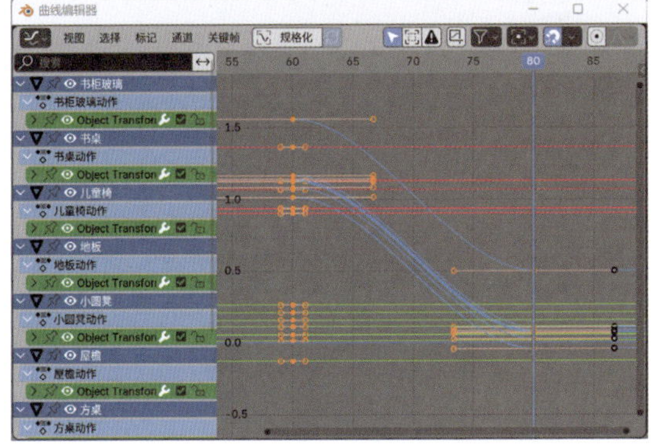

图9-119

08 在“曲线编辑器”面板中，调整所有对象的动画曲线，如图9-120所示。

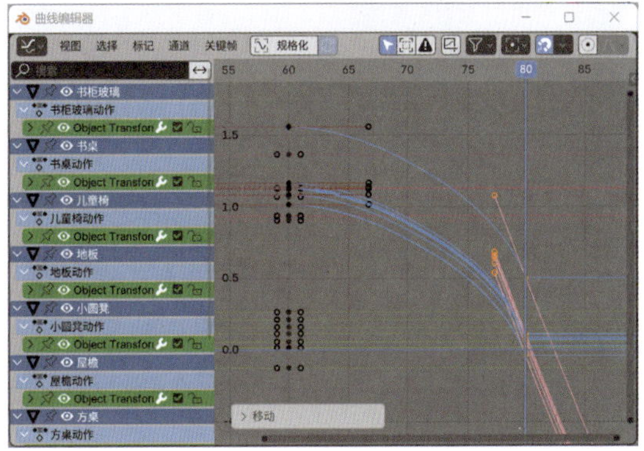

图9-120

09 选择地板模型的关键帧，如图9-121所示，并调整其位置，如图9-122所示。

图9-121

图9-122

10 采用同样的操作步骤，调整其他物体的关键帧位置，如图9-123所示。

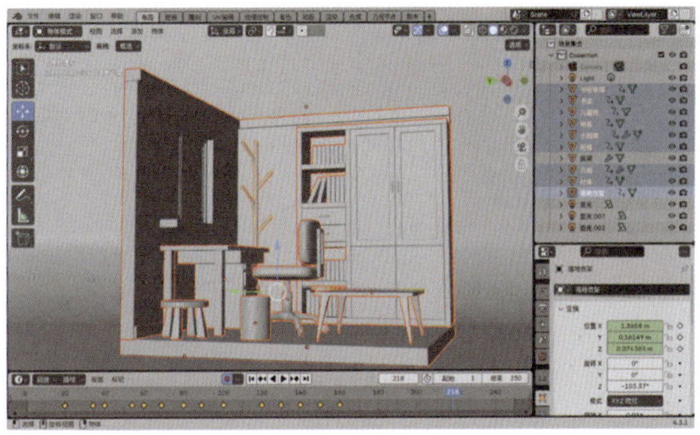

图9-123

11 本例制作完成的动画效果如图9-124所示。渲染场景，渲染效果如图9-125所示。

技巧与提示

制作下落动画时，需要考虑物体下落的顺序。比如先落下地板，再落下地板上的书桌、椅子等物品。

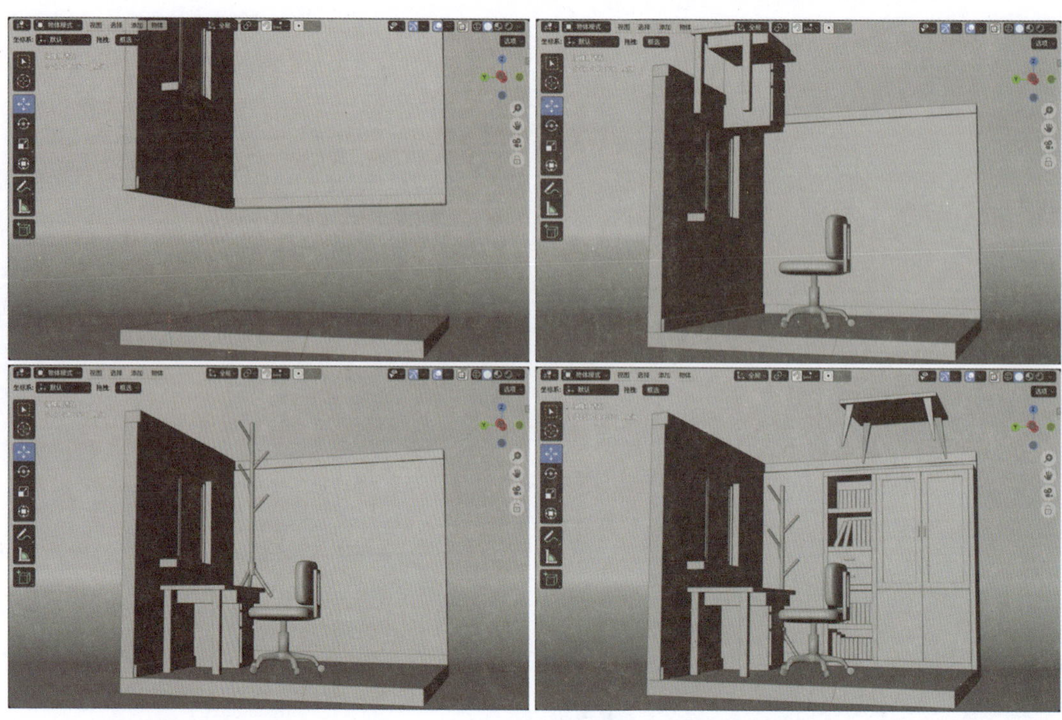

图9-124

图9-125

9.2.7 实例：制作物体消失动画

本例讲解使用“纯轴”来制作物体消失动画的方法，最终渲染效果如图 9-126 所示。

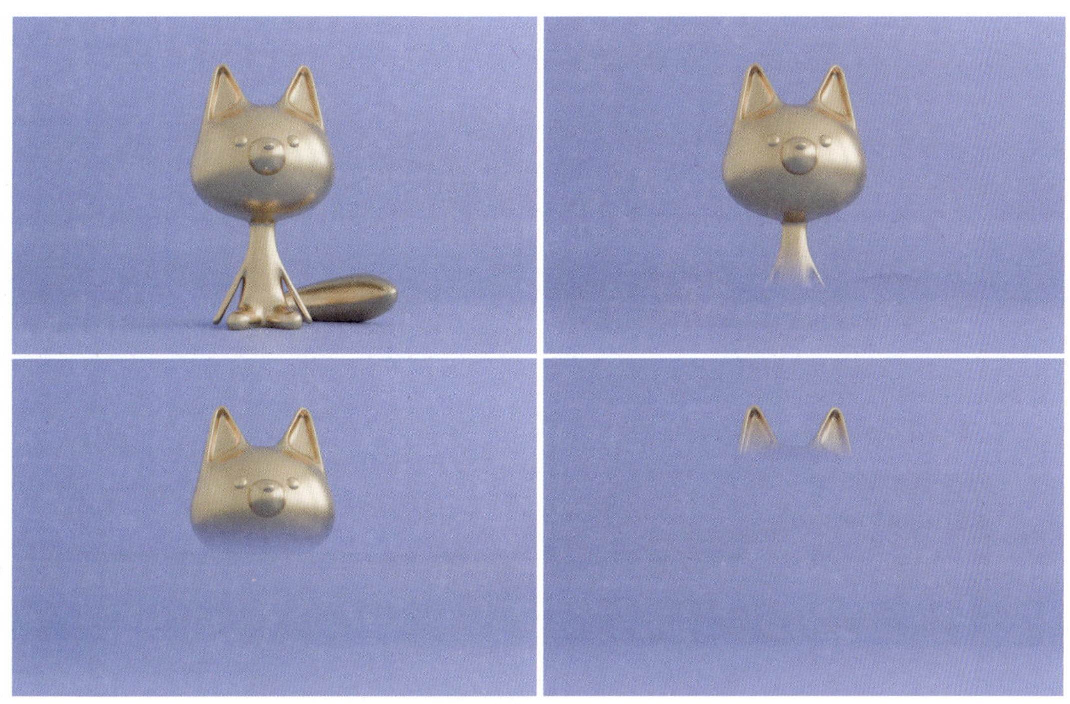

图9-126

01 启动Blender，打开场景文件“狐狸.blend”，其中有一个狐狸模型，如图9-127所示。

图9-127

02 选择狐狸模型，在“材质”选项卡中，单击“新建”按钮，如图9-128所示，为其创建一个新材质并重命名为“金属”，如图9-129所示。

图9-128

图9-129

03 在“表（曲）面”卷展栏中，设置“基础色”为黄色，“金属度”值为1.000，“糙度”值为0.300，如图9-130所示。其中，基础色颜色的参数设置如图9-131所示。

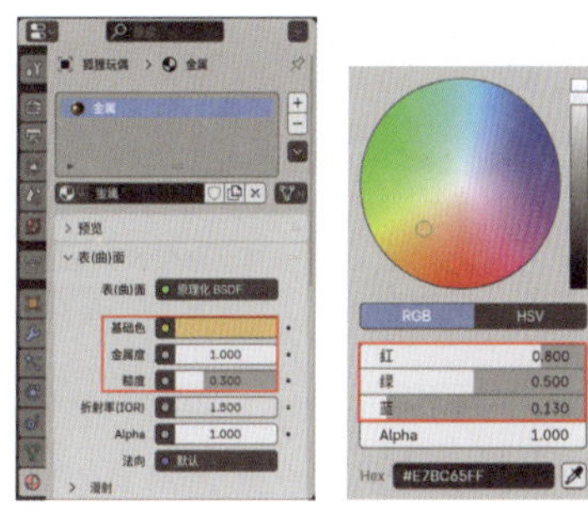

图9-130　　图9-131

04 渲染场景，金属材质的渲染结果如图9-132所示。

05 在“表（曲）面”卷展栏中，单击Alpha右侧的灰色圆点按钮，如图9-133所示。

06 在弹出的菜单中选择“颜色渐变”选项，如图9-134所示。

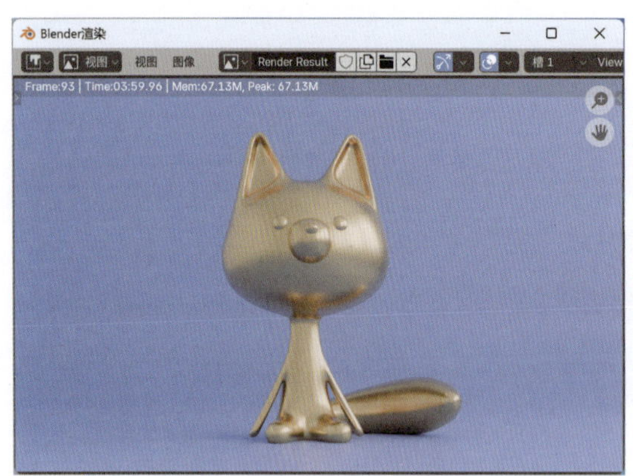

图9-132

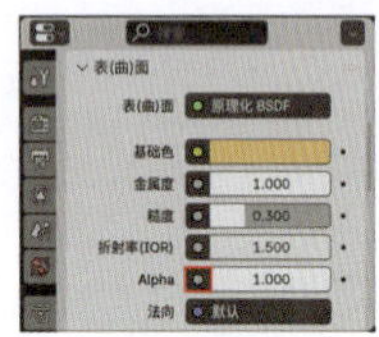

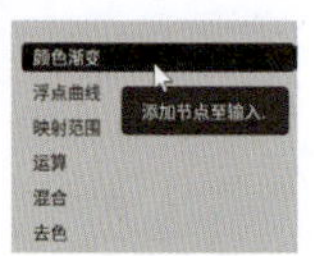

图9-133　　图9-134

07 设置颜色渐变中白色的“位置”值为0.100后，再单击“颜色渐变”贴图中“系数”右侧的灰色圆点按钮，如图9-135所示。在弹出的菜单中选择Z选项，如图9-136所示。

图9-135　　图9-136

08 单击“矢量”右侧的蓝色圆点按钮，如图9-137所示。在弹出的菜单中选择“物体”选项，如图9-138所示。

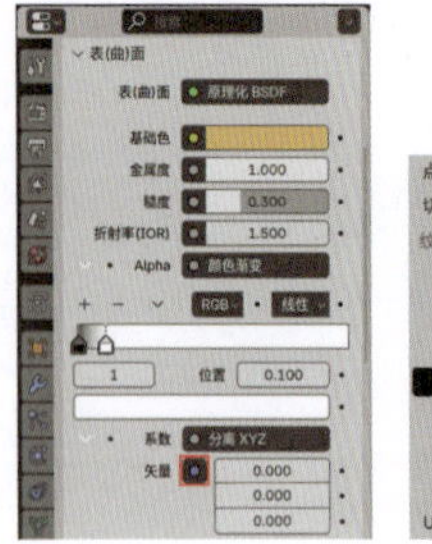

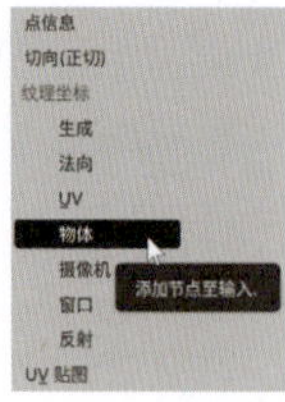

图9-137　　图9-138

09 调出“着色器编辑器”面板，可以看到金属材质的节点连接情况，如图9-139所示。

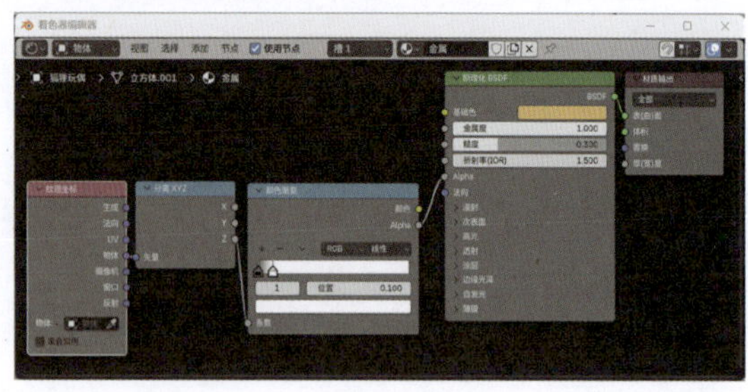

图9-139

10 在“着色器编辑器”面板中，将“颜色渐变”节点的“颜色”属性连接至“原理化BSDF”节点的Alpha属性，如图9-140所示。

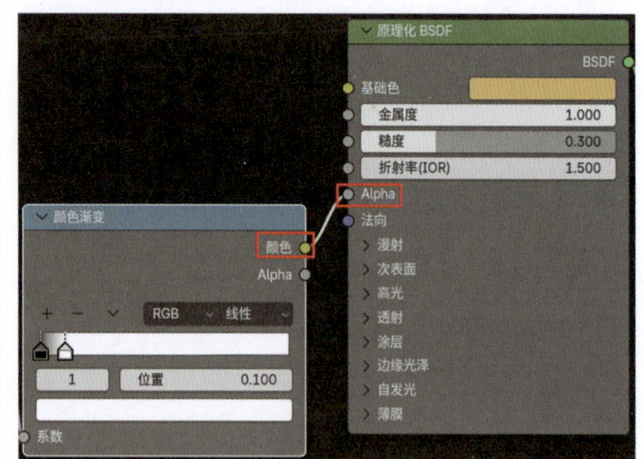

图9-140

11 执行“添加”→“空物体”→“纯轴”命令，如图9-141所示，在场景中创建一个名称为“空物体”的纯轴。

12 在“添加空物体”卷展栏中，设置“半径”为0.1m，如图9-142所示。

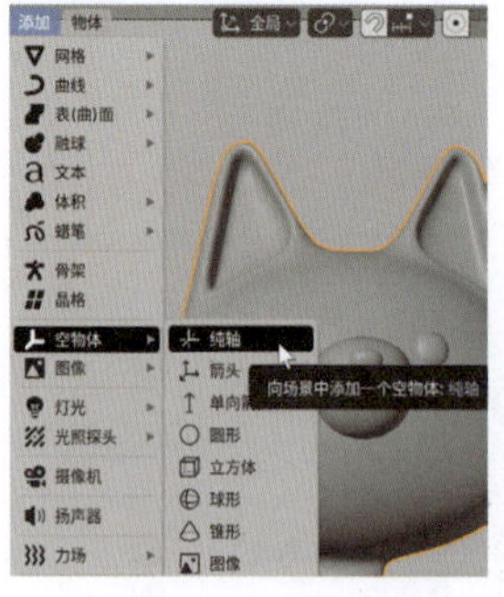

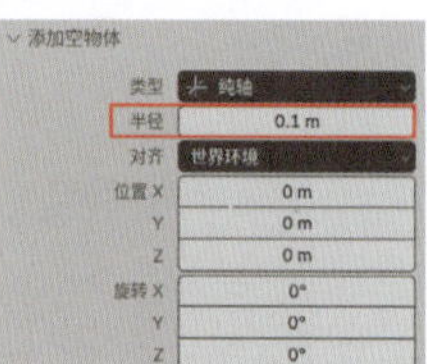

图9-141　　图9-142

13 移动纯轴的位置，如图9-143所示。

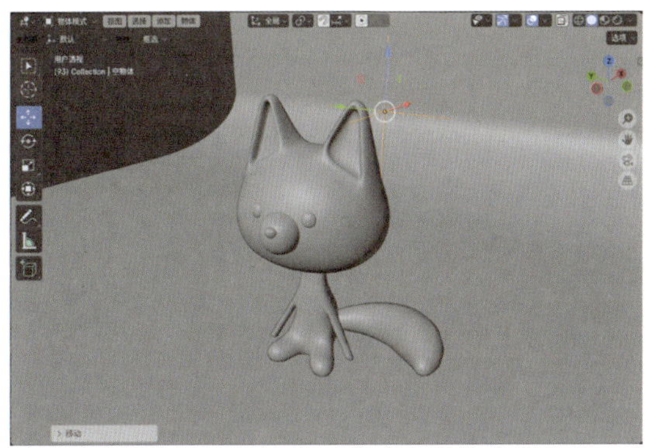

图9-143

14 选择狐狸模型，在“材质”面板中，设置“物体”为“空物体”，如图9-144所示。

图9-144

15 在第20帧处，选择纯轴，沿Z轴调整其位置，如图9-145所示。

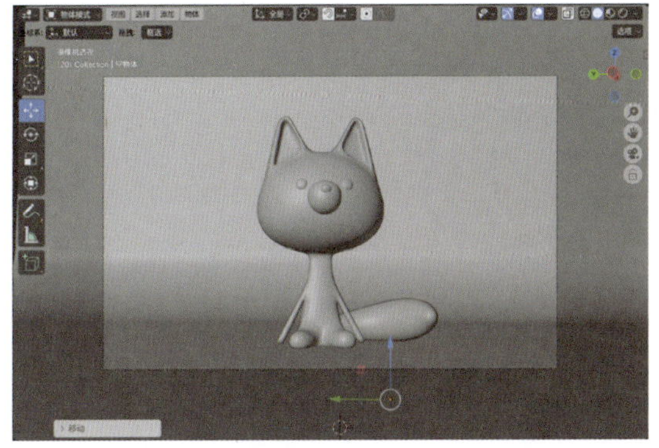

图9-145

16 在“变换”卷展栏中，为其“位置Y”属性设置关键帧，如图9-146所示。

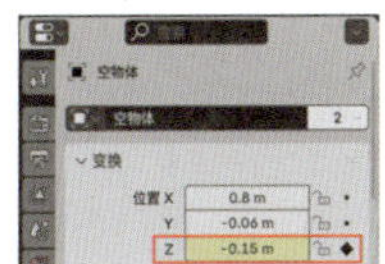

图9-146

17 在第100帧处，选择纯轴，沿Z轴调整其位置，直至小勺模型全部消失，如图9-147所示。

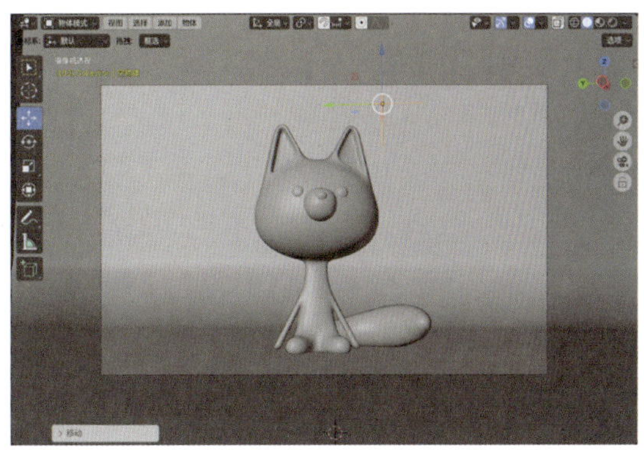

图9-147

18 在“变换”卷展栏中，为其“位置Z”属性设置关键帧，如图9-148所示。

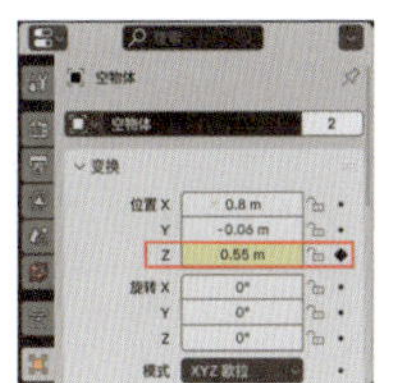

图9-148

19 设置完成后，播放场景动画，可以看到随着纯轴的移动，狐狸模型产生了慢慢消失的动画效果，如图9-149所示。

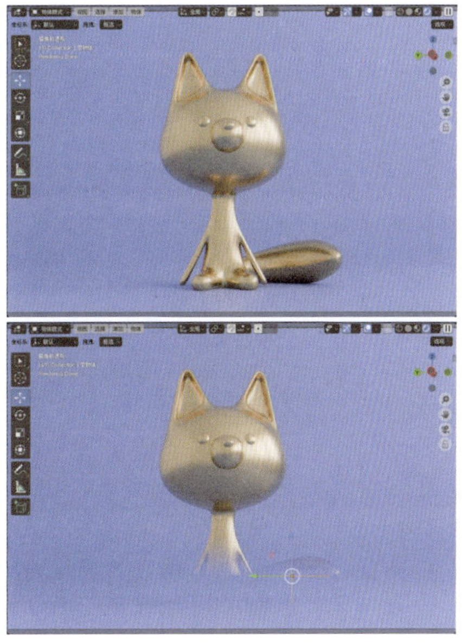

图9-149

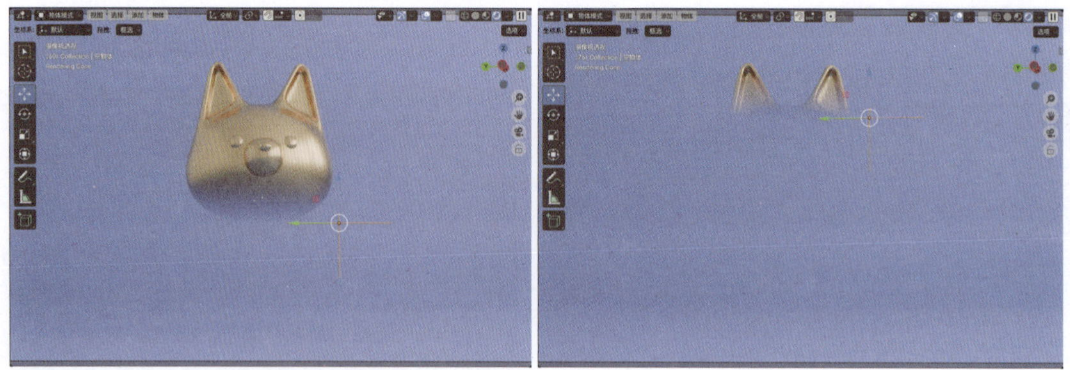

图9-149（续）

9.2.8 实例：制作旋转循环动画

本例讲解使用“曲线编辑器”来制作旋转循环动画的方法，最终渲染效果如图 9-150 所示。

图9-150

01 启动Blender，打开场景文件“风力发电机.blend”，其中有一个风力发电机模型，如图9-151所示。

图9-151

02 选择扇叶模型，如图9-152所示。

图9-152

03 在第1帧处，在“变换”卷展栏中，为“旋转X”属性设置关键帧，如图9-153所示。

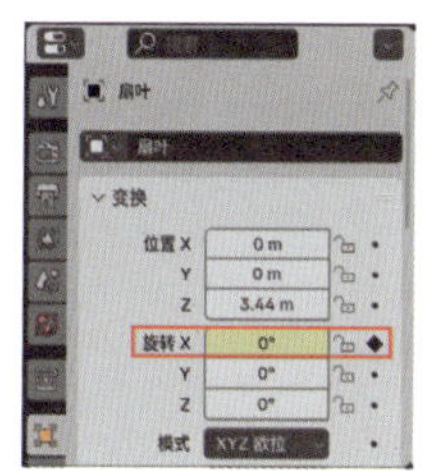

图9-153

04 在第30帧处，在“变换”卷展栏中，设置“旋转X”为-180°，并为该属性设置关键帧，如图9-154所示。

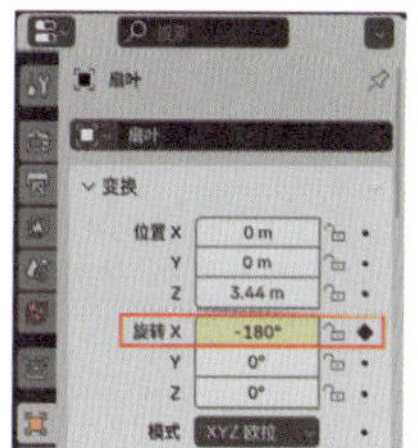

图9-154

05 执行“窗口”→“新建窗口”命令，如图9-155所示。

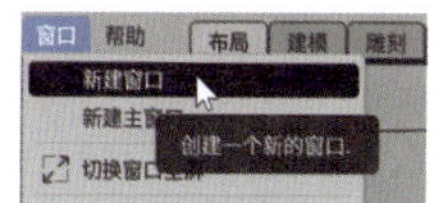

图9-155

06 在新建窗口中，单击“编辑器类型”按钮，将其切换至“曲线编辑器”面板，如图9-156所示。

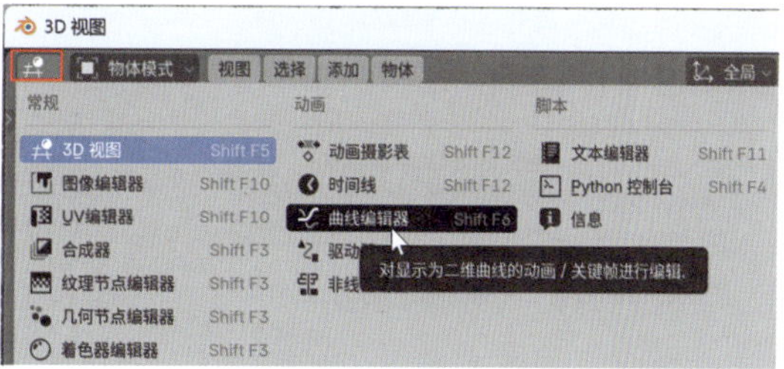

图9-156

07 在“曲线编辑器”面板中，执行“视图”→“框显全部”命令，如图9-157所示。即可查看到刚刚制作的扇叶旋转动画曲线，如图9-158所示。

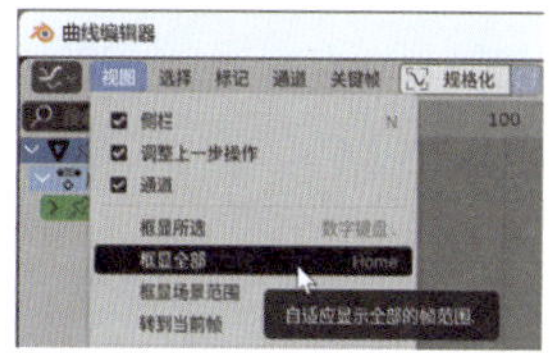

图9-157

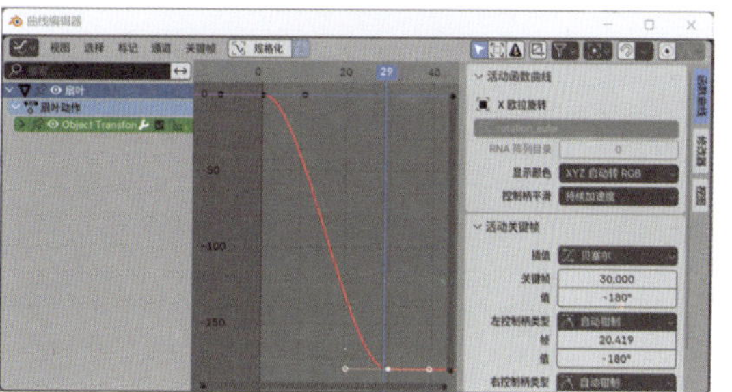

图9-158

08 选择如图9-159所示的关键点，在“活动关键帧”卷展栏中，设置“插值”为“线性”，即可使旋转动画呈匀速运动的直线形态。

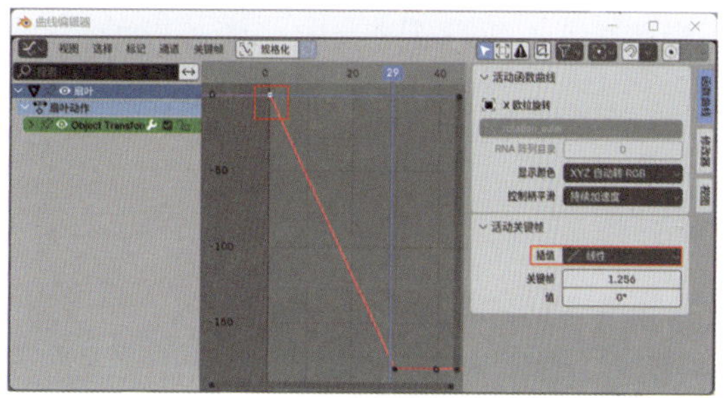

图9-159

09 在“修改器”面板中，为曲线添加“循环”修改器，如图9-160所示。

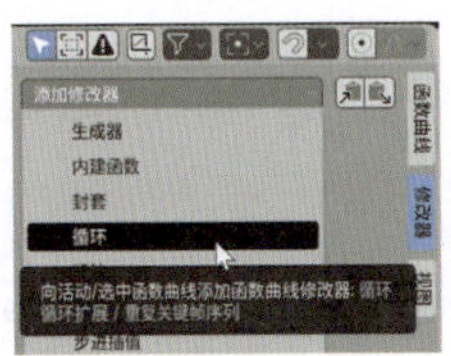

图9-160

10 在“修改器”面板中，设置“之前模式”为“带偏移重复”，“之后模式”为“带偏移重复”，如图9-161所示。

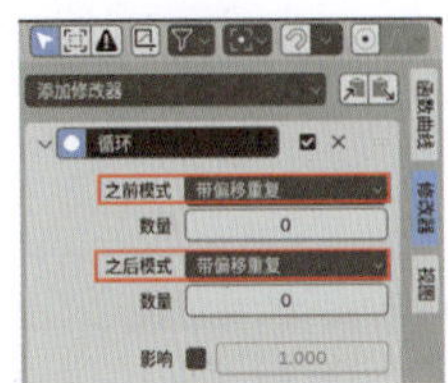

图9-161

11 设置完成后，在“曲线编辑器”面板中观察扇叶的动画曲线，如图9-162所示。播放场景动画，可以看到风力发电机的扇叶模型会一直旋转。

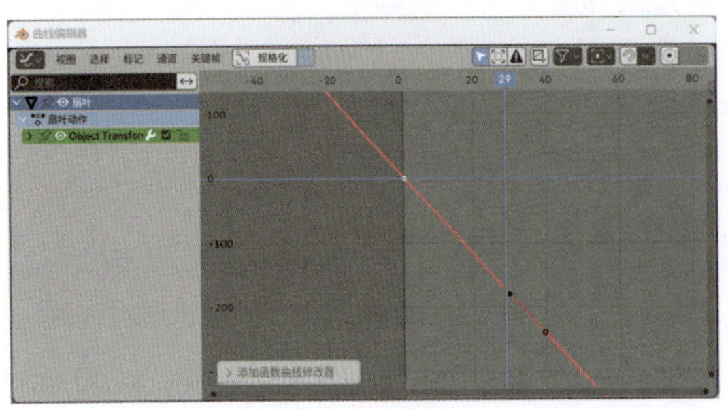

图9-162

12 渲染场景，渲染效果如图9-163所示。

图9-163

13 在“渲染”选项卡中，选中“运动模糊”复选框，设置“快门”值为5.000，如图9-164所示。

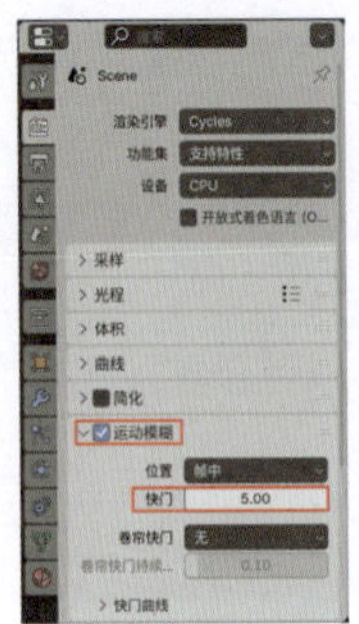

图9-164

14 渲染场景，本例的最终渲染效果如图9-165所示。

图9-165

技巧与提示

“快门”值越大，运动模糊的效果越明显。

第10章 动力学动画

10.1 动力学概述

Blender 为动画师配备了多个功能强大且易于上手的动力学动画模拟系统，这些系统主要分为“物理”和“粒子”两大类动力学体系。

其中，“物理”动力学涵盖布料、刚体、流体和软体动力学等。它主要用于制作运动规律较为复杂的动画，如布料形变动画、刚体碰撞动画、烟雾流动动画以及软体特效动画。而“粒子”动力学能够与“物理”动力学中的力场、刚体等对象进行交互，从而制作出更为复杂的群组动力学动画效果。

在学习本章内容时，读者可以多参考现实生活中与之相关的照片或视频素材。如图 10-1 和图 10-2 所示，这是作者拍摄的一些相关照片。

图10-1

图10-2

10.2 “物理”动力学

在“物理”选项卡中，可以找到 Blender 为用户提供的动力学相关按钮，如图 10-3 所示。

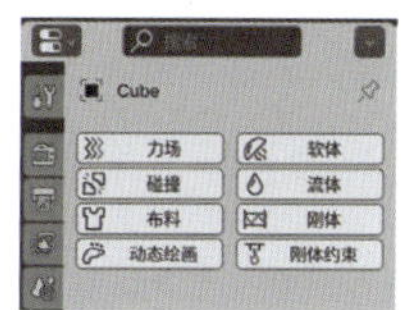

图10-3

10.2.1 基础操作：刚体碰撞动画测试

知识点：“活动项”刚体、“被动”刚体。

01 启动Blender，选择场景中自带立方体模型，如图10-4所示。在“物理”选项卡中，单击“刚体”按钮，如图10-5所示，将其设置为刚体。

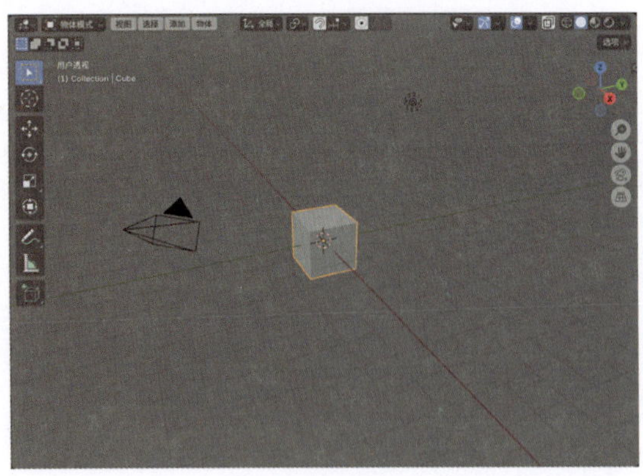

图10-4

02 在“刚体”卷展栏中，可以看到默认状态下，刚体的“类型”为“活动项”，如图10-6所示，说明这是一个可以产生动力学动画的刚体类型。

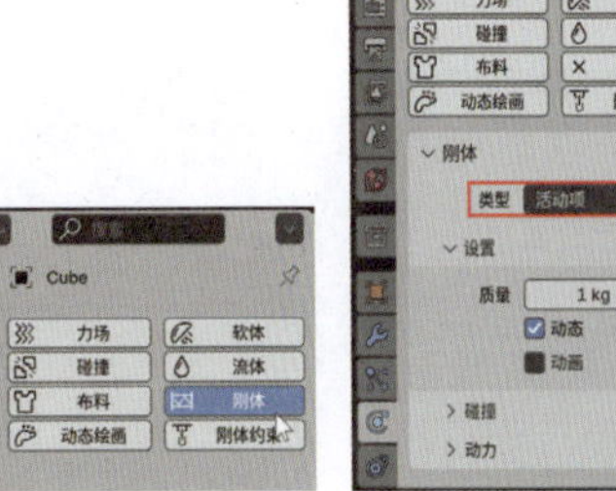

图10-5 图10-6

03 调整立方体模型的位置和角度，如图10-7所示。

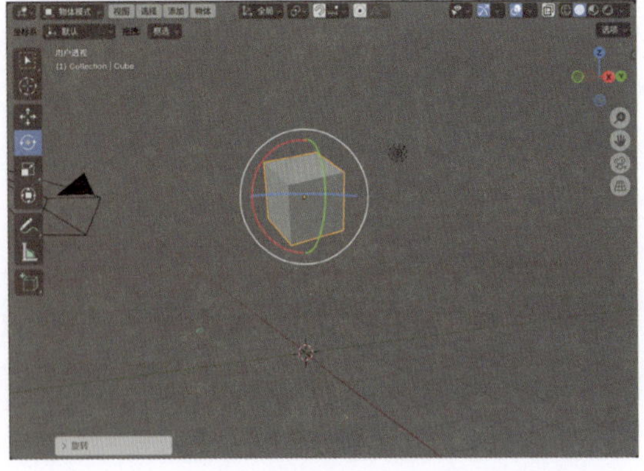

图10-7

04 执行“添加”→“网格”→“平面”命令，如图10-8所示，在场景中创建一个平面模型。

05 在“添加平面”卷展栏中，设置“尺寸”为20m，如图10-9所示。设置完成后，平面模型的显示效果如图10-10所示。

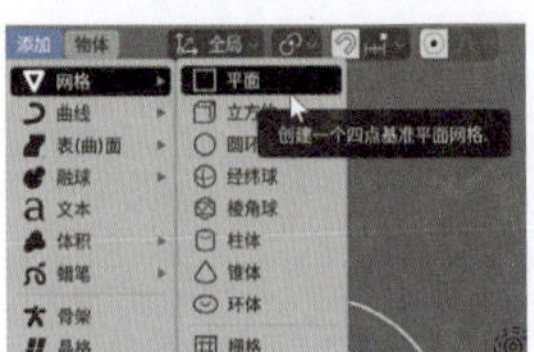

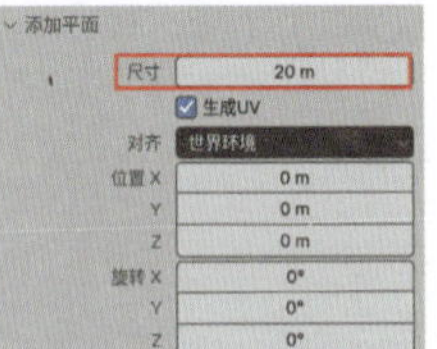

图10-8 图10-9

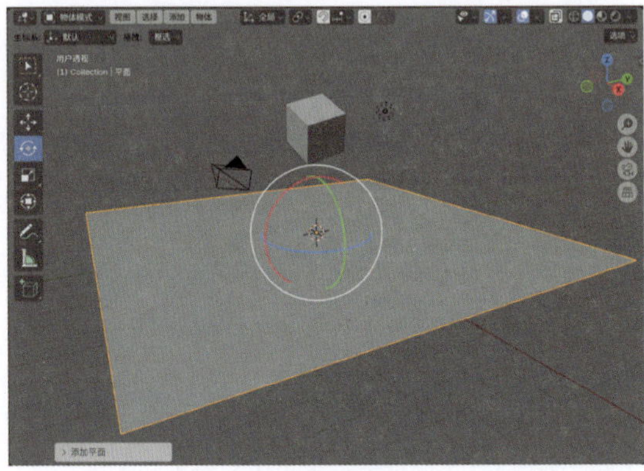

图10-10

06 选择平面模型，在“物理”选项卡中，单击“刚体”按钮，如图10-11所示，也将其设置为刚体。

07 在“刚体”卷展栏中，设置刚体的“类型”为“被动”，如图10-12所示，说明这是一个不产生动画的刚体类型，“被动”类型的刚体通常作为动力学动画中被碰撞的对象，如地面或墙体等。

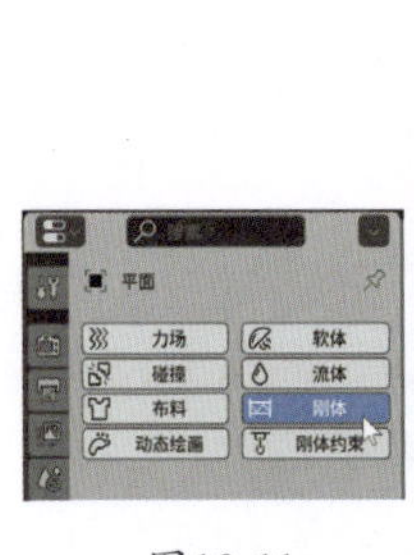

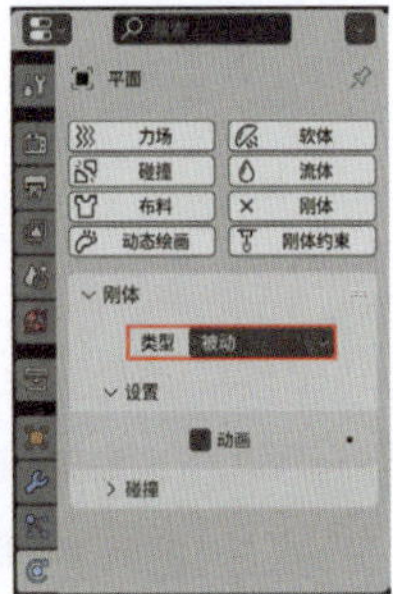

图10-11 图10-12

08 设置完成后，播放场景动画，即可看到立方体模型下落并与平面模型产生碰撞的动画效果，如图10-13所示。

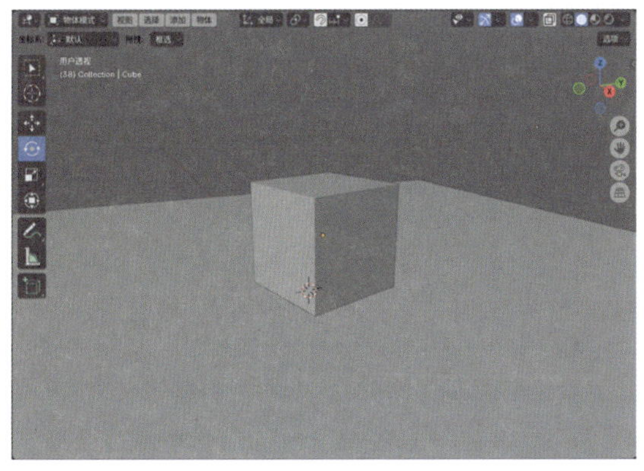

图10-13

09 选择立方体模型，在“表面响应”卷展栏中，设置“弹跳力”值为1.000，如图10-14所示。接下来，选择平面模型，也进行同样的设置。

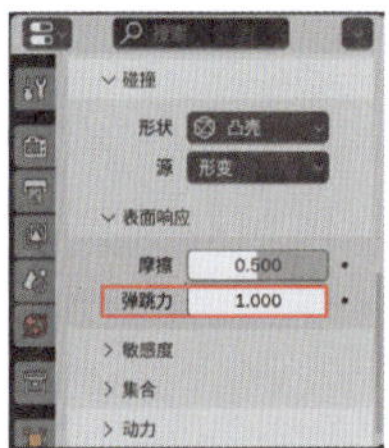

图10-14

10 再次播放动画，可以看到这一次立方体模型与平面模型产生碰撞后，会产生明显的弹跳效果，如图10-15所示。

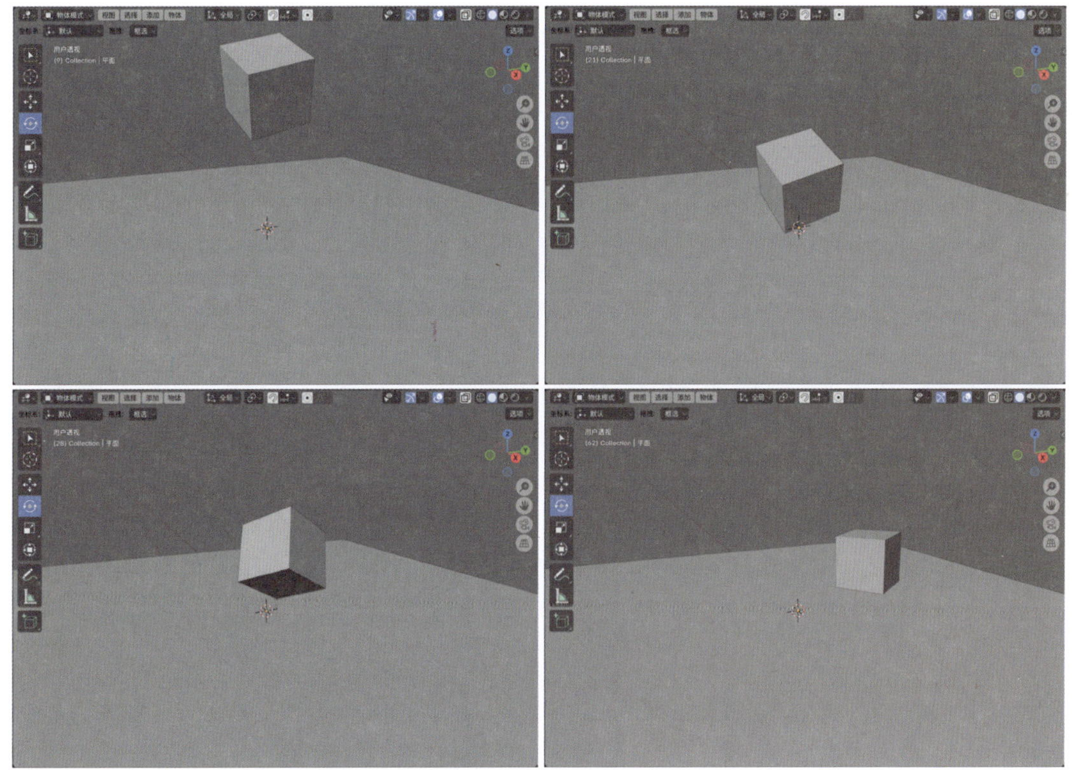

图10-15

10.2.2 实例：制作水果掉落动画

本例将使用“刚体”工具来制作水果掉落的动画效果，如图 10-16 所示为本例的最终完成效果。

图10-16

01 启动Blender，打开配套场景文件“水果.blend”，其中有3个苹果模型，并且已经设置好了灯光及摄像机，如图10-17所示。

图10-17

02 选择如图10-18所示的水果模型，在“物理”选项卡中，单击“刚体”按钮，如图10-19所示，将其设置为刚体。

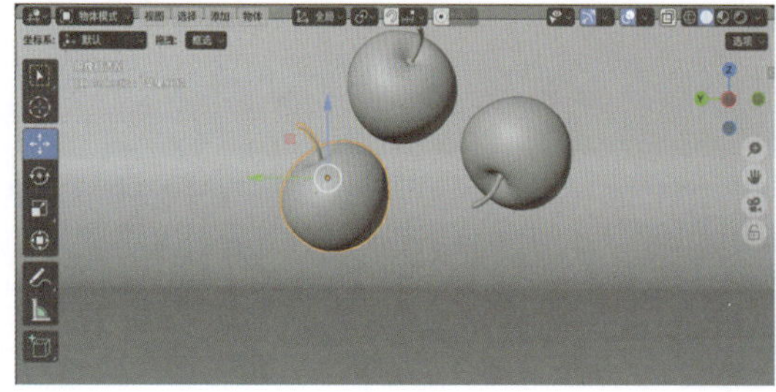

图10-18

03 在“刚体”卷展栏中，设置“形状”为“网格”，“弹跳力”值为0.6000，“边距”为0m，如图10-20所示。

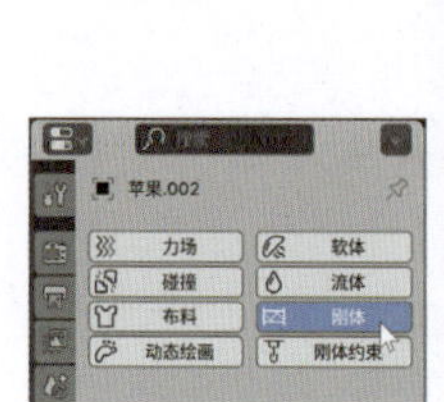

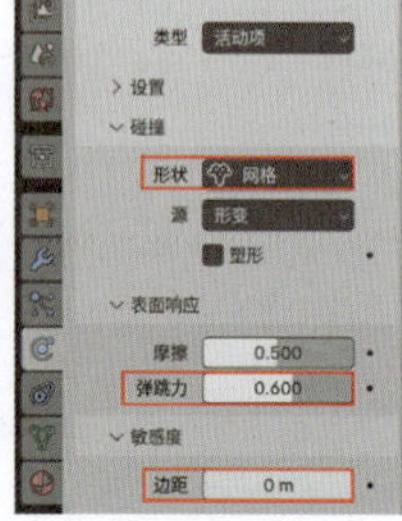

图10-19　图10-20

04 选择场景中的地面模型，如图10-21所示。

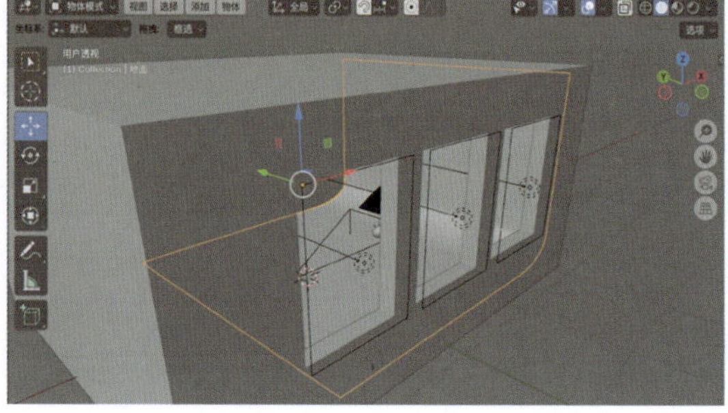

图10-21

05 在“物理”选项卡中，单击“刚体”按钮，如图10-22所示，将其设置为刚体。

06 在“刚体”卷展栏中，设置“类型”为“被动”，“形状”为“网格”，“弹跳力”值为0.500，“边距”为0m，如图10-23所示。

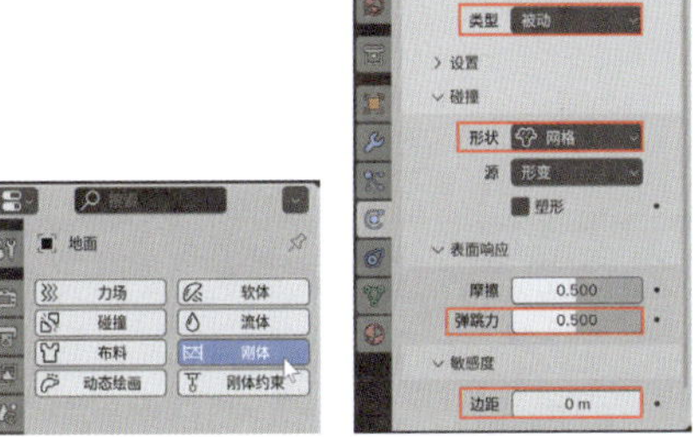

图10-22　　图10-23

07 设置完成后，播放动画，即可看到水果掉落的动画效果，如图10-24所示。

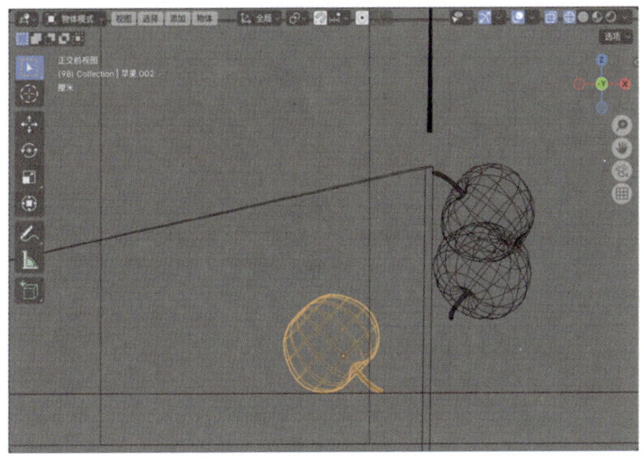

图10-24

08 在场景中先选中另外的两个水果模型，最后加选设置了刚体的水果模型，如图10-25所示。

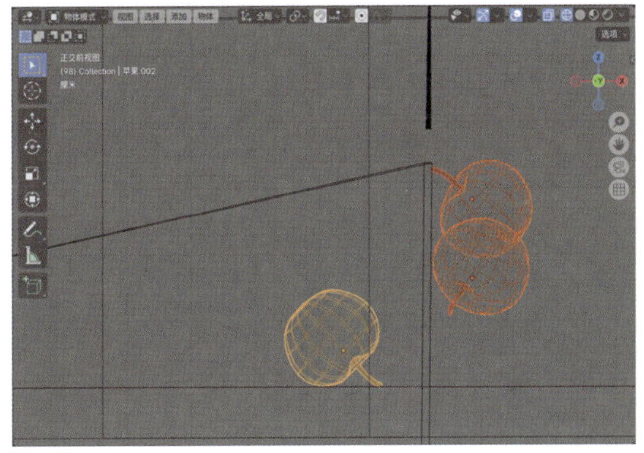

图10-25

09 执行“物体”→“刚体”→“从活动项复制”命令，如图10-26所示。

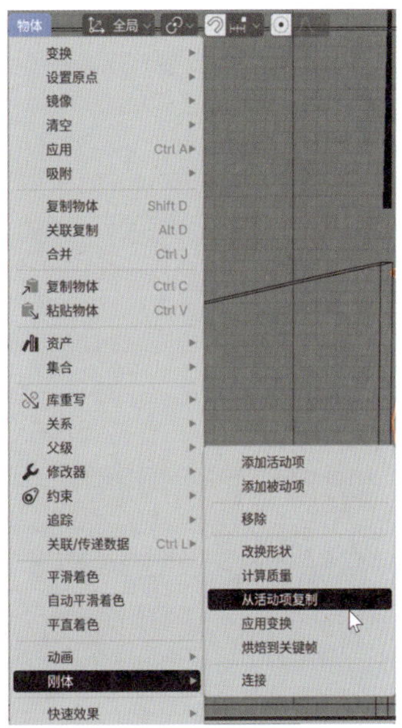

图10-26

10 播放场景动画，本例的最终动画效果如图10-27所示。

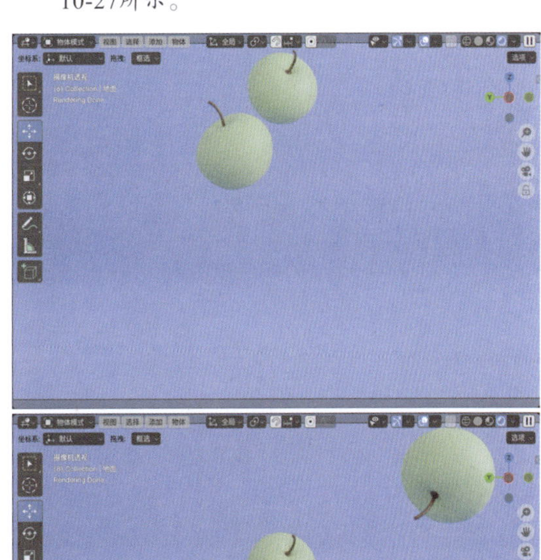

图10-27

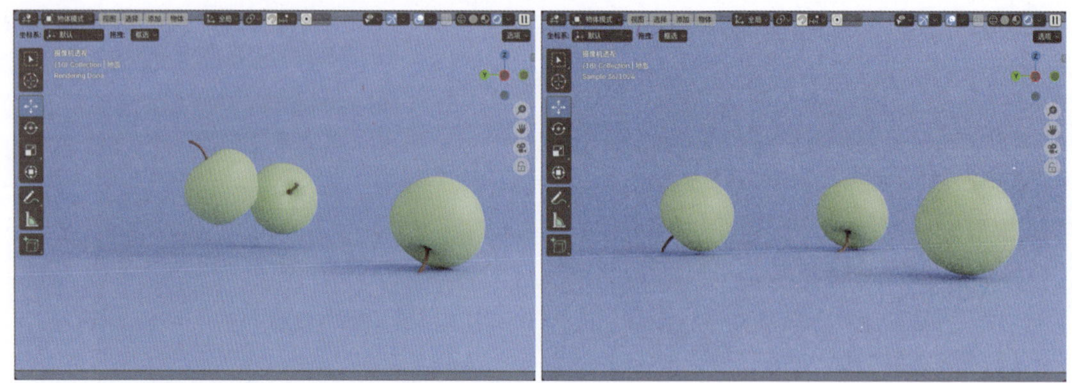

图8-27（续）

10.2.3 实例：制作物体碰撞动画

本例将使用“刚体”工具来制作多个物体碰撞的动画效果，如图10-28所示为本例的最终完成效果。

图10-28

01 启动Blender，打开配套场景文件“方块.blend”，其中包含许多方块和一个球体模型，并且已经设置好了灯光及摄像机，如图10-29所示。

02 选择场景中的任意一个方块模型，如图10-30所示。

03 在“物理”选项卡中，单击“刚体”按钮，如图10-31所示，将其设置为刚体。

04 在“碰撞”卷展栏中，设置“形状”为“网格”；在“表面相应”卷展栏中，设置“弹跳力”值为0.300，如图10-32所示。

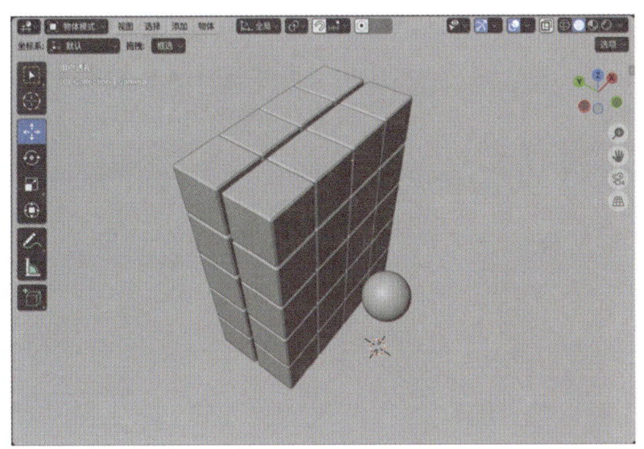

图10-29

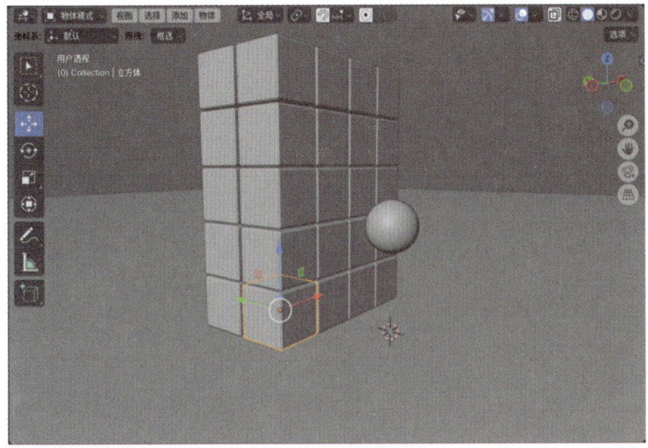

图10-30

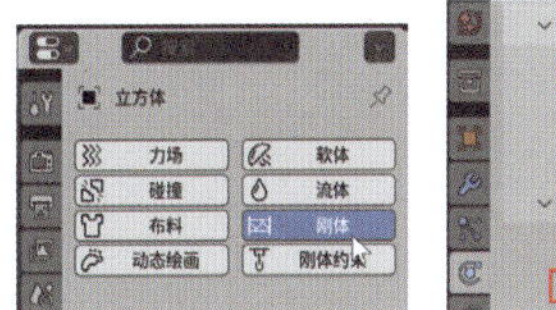

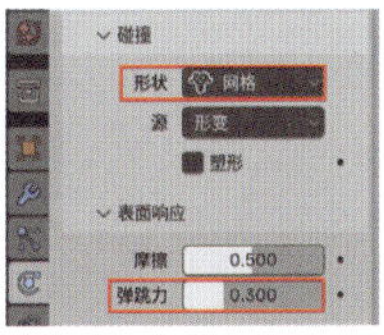

图10-31

图10-32

05 在“敏感度”卷展栏中，设置“边距”为0m；在“动力”卷展栏中，选中“失活性”和“开始去活化”复选框，如图10-33所示。

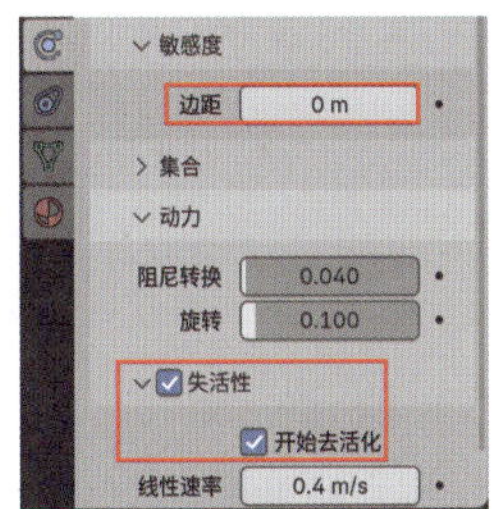

图10-33

06 在场景中先选中其他的方块模型，最后加选设置了刚体的方块模型，如图10-34所示。执行“物体”→“刚体”→“从活动项复制”命令，可以快速将其他的方块模型也设置为刚体。

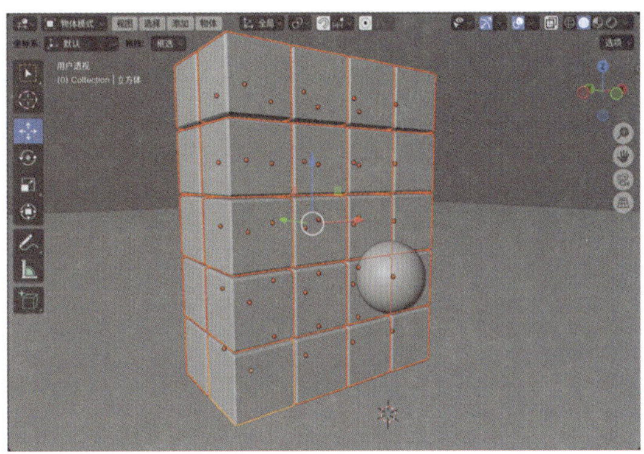

图10-34

07 选择小球模型，在第10帧处，为Y属性设置关键帧，如图10-35所示。

08 在第1帧处，设置Y为-1m，并为其设置关键帧，如图10-36所示。

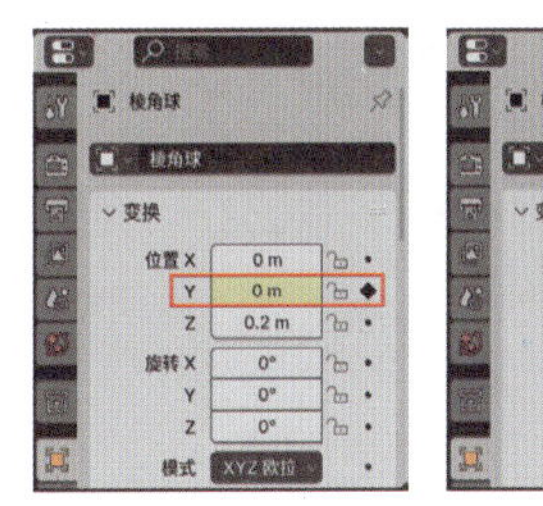

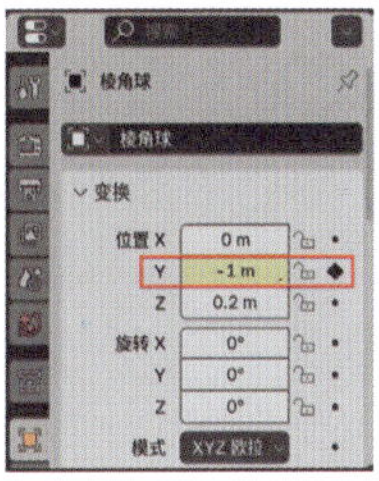

图10-35　　图10-36

09 在“曲线编辑器”面板中，调整小球位置的动画曲线，如图10-37所示。

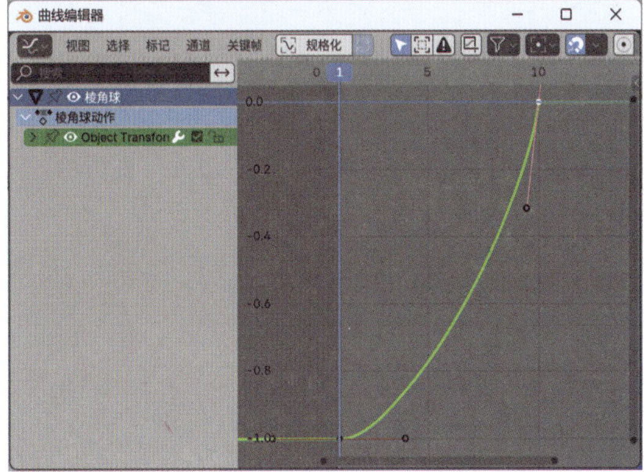

图10-37

10 在“物理”选项卡中，单击“刚体”按钮，如图10-38所示，将其设置为刚体。

11 在第10帧处，设置“质量”为20kg，选中“动画”复选框，并设置关键帧，如图10-39所示。

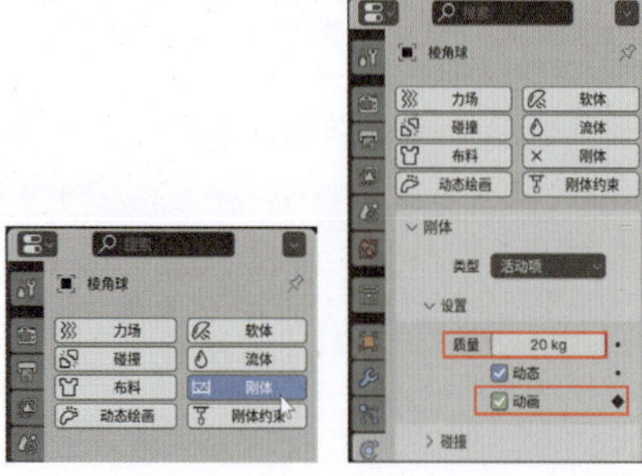

图10-38　　图10-39

12 在第11帧处，取消选中“动画”复选框，并设置关键帧，如图10-40所示。

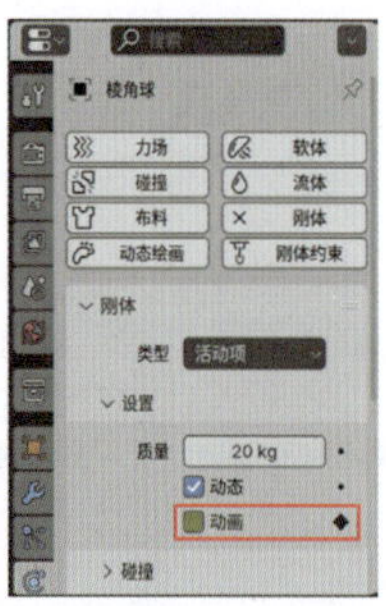

图10-40

13 选择地面模型，如图10-41所示。在“物理属性”面板中，单击“刚体”按钮，将其设置为刚体。

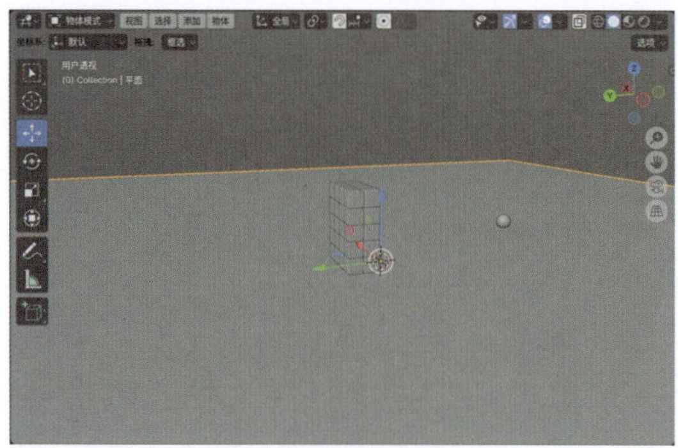

图10-41

14 在“刚体”卷展栏中，设置“类型”为“被动”；在“表面响应”卷展栏中，设置“弹跳力”值为0.300，在“敏感度”卷展栏中，选中“碰撞边距”复选框，设置“边距”为0m，如图10-42所示。

图10-42

15 播放场景动画，本例的最终动画效果如图10-43所示。

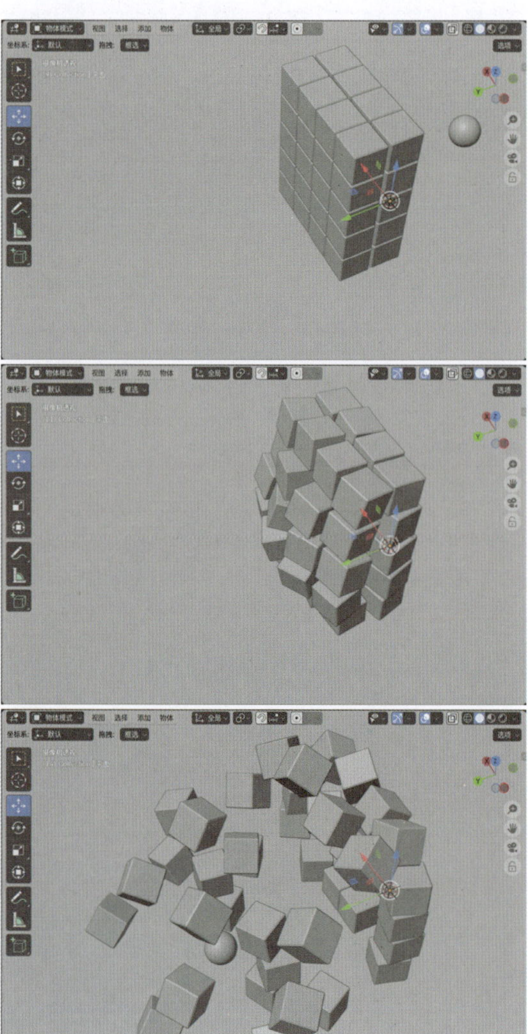

图10-43

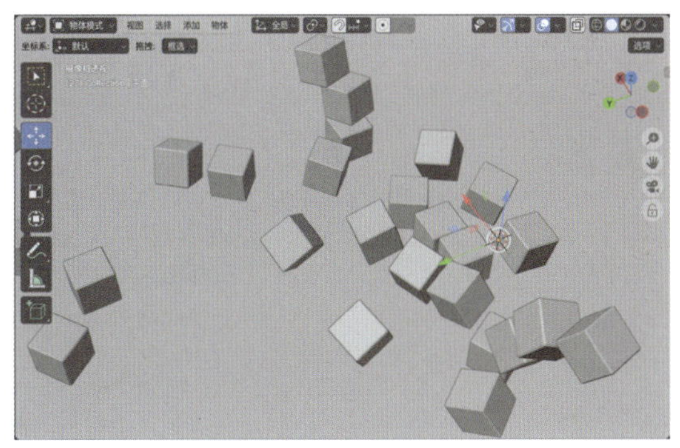

图10-43（续）

10.2.4 实例：制作布料碰撞动画

本例将使用“布料”工具来制作布料碰撞动画的方法，图10-44所示为本例的最终完成效果。

图10-44

图10-44（续）

01 启动Blender，打开配套场景文件“布料.blend”，其中包含一个方块和一个平面模型，并且已经设置好了灯光及摄像机，如图10-45所示。

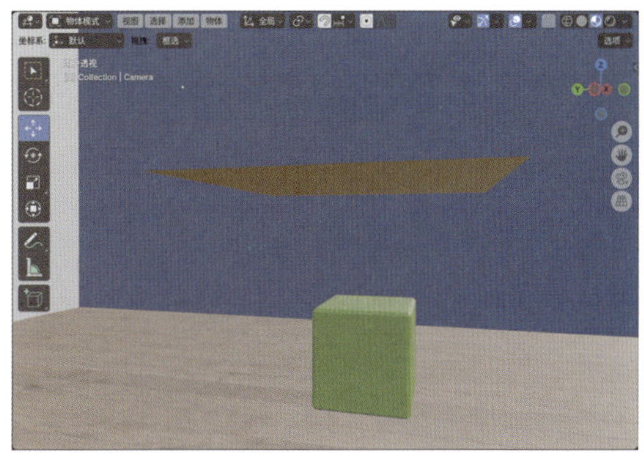

图10-45

02 选择平面模型，如图10-46所示。

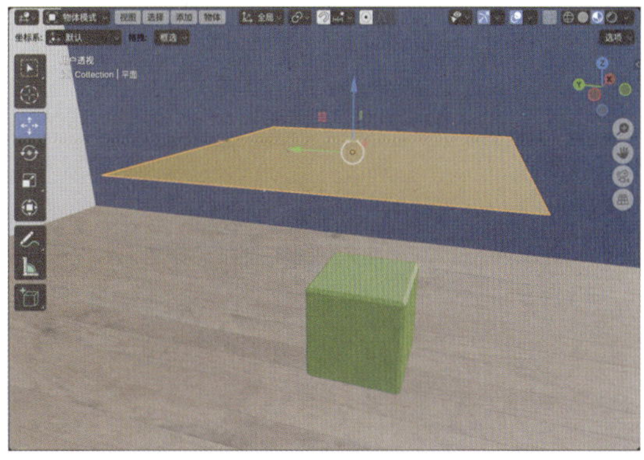

图10-46

03 在“物理”选项卡中，单击“布料”按钮，如图10-47所示，将其设置为布料。

04 在“碰撞”卷展栏中，设置“距离”为

0.001m，选中“自碰撞”复选框，设置“距离”为0.001m，如图10-48所示。

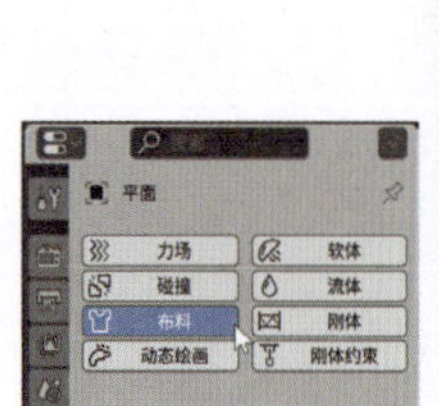

图10-47

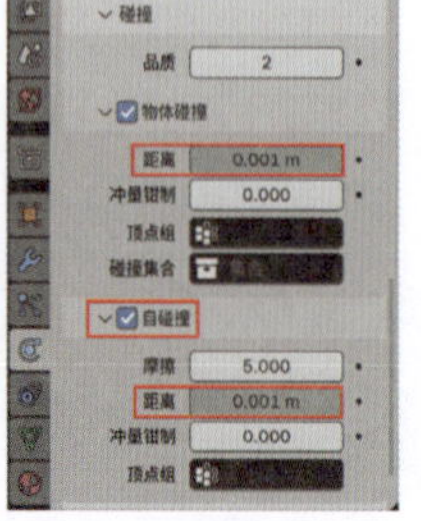

图10-48

05 选择方块模型，如图10-49所示。

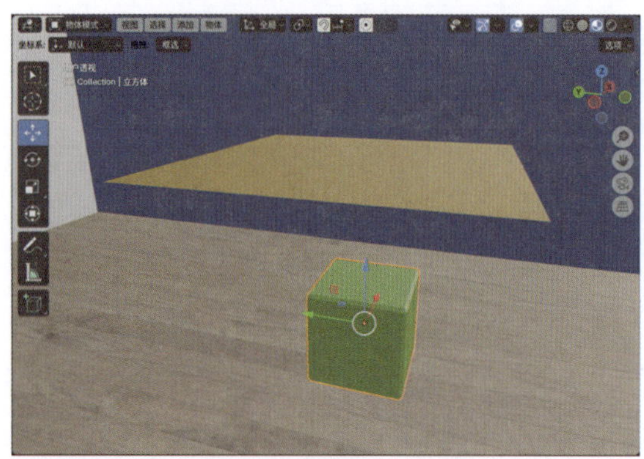

图10-49

06 在“物理”选项卡中，单击“碰撞”按钮，如图10-50所示，将其设置为被碰撞对象。

07 在“软体与布料”卷展栏中，设置“外部厚度”值为0.010，如图10-51所示。

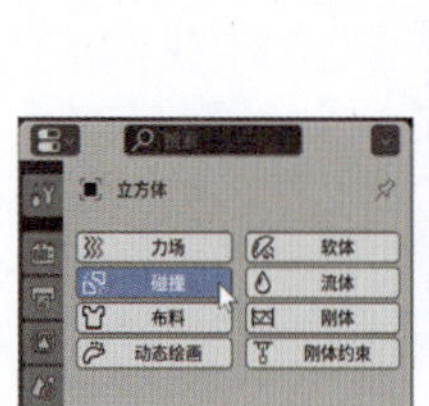

图10-50

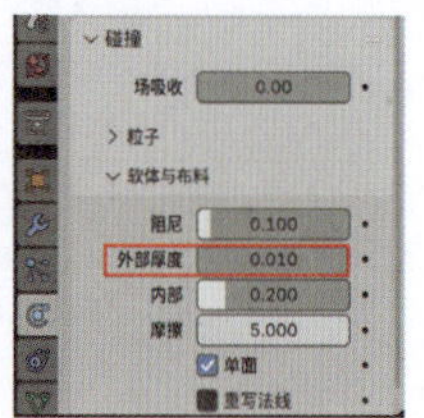

图10-51

08 选择地面模型，如图10-52所示。

09 在“物理”选项卡中，单击“碰撞”按钮，如图10-53所示，将其设置为被碰撞对象。

10 在“软体与布料”卷展栏中，设置“外部厚度”值为0.002，如图10-54所示。

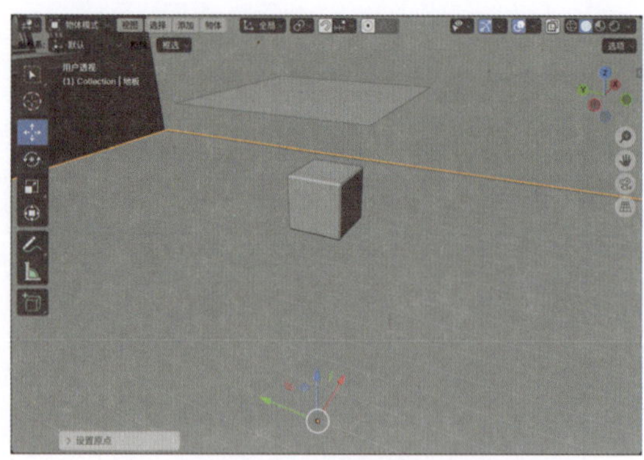

图10-52

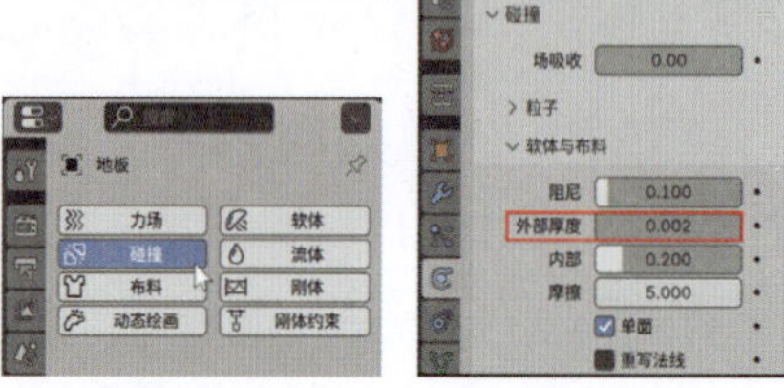

图10-53 图10-54

11 播放场景动画，本例的最终动画效果如图10-55所示。

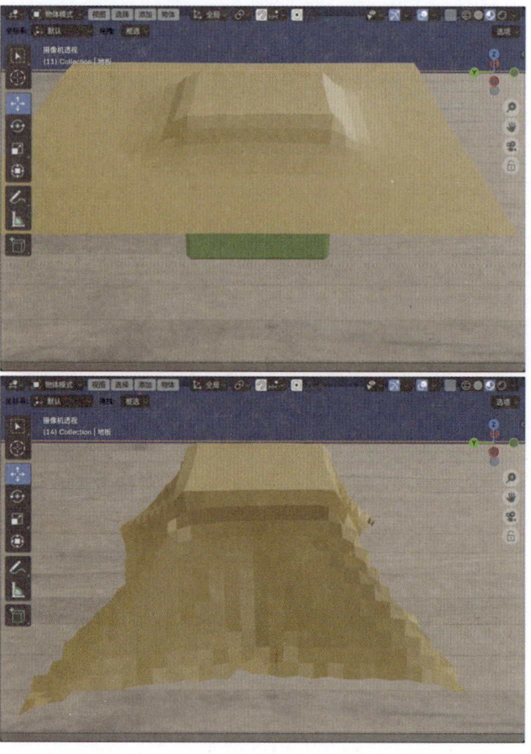

图10-55

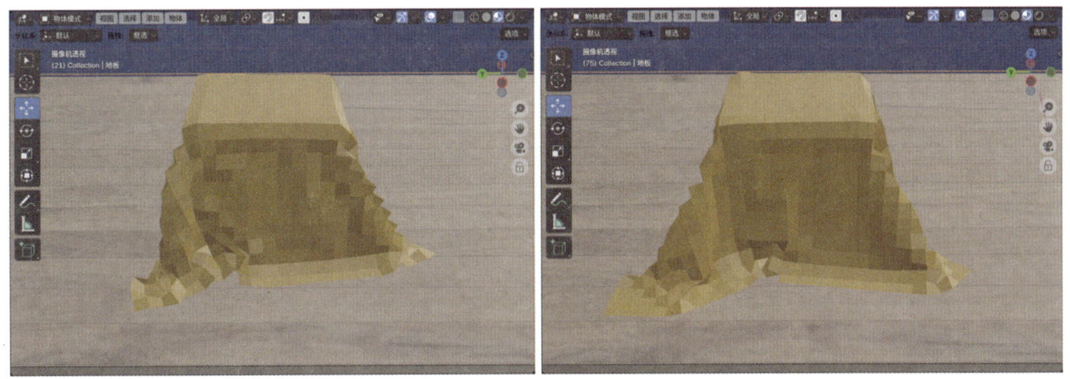

图10-55（续）

12 选择平面模型，按快捷键Ctrl+3，即可得到如图10-56所示的模型效果。渲染场景，渲染效果如图10-57所示。

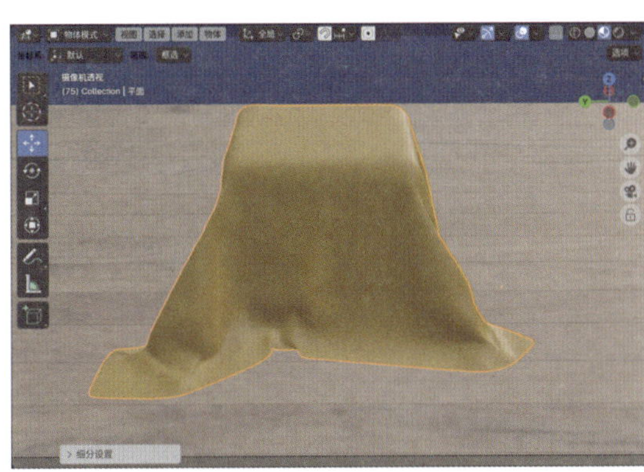

图10-56

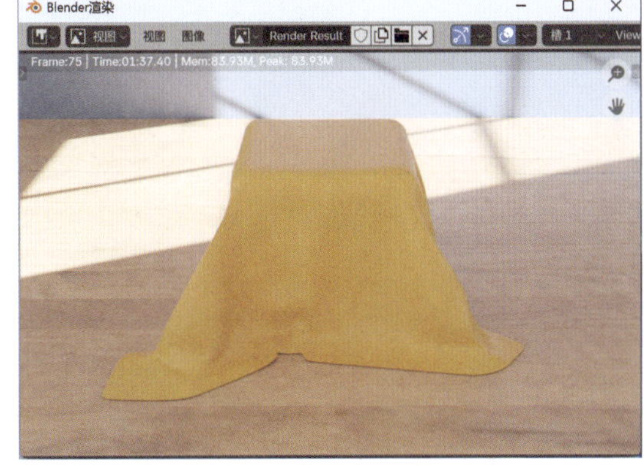

图10-57

10.2.5 实例：制作火把燃烧动画

本例将使用“快速烟雾”工具来制作火把燃烧动画，图 10-58 所示为本例的最终完成效果。

图10-58

图10-58（续）

01 启动Blender，打开配套场景文件“火把.blend”，其中包含一个火把模型，并且已经设置好了灯光及摄像机，如图10-59所示。

图10-59

02 选择火把的燃烧点模型，如图10-60所示。

03 执行“物体”→“快速效果”→“快速烟雾”命令，如图10-61所示，为所选模型添加烟雾域，如图10-62所示。

技巧与提示

烟雾域实际上是一个立方体模型，可以在“编辑模式”下调整其大小。

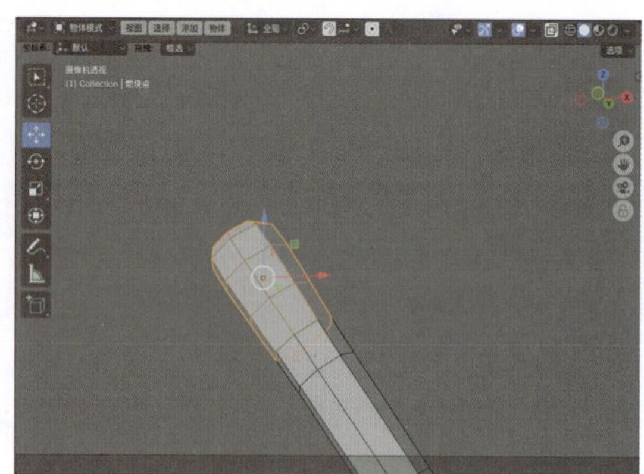

图10-60

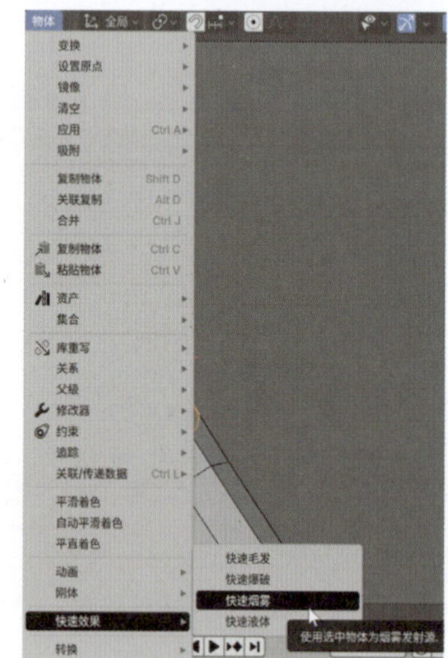

图10-61

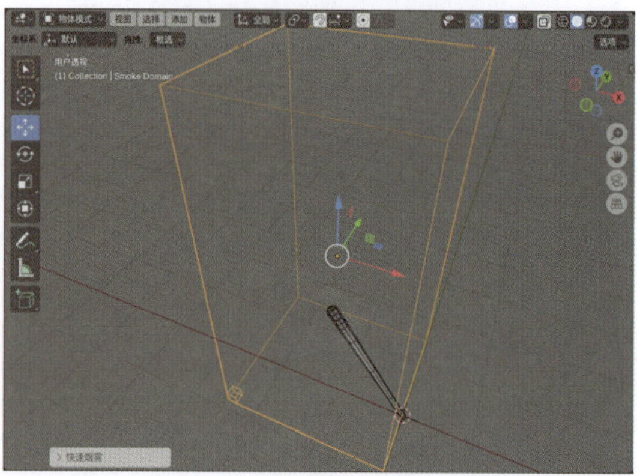

图10-62

04 选择燃烧点模型，在“设置”卷展栏中，设置“流体类型”为“火焰”，如图10-63所示。

05 选择烟雾域，在“设置”卷展栏中，设置“细分精度”值为128，如图10-64所示。

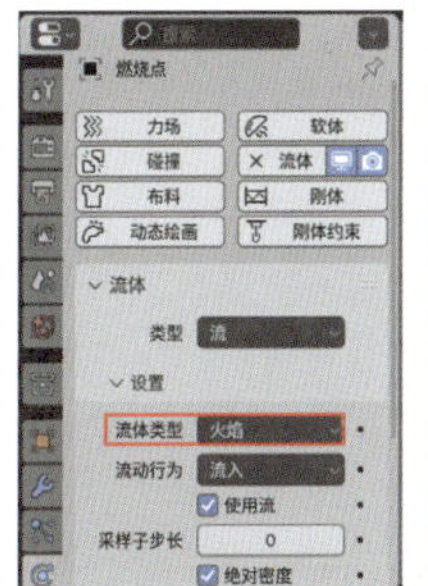

图10-63

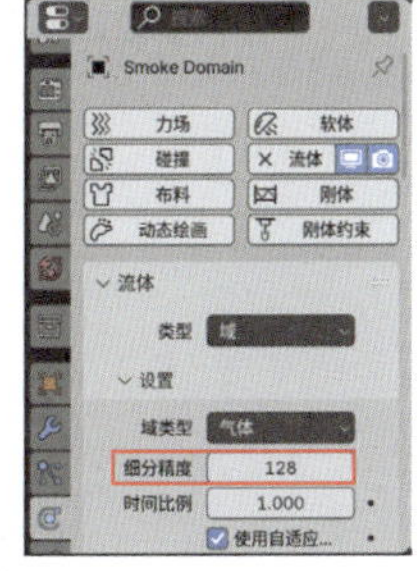

图10-64

06 选择域，在“编辑模式”中，调整其大小，如图10-65所示。

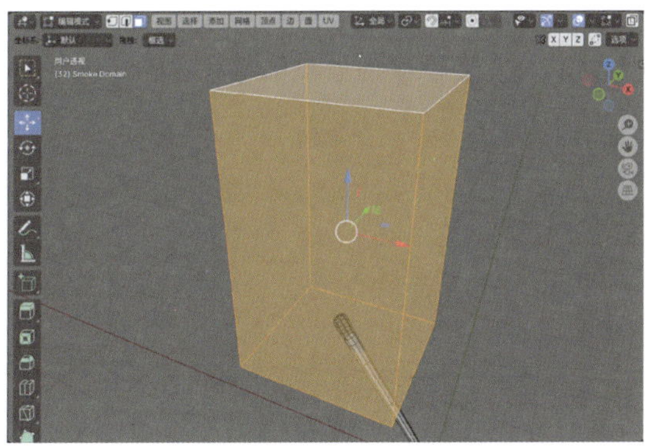

图10-65

07 按空格键，播放场景动画，即可看到默认状态下所生成的火焰燃烧效果，如图10-66所示。

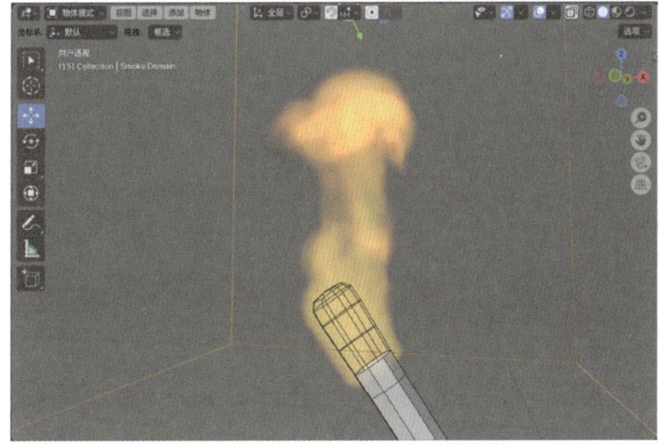

图10-66

08 渲染场景，渲染效果如图10-67所示。可以看到在默认情况下，火焰只能渲染为淡淡的白色烟雾效果。

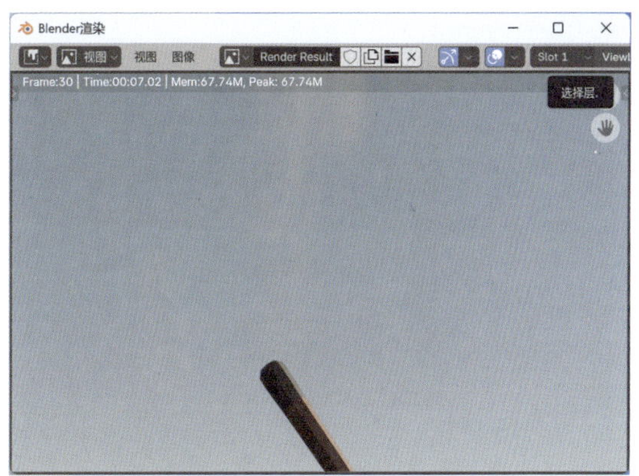

图10-67

09 在“材质”选项卡中，展开“体积”卷展栏，设置“颜色”为深灰色，“密度”值为50.000，“黑体强度”值为20.000，“黑体染色”为黄色，“温度”为1200K，如图10-68所示。渲染场景，渲染效果如图10-69所示。

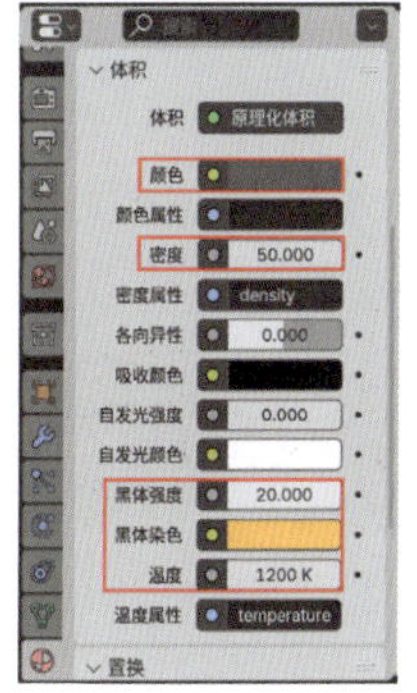

图10-68

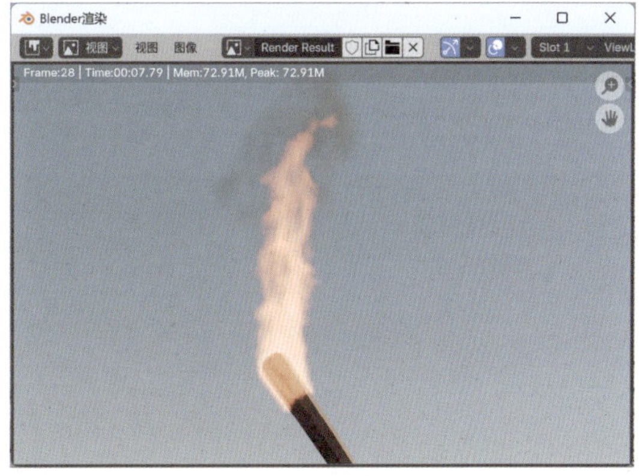

图10-69

10 选择燃烧点模型，在“设置”卷展栏中，设置“流体类型”为“火焰+烟雾”，如图

10-70所示。

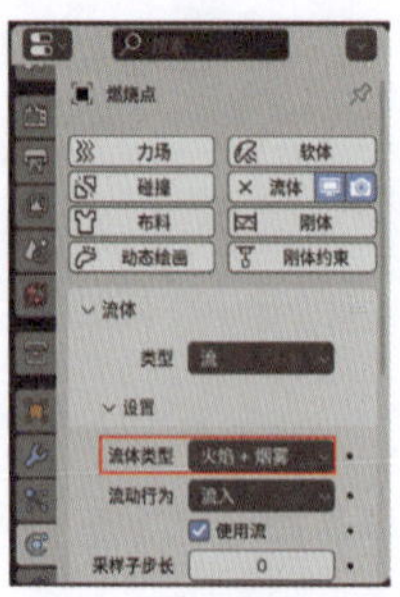

图10-70

11 渲染场景，得到较浓的烟雾效果，渲染效果如图10-71所示。

图10-71

10.3 "粒子"动力学

在"粒子"选项卡中，选择场景中的模型，单击"添加一个粒子系统槽"按钮，即可为选中模型添加粒子系统，如图 10-72 所示。

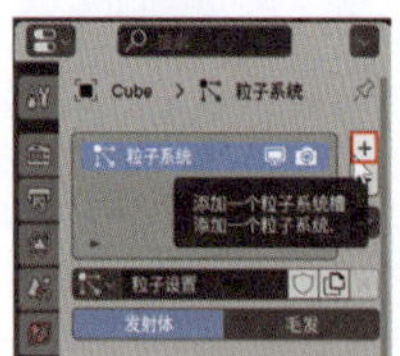

图10-72

10.3.1 基础操作：创建粒子发射器

知识点：创建粒子发射器，粒子碰撞。

01 启动Blender，选择场景中自带的立方体模型，如图10-73所示。

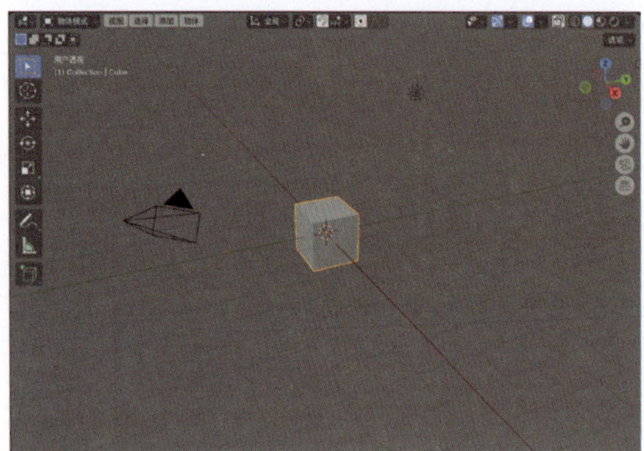

图10-73

02 在"粒子"选项卡中，单击"添加一个粒子系统槽"按钮，如图10-74所示，即可为所选择模型添加粒子系统槽。设置完成后，播放动画，即可看到有白色的球状粒子从立方体模型的表面产生并向下掉落，如图10-75所示。

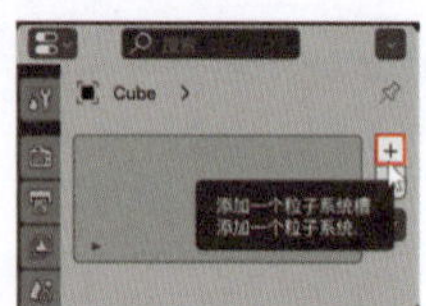

图10-74

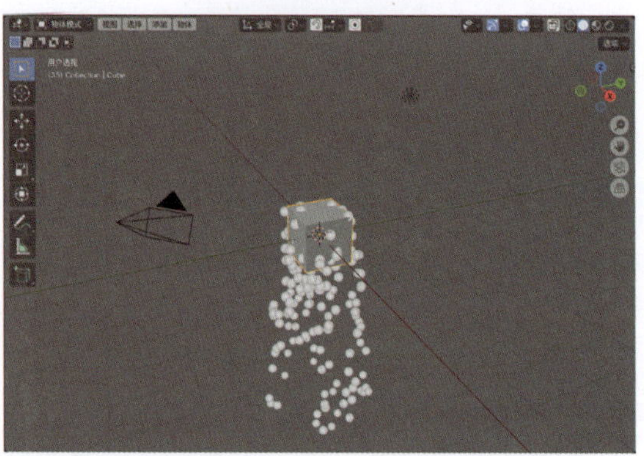

图10-75

03 在"发射"卷展栏中，设置"数量"值为100，"结束"值为50.000，如图10-76所示，则代表在从第1帧到第50帧之间，共计发射100个粒子。

04 在“视图显示”卷展栏中，设置“尺寸”为0.05m，如图10-77所示。

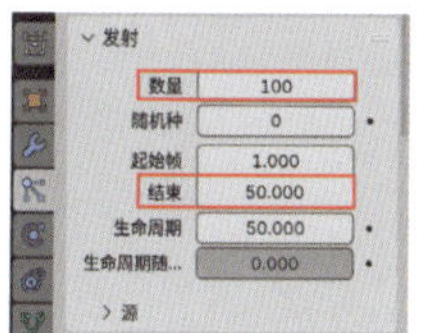

图10-76

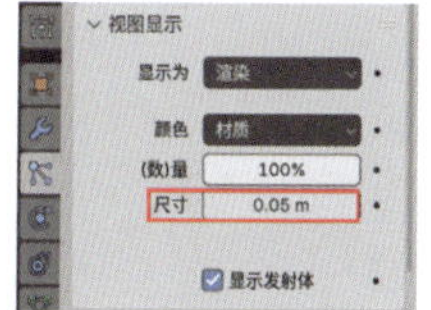

图10-77

05 播放动画，可以看到粒子的数量明显减少，并且粒子的形状也变小了，如图10-78所示。

图10-78

06 在“速度”卷展栏中，设置“法向”为10m/s，如图10-79所示。

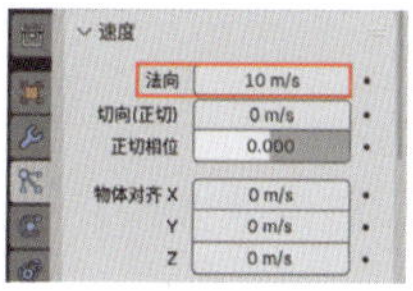

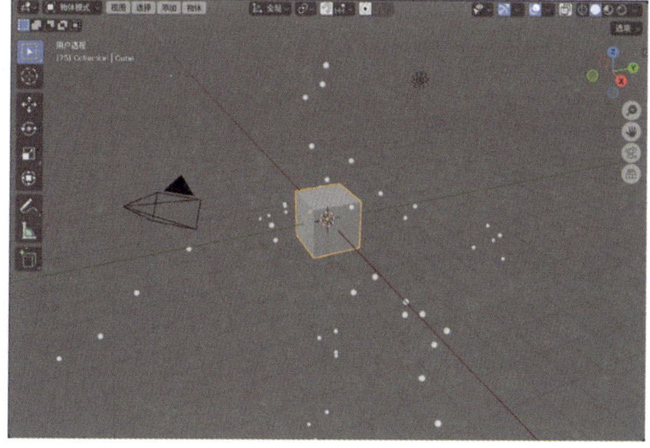

图10-79

07 播放动画，则可以看到粒子产生了明显的向四面八方发射的效果，如图10-80所示。

图10-80

08 在“速度”卷展栏中，设置“法向”为0m/s后，执行“添加”→“网格”→“锥体”命令，如图10-81所示，在场景中创建一个锥体。

09 在“添加锥体”卷展栏中，设置“半径1”为3m，“深度”为1m，“位置”的Z为-3m，如图10-82所示。设置完成后，柱体模型的视图显示结果如图10-83所示。

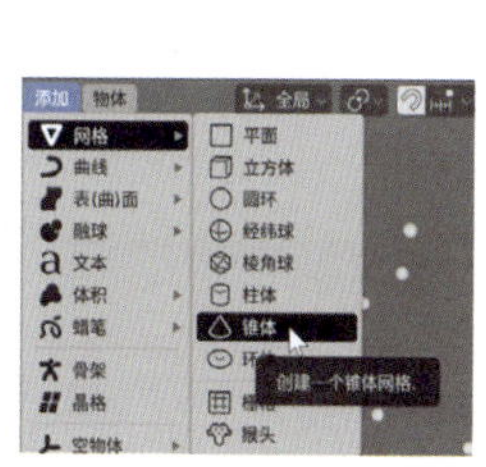

图10-81

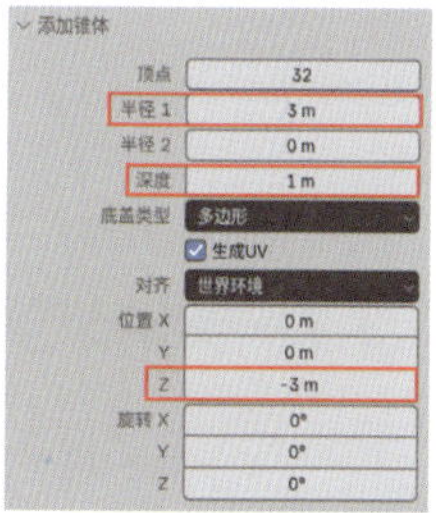

图10-82

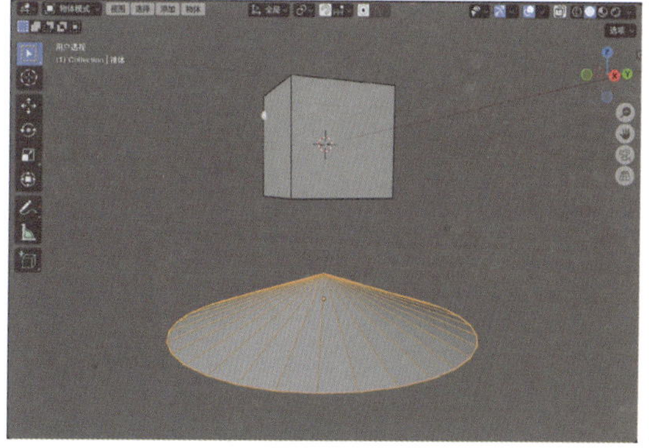

图10-83

10 选择锥体，在“物理”面板中，单击“碰撞”按钮，如图10-84所示。

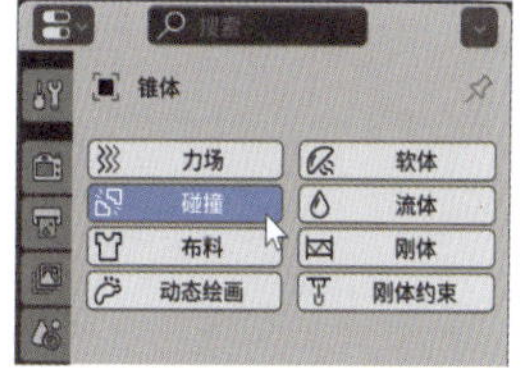

图10-84

11 播放动画，则可以看到粒子与柱体所产生的碰撞效果，如图10-85所示。

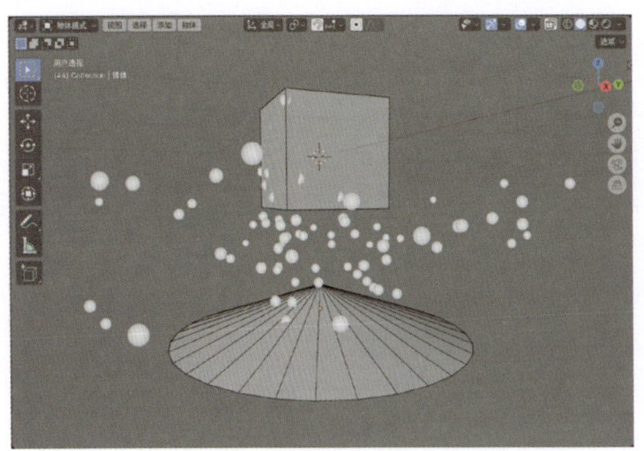

图10-85

10.3.2 实例：制作鱼群游动动画

本例将使用“粒子系统”工具来制作鱼群游动动画，图 10-86 所示为本例的最终完成效果。

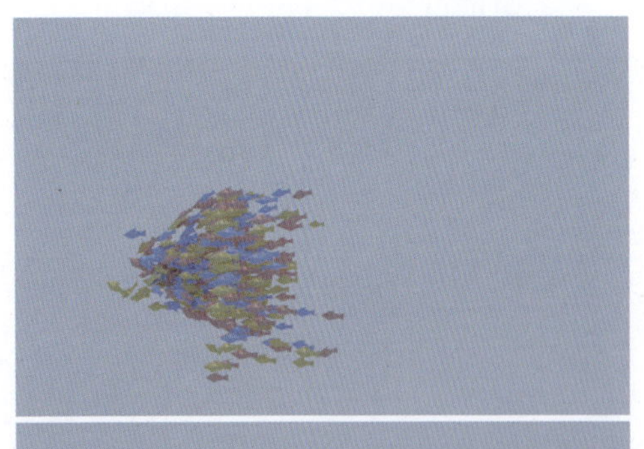

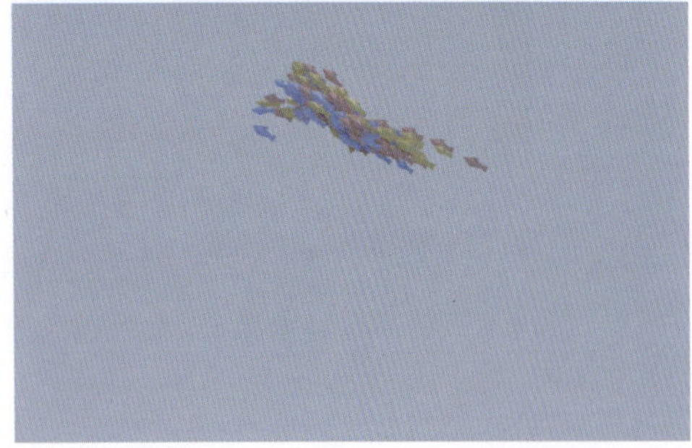

图10-86

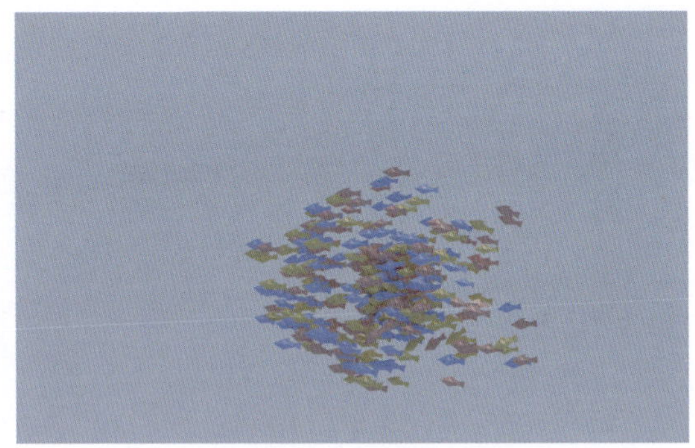

图10-86（续）

01 启动Blender，打开配套场景文件“鱼.blend”，其中有3条不同颜色的低面数风格小鱼模型，如图10-87所示。

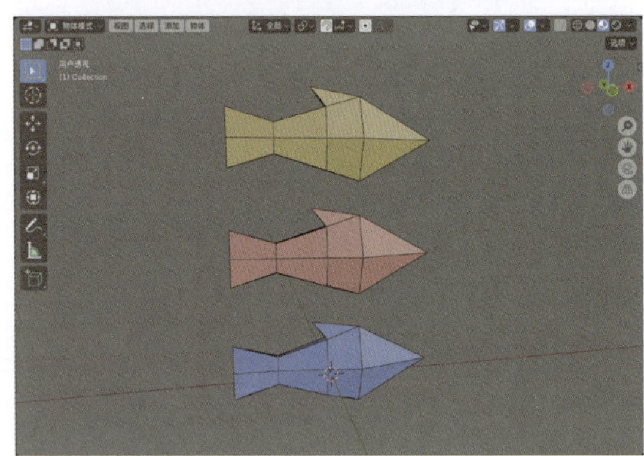

图10-87

02 执行“添加”→“网格”→“经纬球”命令，如图10-88所示，在场景中创建一个经纬球模型。

03 在“添加经纬球”卷展栏中，设置“半径”为0.5m，如图10-89所示。设置完成后，经纬球的显示效果如图10-90所示。

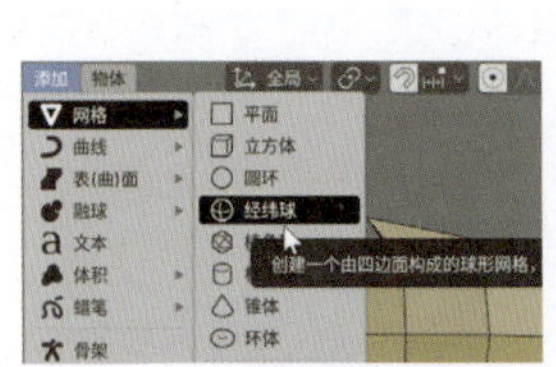

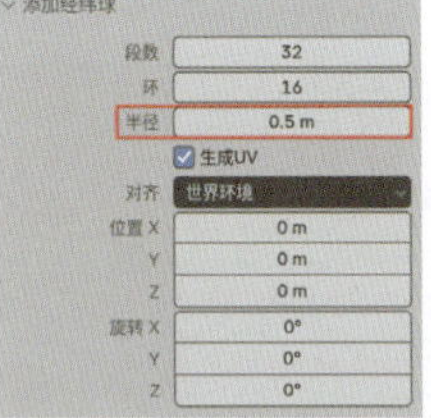

图10-88　　图10-89

04 选择球体，在“粒子”选项卡中，单击“添加一个粒子系统槽”按钮，如图10-91所示。

05 在“发射”卷展栏中，设置“数量”值为500，“结束”值为1.000，“生命周期”值为

250.000，如图10-92所示。

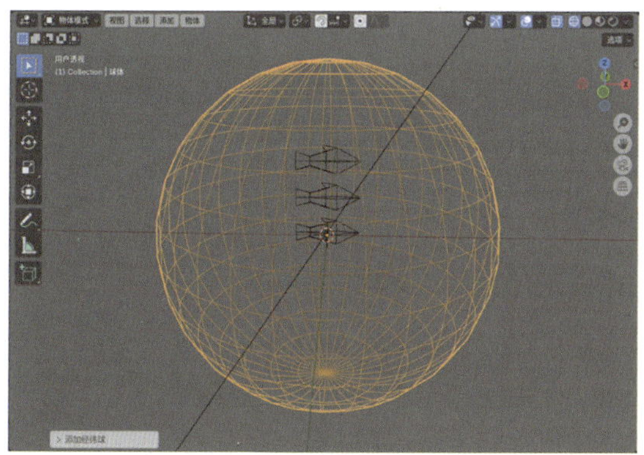

图10-90

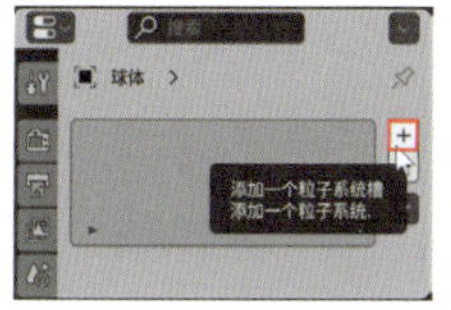

图10-91

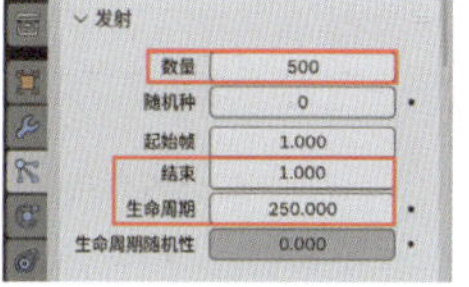

图10-92

06 在“物理”卷展栏中，设置“物理类型”为“群体”，如图10-93所示。

07 在“大纲视图”面板中，新建一个集合，并将3个鱼模型移至新建的集合中，如图10-94所示。

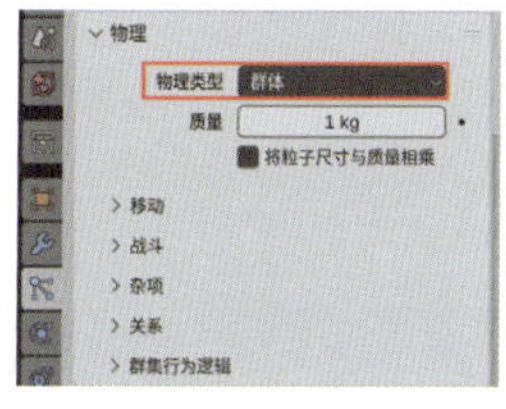

图10-93

图10-94

08 在“渲染”卷展栏中，设置“渲染为”为“集合”，“缩放”值为1.000，“缩放随机性”值为0.300，取消选中“显示发射体”复选框。在“集合”卷展栏中，设置“实例集合”为“集合2”，如图10-95所示。设置完成后，即可在球体模型上看到大小不一的鱼群效果，如图10-96所示。

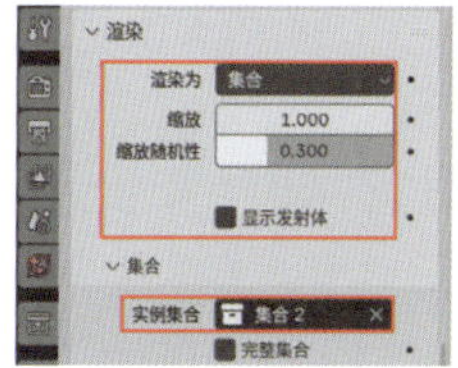

图10-95

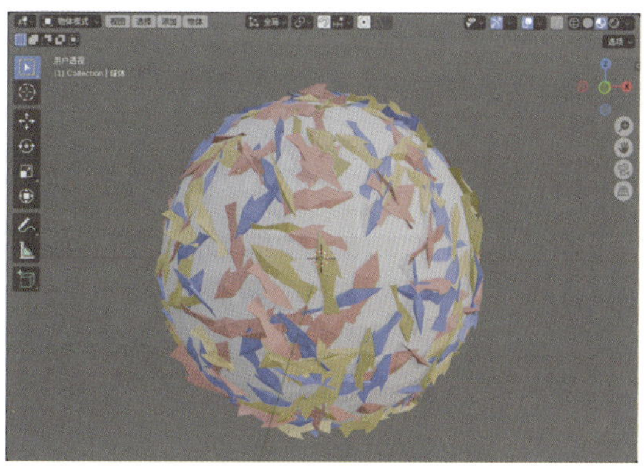

图10-96

09 在“群集行为逻辑”卷展栏中，单击“添加群体规则”按钮，如图10-97所示。

10 在弹出的菜单中添加一个“跟随引导对象”，并将其调至最上方，如图10-98所示。

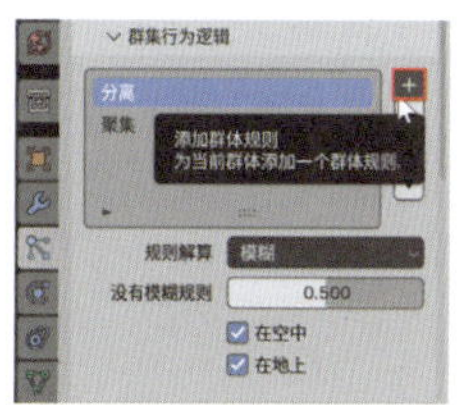

图10-97

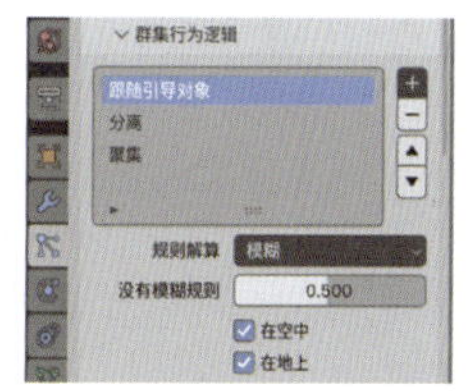

图10-98

11 执行“添加”→“空物体”→“纯轴”命令，如图10-99所示，在场景中创建一个纯轴。

12 在“添加空物体”卷展栏中，设置“半径”为0.5m，如图10-100所示，并调整纯轴至球体的侧方，如图10-101所示。播放动画，可以看到鱼群向纯轴所在的位置运动，如图10-102所示。

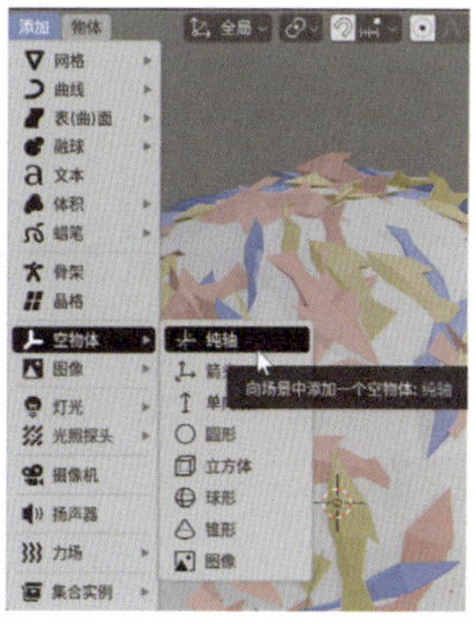

图10-99

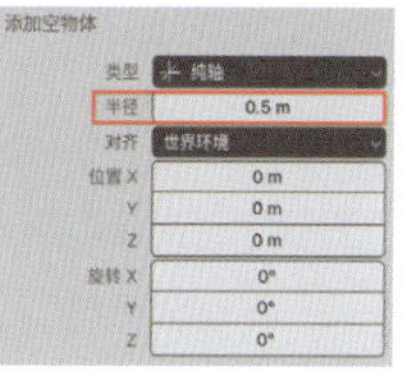

图10-100

图10-101

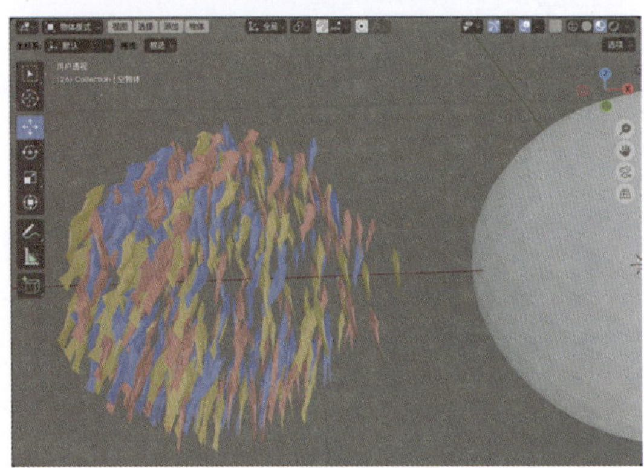

图10-102

13 选择场景中的3个鱼模型，在“编辑模式”中，通过调整其方向可以更改鱼群的运动方向，如图10-103所示，更改完成后的鱼群显示效果如图10-104所示。

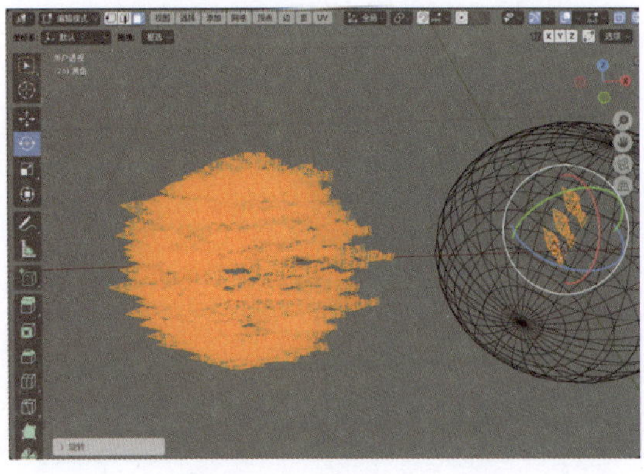

图10-103

14 在“移动”卷展栏中，设置“空中的个体私有空间”值为0.100，如图10-105所示。

15 选择纯轴，在第1帧处，在“变换”卷展栏中，为“位置X”“位置Y”和“位置Z”属性设置关键帧，如图10-106所示。

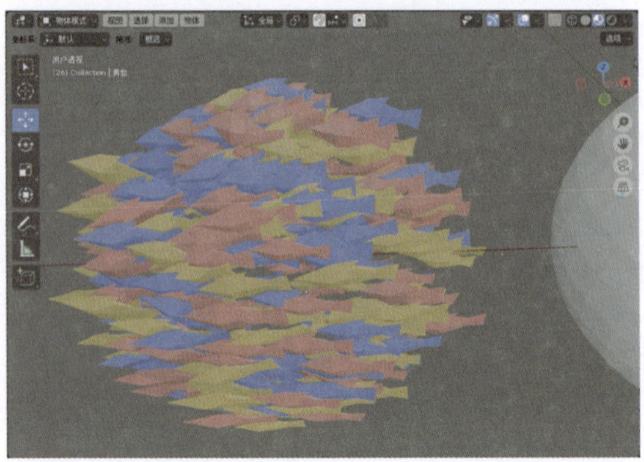

图10-104

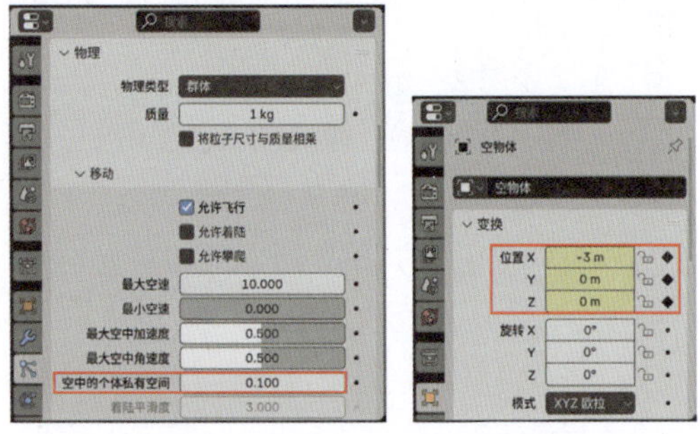

图10-105　图10-106

16 在第80帧处，调整纯轴的位置，如图10-107所示，并再次为其“位置X”“位置Y”和“位置Z”属性设置关键帧。

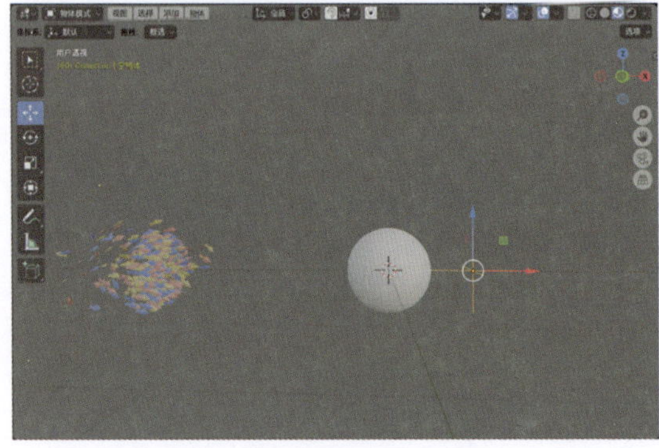

图10-107

17 在第200帧处，调整纯轴的位置，如图10-108所示，并再次为其“位置X”“位置Y”和“位置Z”属性设置关键帧。

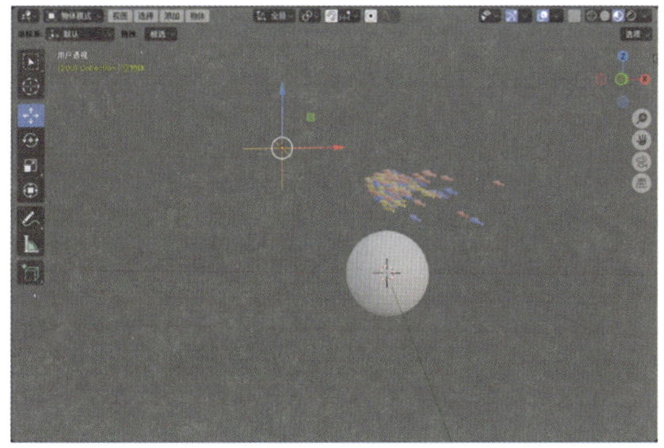

图10-108

18 选择球体，在“视图显示”卷展栏中，取消选中“显示发射体”复选框，如图10-109所示。播放场景动画，本例的最终动画效果如图10-110所示。

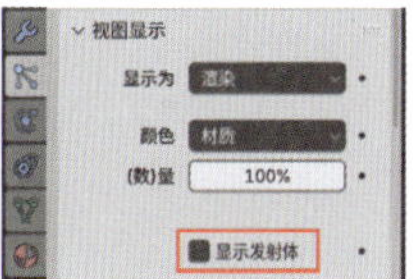

图10-109

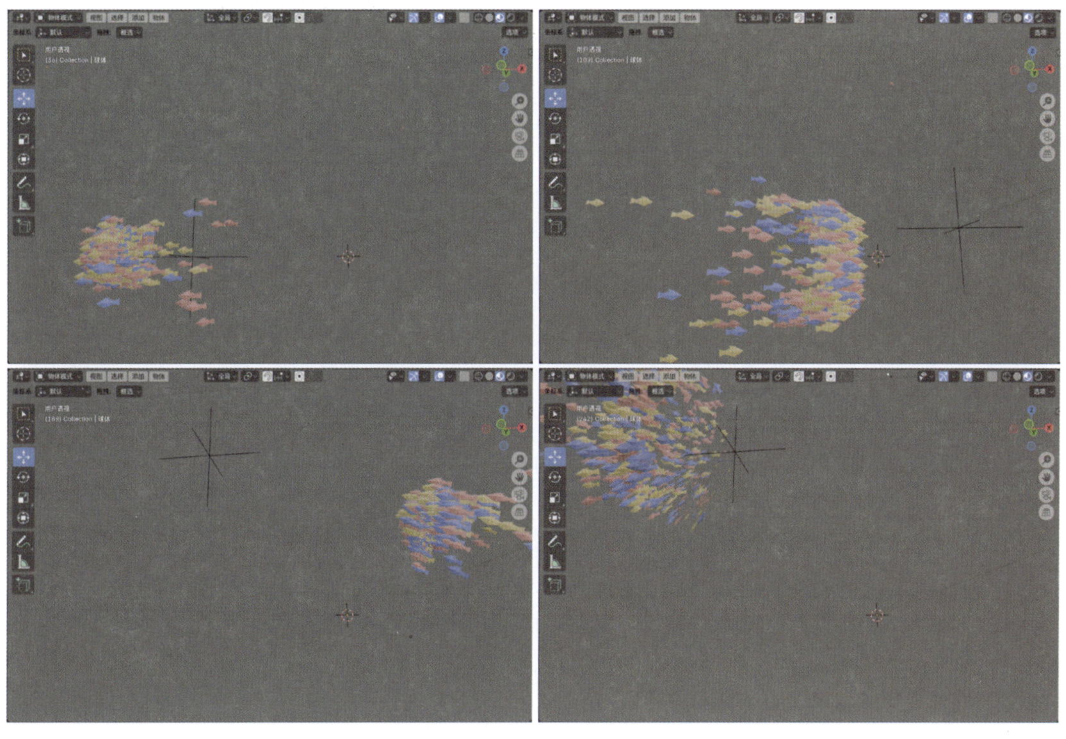

图10-110

10.3.3 实例：制作纸屑飞舞动画

本例将使用“粒子系统”来制作纸屑飞舞动画，图 10-111 所示为本例的最终完成效果。

图10-111

图10-111（续）

01 启动Blender，打开配套场景文件“纸屑.blend”，其中有几个不同颜色的纸屑模型和一个半球模型，如图10-112所示。

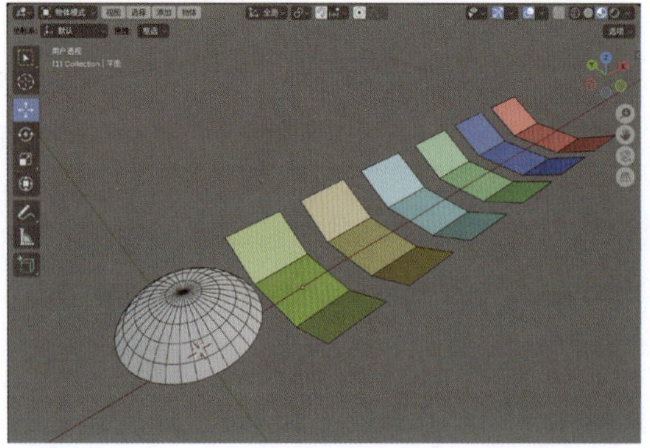

图10-112

> **技巧与提示**
>
> 读者可以阅读本书有关材质章节的内容来学习制作纸屑材质的方法。

02 选择半球模型，在“粒子”选项卡中，单击“添加一个粒子系统槽”按钮，如图10-113所示。

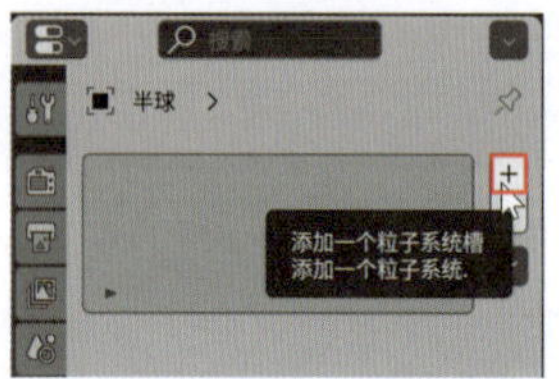

图10-113

03 在“发射”卷展栏中，设置“数量”值为500，“起始帧”值为20.000，“结束”值为22.000，“生命周期”值为150.000，如图10-114所示。

04 在“渲染”卷展栏中，设置“渲染为”为“集合”，“缩放”值为0.300，“缩放随机性”值为0.300，取消选中“显示发射体”复选框；在“集合”卷展栏中，设置“实例集合”为“集合2”，如图10-115所示。

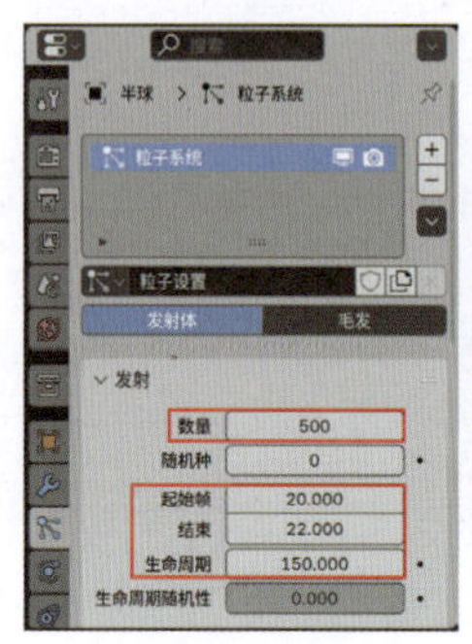

图10-114

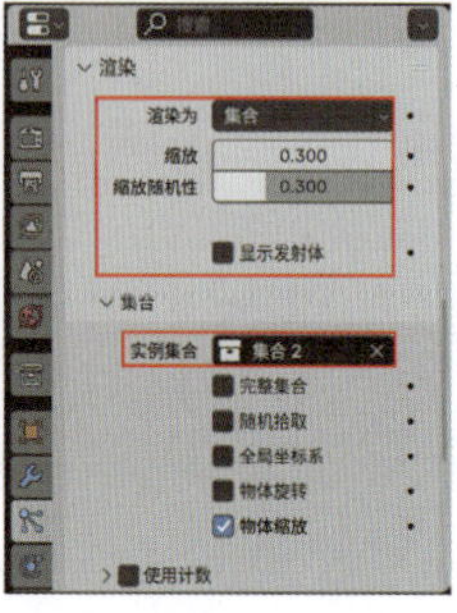

图10-115

05 在“速度”卷展栏中，设置“法向”为8m/s，“随机”值为2.000，如图10-116所示。

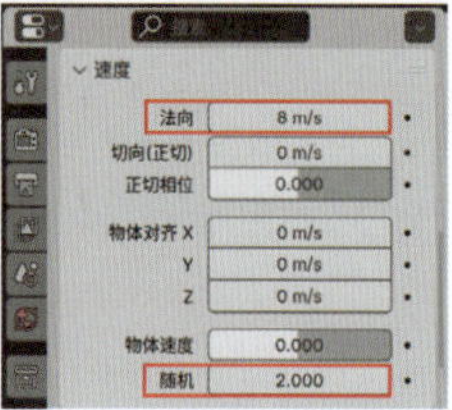

图10-116

06 在“旋转”卷展栏中，选中“旋转”复选框，设置“随机”值为1.000，选中“动态”复选框，设置“（数）量”值为20.000，如图10-117所示。

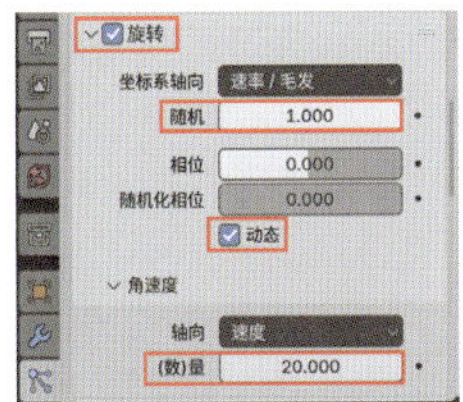

图10-117

07 设置完成后，播放动画，纸屑飞舞的动画效果如图10-118所示。

图10-118

08 选择半球模型，在“编辑模式”中，对其进行缩放，如图10-119所示。

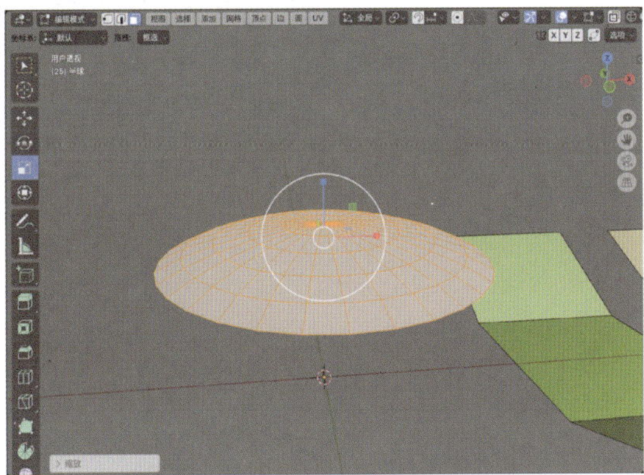

图10-119

09 设置完成后，播放动画，纸屑飞舞的动画效果如图10-120所示。

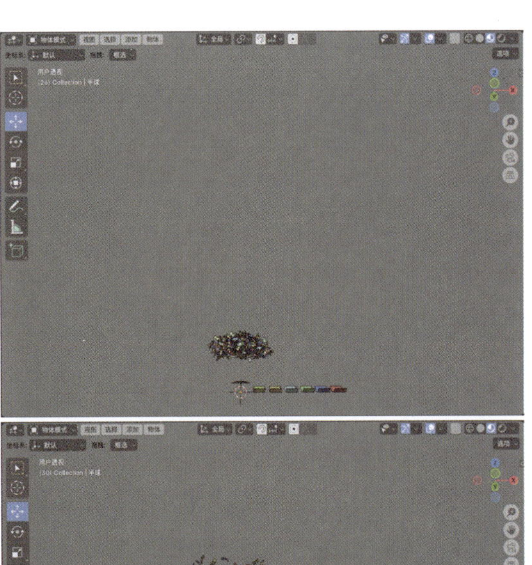

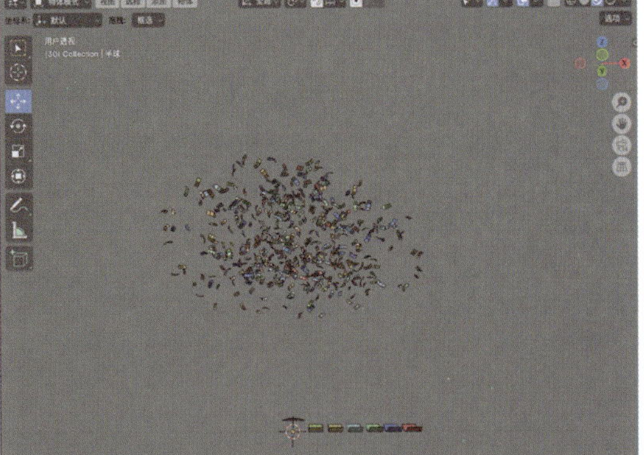

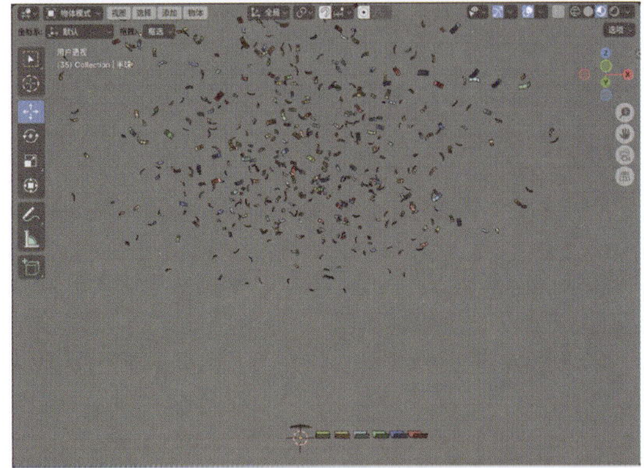

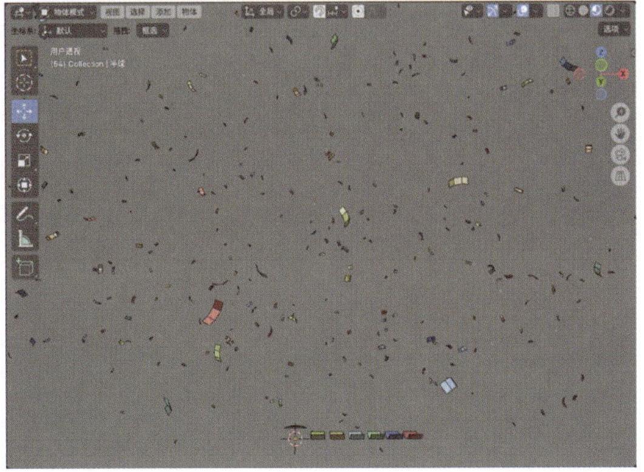

图10-120

第11章 几何节点动画

11.1 几何节点概述

几何节点是一个借助基于节点的操作来修改对象几何形态的系统。不仅如此，该系统还能制作出一些妙趣横生的动画。接下来，将通过制作一些简单的动画实例，引领读者逐步熟悉这些较为常用的几何节点工具。

11.2 几何节点编辑器

在“几何节点编辑器”面板中，可以找到Blender提供的所有节点工具，如图11-1所示。

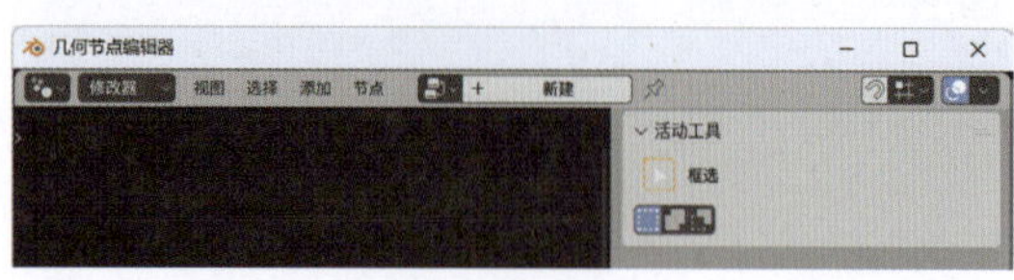

图11-1

11.2.1 基础操作：制作一个小行星

知识点：几何节点编辑器、几何节点建模。

01 启动Blender，选中场景中自带立方体模型，如图11-2所示。

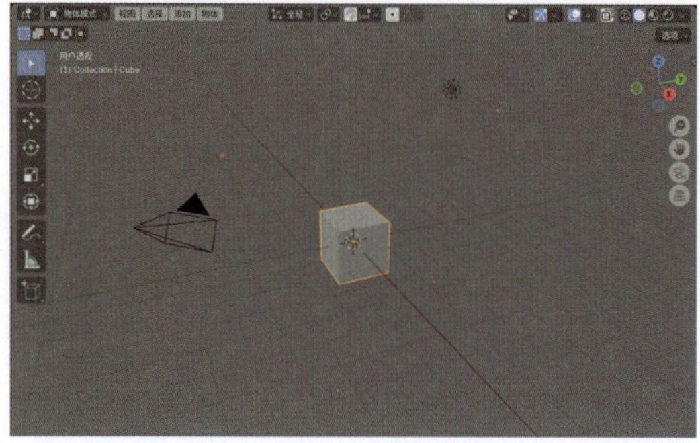

图11-2

02 在“几何节点编辑器”面板中，单击“新建”按钮，如图11-3所示，即可得到“组输入”和“组输出”节点，如图11-4所示。

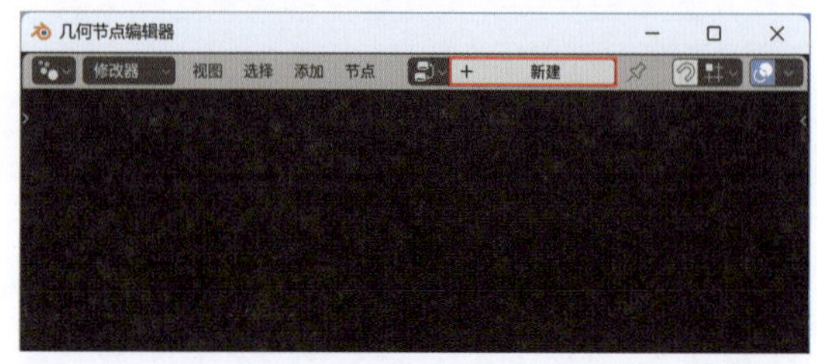

图11-3

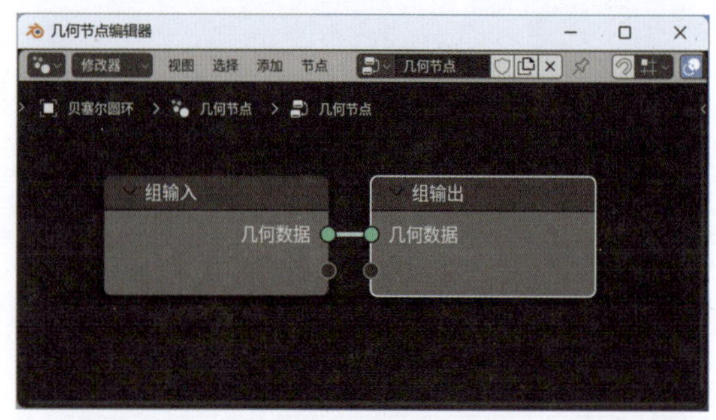

图11-4

03 在“几何节点编辑器”面板中，删除“组输入”节点后，执行“添加”→“网格”→“基本体”→“棱角球”命令，添加一个“棱角球”节点。将“棱角球”节点的“网格”属性连接至“组输出”节点的“几何数据”属性，如图11-5所示。设置完成后，观察场景，可以看到立方体模型变成了棱角球模型，如图11-6所示。

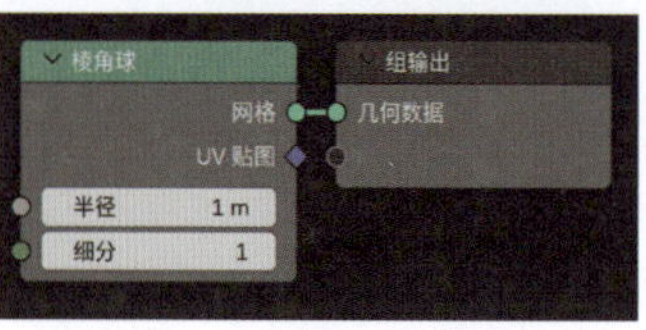

图11-5

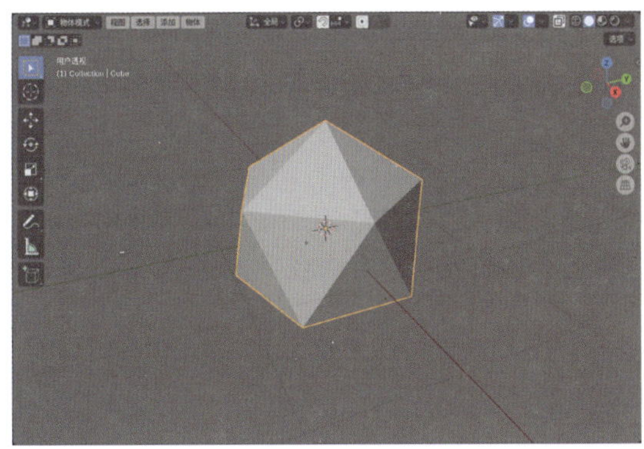

图11-6

04 执行“添加”→“网格”→“操作”→“对偶网格”命令，添加一个“对偶网格”节点，并将其拖至“棱角球”节点后方的连线上进行自动连接，如图11-7所示。设置完成后，棱角球的显示效果如图11-8所示。

图11-7

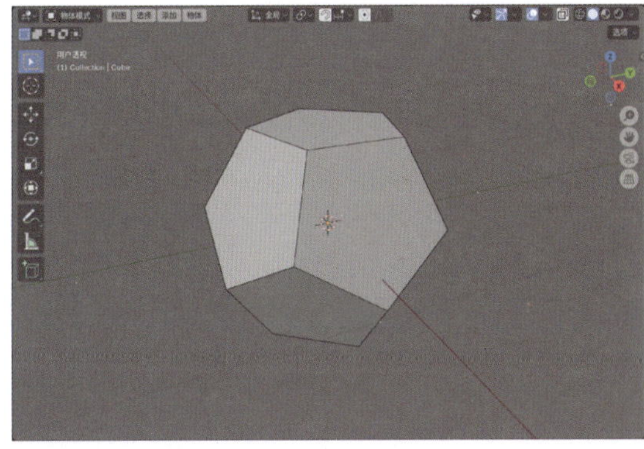

图11-8

05 执行“添加”→“网格”→“操作”→“挤出网格”命令，添加一个“挤出网格”节点。在“挤出网格”节点上，设置“偏移比例”值为0.300，并将其拖至“对偶网格”节点后方的连线上进行自动连接，如图11-9所示。

06 执行“添加”→“网格”→“操作”→“缩放元素”命令，添加一个“缩放元素”节点。在“缩放元素”节点上，设置“缩放”值为0.800，并将其拖至“挤出网格”节点后方的连线上进行自动连接，再将“挤出网格”节点中的“顶”属性连接至“缩放元素”节点中的“选中项”属性，如图11-10所示。

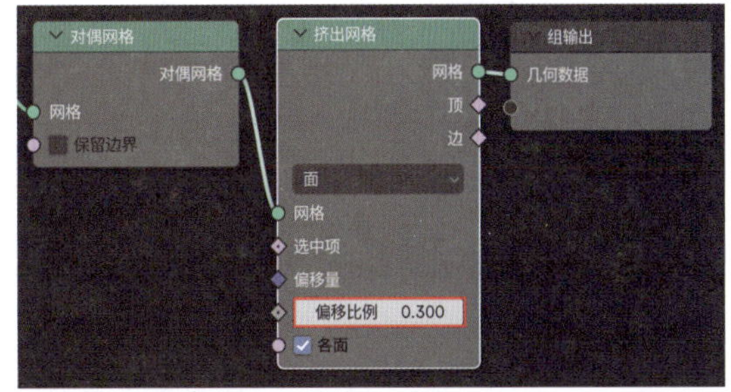

图11-9

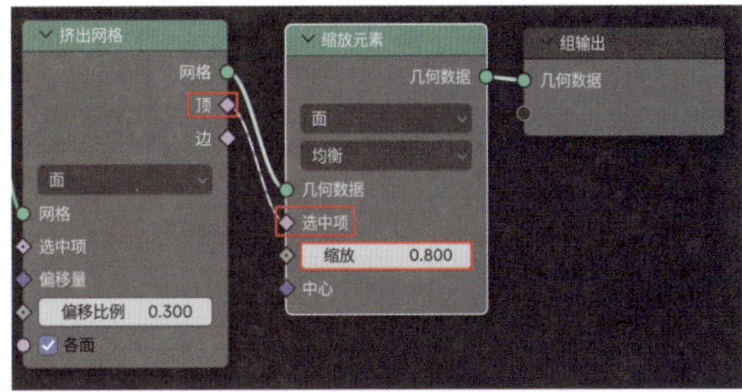

图11-10

07 复制一个“挤出网格”节点，并将其拖至“缩放元素”节点后方的连线上进行自动连接，将第1个“挤出网格”节点的“顶”属性连接至第2个“挤出网格”的“选中项”属性上。在“挤出网格”节点中，设置“偏移比例”值为-0.200，如图11-11所示。

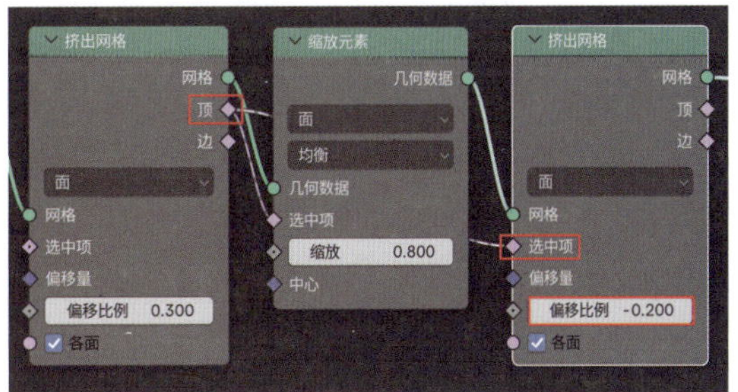

图11-11

08 复制一个“缩放元素”节点，并将其拖至“挤出网格”节点后方的连线上进行自动连接，在“缩放元素”节点上，设置“缩放”值为0.600，将“挤出网格”节点中的“顶”

属性连接至“缩放元素”节点中的“选中项”属性上，如图11-12所示。设置完成后，棱角球的显示效果如图11-13所示。

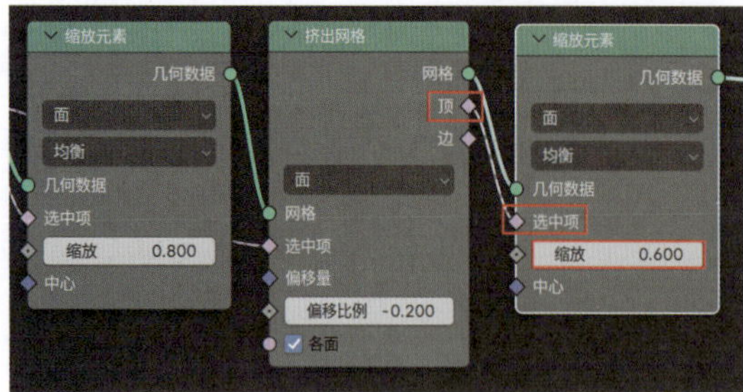

图11-12

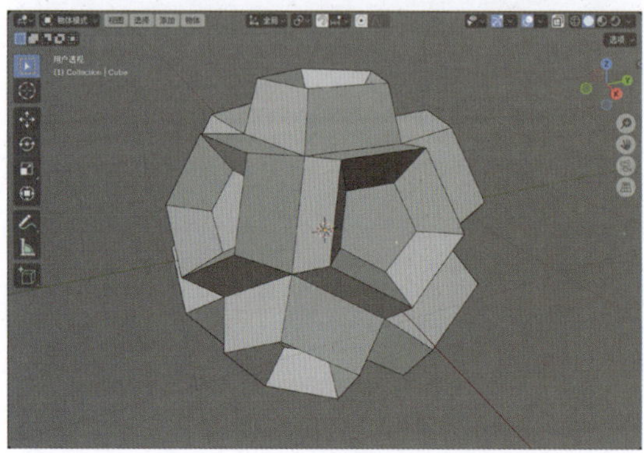

图11-13

09 执行“添加”→“网格”→“操作”→“表面细分”命令，添加一个“表面细分”节点。在“表面细分”节点上，设置“级别”值为3，并将其拖至“缩放元素”节点后方的连线上进行自动连接，如图11-14所示。

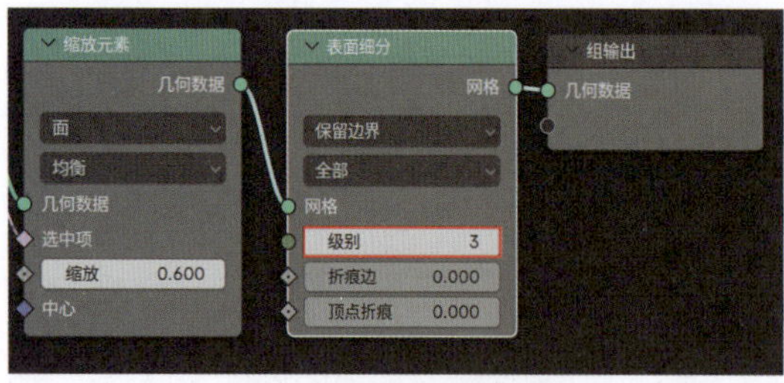

图11-14

10 执行“添加”→“网格”→“写入”→“设置着色平滑”命令，添加一个“设置着色平滑”节点，并将其拖至“表面细分”节点后方的连线上进行自动连接，如图11-15所示。设置完成后，棱角球的显示效果如图11-16所示。

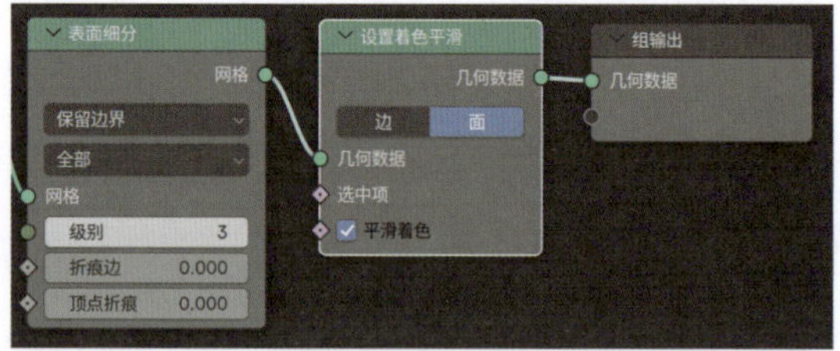

图11-15

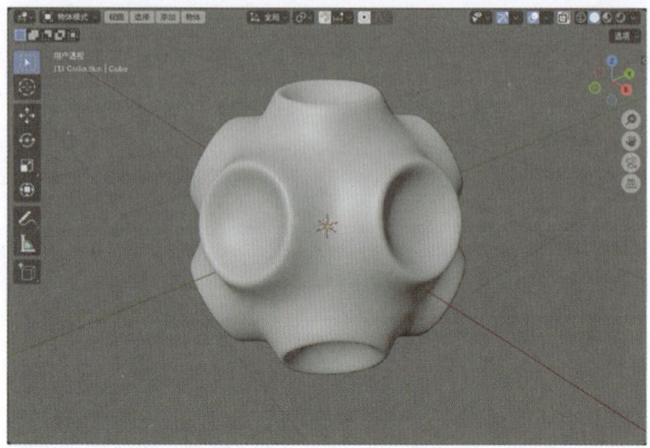

图11-16

11 执行“添加”→“实用工具”→“随机值”命令，添加一个“随机值”节点。在“随机值”节点中，设置“最小值”值为0.300，“最大值”值为1.000，并将其“值”属性连接至“缩放元素”节点中的“缩放”属性上，如图11-17所示。

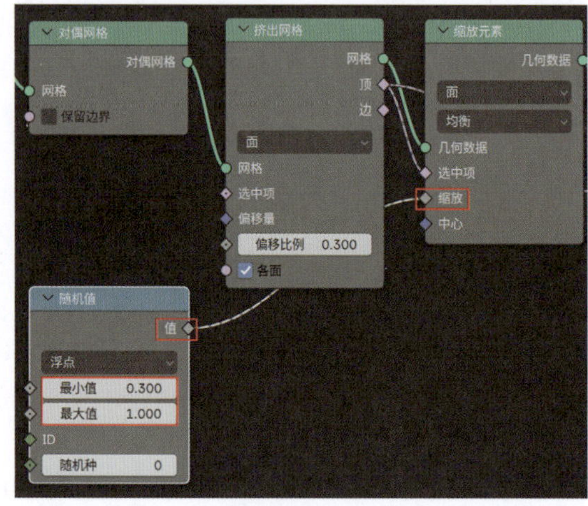

图11-17

12 执行“添加”→“实用工具”→“运算”→“映射范围”命令，添加一个“映射范围”节点。在“映射范围”节点中，设置“从最小值”值为0.300，“从最大值”值为

1.000，“到最小值”值为0.100，“到最大值”值为0.200。将“随机值”节点的“值”属性连接至“映射范围”节点的“值”属性上，将“映射范围”节点的“结果”属性连接至“挤出网格”节点中的“偏移比例”属性上，如图11-18所示。设置完成后，棱角球的显示效果如图11-19所示。

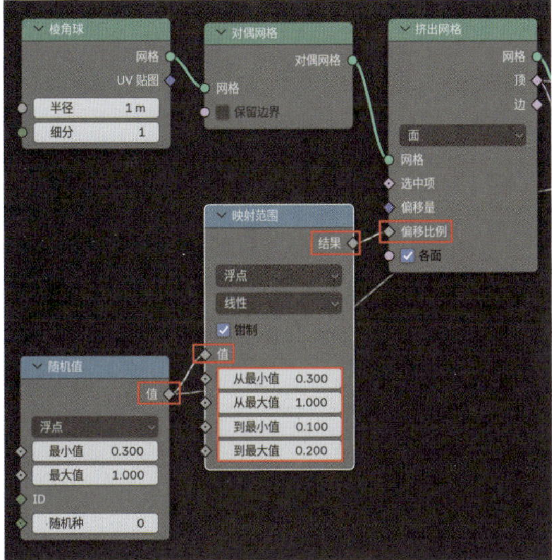

图11-18

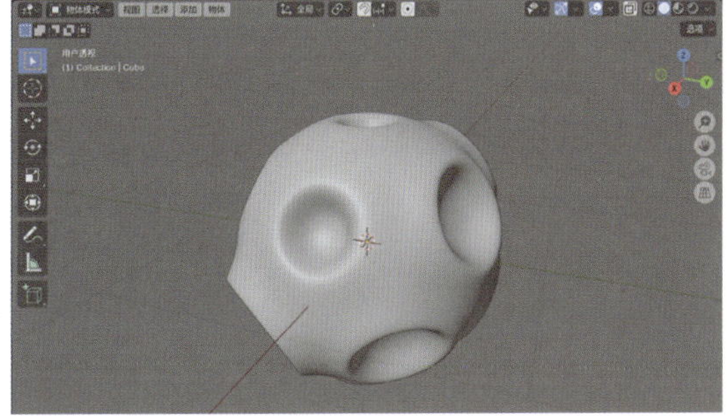

图11-19

13 在“棱角球”节点中，设置“细分”值为3，如图11-20所示，棱角球的显示效果如图11-21所示。

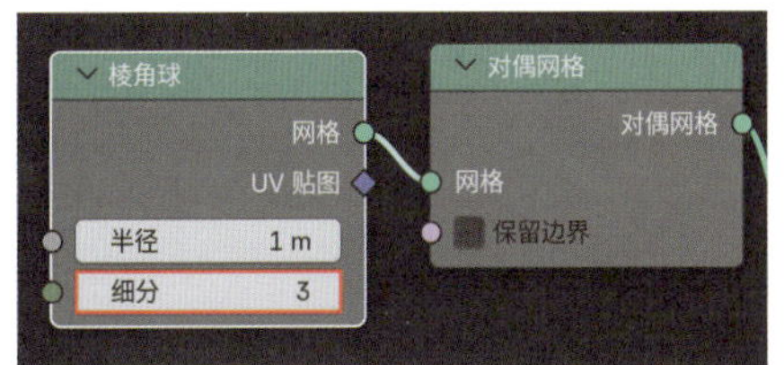

图11-20

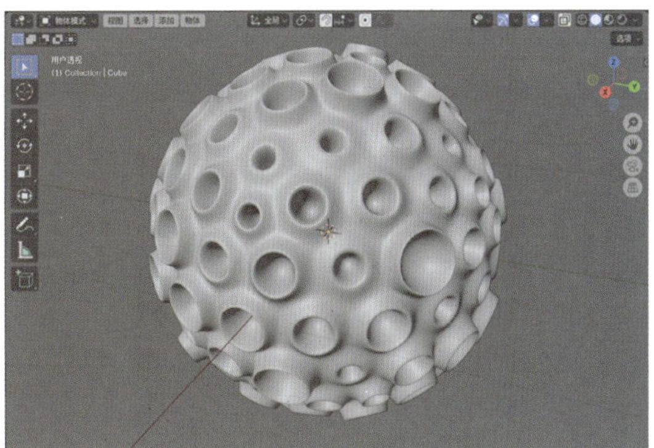

图11-21

14 复制一个“随机值”节点，在“随机值”节点中，设置“最小值”值为-2.000，“最大值”值为0.400，并将“随机值”节点的“值”属性连接至“挤出网格”节点的“选中项”属性上，如图11-22所示。设置完成后，棱角球的显示效果如图11-23所示。

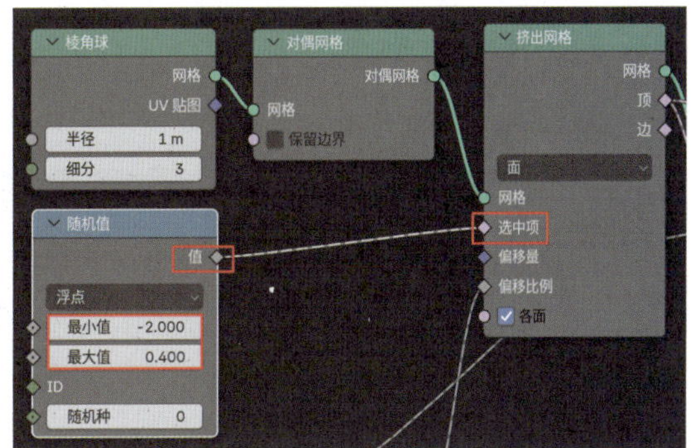

图11-22

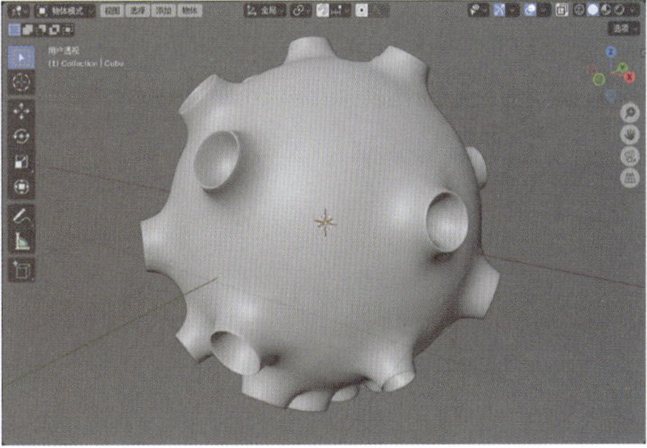

图11-23

15 在“随机值”节点中，设置“最大值”值为0.600，如图11-24所示。

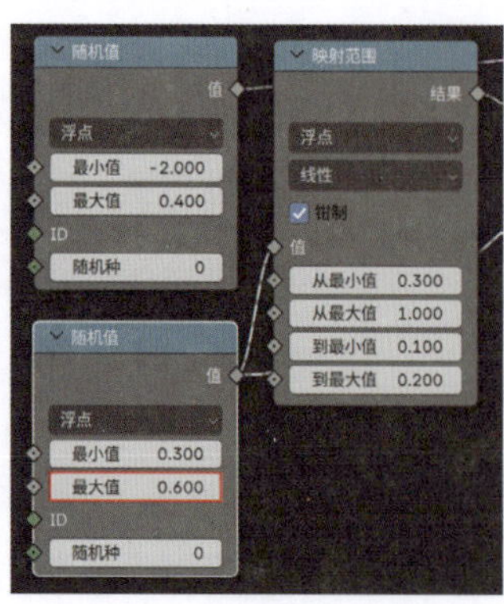

图11-24

本例制作完成的小行星模型效果如图11-25所示。

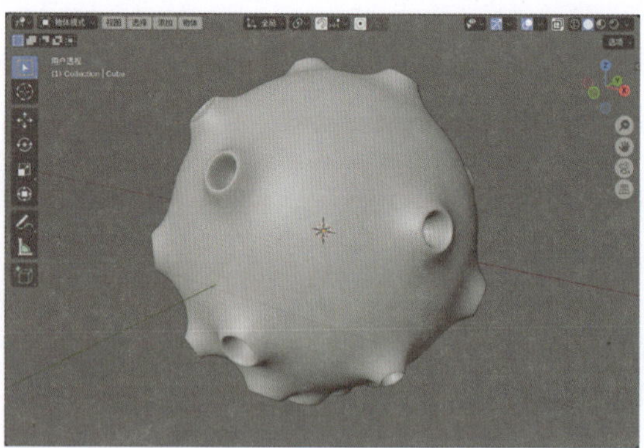

图11-25

本例所使用的节点最终连接效果如图11-26所示。

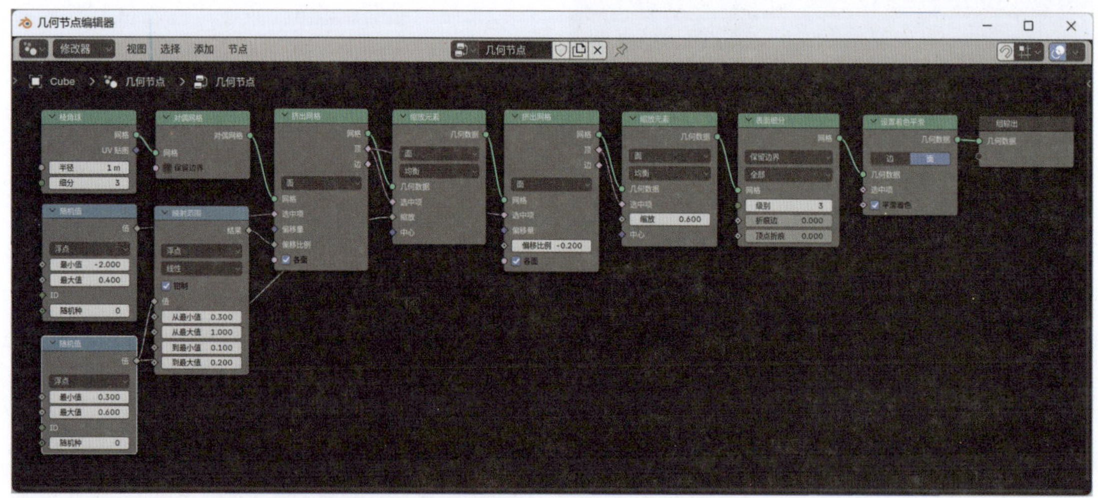

图11-26

11.2.2 实例：制作文字形成动画

本例讲解使用“几何节点”制作文字形成动画的方法，最终渲染效果如图11-27所示。

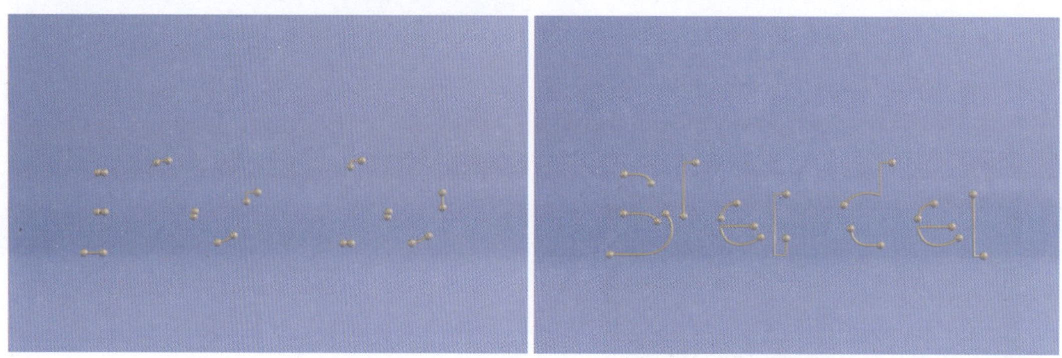

图11-27

图11-27（续）

01 启动Blender，打开场景文件“圆环.blend”，场景中有一个圆环，如图11-28所示。

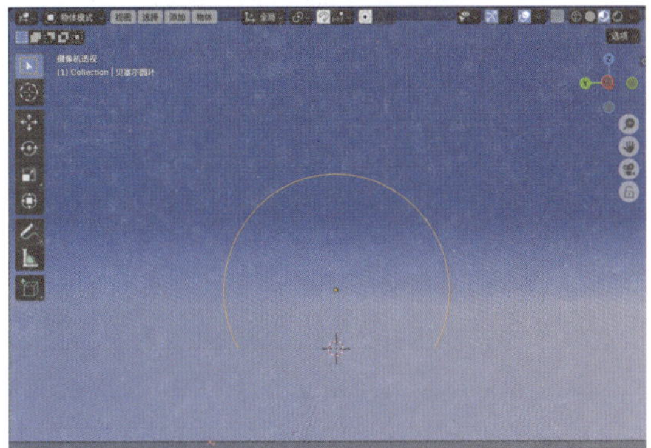

图11-28

02 选择圆环，在“几何节点编辑器”面板中，单击“新建”按钮，如图11-29所示，即可得到“组输入”和“组输出”节点，如图11-30所示。

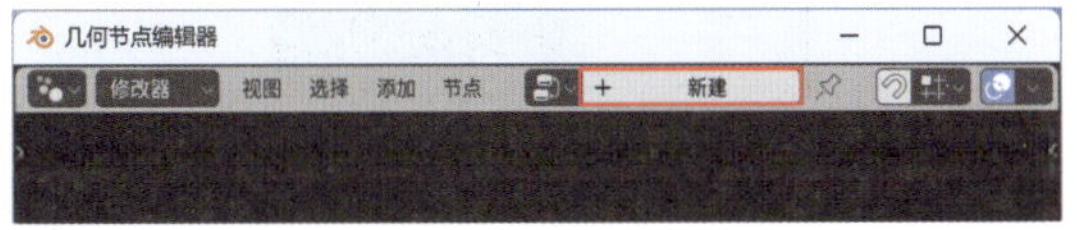

图11-29

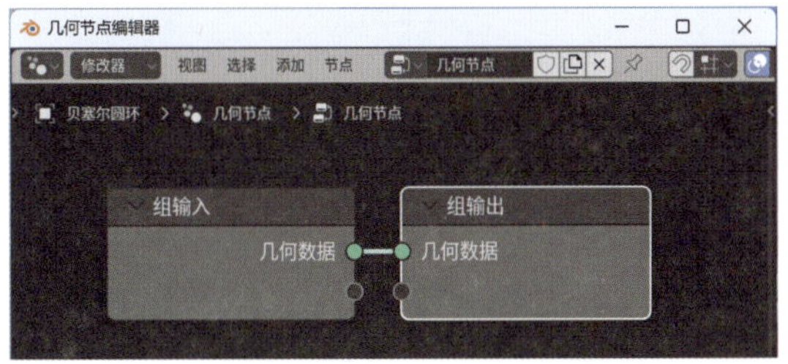

图11-30

03 在“几何节点编辑器”面板中，删除“组输入”节点，执行“添加”→“实用工具”→“文本”→“字符串转换为曲线”命令，添加一个“字符串转换为曲线”节点。在“字符串转换为曲线”节点中，设置“水平对齐”为“中心”，在“字符串”文本框内输入Blender，设置“尺寸”为0.1m，并将其连接至“组输出”节点，如图11-31所示。

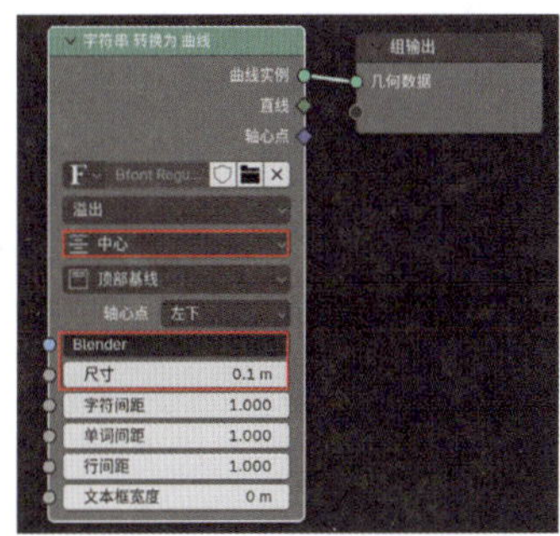

图11-31

04 执行“添加”→“曲线”→“操作”→“修剪曲线”命令，添加一个“修剪曲线”节点，并将其拖至“字符串转换为曲线”节点后方的连线上进行自动连接，如图11-32所示。

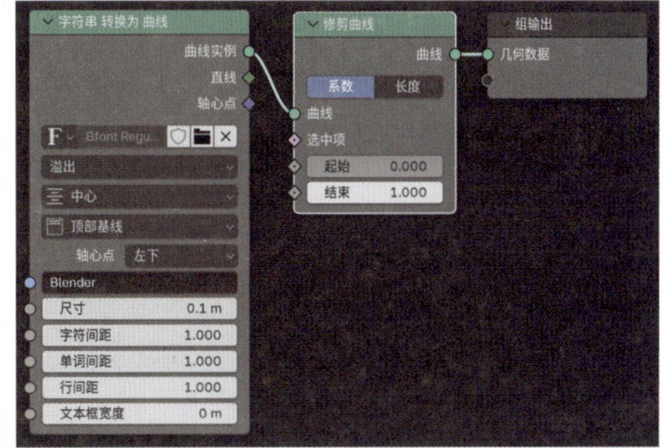

图11-32

05 更改“修剪曲线”节点上的“结束”值，即可在视图中查看文字线条的显示效果，如图11-33所示。

图11-33

06 执行“添加”→“输入”→“场景”→“场景时间”命令，添加一个“场景时间”节点，并将其“秒”属性连接至“修剪曲线”节点上的“结束”属性，如图11-34所示。

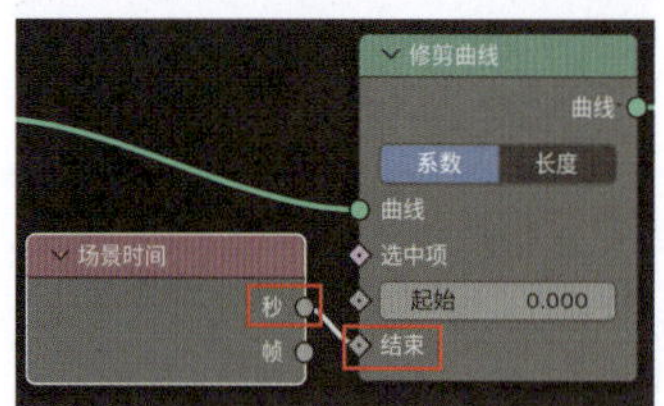

图11-34

07 执行“添加”→“实用工具”→“运算”→“运算”命令，添加一个“运算”节点。在“运算”节点中，设置“运算”为“相乘”，“值”值为0.200，并将其拖至“场景时间”节点后方的连线上进行自动连接，如图11-35所示。

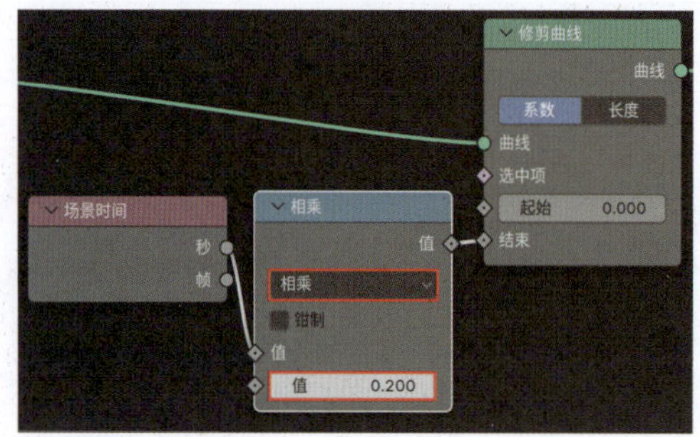

图11-35

技巧与提示

“运算”节点添加完成后，其名称默认显示为“相加”，设置“运算”为“相乘”后，节点名称则显示为“相乘”。

08 执行“添加”→“曲线”→“操作”→“曲线转换为网格”命令，添加一个“曲线转换为网格”节点，并将其拖至“修剪曲线”节点后方的连线上进行自动连接，如图11-36所示。

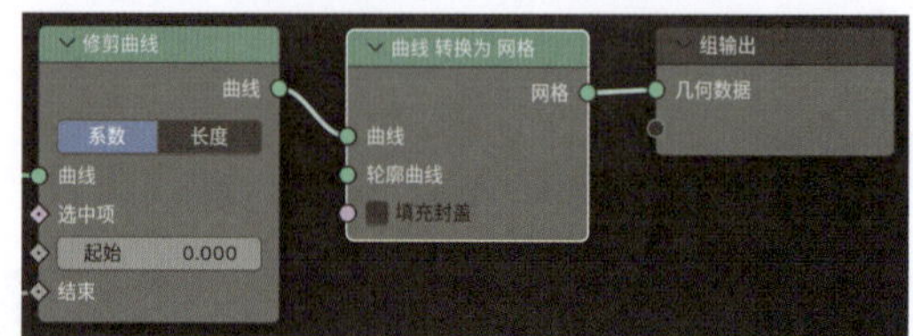

图11-36

09 执行“添加”→“曲线”→“基本体”→“曲线圆环”命令，添加一个“曲线圆环”节点。在“曲线圆环”节点中，设置“半径”为0.001m，并将“曲线”属性连接至“曲线转换为网格”节点中的“轮廓曲线”属性，如图11-37所示。设置完成后，播放动画，文字动画效果如图11-38所示。

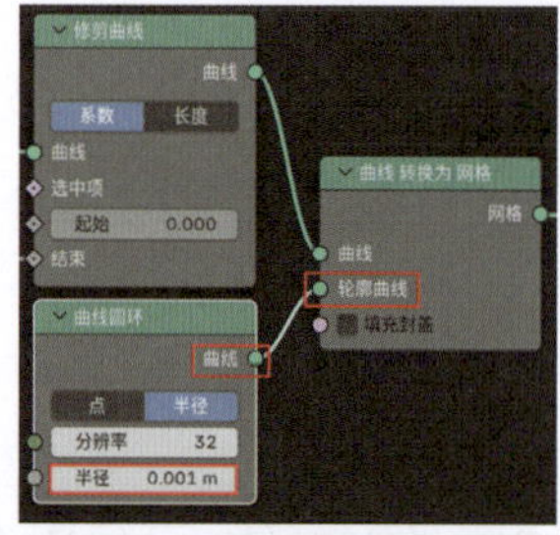

图11-37

图11-38

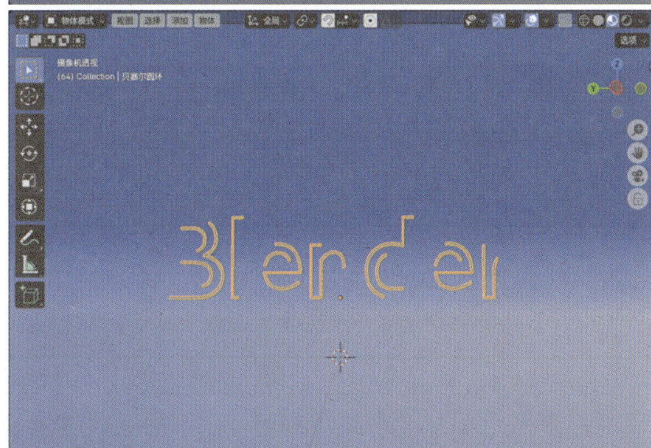

图11-38（续）

10 执行“添加”→“几何数据”→“合并几何”命令，添加一个“合并几何”节点。并将其拖动至“曲线转换为网格”节点后方的连线上进行自动连接，如图11-39所示。

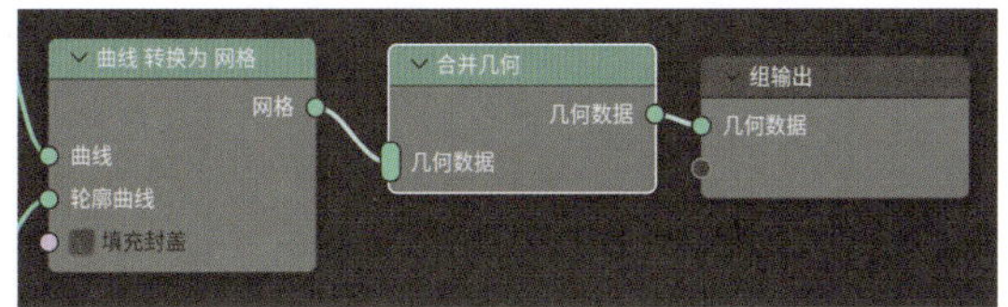

图11-39

11 执行“添加”→“实例”→“实例化于点上”命令，添加一个“实例化于点上”节点，并将其“点”属性连接至“修剪曲线”节点的“曲线”属性，将“实例”属性连接至“合并几何”节点的“几何数据”属性，如图11-40所示。

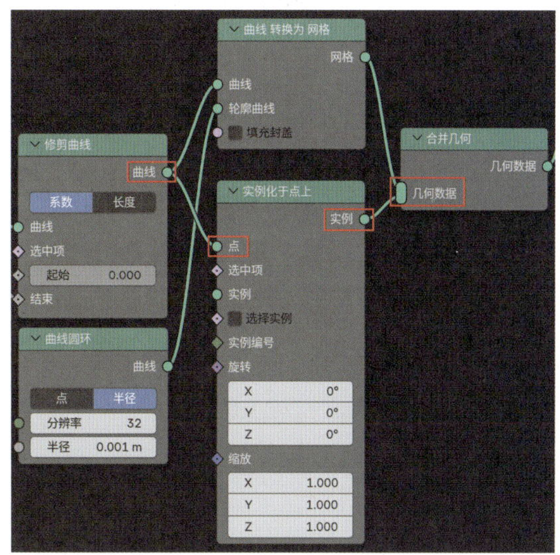

图11-40

12 执行“添加”→“网格”→“基本体”→“经纬球”命令，添加一个“经纬球”节点。在“经纬球”节点中，设置“半径”为0.003m，并将其“网格”属性连接至“实例化于点上”节点的“实例”属性，如图11-41所示。

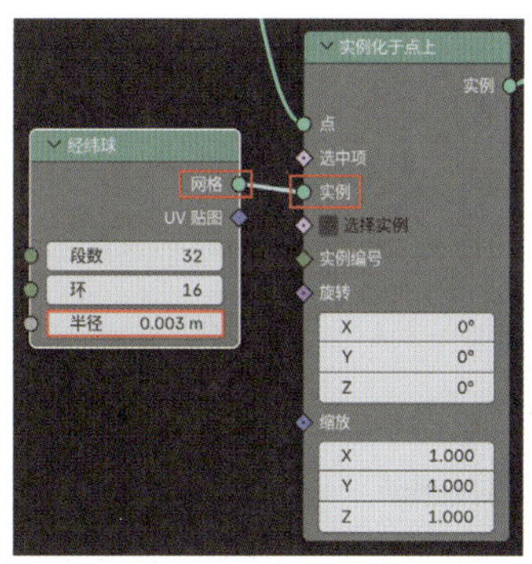

图11-41

13 执行“添加”→“曲线”→“读取”→“端点选择”命令，添加一个“端点选择”节点，并将其“选中项”属性连接至“实例化于点上”节点的“选中项”属性，如图11-42所示。设置完成后，播放动画，即可看到曲线的端点处出现一个小球，如图11-43所示。

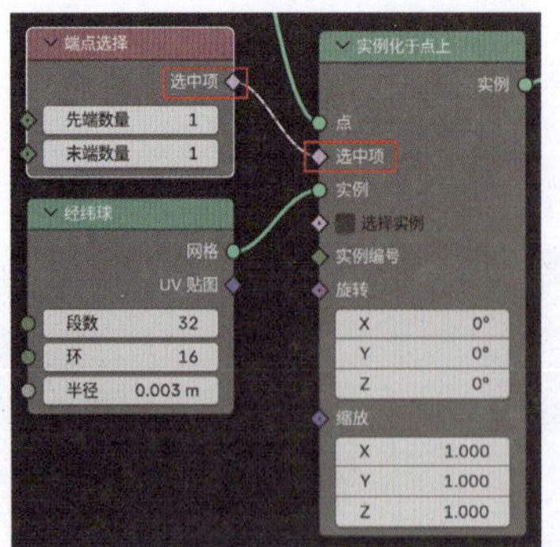

图11-42

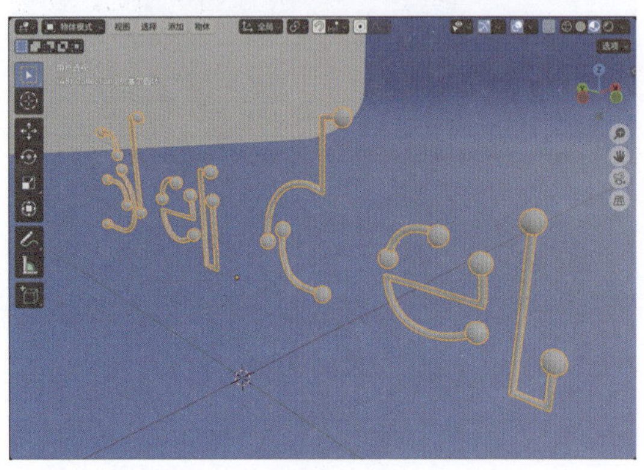

图11-43

14 选择文字模型，在“材质”选项卡中，单击“新建”按钮，如图11-44所示。

15 在“材质”选项卡中，设置材质名称为“金属”。在“表（曲）面”卷展栏中，设置“表（曲）面”为“金属BSDF”，“基础色”为黄色，如图11-45所示。

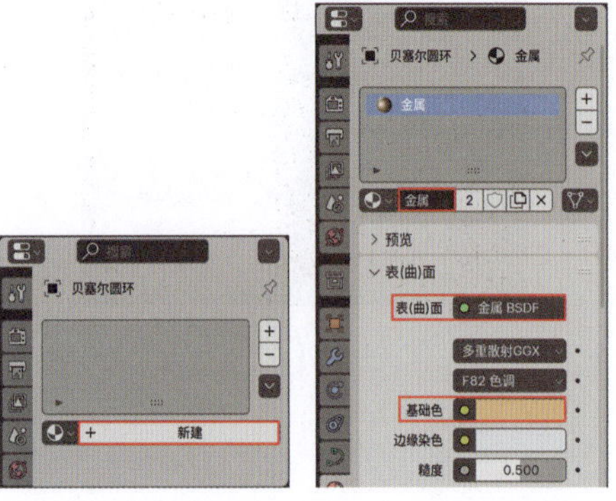

图11-44　　图11-45

16 执行“添加”→“材质”→“设置材质”命令，添加一个“设置材质”节点。在“设置材质”节点中，设置材质为“金属”，并将其拖至“合并几何”节点后方的连线上进行自动连接，如图11-46所示。本例中所使用的节点最终连接效果如图11-47所示。本例制作完成的动画效果如图11-48所示。

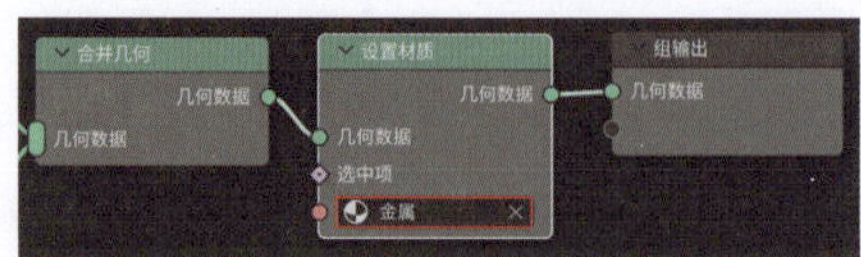

图11-46

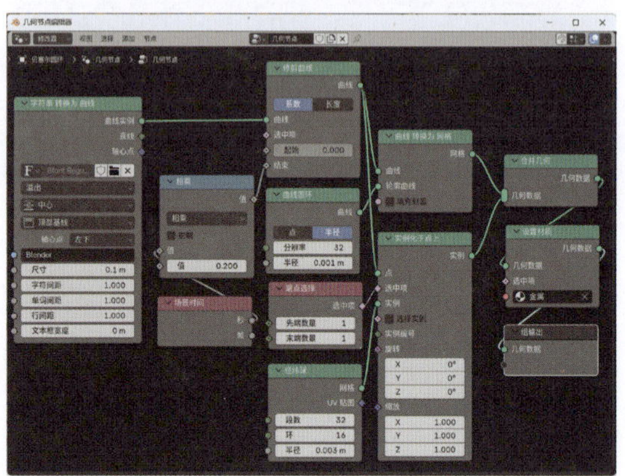

图11-47

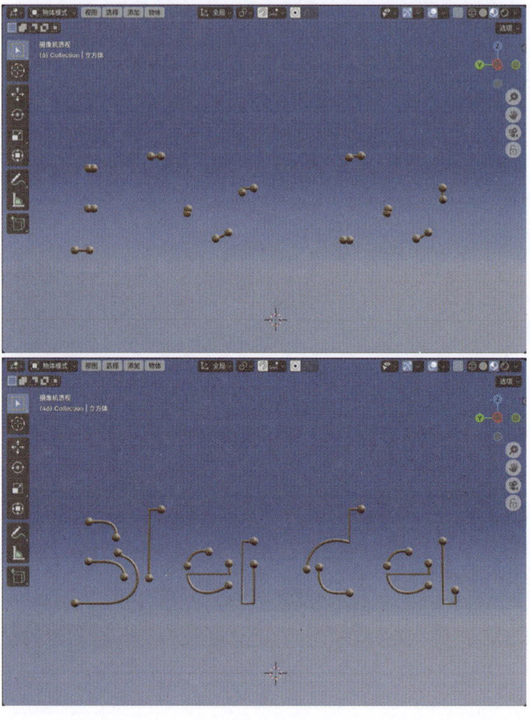

图11-48

图11-48（续）

17 渲染场景，渲染效果如图11-49所示。

图11-49

11.2.3 实例：制作柱体变形动画

本例讲解使用“几何节点”来制作柱体变形动画的方法，最终渲染效果如图 11-50 所示。

01 启动Blender，打开场景文件“圆柱.blend”，场景中有一个柱体，如图11-51所示。

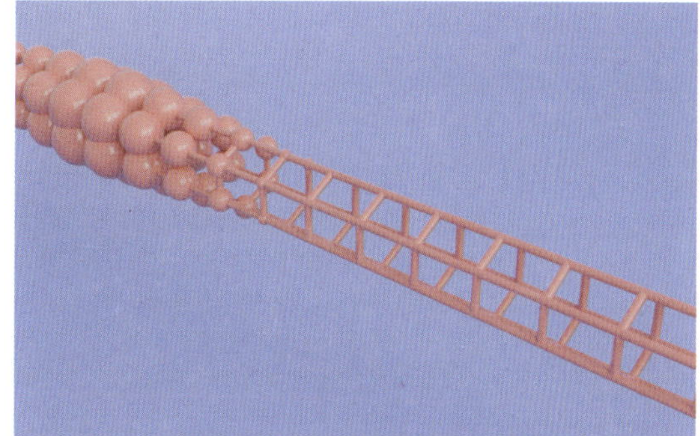

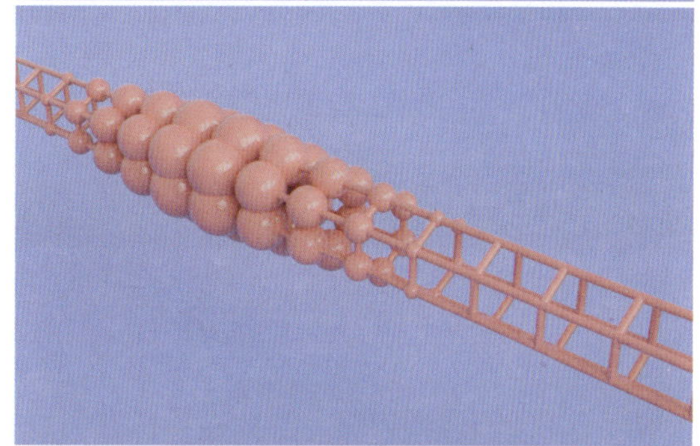

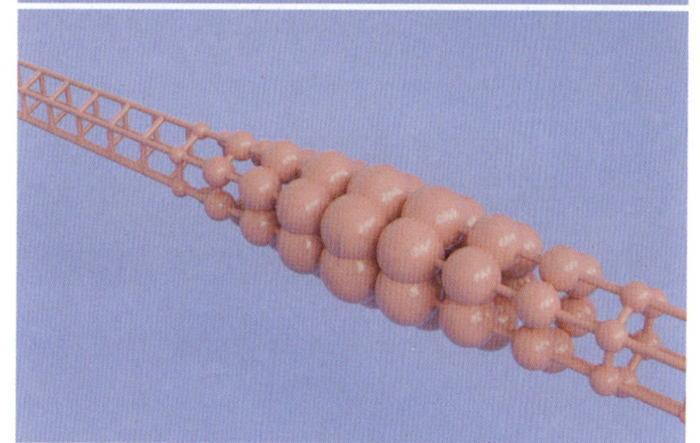

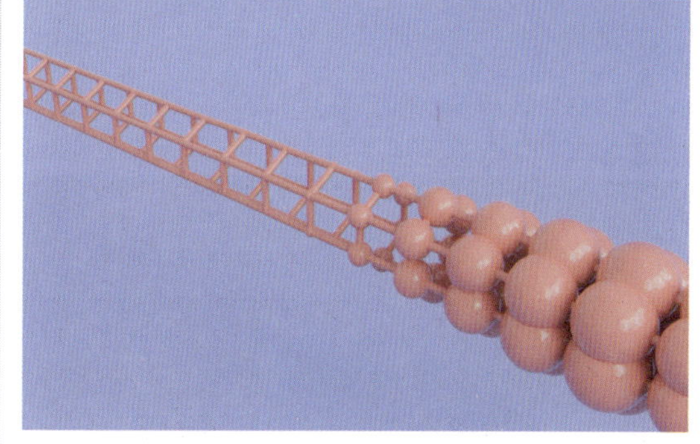

图11-50

02 选择柱体，在“几何节点编辑器”面板中，单击“新建”按钮，如图11-52所示，即可得到“组输入”和“组输出”节点，如图11-53所示。

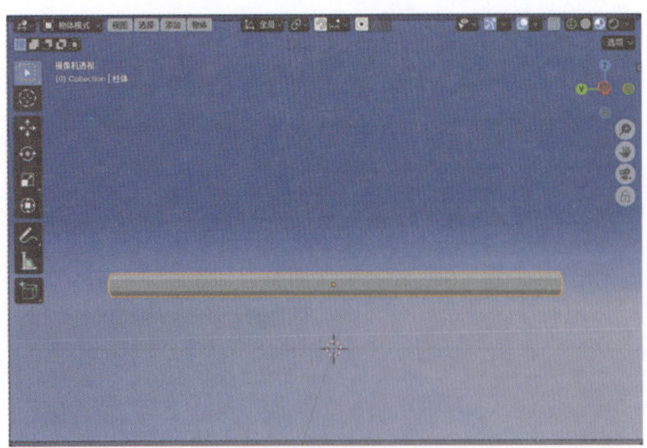

图11-51

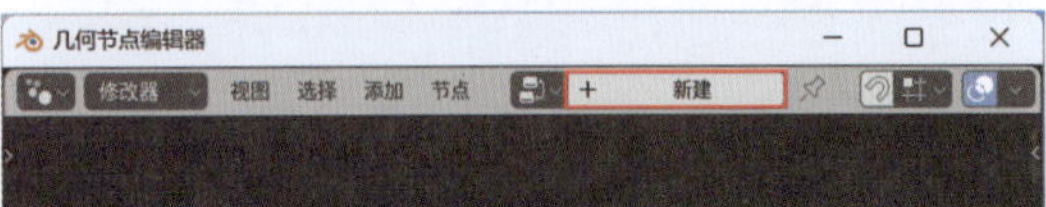

图11-52

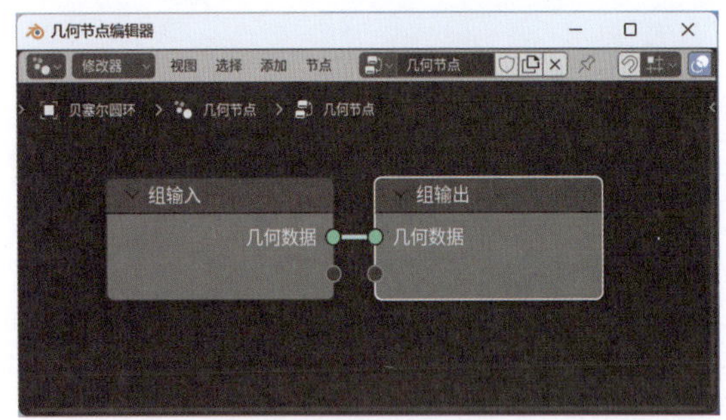

图11-53

03 在“几何节点编辑器”面板中，执行“添加”→“实例”→“实例化于点上”命令，添加一个“实例化于点上”节点，并将其拖至“组输入”节点右侧的连线上进行自动连接，如图11-54所示。

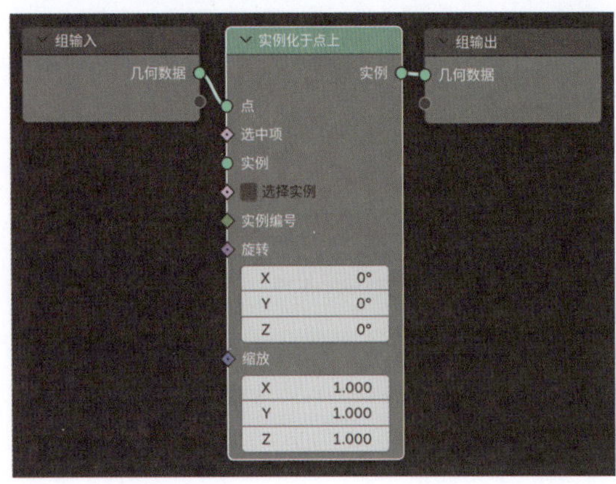

图11-54

04 执行“添加”→“网格”→“基本体”→“棱角球”命令，添加一个“棱角球”节点。在“棱角球”节点中，设置“半径”为0.01m，“细分”值为4，并将“网格”属性连接至“实例化于点上”节点中的“实例”属性，如图11-55所示。设置完成后，可以看到柱体表面上的球体效果，如图11-56所示。

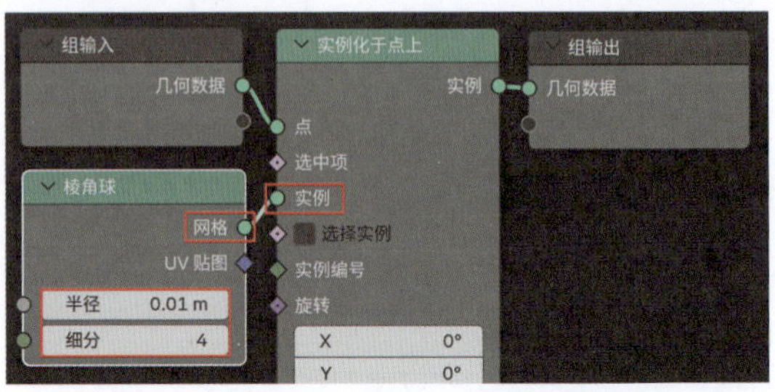

图11-55

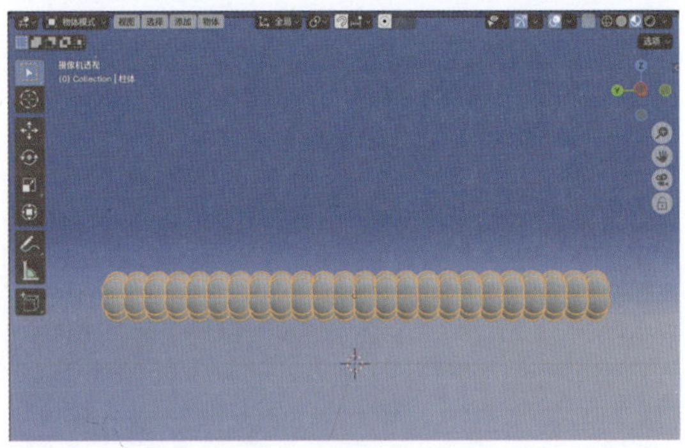

图11-56

05 执行“添加”→“空物体”→“球形”命令，如图11-57所示，即可在场景中创建一个名称为“空物体”的球形。

06 在“添加空物体”卷展栏中，设置“半径”为0.1m，如图11-58所示。

图11-57

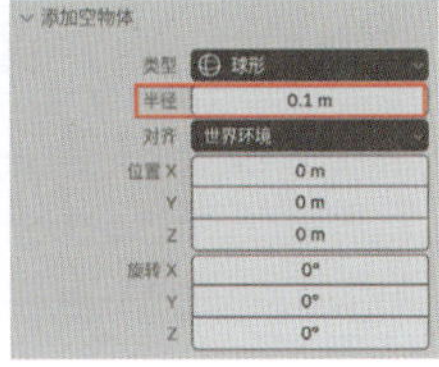

图11-58

07 调整球形的位置，如图11-59所示。

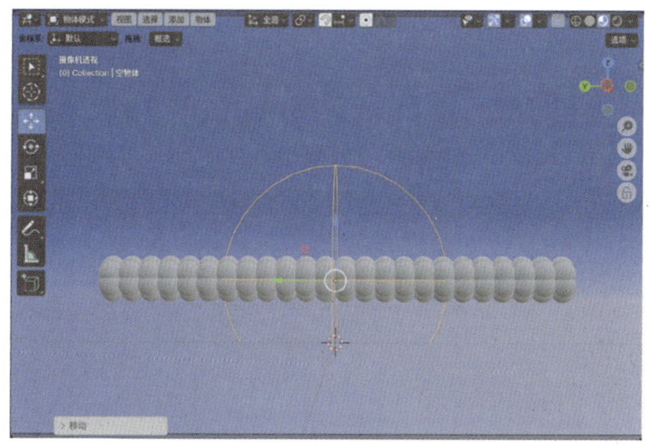

图11-59

08 执行“添加”→“输入”→“场景”→“物体信息”命令，添加一个“物体信息”节点。单击“相对”按钮，并设置“物体”为“空物体”，如图11-60所示。

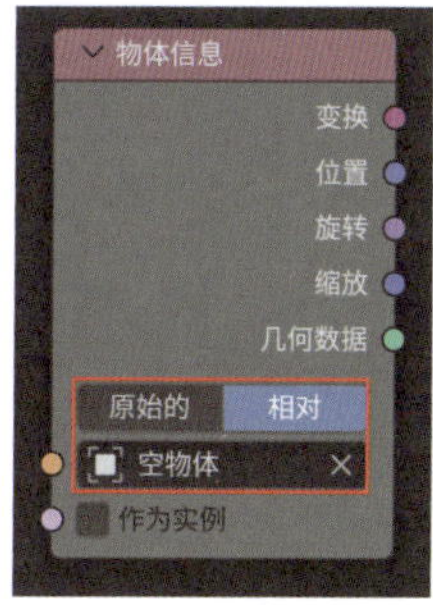

图11-60

09 执行“添加”→“网格”→“基本体”→“网格直线”命令，添加一个“网格直线”节点，并将“物体信息”节点的“位置”属性连接到“网格直线”节点的“起始位置”属性，如图11-61所示。

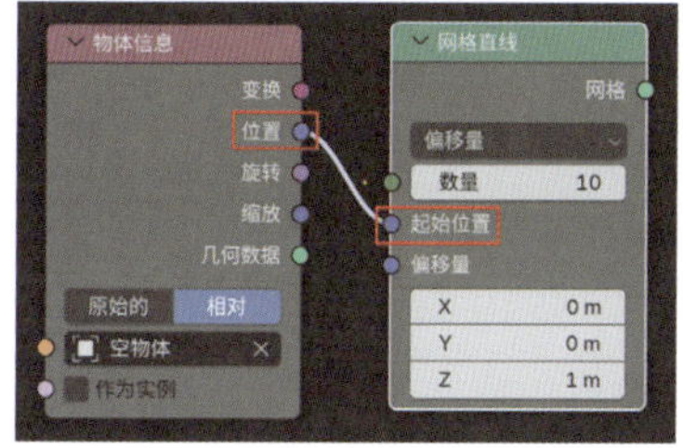

图11-61

10 执行“添加”→“几何数据”→“采样”→“几何接近”命令，添加一个“几何接近”节点。在“几何接近”节点中，设置“目标几何体”为“点”，并将“网格直线”节点的“网格”属性连接到“几何接近”节点的“几何数据”属性，如图11-62所示。

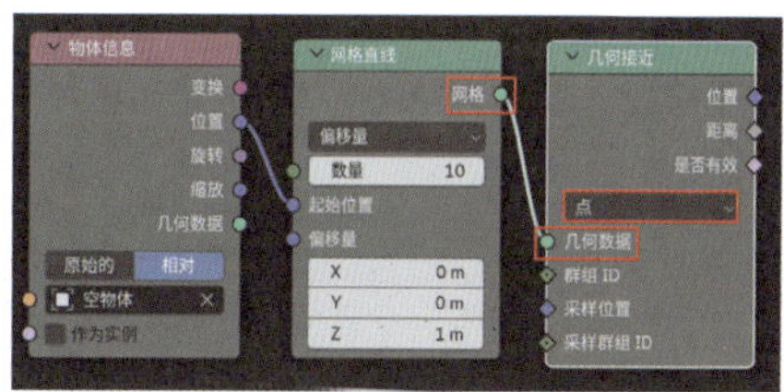

图11-62

11 执行“添加”→“实用工具”→“颜色”→“颜色渐变”命令，添加一个“颜色渐变”节点。在“颜色渐变”节点中，设置渐变色，如图11-63所示，并将“几何接近”节点的“距离”属性连接到“颜色渐变”节点的“系数”属性，将“颜色渐变”节点的“颜色”属性连接到“实例化于点上”节点的“缩放”属性。设置完成后，可以看到柱体表面上的球体效果，如图11-64所示。

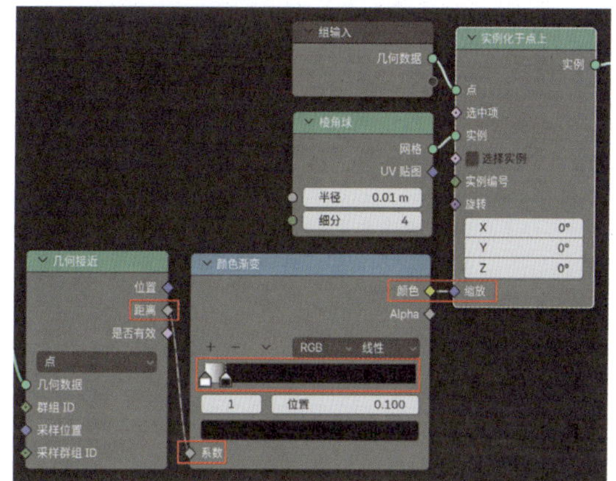

图11-63

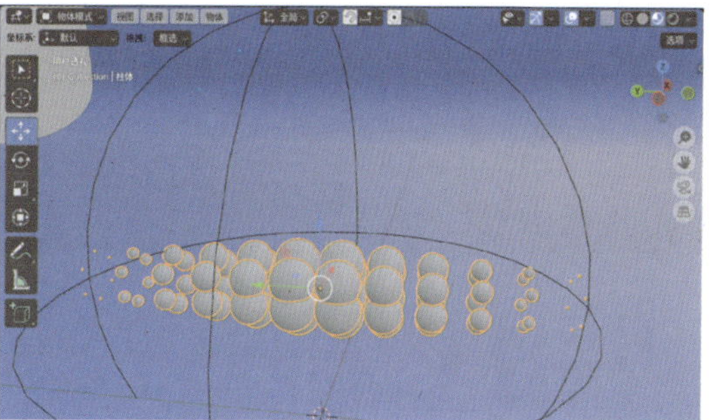

图11-64

12 在“几何节点编辑器”面板中，执行“添加”→“几何数据”→“合并几何”命令，添加一个“合并几何”节点,并将其拖至“实例化于点上”节点后方的连线上进行自动连接，如图11-65所示。

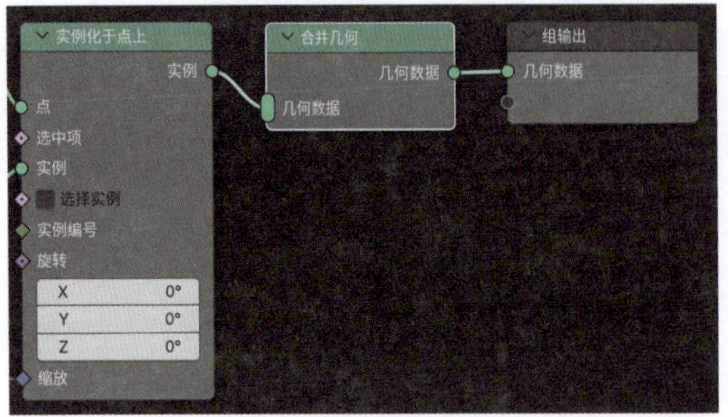

图11-65

13 执行“添加”→“网格”→“操作”→“网格转换为曲线”命令，添加一个“网格转换为曲线”节点，并将“组输入”节点的“几何数据”属性连接到“网格转换为曲线”节点的“网格”属性上，如图11-66所示。

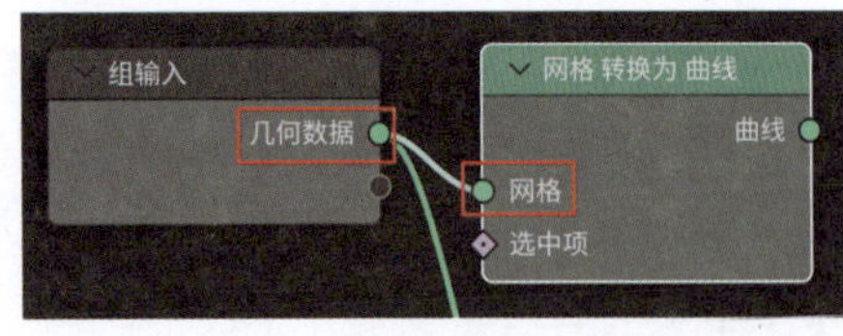

图11-66

14 执行“添加”→“曲线”→“操作”→“曲线转换为网格”命令，添加一个“曲线转换为网格”节点，并将“网格转换为曲线”节点的“曲线”属性连接到“曲线转换为网格”节点的“曲线”属性，将“曲线转换为网格”节点的“网格”属性连接到“合并几何”节点的“几何数据”属性，如图11-67所示。

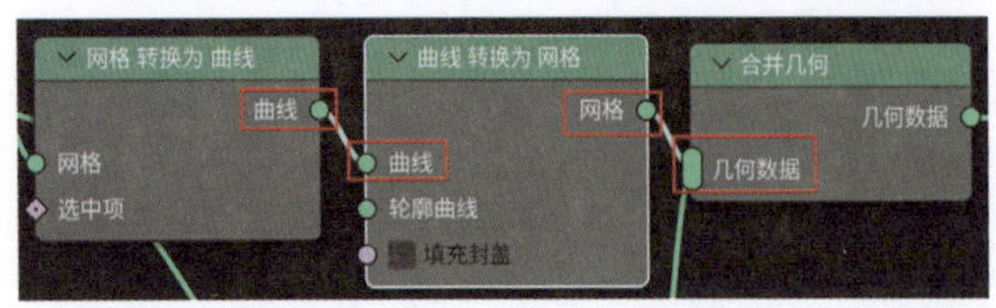

图11-67

15 执行“添加”→“曲线”→“基本体”→“曲线圆环”命令，添加一个“曲线圆环”节点。在“曲线圆环”节点中，设置“半径”为0.001m，并将“曲线圆环”节点的“曲线”属性连接到“曲线转换为网格”节点的“轮廓曲线”属性，如图11-68所示。设置完成后，可以看到柱体表面上的球体及线框显示效果，如图11-69所示。

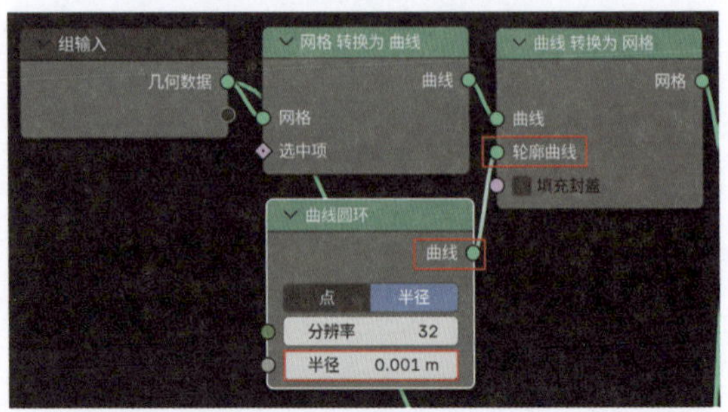

图11-68

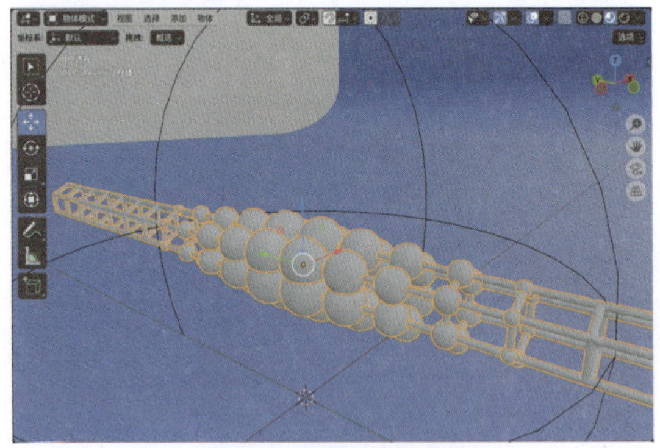

图11-69

16 选择柱体模型，在“材质”选项卡中，单击“新建”按钮，如图11-70所示。

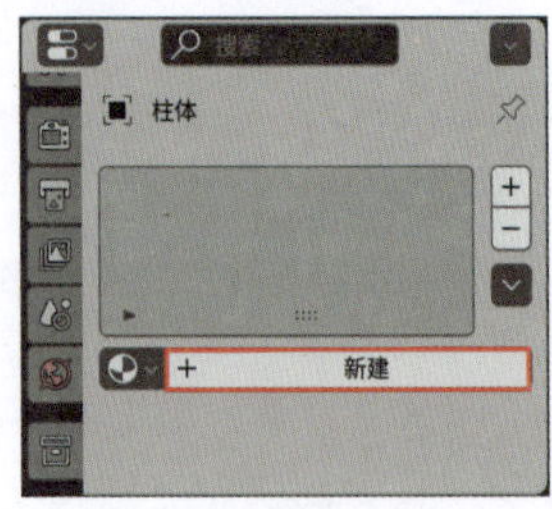

图11-70

17 在“材质”选项卡中，设置材质名称为“红色”。在“表（曲）面”卷展栏中，设置“基础色”为红色，“糙度”值为0.200，如图11-71所示。其中，基础色的参数设置如图11-72所示。

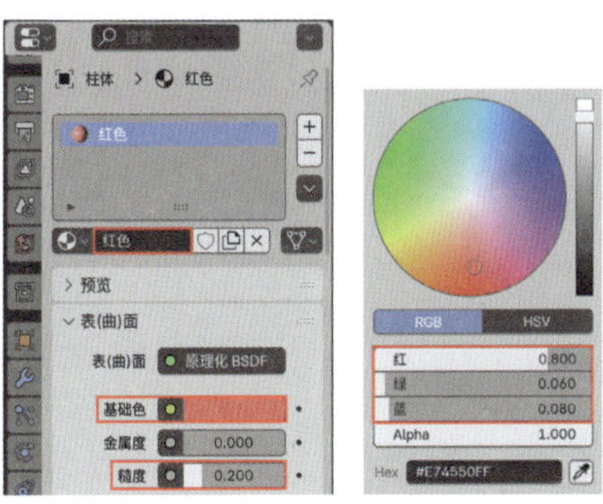

图11-71　　图11-72

18 执行“添加”→“材质”→“设置材质”命令，添加一个“设置材质”节点。在“设置材质”节点中，设置材质为“红色”，并将其拖至“合并几何”节点右侧的连线上进行自动连接，如图11-73所示。本例中所使用的节点最终连接效果如图11-74所示。

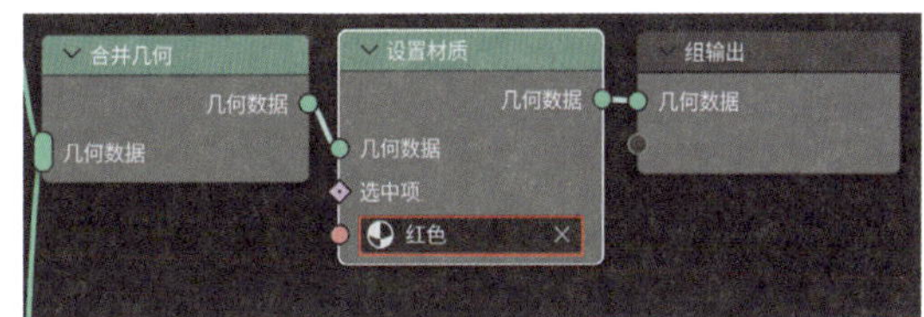

图11-73

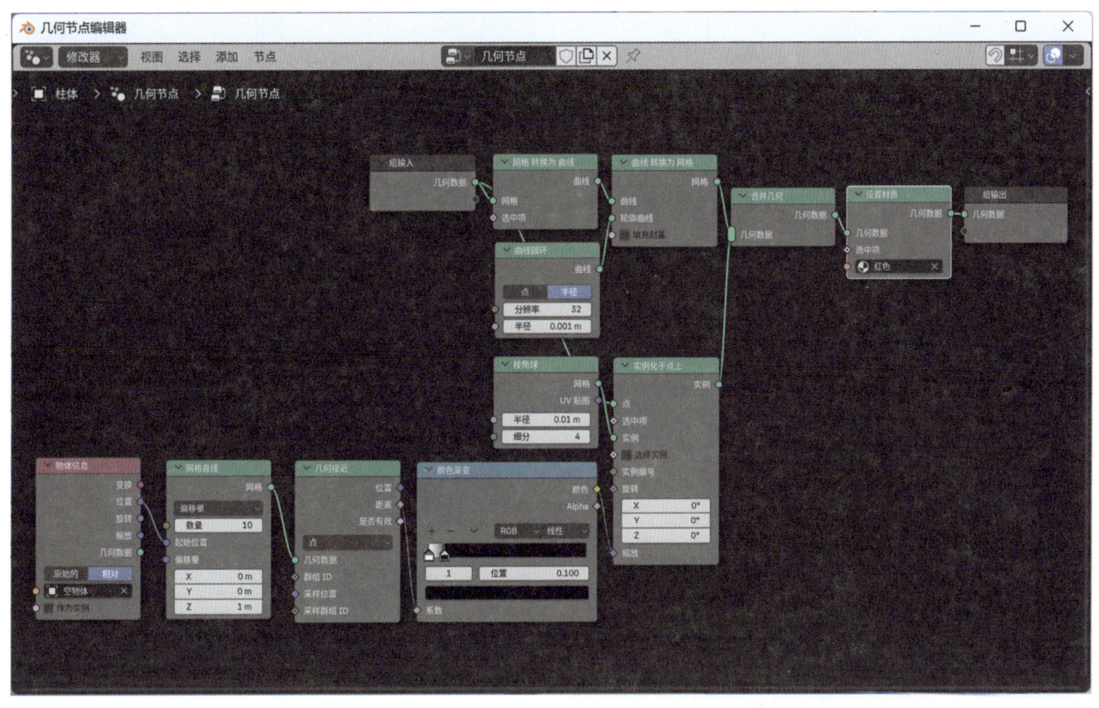

图11-74

19 在第1帧处，调整球形的位置，如图11-75所示。在“变换”卷展栏中，为“位置Y”属性设置关键帧，如图11-76所示。

20 在第100帧处，调整球形的位置，如图11-77所示。在“变换”卷展栏中，为“位置Y”属性设置关键帧，如图11-78所示。

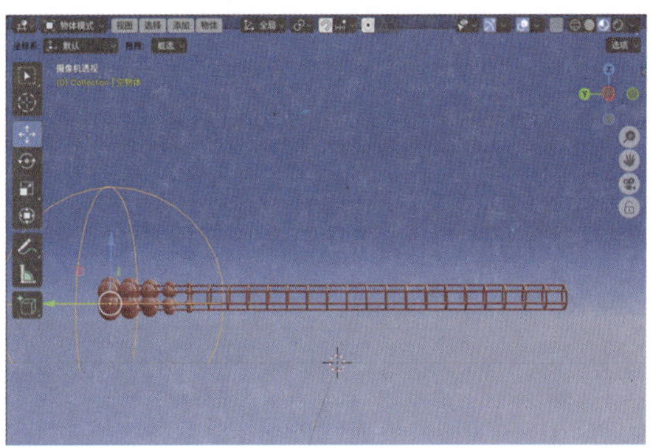

图11-75

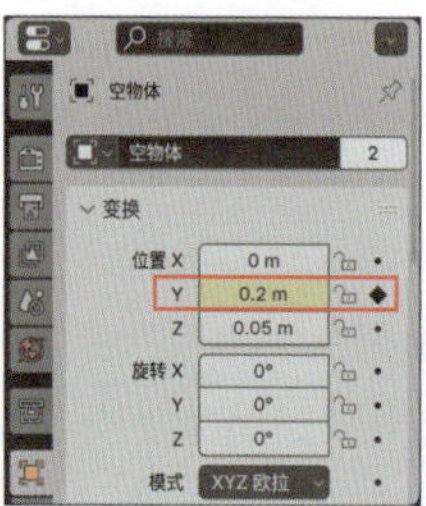

图11-76

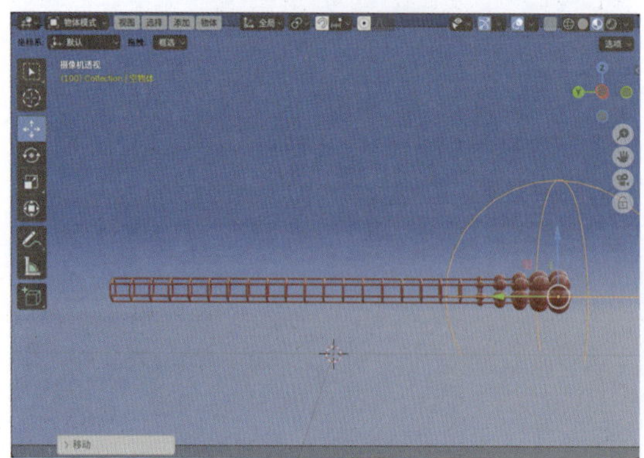

图11-77

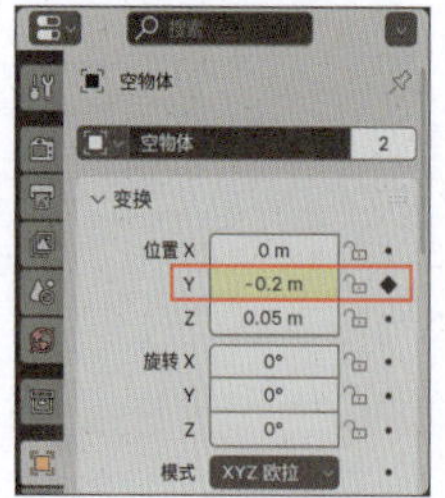

图11-78

21 本例制作完成的动画效果如图11-79所示。渲染场景，渲染效果如图11-80所示。

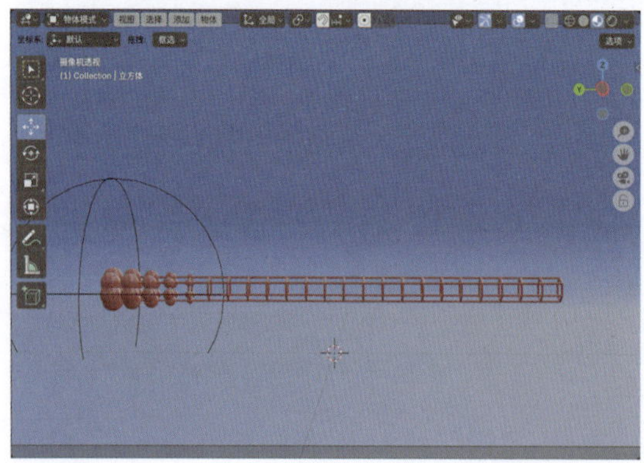

图11-79

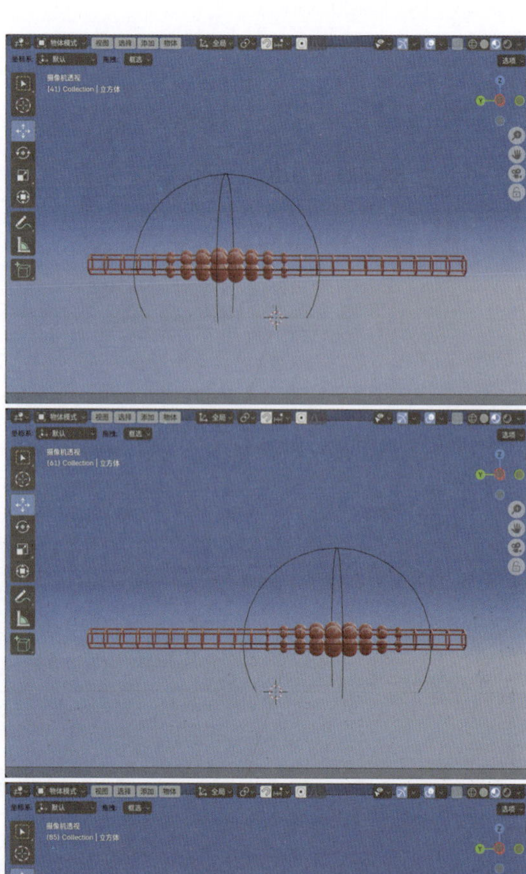

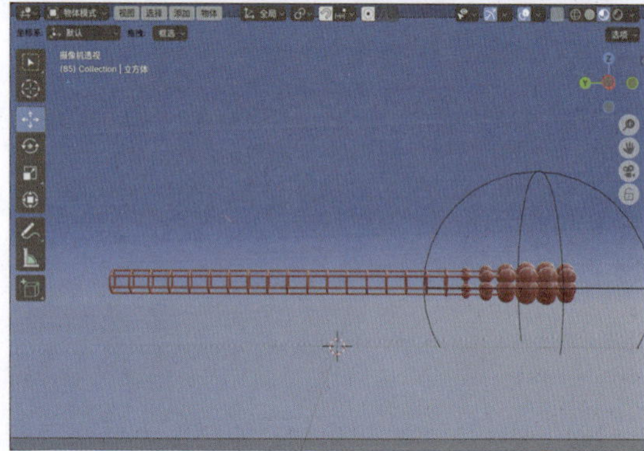

图11-79（续）

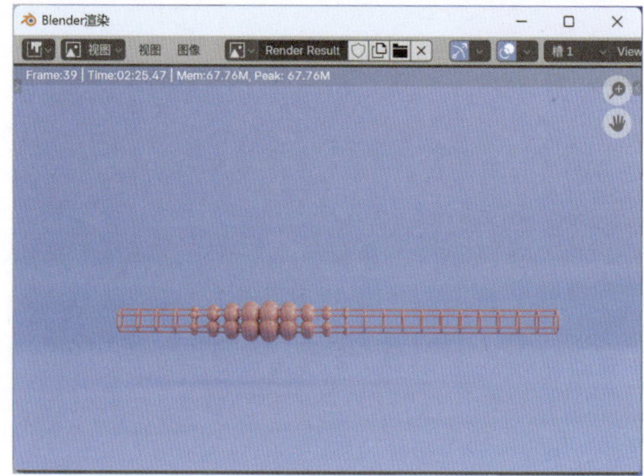

图11-80

第12章

AI技术应用

12.1 AI 概述

AI，即人工智能(Artificial Intelligence)，是一门研究、开发用于模拟、延伸和扩展人类智能的理论、方法、技术及应用系统的新兴技术科学。

随着 AI 技术的迅猛发展，一大批卓越的 AI 应用如雨后春笋般涌现，例如 DeepSeek、豆包等。人们只需进行简单的对话，就能轻松获取有用的信息。就连我们身边许多常用的办公软件，也逐渐增添了诸如 AI 助理、AI 排版、AI 文档生成等相关功能，极大地便利了用户的使用。

以三维软件为例，人们不仅可以根据 Stable Diffusion、Midjourney、文心一格、腾讯智影等 AI 软件生成的 AI 图像获取丰富多样的创意，还能借助一些第三方插件提供的 AI 建模及贴图绘制功能来辅助项目制作。

接下来，将为读者介绍几个较为常用、可安装在 Blender 软件中的具备 AI 功能的插件。

12.2 AI 插件应用

Blender 允许用户安装第三方插件，当下载好插件后，在“偏好设置”面板中，单击“从磁盘安装”按钮即可安装插件，如图 12-1 所示。

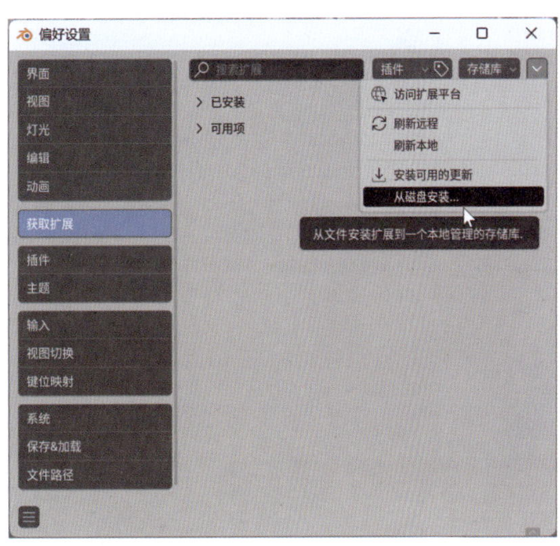

图12-1

技巧与提示

本章所涉及的插件有3个，分别是AutoDepth AI（自动深度AI）、Auto Painter AI （自动画家AI）和Blender AI Library Pro，如图12-2所示。

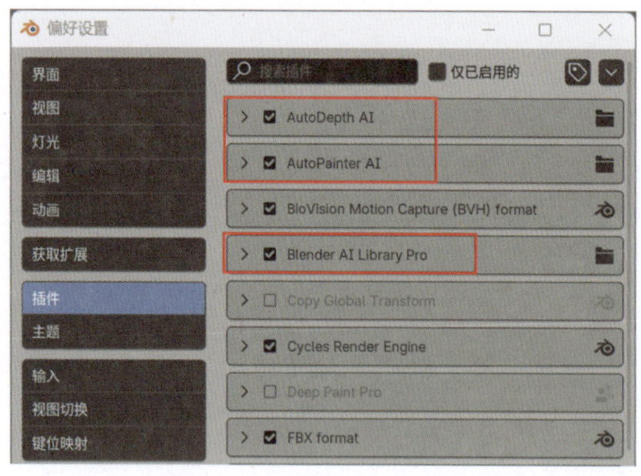

图12-2

12.2.1 实例：使用 AutoDepth AI 生成 AI 图像

与传统绘画相比，AI 绘画能够在极短的时间内，依据艺术家输入的一些提示词以及图片素材，生成大量图像。这种绘画形式不仅减轻了艺术家的工作负担，还能为他们提供丰富的创作灵感与素材来源。

然而，不可否认的是，当前 AI 绘画所生成的图像存在较多误差。若想获得较为满意的图像效果，就需要我们在软件中不断调整提示词，并尝试生成大量图像，然后从众多图像作品中择优选用。

本例将讲解在 Blender 中使用 AutoDepth AI（自动深度人工智能）来生成 AI 图像的方法，如图 12–3 所示。

图12-3

01 启动Blender，按N键，打开“侧栏”，在“自动深度AI”卷展栏中，单击“纹理到图像”按钮，在“提示”文本框内输入英文提示词：girl,smile,black hair，单击“生成文本到图像”按钮，即可得到如图12-4所示的图像效果。

02 在“提示”文本框内输入英文提示词：dog,yellow，单击“生成文本到图像”按钮，即可得到如图12-5所示的图像效果。

图12-4　图12-5

03 在“提示”文本框内输入中文提示词：黄色的狗，单击“生成文本到图像”按钮，即可得到如图12-6所示的图像效果。

04 在“提示”文本框内输入中文提示词：白色的猫，单击“生成文本到图像”按钮，即可得到如图12-7所示的图像效果。

图12-6　图12-7

05 在“提示”文本框内输入中文提示词：黑色

的猫，单击“生成文本到图像”按钮，即可得到如图12-8所示的图像效果。

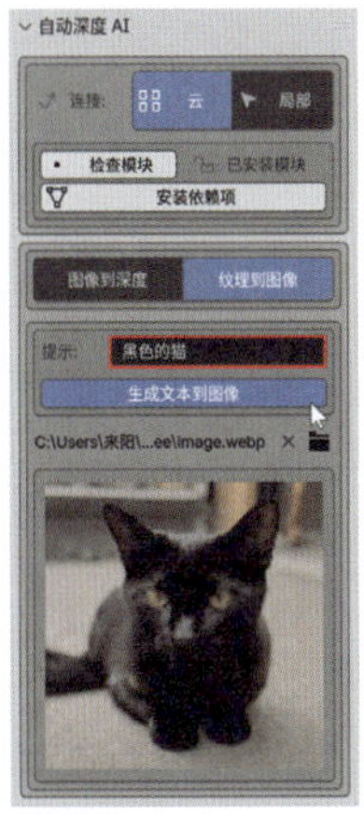

图12-8

技巧与提示

当提示词较长时，使用英文提示词可以得到更加理想的图像效果。

12.2.2 实例：使用 AutoDepth AI 制作立体背景模型

在三维项目制作过程中，建模师通常会借助一张图片来打造远景效果。倘若我们能够将一张图片转化为具备深度的模型，无疑会显著提升场景的逼真度。

本例将详细讲解如何在Blender中使用AutoDepth AI（自动深度人工智能）依据贴图文件生成立体背景模型，最终模型效果如图12-9所示。

图12-9

图12-9（续）

01 启动Blender，将场景中自带的立方体模型删除，按N键，打开“侧栏”，在“自动深度AI”卷展栏中，单击“图像到深度”按钮，单击“导入图像”按钮，如图12-10所示。

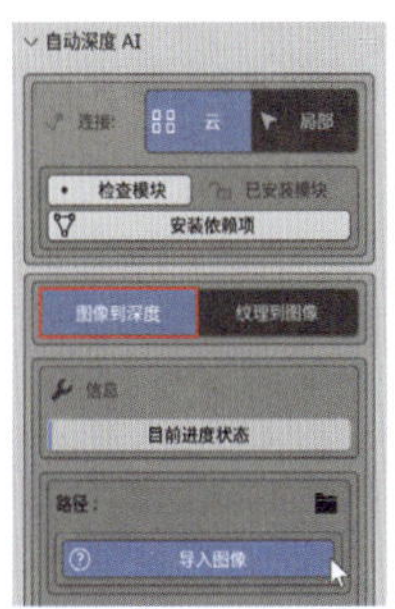

图12-10

02 导入“花园.png”图像文件后，即可在场景中看到系统自动生成一个带有“花园.png”贴图的平面模型，如图12-11所示。

图12-11

03 单击“生成深度（云）”按钮，如图12-12所示。稍等一会儿，即可在“导入图像”按钮下方右侧区域查看生成的深度图，如图12-13所示。

图12-12

图12-13

04 单击“手动置换”按钮，如图12-14所示，即可将平面模型更改成带有立体效果的状态，如图12-15所示。

图12-14

图12-15

05 重新导入一张“豹子.png”图像文件，如图12-16所示。

图12-16

06 采用同样的操作步骤，生成一张带有立体效果的豹子模型，如图12-17所示。

图12-17

12.2.3 实例：使用 Auto Painter AI 生成模型贴图

本例讲解在 Blender 中使用 Auto Painter AI（自动画家 AI）来绘制猴头贴图的方法，最终效果如图 12-18 所示。

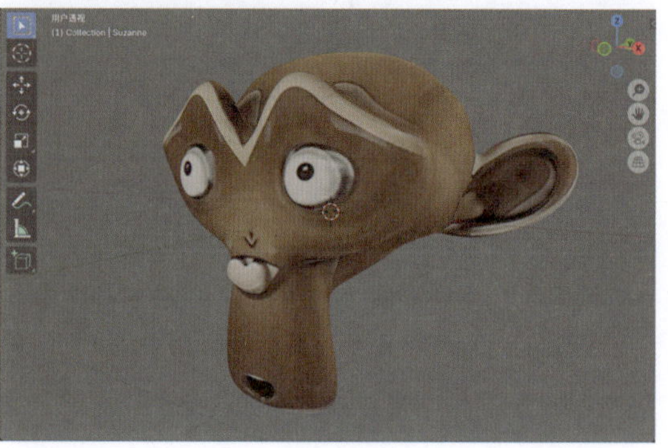

图12-18

01 启动Blender，打开配套场景文件“猴头.blend”，其中有一个猴头模型，如图12-19所示。

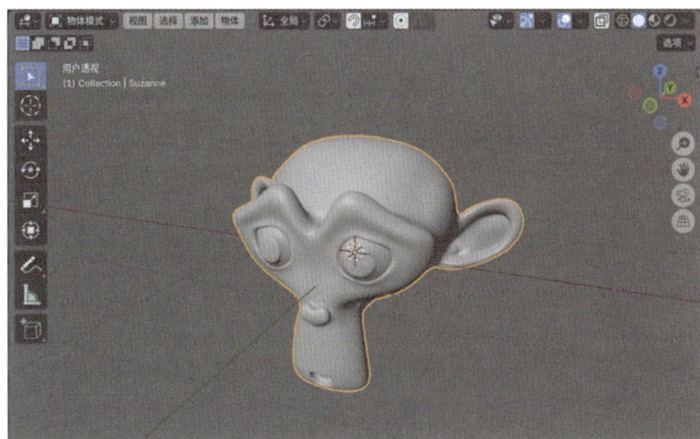

图12-19

02 启动Stable Diffusion WebUI软件，如图12-20所示。

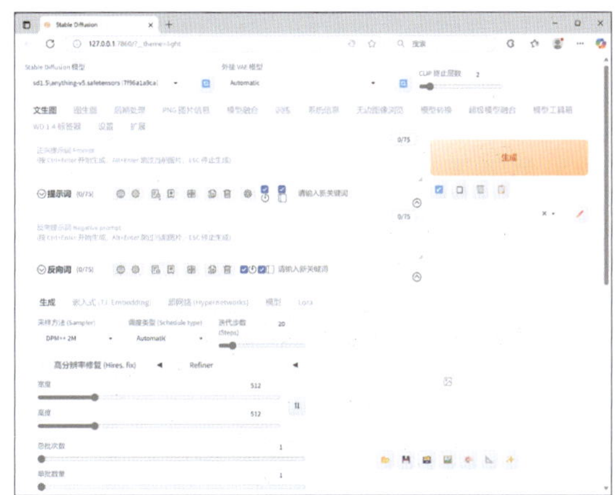

图12-20

技巧与提示

本例需要同时打开Blender和Stable Diffusion WebUI软件。

03 按N键，打开“侧栏”，在“自动画家AI”卷展栏中，单击“局部”按钮，再单击“测试服务器连接”按钮，如图12-21所示。

04 Blender检测到Stable Diffusion WebUI软件后，会显示：server connection successfull！（服务器连接成功）。接下来，单击“搜索可用模型”按钮，如图12-22所示。搜索完成后，则可以显示出搜索到的本地模型，如图12-23所示。

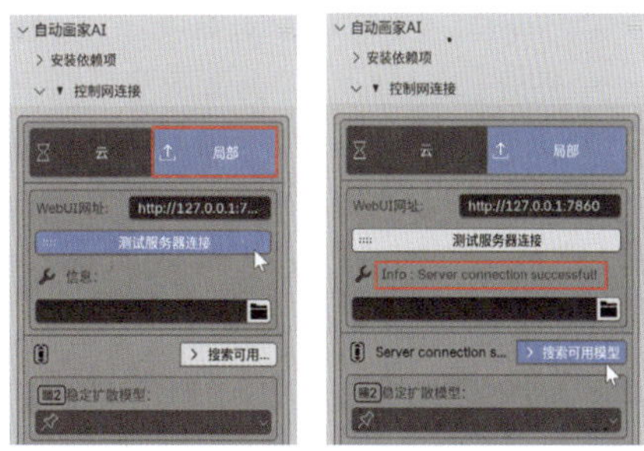

图12-21　图12-22

05 选择猴头模型，在“控制网图层”卷展栏中，单击“生成多视图图”按钮，如图12-24所示，即可生成模型的深度图和法线图，如图12-25所示。

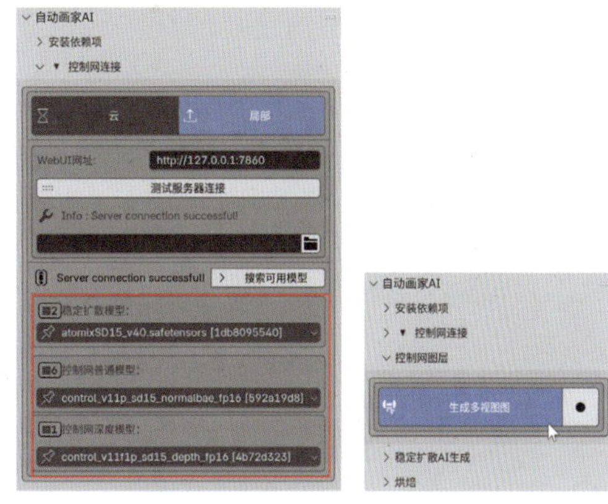

图12-23　图12-24

06 在“稳定扩散AI生成”卷展栏中，在“提示”文本框内输入英文提示词：monkey head,game-style，单击“生成引导AI图像”按钮，如图12-26所示。

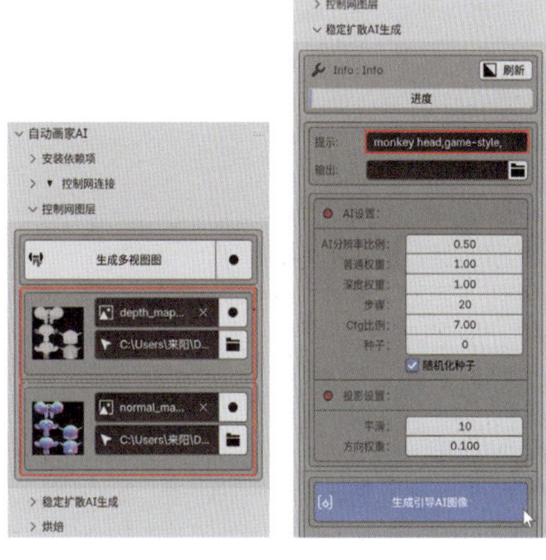

图12-25　图12-26

07 计算完成后，生成的贴图效果如图12-27所示。单击“放大并增强图像细节”按钮，如图12-28所示，经过一段时间的计算，则可以得到更加清晰的贴图效果，如图12-29所示。

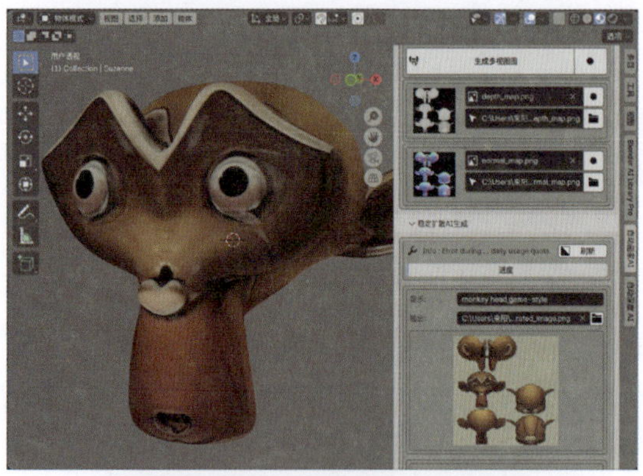

图12-27

图12-28

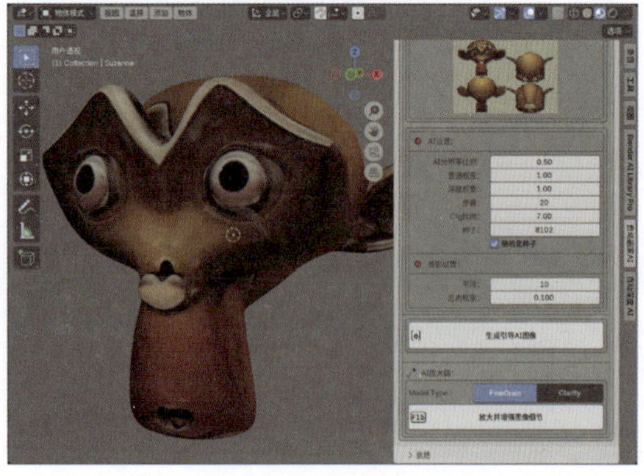

图12-29

08 在“渲染”选项卡中，展开“烘焙”卷展栏，选中“所选物体->活动物体”复选框，设置“挤出”为0.1m，如图12-30所示。

09 在“烘焙”卷展栏中，单击“将图像烘焙到原始UV”按钮，如图12-31所示。

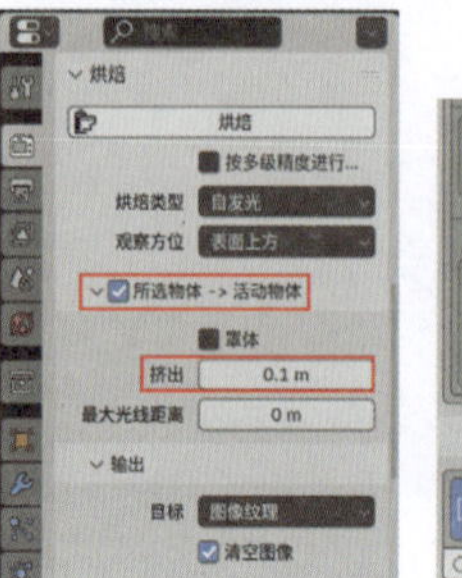

图12-30

图12-31

10 在“UV编辑器”卷展栏中，查看猴头模型的UV展开效果和贴图，如图12-32和图12-33所示。

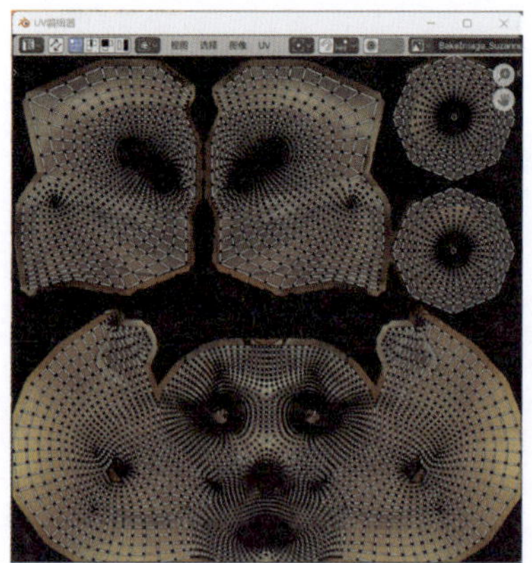

图12-32

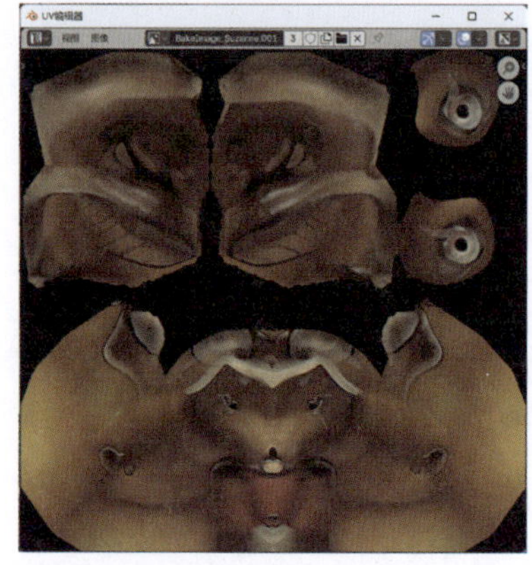

图12-33

12.2.4 实例：使用 Blender AI Library Pro 生成三维模型

本例讲解在 Blender 中使用 Blender AI Library Pro 根据提示词来生成三维模型的方法，最终效果如图 12-34 所示。

图12-34

01 启动Blender，将场景中自带的立方体模型删除，按N键，打开“侧栏”，在Blender AI Library Pro卷展栏中，单击Text To 3D按钮后，即可看到软件自带的英文提示词：a bowl of vegetables，单击Generate Text To 3D按钮，如图12-35所示，即可得到一碗蔬菜的三维模型，如图12-36所示。

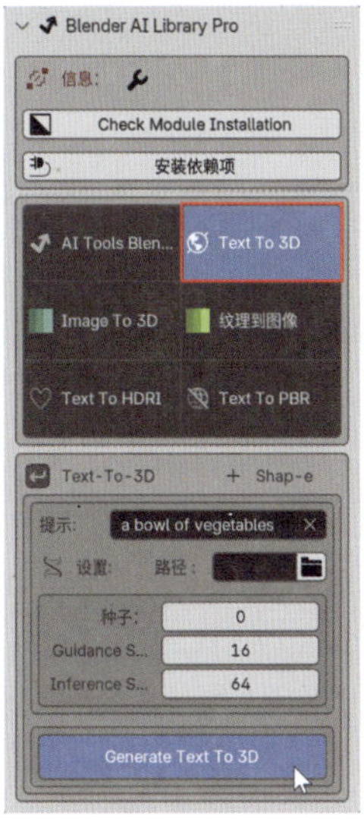

图12-35

图12-36

02 设置“种子”值为1，单击Generate Text To 3D按钮，如图12-37所示，即可得到形状不同的另一碗蔬菜的三维模型，如图12-38所示。

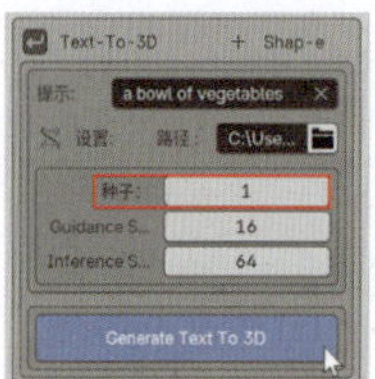

图12-37

图12-38

03 在“提示”文本框中更改英文提示词为：dog,3D model，单击Generate Text To 3D按钮，如图12-39所示，即可得到一只狗的模型，如图12-40所示。

04 在“提示”文本框中更改英文提示词为：tree,3D model，单击Generate Text To 3D按钮，如图12-41所示，即可得到一棵树的模型，如图12-42所示。

图12-39

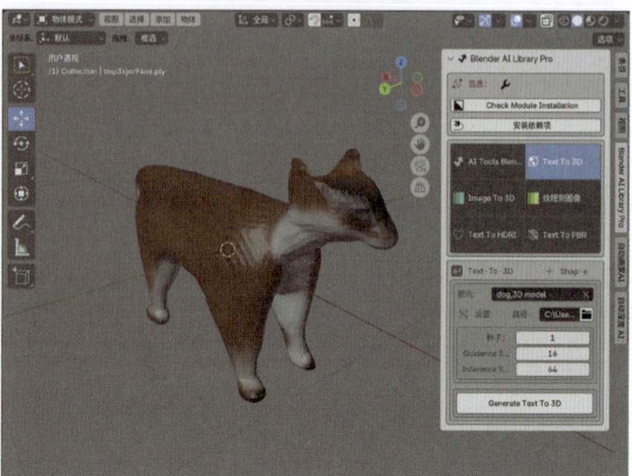

图12-40

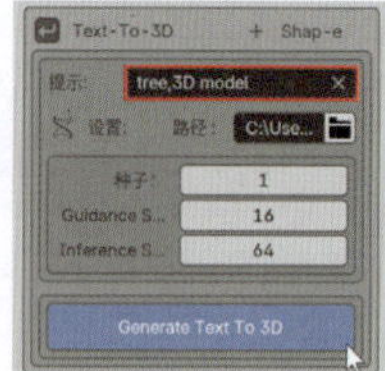

图12-41

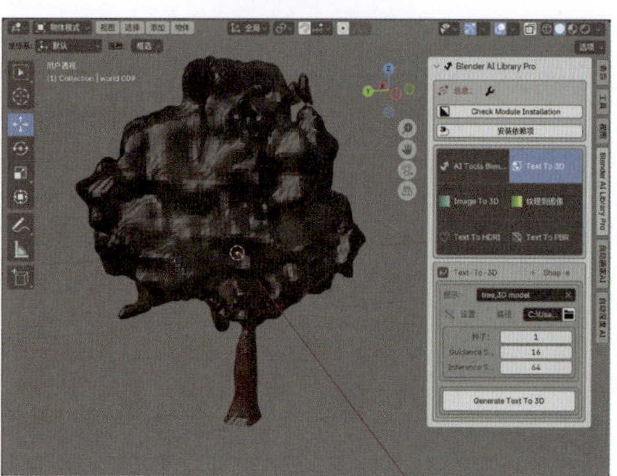

图12-42

05 在“提示”文本框内更改英文提示词为：pine tree,3D model，单击Generate Text To 3D按钮，如图12-43所示。即可得到一棵松树的模型，如图12-44所示。

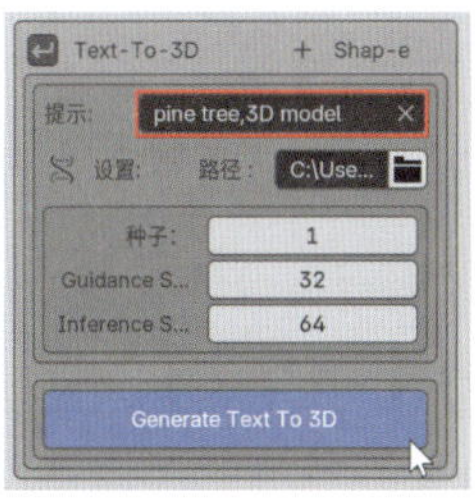

图12-43

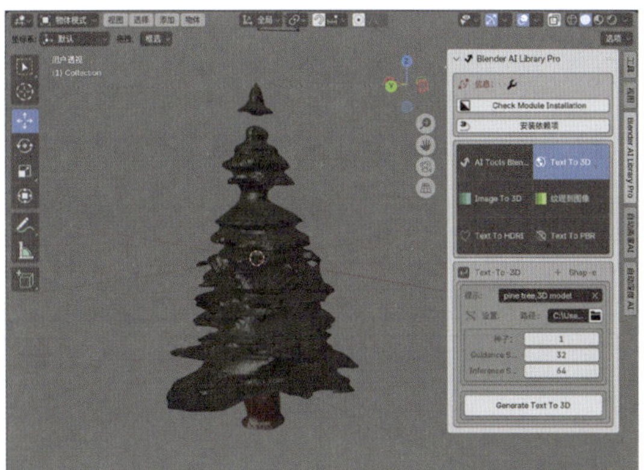

图12-44

技巧与提示

目前，还有许多公司推出了AI在线三维模型生成服务，这些网站大多都会给予新用户一些积分奖励，供其免费测试模型效果，如图12-45~图12-47所示为作者在TRIPO网站输入简单的中文提示词所生成的模型效果。

图12-45

图12-46

图12-47